高等制药工程学原理

主　编　杨　波

副主编　李海舟　蔡　乐

　　　　杨　川　杨　蕾

U0386683

科学出版社

北　京

内 容 简 介

本书深入介绍了制药过程与质量管理、制药过程的流体流动——动量传递、制药过程的热量传递和质量传递等制药过程的基本理论；以制药过程的单元操作为主线，详细地介绍了制药过程中含液原辅料的蒸发，蒸馏、精馏与分流，萃取，浸出，结晶等处理过程，并对沉降与过滤、混合、干燥、粉碎与筛分等单元操作的理论、设备及工艺进行了详细论述；同时以典型固体制剂的生产为例，对药物制剂系统和常见固体制剂的生产过程进行了说明，并对制药过程的环境条件，具体针对灭菌、空调和加湿做了系统性说明。本书强调内容的先进性、典型性，对制药过程涉及的理论知识进行了较深入的讨论，能在制药及其相关专业高年级本科生和研究生进行的制药理论研究与生产实践应用之间发挥较好的衔接作用。

本书可作为各高等院校生物与医药领域工程专业高年级本科生和研究生的教材，也可供制药行业生产、研究、技术人员阅读、参考。

图书在版编目（CIP）数据

高等制药工程学原理 / 杨波主编. —北京：科学出版社，2021.9
ISBN 978-7-03-069582-6

Ⅰ. ①高… Ⅱ. ①杨… Ⅲ. ①制药工业－化学工程 Ⅳ. ①TQ46

中国版本图书馆 CIP 数据核字（2021）第 162545 号

责任编辑：刘　畅 / 责任校对：严　娜
责任印制：张　伟 / 封面设计：迷底书装

科学出版社 出版
北京东黄城根北街 16 号
邮政编码：100717
http://www.sciencep.com

北京凌奇印刷有限责任公司 印刷
科学出版社发行　各地新华书店经销
*
2021 年 9 月第 一 版　开本：787×1092　1/16
2022 年 8 月第三次印刷　印张：17 1/4
字数：441 600

定价：79.00 元
（如有印装质量问题，我社负责调换）

《高等制药工程学原理》编委会

前　言

　　制药工程是由原辅料开始，经化学反应、生物发酵、中药提取、分离纯化以及制剂等一系列工艺过程，生产出合格有效的药品，实现药物工业化生产的工程技术学科。其广义上包括药物生产的工艺开发、工程设计、生产管理、质量体系和新药研发。制药工程学将药学理论知识与工程和设备实际衔接起来，从工程、法规和经济的角度去考虑技术问题，通过研究、设计和选用最安全、经济和简捷的药物工业生产途径，将药学研究和制药新技术的成果工程化、产业化。

　　制药工程学是一门新兴的交叉综合性技术学科。1995年，美国制药工程研究生教育计划在新泽西州立大学诞生，旨在培养药学和工程学的复合人才，标志着制药工程教育的开端。1998年，我国国务院学位委员会和教育部在调整学科结构与大幅度整合高等学校专业时，在化工与制药类下增设了制药工程本科专业。随后，我国多个高校的制药工程领域工程硕士的培养相继开始。近年来，为更好地适应国家经济社会发展对高层次应用型人才的新需求，进一步突出"思想政治正确、社会责任合格、理论方法扎实、技术应用过硬"的工程类硕士专业学位研究生培养特色，全面提高培养质量，将包括制药工程等多个专业整合为生物与医药领域工程。

　　无论是化学合成药物、天然来源药物（包括中药饮片和中成药）还是生物制品（生化制品及疫苗等）等，其制药过程的共性本质是"三大传递"，即动量传递、热量传递和质量传递，并以此形成针对液体、流体和固体粉末的不同单元操作。本书对这些共性制药过程进行了较深入的理论介绍，结合实际应用介绍相关设备，并介绍了现代"质量源于设计"和"实验设计"在制药工程中的应用。

　　本书分为上、中、下三篇，共10章内容。上篇为制药工程基础理论，深入介绍了制药过程与质量管理、制药过程的流体流动——动量传递、制药过程的热量传递和质量传递等制药过程的基本理论；中篇以制药过程的单元操作为主线，详细地介绍了制药过程中含液原辅料的蒸发、蒸馏、精馏与分流，萃取，浸出，结晶等处理过程，并对沉降与过滤、混合、干燥、粉碎与筛分等单元操作的理论、设备及工艺进行了详细论述；下篇药物制剂系统以典型固体制剂的生产为例，对药物制剂系统和常见固体制剂的生产过程进行了说明，并对制药过程的环境条件，具体针对灭菌、空调、加湿做了系统性说明。本书强调内容的先进性、典型性，对制药过程涉及的理论知识进行了较深入的讨论，能在制药相关专业高年级本科生和研究生的制药理论研究与生产实践应用之间发挥较好的衔接作用。

　　本书根据编者多年制药工程的教学、科研以及参与药厂实际设计等经验，在国内外教材的基础上编写而成，作为各高等院校生物与医药领域工程专业高年级本科生和研究生的教材，也可供制药行业生产、研究、技术人员阅读、参考。

　　本书由昆明理工大学化学工程学院的罗康碧教授审阅。昆明理工大学生命科学与技术学院超分子药物化学课题组的多名研究生参加了文字和图像的编辑工作。本书获得昆明理工大学百门优秀核心课程、昆明理工大学高校创新创业改革试点院系专项和2017年普通本科高校卓越人才协同育人计划的资助,在本书编写的过程中,也得到科学出版社及各参编院校的大力支持。在此向其深表感谢。

由于制药工程的复合性特色,内容繁杂,且作者知识和水平有限,编写时间较为仓促,因此疏漏和不妥之处在所难免,恳请读者批评指正。

《高等制药工程学原理》
编委会
2021 年 8 月

目　录

上篇　制药工程基础理论

中篇 制药过程的单元操作

上篇　制药工程基础理论

第1章　制药过程与质量管理

对药品生产进行质量管理的理念最初是"检验控制质量"模式，即"药品质量是通过检验来控制的"，是指在生产工艺固定的前提下，按药品质量标准通过终端检验达到确认产品质量的目的，合格后放行出厂。这种模式的劣势主要体现在两个方面：其一，检验仅是一种事后的行为，一旦产品检验不合格，虽说可以避免劣质产品流入市场，但毕竟会给企业造成较大的损失；其二，每批药品的数量较大，检验时只能按比例抽取一定数量的样品，当药品的质量不均一时，受检样品的质量并不能完全反映整批药品的质量。

20 世纪 70 年代，美国食品药品监督管理局（FDA）注意到检验结果的代表性问题，进行不同抽检量发现不合格产品的可能性试验，对一批总共 6 万支注射剂按美国药典（USP）无菌测试方法进行无菌测试，考察不同取样量，发现不合格产品的可能性差异较大（表 1.1）。

表 1.1　不同取样量发现不合格产品的可能性　　　　　　　　　（%）

真实的不合格率	测试 20 支样品不合格的可能性	测试 40 支样品不合格的可能性
1	18.2	33.1
5	64.2	87.2
15	96.1	99.8
30	99.9	≈100.0

按现行取样标准仅需抽取 20 支样品进行测试，极有可能存在代表性不足的问题，结果说明检验取样不能从根本上保证质量，只能作为预防严重质量偏离发生的最后一道防线。

1978 年 6 月，FDA 在其发布的《药品工艺检查验收标准》中提出了"药品质量是通过控制生产过程来实现的"，即"生产控制质量"模式，将药品质量控制的支撑点前移，结合生产环节来综合控制药品的质量。这一模式的关键是，首先要保证药品的生产严格按照经过验证的工艺进行，然后再通过最终产品的质量检验来控制质量，标志着质量管理从"质量检验"提升至"质量保证"。这一模式抓住了影响药品质量的关键环节，将控制重心前移，通过强化影响质量的关键环节的过程控制达到保证产品质量的目的，可及时追溯原因，比单纯依靠最终产品检验的"检验控制质量"模式有了较大的进步，也是药品生产质量管理规范（GMP）的核心。但是，"生产控制质量"模式并不能解决所有的问题，其不足之处在于，如果在药品的研发阶段，该药品的生产工艺并没有经过充分的优化、筛选、验证，那么即使严格按照工艺生产，仍不能保证所生产药品的质量。于是在研发中就赋予了产品质量内涵，21 世纪以后提出"质量源于设计"的观念。

1.1　质量源于设计

近年来国际上大力推行"质量源于设计"（quality by design，QbD）理念来进行药物研发，包括原料药和制剂产品、分析方法等。QbD 模式，即"药品质量是通过良好的设计而生产出来的"，是将药品质量控制的支撑点更进一步前移至药品的设计与研发阶段，消除因药品及其生产工艺设计不合理而可能对产品质量带来的不利影响。产品设计和研发阶段进行风险预测，增进过程理解，保证过程的有效性和生产工艺的可调控性。根据这一模式，在药品的设计与研发阶段，首先要进行全面的考虑，综合理解目标药品，然后通过充分的优化、筛选、验证等实验，确定合理可行的生产工艺，强调过程控制和风险评估（risk assessment，RA），注重建立控制策略和持续改进措施。质量是设计赋予的，旨在将药品质量监管体系从过去单纯依赖最终产品检验过渡到生产过程、研发等阶段风险预测及质量控制的全过程，无须检验，实时放行。这些理念和方法是药物研发的最前沿，对制药行业的发展具有里程碑式的意义。

1.1.1　质量源于设计的概念

1. 质量源于设计的历史

20 世纪 70 年代末，日本丰田公司为提高汽车制造质量提出了 QbD 的相关概念，并在通信和航空等领域发展，逐渐形成了 QbD 的方法。

2002 年，美国药品研发企业界对 FDA 多有抱怨，认为 FDA 管得太严，使企业在整个过程中缺乏灵活变通生产参数的空间。FDA 最后经过反思认为这些抱怨有一定的道理，考虑给企业界一定的自主权，在一定范围（设计空间）内调节参数保证产品质量稳定，这种微调可以不需要做变更注册。但监管的前提是需要对产品的质量属性有透彻的理解，对工艺进行过详细的研究，包括产品的质量属性、工艺对产品的影响、变异来源等，进行质量风险评估。为了解答制药企业对药品严格监管的质疑，2004 年 9 月，FDA 正式发布《21 世纪制药行业 cGMPs：基于风险的方法》（*Pharmaceutical cGMPs for the 21st Century—A Risk-Based Approach*），首次提出基于风险管理的药品 QbD 概念。药品 QbD 模式应运而生，旨在将药品质量监管体系从过去单纯依赖最终产品检验过渡到生产过程、产品设计和研究阶段的质量控制，从而全面提升产品的质量、过程的有效性和生产工艺的可调控性；并提出《创新的药物研发、生产和质量保障框架体系——PAT》《质量源于设计在 ANDA 中的应用——缓释制剂及速释制剂》两份重要文件，2005 年开始进行 QbD 注册试点，规定仿制药（ANDA）自 2013 年起必须采用 QbD 完成工艺部分注册申报。

国际药品注册和生产要求的协调组织——人用药品注册技术要求国际协调会（ICH）发布了质量体系指导原则：Q8（《药品研发》）、Q9（《药品质量风险管理》）、Q10（《药品质量体系》）和 Q11（《原料药研发和生产》），使质量保证体系整体提升为"以风险为基础"的法规框架，明确指出：要想达到理想的药品质量控制状态，必须从研发生产、风险管理和质量体系方面入手，贯彻 QbD 的理念。ICH Q8 中给出的 QbD 定义为：在可靠的科学和质量风险管理基础之上的，预先定义好目标并强调对产品与工艺的理解及工艺控制的一个系统的研发方法。ICH Q9 提出了从无意识的应用到系统的风险管理理念、程序和评估工具。ICH Q10 包括条款的符合性（GMP 审核表）到质量保证体系的符合性，并通过持续的研发和知识管理促进产品在生命周期中不断完善。ICH Q11 指南体现了原料药的设计和开发应从患者的角度进行考量的理念，在原料药设计开发过程中建议：通过试验设计的方法，识别和确定物料属性和工艺参数与关键质量属性的关系，系统地识别变异来源。

2010 年中国颁布的《药品生产质量管理规范（2010 年修订）》中引入了质量风险管理等部分 QbD 理念。化学药品新药生产注册申请的药学部分申报资料也要求参照人用药品注册技术要求国际协调会通用技术文件（common technical document，CTD）格式提交，而 CTD 格式秉承 QbD 的理念，不仅限于终产品的质量标准控制，而是更重视对影响产品质量的整个研发过程与生产过程的控制。

2. 质量源于设计的内涵

QbD 是一种始于预先设定的目标（图 1.1），强调基于合理的科学方法和风险评估来理解产品与生产过程的全面主动的系统化研究方法。从研发开始就考虑最终质量，产品的设计要符合患者的要求，在产品处方开发、工艺路线确定、工艺参数选择和物料控制等各方面均要进行深入研究，积累翔实的数据，在对物料属性、工艺参数以及它们与生产质量属性之间关系透彻理解的基础上，确定最佳的产品处方和生产工艺。

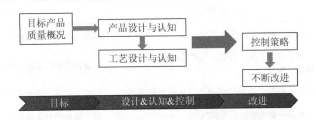

图 1.1　确定最佳的产品处方和生产工艺的示意图

通过分析关键质量属性，确定关键工艺及其评价指标，辨识关键工艺参数和关键物料属性，建立关键工艺单元数学模型，构建设计空间，实施控制策略并不断改进。QbD 为药物开发和药品生产的研究提供了一种新方法，其最终目的是希望形成一个在不需要严格监管的情况下，仍然能够确保产品质量的高效、灵活的生产制造平台。

实施 QbD 理念是将过程分析技术（process analysis technology，PAT）与风险管理（risk management，RM）综合应用于药品开发的过程，其目的并不是消除生产中的偏差，而是建立一种可以在特定范围内通过调节偏差来保证产品质量稳定性的生产工艺。通过 QbD 可以找出生产过程输入变量（如物料性质等）和过程参数组合的范围，并建立设计空间（design space）。ICH Q8 对设计空间的定义为"已被证明有质量保障作用的物料变量和工艺参数的多维组合与相互作用"，就是各种影响产品质量的关键因素和参数的组合，见图 1.2。

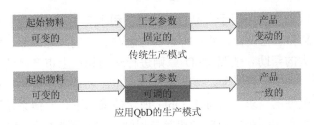

图 1.2　应用 QbD 的生产模式与传统生产模式的对比

药物研发包括传统方法和 QbD 方法。传统方法只靠对产品和工艺特性的经验进行评估，而很少关注处方和工艺过程中多种变量的影响,通过固定的生产工艺和产品的检验控制产品质量(质量源于检验,QbT),与在研发中保证药品质量相比存在一定的滞后性。其质量保证基于产品的检验和检测,通过大量测试数据,但关联性差,缺乏全局观,质量标准基于生产批历史,"固定的工艺"难以变更,强调重复性,忽视变化的因素。

而 QbD 是一个更加科学、基于风险、完整且主动的方法,同时在药物研发中伴有适当的前馈和反馈措施。质量设计基于科学知识和风险管理,通过大量实验数据,理解和认识产品与工艺,设计空间带来灵活的工艺,便于持续改进,强调耐用性,理解并控制变化因素。该方法不仅通过检验来控制质量,还通过药物研发阶段来决定质量,这样有助于深入了解基本原因,如那些影响药物预设属性的因素(关键物料属性和关键工艺参数等),可以在研发和设计的初始阶段采用 QbD 方法,同时在生产工艺阶段主动控制产品质量。采用 QbD 理论研发产品,终产品检验只用于产品质量验证。两种研究方法的比较见表 1.2。

表 1.2　两种研究方法的比较

比较指标	传统药品研发	QbD 研发
药品研发	经验主义;典型的单变量试验	系统的,多变量试验
生产工艺	生产工艺固定不变;最初 3 批产品的验证;重点在重复性方面	在设计空间内调整、验证;关注控制策略和适应性
工艺控制	在过程中检测,确定继续/停止;离线分析/慢响应	利用 PAT 进行反馈和实时预测
产品的质量标准	主要是基于批数据的质量控制	基于预期的产品性能(安全性和有效性)
控制策略	主要是通过中间体和终产品的检验来进行控制	基于风险,控制向上游迁移
药品生命周期的管理	对问题的反应;根据需要进行上市后的变更	在设计空间内不断提高

目前人们对 QbD 的关注日益加深,现在药品质量问题 70%是由工艺缺陷造成的,在配方设计、工艺路线确定、工艺参数选择、物料控制、产品标准等方面深入研究,工艺耐用性高,避免工艺变更,通过设计提高产品质量,减少产品的质量风险。QbD 理念强调质量的风险管理,将质控提前至研发阶段,较传统的 QbT 系统更为主动有效,更有利于药品质量的持续改进。许多公司在工艺研发阶段投入了大量的精力和资金进行研究,其目的是在研究中形成建立"设计空间"所需的科学基础,并从中找出存在于物料和生产工艺中的一系列变量,使得工艺参数由"固定的"转变为"可变的"。工艺参数如此被优化和提升的关键是,对工艺的深入和透彻理解。这样,制药企业就可以通过 QbD 的应用,减少药品生产的质量风险,降低生产成本,缩短投资回报时间。

将科学的基于风险的方法应用于产品、工艺研发和生产中,可以使生产资源得到更清晰的优化。同时,理解产品和工艺设计,并且将这些理念与患者需求相联系,将会对提高企业生产效率和工艺能力有较大的帮助。依照 QbD 原则进行新药和已上市产品的工艺研究,可以更加科学地保证药品质量、降低监管风险,使药品开发、生产和监管更好地、可持续地满足人民群众对药品安全性、有效性的需求。而鉴于 QbD 理念被推出不久,体系还需要通过理论研究和实践进行完善,这也为我国制药行业监管和参与规则制定方面提供了很好的机会。将 QbD 的理念有效地应用于药品的研发、生产、审评和监管中,不仅对提高药品的质量,而且对创新药在中国的发展,都有其现实意义和深远的历史意义。

1.1.2 　质量源于设计的基本内容

QbD 是在充分的科学知识和风险评估基础上,始于预设目标,强调对产品与工艺的理解及过程控制的一种系统优化方法。QbD 贯穿整个药品生命周期,是从产品概念到商品化的设计和生产,通过充分理解产品属性和工艺过程,对生产关键工艺给予一定的设计空间和控制策略。

QbD 的基本内容如图 1.3 所示。

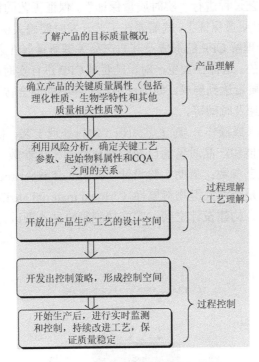

图 1.3　质量源于设计的基本内容

1. 目标产品质量概况

目标产品质量概况(quality target product profile,QTPP)是对产品质量属性的前瞻性总结。具备这些质量属性,才能确保预期的产品质量,并最终标志药品的有效性和安全性。药品的最终目的是质量可控、安全有效,服务患者,所以需要从安全性和有效性的角度出发,定义对产品各要素的控制目标。由于不同制剂产品对原料药质量的要求不同,因此对于原料药研发,必须与其制剂产品相适应,总结出原料药的质量概况。目标产品的质量属性是研发的起点,应该包括产品的质量标准,但不仅仅局限于质量标准。

2. 关键质量属性

关键质量属性(critical quality attribute,CQA)是指产品的某些理化性质、微生物学或生物学(生物制品)特性,且其必须在一个合适的限度或范围内分布时,才能确保预期产品质量符合要求。结合已有知识,判断产品的质量属性有哪些,可从性状、鉴别、含量、检查四大项出发考虑。依据具体项目和相关知识判定其是否与安全性和有效性相关，以此确定其为关键质量属性或者非关键质量属性，并说明理由。如果被认定为 CQA，还需要分析该 CQA 是否会受物料或工艺的影响，若受其影响，应进行风险评估和实验研究。在原料药研发中，如果涉及多步化学或生物反应或分离时，每一步产物都应该有其关键质量属性，中间体的质量属性对成品有决定作用。通过进行工艺实验研究和风险评估，可确定关键质量属性。

3. 工艺开发和理解

依照 QbD 理念，产品的质量不是靠最终的检测来实现的，而是通过工艺设计出来的，这就要求在生产过程中对工艺过程进行"实时质量保证"，保证工艺的每个步骤的输出都是符合质量要求的。要实现"实时质量保证"，就需要在工艺开发时明确关键工艺参数（critical process parameter，CPP），要充分理解 CPP 的形成及其与产品关键质量属性之间的关系，即 CPP 是如何影响产品关键质量属性的。这样在大生产时，只要对 CPP 进行实时的监测和控制，保证 CPP 是合格的，就能保证产品质量达到要求，如湿法制粒工序中的混合转速和时间、粉碎转速和时间，总混工序中的混合转速及时间等。

通过预设的生产工艺（或操作），对工艺知识（物料处理工艺、操作单元选择等）进行总结，找出可能影响工艺性能和产品质量的已知物料属性和工艺参数；用风险控制和科学知识确定高风险物料属性和工艺参数；借助实验设计（design of experiment，DOE）和实验研究，结合分析检测数据，确定是否为关键物料属性（critical material attribute，CMA）和 CPP。建立关键工艺单元数学模型，构建设计空间，实施控制策略并不断改进等。三者的相互关系见图 1.4。

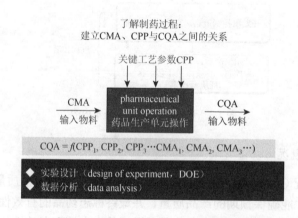

图 1.4 CMA、CPP 与 CQA 的关系图

关键物料属性是指对产品质量有明显影响的关键物料的理化性质和生物学特性，这些属性必须限定和控制在一定的范围内，否则将引起产品质量的变化。

关键工艺参数是指一旦发生偏移就会对产品质量属性产生很大影响的工艺参数。在生产过程中，必须对 CPP 进行合理控制，并且能在可接受的区间内操作。有些参数虽然会对质量产生影响，但不一定是 CPP。这完全取决于工艺的耐受性，即正常操作区间（normal operating range，NOR）和可接受的区间（proven acceptable range，PAR）之间的相对距离。如果它们之间的距离非常小，就是 CPP，如果大就是非 CPP，如果偏离中心，就是潜在的 CPP。

4. 设计空间

设计空间（design space）是指经过验证能保证产品质量的输入变量（如物料属性）和工艺参数的多维组合与相互作用，目的是建立合理的工艺参数和质量、标准参数，是一个可以生产出符合质量要求的参数空间。工艺开发得到的生产工艺可能具有多个控制空间，不同的控制空间有不同的控制策略，这些控制空间总称为知识空间。设计空间信息的总和就构成了知识空间，其来源包括已有的生物学、化学和工程学原理等文献知识，也包括积累的生产经验和开发过程中形成的关键工艺单元数学模型。

在设计空间内运行的属性或参数，不需要向药监部门提出申请，即可自行调整。如果超出设计空间，需要申请变更，药监部门批准后方可执行。设计空间合理并通过验证可减少或简化药品批准后的程序变更。

通过对知识空间的风险评估和对试验方法、文件资料的研究，可以界定出相应的设计空间。设计空间的优势在于为工艺控制策略提供一个更宽的操作面，在这个操作面内，物料的既有特性和对应工艺参数可以无须重新申请进行变化，因此，在设计空间范围内改变操作无须申报，如果设计空间与生产规模或设备无关，在可能的生产规模、设备或地点变更无须补充申请。

5. 控制策略

ICH Q8 对控制策略（control strategy）的定义为"源于对现有产品与工艺的理解，确保工艺性能与产品质量的一系列有计划的控制。这些控制包括：药用物质、制剂产品与成分、设施与设备操作条件、过程中间控制、成品标准以及与之相关的方法、监测频率等相关的参数与属性"。所有产品的质量属性和工艺参数，无论其是否被归类为关键，均属于控制策略范畴。建立有效、适当的控制策略是药品开发阶段的重要任务之一。控制策略的制定是以前期获得的知识与经验为基础的，其过程有效性体现在对生产工艺的受控性进行指示，而其最终目的是保证生产出的产品符合工艺要求。控制策略是基于对工艺的风险分析与管理而建立的。控制策略因素包括原料控制、中间产品与放行标准、性能参数、工艺参数设置点与范围、工艺监测以及保存时间等。在知识空间范围内，采用任何一种可能的控制空间都能生产出符合要求的产品。企业可以从诸多的控制策略中选择适合于自身的一个，以满足其商业生产。

6. 持续改进

产品生命周期就是从产品研发开始经过上市，到产品退市和淘汰所经历的所有阶段。生命周期管理就是原料药产品、生产工艺开发和改进贯穿于整个生命周期。对生产工艺的性能和控制策略定期评价，系统管理涉及原料药及其工艺的知识，如工艺开发活动、技术转移活动、工艺验证研究、变更管理活动等。不断加强对制药工艺的理解和认识，采用新技术和知识持续不断地改进工艺。持续地改进和提高是 QbD 理念的一部分，这样做会提高实际生产中的灵活性，并且使关键技术能够在研发和生产之间得到交流。此外，通过对商业生产数据进行评估，可以确定工艺改进的最佳方式。QbD 的实施是团队对已有工艺努力改进的结果，工艺的改进最终增加了对工艺的理解，减少工艺的变异并实时保证质量。

如果 CQA 的变异不在可接受的范围内，就要进行调查分析，找出原因并实施改进纠正措施。改进后的控制策略若不在现有的控制空间内，那就会产生新的控制空间，新的控制空间以在原有的设计空间内为宜。

如果知道导致 CQA 产生变异的原因，可以使用现有的质量标准或操作规程对修改后的工艺进行测试，以证明新的控制策略达到了目标效果。新的工艺测量方法可能需要更先进的能够对 CQA 进行在线实时检测的仪器。这些来自 PAT 的实时检测数据具有"实时质量保证"的作用。通过类似于统计过程控制（statistical process control，SPC）控制图或其他方式来判断一个工艺是否稳定于有效的控制中。例如，过程能力、过程性能分析和过程监控等都是常见的分析数据的方法。

在 QbD 的设计过程中将会应用各类统计学的工具。在产品的设计与研发之初，DOE 将会贯穿最初筛选、产品描述、产品优化的整个过程；在过程的设计与研究中，各类模型的建立与评估显得十分重要；在生产制造的发展及持续改进中，各种统计学方法将会应用到建立系统与各类趋势跟踪过程中。其中 PAT 的应用尤其广泛。PAT 作为药品生产过程的分析和控制系统，是通过使用一系列的工具，结合生产过程中的周期性检测、关键质量参数的控制、原材料和中间体的质量控制以及生产过程确保最终产品达到标准的方式。其目的是提高生产效率和产品质量，营造一个良好的监管环境。目前在国际上使用的 PAT 工具包括过程分析仪器、多变量分析工具、过程控制工具、持续改善（CI）/知识管理（KM）/信息管理系统（ITS）等。FDA 认为 PAT 可加深对生产过程和药品的理解，提高对药品生产过程的控制，在设计阶段就考虑到产品质量的确保问题。

1.1.3　质量风险管理

1. 质量风险管理概述

质量风险管理是建立在对产品和工艺的认识与理解的基础上，在产品整个生命周期过程中，用来识别、评估和控制质量风险的一个系统程序。2002 年，FDA 首次提倡在质量体系中运用风险管理方法；2005 年 11 月，ICH 制定并发布了 Q9《药品质量风险管理》，2006 年 6 月美国批准其作为 cGMP 指南，2008 年 3 月，欧盟将其作为 GMP 附录 20；我国也参照该指南发布了 GB/T 24353—2009《风险管理　原则与实施指南》国家标准，并且在 2010 版 GMP 第二章第四节中引入了质量风险管理，规定："第十三条 质量风险管理是在整个产品生命周期中采用前瞻或回顾的方式，对质量风险进行评估、控制、沟通、审核的系统过程。第十四条 应当根据科学知识及经验对质量风险进行评估，以保证产品质量。第十五条 质量风险管理过程所采用的方法、措施、形式及形成的文件应当与存在风险的级别相适应。"

风险（risk）是危害发生的可能性和该危害严重性的组合，ICH Q9 将"可监测性"加入风险因素组合中。风险通常被描述为潜在事件和后果，表达了事件后果（包括环境的变化）和相关的可能性概率。风险存在于任何时间、任何地方，贯穿药品的整个生命周期，涉及与药品相关的各个环节。风险评估包括前瞻性（proactive）风险评估和回顾性风险评估。前瞻性风险评估应预先、积极主动地查找影响药品质量的"所有因素"，并筛选出需要控制的"关键因素"，且定期对既往的风险评估进行回顾性风险评估。

在对新产品、设施、设备的引入过程中，定期回顾时；内外部环境变化时；验证管理方面、启动变更程序时；确定确认、验证活动的广度和深度时；重大变更控制、重大偏差处理、客户投诉、纠正与预防措施（CAPA）制定时；产品上市后出现质量事故、严重不良反应、重大质量投诉时；投诉对质量和药政法规造成潜在的影响，包括对不同市场的影响、主要物料供应商审计、物料及产品储存过程发现异常时；产品运输过程发现异常时；考虑产品稳定性出现异常时；法律、法规、政策、方针的更新与变化等情况下，评估和确定内部的和外部的质量审计的范围时；评估质量体系，如材料、产品研发、标签或批审核的效果有变化等情形下（但不限于），有可能引入新的风险，应及时启动风险管理程序。

　　2. 药品质量风险管理的内容和程序

　　1）药品质量风险管理的内容

　　药品质量风险管理是企业在实现确定的目标过程中，系统、科学地将各类不确定因素产生的结果控制在预期可接受范围，以确保产品质量符合要求的方法和过程，是对药品整个生命周期进行质量风险的识别、评估、控制、沟通、回顾的系统过程。其初级目标是实现对风险的可知、可控、可接受；终极目标是最终保护患者的利益。企业应成立质量风险管理组织框架，制定风险管理的程序和计划，并有书面程序和实施计划，建立内部、外部沟通和报告机制。质量风险的决策人与 GMP 指南规定的质量责任人相一致，而在风险评估过程中应注重风险沟通。一般情况下，企业风险管理委员会负责企业各部门风险管理的协调及资源调配；负责确立风险管理的原则；负责审核和批准风险管理总计划和策略，监督计划的执行和在风险发生时进行指导；负责审核和批准风险管理报告；负责企业风险管理框架适应性和有效性的监督、检查、回顾、评审、持续改进等。部门负责人至少应负责制订与本部门生产活动有关的风险管理计划；负责风险项目及问题的汇总工作；负责资料与数据的收集工作。其中质量保证部负责人还应负责审核所有部门的风险管理计划和记录。成立专门的风险管理小组，参与整个风险管理过程的全部活动，主要负责执行风险的确认、分析和评价，提出风险控制措施的建议并进行有效性验证，起草风险管理报告，参与风险回顾等。质量保证（QA）部门的风险管理员协助风险管理组长进行风险管理的组织、协调、跟踪评估，并进行编号、登记、归档，其关系见图 1.5。

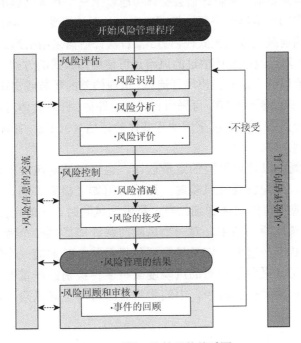

图 1.5　质量风险管理的关系图

2）药品质量风险管理的程序

第一阶段：风险评估　　风险评估是对危害源的鉴定以及对接触这些危害源造成的风险的分析和评估，包括风险识别、风险分析和风险评价三部分。风险评估首先应有明确的问题描述或风险疑问，一旦确立了可能的风险，就可以确认合适的风险管理工具和回答风险提问所需要的信息的类型。出于风险评估的目的，下列三个基本问题有助于清楚地确定风险：什么可能出错，会出错的可能性（概率）有多大，结果（严重性）是什么。

（1）风险识别（risk identification）：发现、识别、描述风险的过程。通过根本原因调查，明确出现的质量问题和（或）风险疑问，是风险管理程序后续步骤的基础。本阶段还包括识别潜在的风险，即"什么可能出错"的问题，以及识别可能的后果，此时要评估用于识别潜在风险的假设的可信度。系统地利用收集的信息，包括历史数据、技术分析、知情人、专家和利益相关者的意见。有助于风险识别的工具有流程图、审核表、工艺图、原因和影响图（鱼骨图）。

（2）风险分析（risk analysis）：充分理解风险的性质和确定风险等级的过程。对识别的风险进行风险等级（R）估算，即对危害进行定性和定量分析。风险等级是风险的重要度，所有风险组合所产生的后果和其可能性。解决两个问题：会出错的可能性（概率）有多大，结果（严重性）是什么。为了让风险评估结果更准确，通常会增加新的维度，如可监测性。定量评价：概率数值（后果发生的可能性），用于具有统计学因果关系的风险评估。半定量评价（风险测量）：将严重性、可能性及可监测性等多重等级的因数相乘，形成对相对风险的整体评价，评分程序的中间步骤有时可以采用定量的风险评价。常用工具或方法包括统计学计算、失效模式与影响分析（FMEA）、危害分析和关键控制点（HACCP）等。

（3）风险评价（risk evaluation）：对比风险分析和风险标准的过程。确定风险的性质及其级数是否能够被接受和容忍。风险标准的建立以企业目标、外部环境及内部环境为基础，参考标准、法律、政策等其他要求。风险评估会整体考虑以上三个基本问题的证据强度，将已被识别和分析的风险与给定的风险标准进行比较，确定其是否被接受（风险决策）。

风险评估可以采用前瞻式或回顾式评估方式。首次评估需采用前瞻式和回顾式并存的评估方式，对已经发现的风险点或已经评估过的风险点可使用回顾式的方式进行评估。前瞻式评估方式将所有可能的风险以列表形式列出项目清单。出现偏差的环节或定期进行回顾的项目即风险分析项目，直接进入风险拆分环节。可采用正式风险评估：针对具体对象成立风险评估小组，按风险管理程序走完全过程。也可以采用非正式风险评估（SOP）：各种记录加入风险评估相关内容，实时进行评估。

风险评估的结果既可以是对风险的定量估计，也可以是对风险的定性描述，还可以是定性和定量组合方式。当定性描述风险时，风险可用如"极高、高、中、低、极低"等这样的词语来描述，但应尽可能表述详细。当定量表达风险时，一般用数字 0～1（0～100%）来表示其概率；在定量风险评估中，对一个风险的估计能提供一个特定结果的可能性，给出一系列产生风险的状况。因此，定量风险评估仅对某个时刻的一个特定结果是有用的。此外，一些风险管理工具采用了相对的风险度量将多种级别的严重性和概率合并到一个完整的风险评估中。在风险评估过程中，中间步骤有时可用定量风险评估。质量风险评估表如表 1.3 所示。

表 1.3　质量风险评估表

严重程度（S）	发生的可能性（P）				
	第 1 级: 稀少	第 2 级: 不太可能发生	第 3 级: 可能发生	第 4 级: 不很可能发生	第 5 级: 经常发生
第 5 级: 毁灭性	5	10	15	20	25
第 4 级: 严重	4	**8**	12	16	20
第 3 级: 中等	3	**6**	9	12	15
第 2 级: 微小	2	4	**6**	**8**	10
第 1 级: 可忽略	1	2	3	4	**5**

注: 本表中有阴影数据表示发生概率在 10%或以上; 粗体表示发生概率在 5%～10%; 白体表示发生概率在 5%或以下

常用公式如下。

风险等级式:

$$R = P \times S \tag{1.1}$$

定性评级式:

$$RPR = P \times S \times D \tag{1.2}$$

定量评级式:

$$RPN = P \times S \times D \tag{1.3}$$

式中, P 为发生的可能性（probability）; S 为严重程度（severity）; D 为可检测性（detectability）; RPR 为风险优先等级（risk priority ranking）; RPN 为风险优先数量等级（risk priority number ranking）。定性评级使用定性方式以高、中、低来描述影响的程度, 定量评级采用定量方式, 用数值范围表示。

第二阶段: 风险控制　风险控制包括做出的降低风险或接受风险的决定。风险控制的目的是降低风险至可接受水平。对风险控制所做的努力应与该风险的严重性相适应。决策制定者可采用不同的方法, 包括利益-成本分析, 以判断风险控制的最佳水平。风险控制重点反映在以下几个问题上: 风险是否在可接受的水平以上; 可以采取什么样的措施来降低、控制或消除风险; 在利益、风险和资源间合适的平衡点是什么; 在控制已经识别的风险时是否会产生新的风险, 新的风险是否处于受控状态。

当风险超过了可接受的水平时, 应采取措施降低危害发生的严重性和可能性或避免危害发生, 或者提高发现质量风险的能力（可检测性）。在 GMP 中风险是通过纠正措施与预防措施（CAPA）的制定和实施降低的。纠正措施与预防措施实际上是不同的概念, 纠正措施是为了防止重现, 而预防措施是为了防止出现。前者是救火, 后者是防火。因此, 关键是预防措施的制定。风险降低的前提是风险识别。如果不清楚危害发生原因, 就无法制订预防措施。因此, 对根本原因的彻底调查是必不可少的。质量风险超过可接受水平时, 缓解或避免风险的发生有时需要额外的研究开发工作, 包括: 降低损害的严重性（如降低起始原料中的杂质）, 降低风险发生的可能性（如提高空气净化级别）, 提高对危害或风险的可监测性（如实时监控和报警）等。有时风险降低措施的实施可能给系统引入新的风险或提高其他现有（潜在的、残余的）风险的严重性。所以应当进行风险审核, 确定并评价在执行降低风险的程序后产生的任何变化。

即使是最好的质量管理措施, 某些损害的风险也不会完全被消除。在这些情况下, 可以认为已经采用了最佳的质量风险管理策略, 质量风险已降低到可接受水平。该水平将依赖于许多参数, 应根据具体问题具体分析来决定。可接受的风险应该已经正确地描述了风险, 识别根本原因，有具体的消减风险解决方案，已确定补救、纠正和预防行动计划，行动计划有效，行动有负责人和目标完成日期，随时监控行动计划的进展状态，按计划进行或完成预定行动。重要的决策不能完全信赖风险接受标准，还需要综合已有的知识和经验，并重新考察风险评估的程序。

通过风险处理后仍存在剩余风险，包括：已经得到评估且风险已被接受，已经识别但该风险尚未被正确地评估，还没有被识别，还没有与对患者的风险相关联。在药品生产中零风险是不可能实现的愿望，只能降低风险，不可能完全消除风险。

第三阶段：风险回顾和审核　风险管理过程的结果应结合新的知识与经验进行回顾。质量风险管理过程一旦启动，应持续应用于任何可能影响初始质量风险管理决策的事件，不论是计划内的（如产品回顾的结果、检查、审计、变更控制），还是计划外的（如调查失败的根本原因、产品召回），风险管理应是动态的质量管理过程，应建立并实施对事件进行定期回顾的机制。完成的质量风险评估要文件化，并归档，包括：依具体情况可选择简短的总结或详细报告，应包含根本原因和总结，残留风险应单独归档。

风险管理应当是质量管理过程的一个并行部分，应在质量保证体系框架内建立风险管理的审查或风险事件监督的机制。应结合最新的知识和经验对风险管理程序的输出/结果进行跟踪和审核。风险的审核频率应基于风险的水平。风险审核还应包含对风险接受决定（残留风险）的再审议。

依据正式风险管理程序做出决策之后，必须将输出和结果与利益相关方进行交流沟通。风险沟通就是决策制订者及其他有关方交换或分享风险和风险管理的信息。参与者可以在风险管理过程的任何阶段进行交流。一个正式的风险通报过程有时可发展为风险管理的一部分，这可包括许多相关部间的通报，如管理者与企业、企业与患者以及公司、企业或管理当局内部等。所含信息可涉及质量风险是否存在及其本质、形式、可能性、严重性、可接受性、处理方法、检测能力或其他。知识不足可能影响风险测量结果的正确性，如果风险决策人依据其具有的知识无法判断风险的大小，应在做出风险评估决定之前与顾问组进行必要的交流以获得足够的知识。应事先建立一份风险评估顾问（包括外部顾问）的清单，尽可能覆盖所有相关的学科、知识和经验，包括企业内部评估顾问和外部顾问（如质量、研发、工程、法规、生产、市场销售、统计学和临床医学等）。这种交流不需要在每个风险认可中进行，企业和监督管理当局间就质量风险管理决定进行沟通时，需遵循法律法规和指南的要求。

1.1.4 质量风险管理工具

质量风险管理可以采用公认的风险管理工具和（或）内部程序（如 SOP）来评定和管理风险。ICH Q9 列出了一些工具：基本风险管理简易办法（流程图、检查表等），失效模式与影响分析（FMEA），失效模式影响及危害性分析（FMECA），失败树分析（FTA），危害分析和关键控制点（HACCP），危害与可操作性分析（HAZOP），预先危害分析（PHA），风险排序和过滤，支持性统计工具。质量风险管理方法和配套统计的工具可以联合应用（如可能的风险评估），如流程图、工艺图、生产能力的统计与 FMEA 风险测量在工艺验证方案制订中的联合应用。质量风险管理的严格程度和正规化程度应反映现有的知识水平，与被表述的问题的复杂性和危险程度相适应。方法和工具的选择取决于风险评估所需的详细程度和量化程度，以及掌握的知识和数据的翔实程度。在质量保证体系的建立和维护过程中灵活使用这些方法和工具，可以使质量风险管理的原则融入 GMP 体系之中。

1. 基本的风险管理辅助方法

流程图（flow chart）是将一个过程（如生产工艺过程、检验过程、质量改进过程等）用图的形式表示出来的一种图示技术。便于分解各步骤及其之间的关系。

工艺图（process mapping）：在使用其他工具前，工艺图有助于理解、解释和系统地分析复杂工艺以及关联的风险。

检查表（check sheet）：呈现有效信息、清晰的格式，涵盖已有经验知识，列出系统内可能发生的危害，可能完成一个简单的列表，得到规避风险的意见。

柏拉图（Pareto），又叫排列图。根据所搜集的数据，按不良原因、不良状况、不良发生位置等不同区分标准，寻求占最大比例的原因、状况或位置的一种图形。它是将质量改进项目按最重要到次重要顺序排列而采用的一种图表。

原因和影响图（鱼骨图，Ishikawa/fishbone diagram）：将明确的准备分析的问题放在鱼骨的顶端，考虑"什么是该问题（风险）的主要原因"，并将这些原因注明在每一条分支上。每一条线可进一步分解以找出根本原因，如果某一分支过于拥挤，可考虑将该分支拆解下来单独构成新的鱼骨图。综合所有潜在的原因，筛选出关键的或根本的原因，或需要进一步研究的问题。

2. 风险分析的主要工具

失效模式与影响分析（FMEA）：为风险管理最常用的工具之一，用来检查潜在失效并预防再次发生的系统性方法。将大的、复杂的过程分解为容易处理的步骤。

通过排列风险的优先次序，监控风险控制行为的效果，分析生产过程以确定高风险步骤或关键参数。

失效模式影响及危害性分析（FMECA）：将 FMEA 的严重性、可能性以及可检测性连接到危险程度上。

失败树分析（FTA）：为故障树的模式与逻辑的操作者的结合，对产品或工艺的功能性缺陷进行假设的分析方法，是用于确定引起某种假定错误和问题的所有根本性原因的分析方法。

危害分析和关键控制点（HACCP）：是对危害的系统性、前瞻性和预防性的分析方法。分析的系统按照风险等级的高低，找出最首要的控制目标和关键元素，进行定性或定量分析，然后进行总结。

危害与可操作性分析（HAZOP）：通过头脑风暴工具等，辅助 HACCP 分析。

预先危害分析（PHA）：通过简易的归纳分析风险事件发生的可能性。但只能提供初步信息，用于辅助其他工具。

3. 统计工艺控制

统计工艺控制（static process control，SPC）是质量源于生产阶段常用的质量管理方法，属于回顾性分析方法。生产过程中始终存在生产工艺和产品质量的波动，这些波动可分为固有的自然波动，以及由物料不良、人员疏失、机械故障等引起的异常波动。控制图（control chart）是统计工艺控制的核心方法，用于监测和识别异常波动，区别引起关键质量特性或关键工序产生波动的是正常原因（正态分布）还是异常原因（偏差产生），分析过程状态的工艺质量稳定性；指导人为调查干预或自动反馈控制，使工艺保持在仅有自然波动的受控状态，并促使工艺能力持续改进。关于控制图理论，最早于 20 世纪 20 年代由休哈特（Shewhart）博士在美国贝尔实验室首次提出质量控制图的概念，1939 年休哈特与戴明合著《质量观点的统计方法》，介绍 SPC 的技术与观念，在美国，三大汽车制造商通用、福特、克莱斯勒重视 SPC 并使其广泛应用，随后 ISO9000 体系也注重过程控制和统计技术的应用，按专门的要素要求进行。

控制图是特殊的时间序列图，用来帮助鉴别流程中是否存在异常因素，能够察觉流程随时间的变化而呈现的变化，其结构如图 1.6 所示。

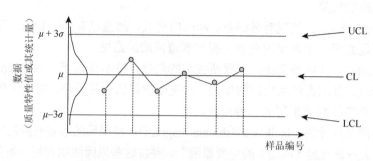

图 1.6　统计工艺控制图

横坐标为按时间顺序抽样的样本编号；上直线为控制上限（upper control limit，UCL），下直线为
控制下限（lower control limit，LCL），中直线为中心线（central line，CL）

4. 建立控制图的流程

建立控制图的一般流程为：①确定控制图的类型、控制的参数 h（如样本中片重的平均值、方差、标准差、极差等）、取样次数 a 和每次取样的样本量 n。②开展生产，按取样方案取样、检验并记录结果（或从历史数据中得到），检测数据的正态性。③按照规程计算 CL、LCL 和 UCL。④检查是否有任何点超出控制限，或显现出有规律的图样，从而揭示可能的异常波动和异常趋势，调查确定异常波动的发生及来源，去除超出控制限的点后，重新计算 CL、LCL 和 UCL。重复直到所有点落在控制限内，完成控制图的建立。⑤用建立的控制图监测工艺，如果后续点不存在异常波动或异常趋势，则称工艺处在"统计工艺受控状态"，设置警戒限和行动限来预防质量问题，并评价工艺能力。控制图的种类如表 1.4 所示。

表 1.4　控制图的种类

类别	名称	控制图符号	特点	适用场合
计量值控制图	平均值-极差控制图	X_{bar}-R	最常用，判断工序是否正常。效果好，但计算工作量很大	适用于产品批量较大的工序
	中位数-极差控制图	X_{med}-R	计算简便，但效果较差	适用于产品批量较大的工序
	单值-极差控制图	I-MR	简便省事，并能及时判断工序是否处于稳定状态；缺点是不易发现工序分布中心的变化	因各种因素（时间、费用等）每次只能得到一个数据或希望尽快发现并消除异常因素
计数值控制图	不合格品数控制图	P_n	较常用，计算方便，操作工人易于理解	样本容量相等
	不合格品率控制图	P	计算量大，控制限凹凸不平	样本容量不等
	缺陷数控制图	C	较容易，计算简单，操作工人易于理解	样本容量相等
	单位缺陷数控制图	U	计算量大，控制限凹凸不平	样本容量不等

得到的控制图没有异常点，说明控制过程稳定，可用于确定控制限，指导人为调查干预或自动反馈控制，使工艺保持在仅有自然波动的受控状态。对于服从或近似服从正态分布的统计

量，根据正态分布的特点，CL±3σ 范围大约有 99.73% 的数据点会落在上下控制界限之内。将 CL±3σ 设置为行动限，又称纠偏限。数据点落在上下控制界限之外的概率约为 0.27%，根据小概率原则可判为异常点，此时虽然产品还在质量标准要求的范围内，但是必须采取行动，进行相应分析调查，查出异因，采取措施，加以消除，预防质量问题。将 CL±2σ 设置为警戒限，置信区间 95.45%，超过应加以注意，加强监测。一般情况下，法定标准＞内控标准＞纠偏限＞警戒限。若出现行动限（纠偏限）大于内控或法规标准，即说明工艺能力低下，有严重偏离正常控制范围的情况（图 1.7）。

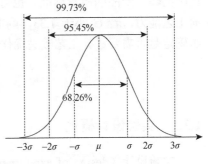

图 1.7　统计正态分布图

比较工艺的实际性能与质量标准理想的能力之间的差异：计算工艺能力（process capability），衡量生产工艺满足质量标准的能力，常用工艺能力指数（process capability index）和工艺性能指数（process performance index）等指标衡量。工艺能力指数又称短期工艺能力，有 C_p 和 C_{pk} 两种。C_p 又称为潜在过程能力指数，为容差的宽度与过程波动范围之比，用来衡量质量标准限宽度相对工艺自然波动的大小，计算式为

$$C_p = \frac{USL - LSL}{6\sigma} \tag{1.4}$$

式中，USL 和 LSL 分别为上、下规范限；USL–LSL 为公差。

在质量标准中心线和控制图中心线不重叠时，用 C_{pk} 衡量工艺能力，其又称为实际过程能力指数，为过程中心 μ 与两个规范限的最近距离：

$$C_{pk} = \min\left(\frac{USL - \mu}{3\sigma}, \frac{\mu - LSL}{3\sigma}\right) \tag{1.5}$$

当 CL = μ 时，也即工艺均值处在质量标准中心线，$C_{pk} = C_p$。

工艺能力指数（C_p 和 C_{pk}）可以被用于评价实际工艺是否合适，其标准见表 1.5。

表 1.5　工艺能力等级评定表

范围	等级	判别
$C_p > 1.67$	特级	工序能力优秀
$1.67 \geqslant C_p > 1.33$	一级	工序能力充分
$1.33 \geqslant C_p > 1.0$	二级	工序能力尚可
$1.0 \geqslant C_p > 0.67$	三级	工序能力不充分
$C_p \leqslant 0.67$	四级	工序能力不足

工艺性能指数又称长期工艺能力，常用 P_p 和 P_{pk} 两种，计算式分别与 C_p 和 C_{pk} 相同，区别在于估计 σ 的方法。P_p 和 P_{pk} 进一步放弃了工艺处在统计受控状态的前提，将所有取样观测值合并，计算 1 个标准差，加以修正用于估计。P_p 和 P_{pk} 也是统计软件常报告的指标，但解释能力有限。在工艺不处在统计受控状态时，P_p 和 P_{pk} 只能提供回顾性结论，并不能提供对未来工艺能力的预期。当 $P_{pk} > C_{pk}$ 时，说明过程能力低于过程固有能力，过程存在异常；当 $P_{pk} < C_{pk}$ 时，说明过程能力高于过程固有能力，应保持当前过程。

工艺能力的评价在工艺开发阶段可通过有限的中试/生产批次对批内和批间差异进行评

价，可对商业批次的工艺表现进行预测。通过上市后若干批次的工艺能力分析，可以合理地制订中间体、产品的质量标准。也可通过该指标进行年度质量回顾（历史批次的数据），评价当前工艺能力，若 C_p 小于 1.33，则需要找出 CQA 的不足，再根据 FMEA 或必要的根本原因分析确定是否需要进行工艺改进优化。

1.2 统计实验设计

1.2.1 实验设计概述

实验设计（design of experiment，DOE）是一种合理安排实验和分析实验结果的数理统计方法。基于数理统计方法，对明确目标，确定观察的指标，分析可能的影响因素，合理设计实验方案，通过改变过程的输入因素，观察分析其输出指标相应的变化，得出尽量可靠的影响因素与响应变量间的关系。在干扰因素存在下，降低实验误差、用尽量少的实验规模（实验次数）、较短的实验周期和较低的实验成本，获得理想的实验结果和正确的结论。

DOE 技术最早是由英国统计学大师费歇尔（Fisher R. A.）于 1920 年所创立的，首先将其应用在农业试验中，目的是提高农业产量。1947 年，印度的劳（Rao D. R.）博士发明并建议使用正交表规划具有数个参数的实验计划。英国统计学家博克斯（Box G. E. P.）发展了响应曲面方法（RSM），使 DOE 的应用步入一个黄金时代。第二次世界大战后，日本质量管理大师田口玄一研究开发出"田口品质工程方法"，简称田口方法，从而极大提升了日本产品品质及日本产业界的研发设计能力，成为日本质量管理最重要的工具。DOE 在质量控制的整个过程中扮演了非常重要的角色，它是产品质量改进、产品设计开发和工艺流程改善的重要工具。DOE 由于其强大、有效的功能，已被广泛运用于冶金、制造、化工、电子、医药、食品等行业，甚至航天业。

DOE 是检测、筛选、证实原因的高级统计工具，是利用整个统计领域的知识来理解流程中普遍存在的复杂关系。它不仅能识别单个因素的影响，而且能识别多个因子的交互影响。DOE 通过安排最经济的试验次数来进行试验，以确认各种因素 X 对输出 Y 的影响程度，并且找出能达成品质最佳的因子组合。DOE 是进行产品和过程改进最有效、强大的武器。

1.2.2 实验设计的系统模型

对工程系统的一般模型如图 1.8 所示。

1. 输出响应

输出响应（response）是在 DOE 中可以测量的系统输出，为衡量实验结果好坏的指标，一般以 Y（输出变量）表示。在质量风险分析的基础上，从 QTPP 中选择 CQA，建立指标的检测方法，作为质量特征响应。输出响应 Y 可以有计量型指标和计数型指标两种。根据同一实验响应变量的个数可分为单响应变量和多响应变量。对于多响应变量可以区分主次，综合评价，常采用如下方法。

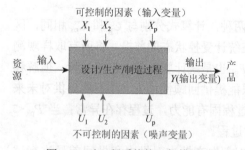

图 1.8 对工程系统的一般模型

1）综合平衡法

先以单指标得到影响因素的主次顺序和最优方案，然后加以综合平衡。关系复杂时不易平衡。

2）综合比较法

对一个因素以相对极差的大小来确定最优方案。只能做直观分析。

3）综合评分法

确定加权系数，将各指标转化为统一的百分数，便于分析比较，可进行方差分析，如化合物含量为 $Y_1(80\%)$，总提取率为 $Y_2(20\%)$，则

$$综合评分 Z = [80 \times (Y_1/Y_{1max}) + 20 \times (Y_2/Y_{2max})] \div 100 \qquad (1.6)$$

2. 因素

因素（factor）是指可能影响响应变量的原因或要素，一般记为 $A, B, C \cdots$ 因素可分为人为进行控制的可控因素 X；无法控制的噪声（随机）因素 U，应降低其影响。在质量风险分析的基础上，依据专业知识，以往的研究结论、经验教训等选择所有主要的影响因素，而放弃那些显然不重要的因素。在初步筛选因素时，可以考虑多安排一些因素。

3. 因素的水平

因素的水平（level）是指实验因素的不同状态或数量取值，一般记为 $A_1, A_2, A_3 \cdots B_1, B_2, B_3 \cdots$，包括量的变化（数量因素，定量）和质的变化（质量因素，定性）。因子的水平数至少应取 2 个。若是 2 个水平：高水平用 +1 表示；低水平用 −1 表示。若是 3 个水平，可用 1，2，3 表示。数量因素水平范围要合理，应尽可能地分散，但不要过于分散，以便对分析造成不利影响。一般以现行操作值为中心点，再来确定控制范围内的最大值和最小值。数量因素水平范围要足够宽，否则就可出现缩小甚至抵消变量的影响，同时也看不出因素间交互作用对输出的影响。但水平设置也不可过宽，否则同样可能缩小此因素的影响，或将其他因素的影响掩盖掉。

1.2.3　实验设计内容

DOE 中遵循三项基本原则，以最大限度地消除噪声（随机）因素的影响。

1. 重复

一个处理施于多个单元。简单来说，就是指在相同的实验条件下需要重复进行 2 次或以上的实验。用于估计误差，降低噪声因素的影响。

2. 随机化

以完全随机的方式安排实验的顺序。防止出现系统差异的影响，确保实验结果无偏差，随机化也是数理统计的基本原则。

3. 区组化

将一组同质齐性的实验单元（运行）作一个区组，将全部实验单元划分为若干区组的方法

称作区组化。例如，上午与下午有差异，跨度很长的时间分段等。区组也是一个变量因子，通过局部控制不可控制的因素，减小不可控制的因素引起的偏差，使实验分析更为有效。

DOE 就是采用科学的方法研究质量特征响应 Y 和影响因素 X 之间的关系，并根据实验设计建立的模型，确定 $X_1, X_2 \cdots X_p$ 的最佳值，从而使得质量特征值 Y 尽量与设计目标相吻合。当影响因素为连续型变量时，经验模型可以用连续函数表示，用回归分析等统计学方法求解：

$$\hat{Y} = E(Y) = E[f(X)] + E(\varepsilon) = f(X)$$
$$\varepsilon_i = Y_i - \hat{Y}_i$$

（1.7）

式中，ε 为随机误差，是由其他变异造成的 $f(X)$ 所无法解释的误差。

在开始 DOE 前，通过单因素（子）试验（one factor at a time，OFAT）来了解各因素的影响。当多个因素对输出响应 Y 造成影响时，可以固定其他因素，一次只改变一个因素来试验并获得数据。例如，温度、时间对产出有影响时，可以先将时间固定（或者随机），通过不断改变温度来研究其对产出的影响。这种方法的特点是对所试验的范围进行"普查"，常常应用于对目标函数的性质没有掌握或很少掌握的情况。即假设目标函数是任意的情况，其试验精度取决于试验点数目的多少，可采用均分法、平分法、黄金分割法、斐波那契数列法等方法取值，并应进行重复（一般 $n = 3$），提高可靠性。

一个因素对输出响应值的影响称为主效应；两种或以上的因素共同对输出响应值的影响称为交互作用。当因素之间的交互作用很小时，各个因素对指标的影响可以看作相互独立的，一个因素对指标影响的大小用该因素的主效应表示。当因素之间的交互作用很大时，各个因素的主效应意义就不大了，交互作用提供的信息有时比主效应的更有用。在交互作用比较大的场合，要对一个因素做出推断，试验者必须考察这个因素的各个水平与另一个因素的各个水平的种种搭配情况下的表现。这种实验设计，一次只有一个变量变动，而其他变量均保持恒定，存在的问题是实验周期过长，需要花费大量的时间和金钱。而且，最关键的是不能把主效应从交互效应中分离开；结果是不断受挫折、恶性循环和增加成本。所以单因素试验主要用于小试对工艺的探索，在一定范围内寻找最合适的试验点，为多因素试验设计确定各因素的最佳试验点。

1.2.4　实验设计方法

对于多因素交互作用的研究需要试验现代的 DOE 方法，按目的通常可分为两个阶段：第一阶段为因子筛选（screening）试验，用形式简单而精确度较低的数学模型，通过较少的试验从候选因子中筛选出少数对响应变量有显著影响的重要因子；第二阶段为响应曲面（response surface）试验，用较为复杂的数学模型，检测因子的主效应和交互作用，得到这些重要影响因子与响应变量较为精确的函数关系，寻找"最佳区域"，确定使响应 Y 值最佳时 X 的设置条件（或因子水平的最佳组合）。

1. 析因试验

通过形式简单而精确度较低的经验模型，从候选因素中筛选出少数对响应变量有显著影响的因素。将所筛选的研究因素的高/低两个水平逐一组合，并进行实验，可以分析主效应的差异和各因素之间的交互作用。

在全因素设计中为了发现不同因素的影响，处理中包括所有的不同因素构成的组合。最简单的例子是，每一个因素被认为是在高/低两个水平，这被描述为 2^n 的阶乘设计。例如，一个简单的喷雾干燥过程需要考虑输入溶液的浓度和流量、气流速度、温度 4 个因素。如果每个因素是在高和低水平被研究，那么就被描述为一个 2^4 的阶乘设计。

全因素设计实验的优势与它们的用途相关。目的是经常性地调查每个预先指定的范围所覆盖的水平因素的影响，而不是专门来发现导致响应最大值和最小值的组合因素。在这些因素是独立的情况下，统计分析是直截了当的。但是，如果因素不是独立的，存在交互作用，那么通过混淆分析可以获得这些额外的信息。

全因素设计实验对于探索性实验，其目标是快速确定在指定范围内的诸多因素的影响；调查这些因素影响之间的交互作用，所有因素的组合提供了全面的信息，旨在广泛的条件下筛选出实验的主要影响因素。如果因素之间具有明显的交互作用，则应将次要的影响因素纳入实验，以测试各种条件下的主要因素与有交互作用的次要因素。

2. 部分析因设计

当因素较多时（$n>4$），全因素设计通过常超出了调查者的资源，或其获得的所需精度水平大大高于所需要的水平。在 2^6 阶乘设计中，每个主要影响因素是其他因素的 32 种组合的平均值，它包括进行 4～8 倍的重复实验，可以通过删掉一些重复实验，所获得的实验数据还可以估计出主效应和交互作用。

如果选择部分析因设计，关于因素之间的相互作用方面的信息可能会丢失，不能区别主效、二阶交互、三阶及三阶以上的交互作用。为了更好地解释部分析因设计中多阶交互与混淆之间的关系，提出了分辨度的概念。一般默认三阶以上的交互效应项的效应可以忽略不计，至少要选择分辨度为Ⅳ或以上的设计类型。

3. 响应面设计

上面的设计考虑了特定因素水平之间的线性（一阶）关系。然而，因子水平之间的关系可能通过非线性函数相关，其中最简单的是基于因子分析从中心复合设计（CCD）中出现的二次响应面（二阶）。CCD 测试其他因子组合并且可以安装到连续的实验程序中。实验开始于设计用来拟合线性响应面的探索性 2^n 的阶乘。如果第一个实验的中心接近最大响应，可以被正交选择的因素组合为原始的阶乘设计之一来指示响应曲面的曲率。图 1.9 说明了将被选中因子组合的方式。

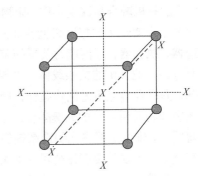

图 1.9　基于三个因素的中心组合设计

●. 因子设计因素组合；X. 完成中心组合
设计的附加正交因素组合

CCD 模型扩展到广泛的因素和水平的组合，允许连续非线性表面来绘制允许预测响应因素变化的图形。在前面的示例中，响应面研究在过程接近最优时开始。在这一点上，在一个最优的小区域精确估计真实的响应函数是合适的，从而认识到真正的表现出曲率的响应接近这个位置。序贯实验在被定义为可操作性地区（OR）变量空间的区域中操作。发掘整个 OR 是不可能的，邻近曲折变化引起兴趣的区域（实验）通常会被研究。响应面方法的目标通常是映射在一个有趣的特定区域，优化响应或选择操作条件来实现性能规范。

1.3　工业 4.0 概况和制药工业 4.0

1.3.1　工业 4.0 概况

1. 工业 4.0 的历史

德国政府于 2013 年提出"工业 4.0"项目，它描绘了制造业的未来愿景，提出继蒸汽机的应用、规模化生产和电子信息技术等三次工业革命后，人类将迎来以信息物理系统（cyber physical system，CPS）为基础，以生产高度数字化、网络化、机器自组织为标志的第四次工业革命。

工业 1.0：机械化，以蒸汽机为标志，以蒸汽为动力驱动机器取代人力，从此手工业从农业中分离出来，正式进化为工业。

工业 2.0：电气化，以规模化生产为标志，用电力驱动机器取代蒸汽动力，从此零部件生产与产品装配实现分工，工业进入大规模生产时代。

工业 3.0：自动化，以可编程逻辑控制器（PLC）和个人计算机（PC）等电子信息技术的应用为标志，从此机器不但接管了人的大部分体力劳动，同时也接管了一部分脑力劳动，工业生产能力也自此超越了人类的消费能力，人类进入了产能过剩时代。

工业 4.0：互联网＋，旨在通过充分利用信息通信技术和网络空间虚拟系统——CPS 相结合的手段，将制造业向智能化转型。

2. 工业 4.0 的内涵

工业 4.0 的本质是基于"信息物理系统"实现"智能工厂"和"智能生产"，核心是动态配置的生产方式。工业 4.0 技术的基础是 CPS。CPS 是一个综合计算、网络和物理环境的多维复杂系统，通过 3C 技术［通信（communication）、计算（computation）和控制（control）技术］的有机融合与深度协作，让物理设备具有计算、通信、控制、远程协调和自治等五大功能。它的出现实现了虚拟网络世界（云端）与现实物理世界（制造厂）的融合，结合传感器、微处理器、执行器、联网能力装置的整合控制系统，实现了智能工厂的实时感知、动态控制和信息服务。工业 4.0 的核心载体是"智能工厂"。智能工厂也称数字化工厂（DF），是以制造为基础，向产业链上下游同步延伸，涵盖了产品全生命周期智能化实施与实现的组织载体，实现了数字和物质两系统的无缝融合。工业 4.0 是一个立体的生产体系，需要从三个维度来理解这份蓝图。Y 维度是网络化制造系统的纵向集成，将企业内处于不同层级的信息技术（IT）系统进行集成，主要是要创建公司内部柔性自适应的生产系统。X 维度是企业外部价值网络的横向集成，将使用于不同生产阶段及商业规划过程的 IT 系统集成在一起，包括发生在公司内部以及不同公司之间的材料、能源及信息的交换。在 Z 维度，实现产品价值链的数字和现实的端到端集成，在所有终端实现数字化的前提下所实现的基于价值链与不同公司之间的一种整合，其策略的归类和总结见表 1.6。

表 1.6 德国针对工业 4.0 提出的策略

战略	核心内容
一个网络	信息物理系统（CPS）网络。CPS 可将资源、信息、物体及人紧密联系在一起，从而创造物联网及相关服务，并将生产工厂转变为一个智能环境。CPS 是实现工业 4.0 的基础
两个战略	智能工厂和智能生产。智能工厂重点研究智能化生产系统及过程与网络化生产设施的实现
三大集成	横向集成、纵向集成与端对端集成。工业 4.0 将传感器、嵌入式终端系统、智能控制系统、通信设施通过 CPS 形成一个智能网络，使人与人、人与机器、机器与机器及服务与服务之间能够互联，从而实现横向、纵向和端对端的高度集成
八项计划	工业 4.0 得以实现的基本保障。一是标准化和参考构架；二是管理复杂系统；三是综合的工业宽带基础设施；四是安全与保障；五是工作组织和设计；六是培训和持续的职业发展；七是监管框架；八是资源利用效率

资料来源：中信证券研究部，2014

以智能制造为主导的第四次工业革命，旨在通过充分利用信息通信技术、计算机技术和物联网技术结合的信息物理系统，将制造业向智能化转型，包含了由集中式控制向分散式增强型控制的基本模式转变，目标是建立一个高度灵活的个性化和数字化的产品与服务的生产模式。未来，传统的制造企业都将向"智慧工厂"转型，用自动化和机械设备代替人工，加工制造过程完全靠设备完成，这些设备还可以互联，人员、材料、设备、成品、半成品实现管控一体化。机器人及智能制造成套装备是"数字化工厂"的基本构成，机器人的使用不仅仅是简单的替代人工作业，更重要的是集成"信息化"和"工业化"，改变传统的制造模式。

3. 中国工业 4.0 的内涵

自从德国提出"工业 4.0"概念以后，中国政府也在 2015 年 5 月 8 日发布的《中国制造 2025》战略规划中首次强调把"智能制造"作为我国制造业发展的主攻方向，提出："加快推动新一代信息技术与制造技术融合发展，把智能制造作为两化深度融合的主攻方向；着力发展智能装备和智能产品，推进生产过程智能化，培育新型生产方式，全面提升企业研发、生产、管理和服务的智能化水平。"应对新一轮科技革命和产业变革，立足我国转变经济发展方式实际需要，围绕创新驱动、智能转型、强化基础、绿色发展、人才为本等关键环节，以及先进制造、高端装备等重点领域，提出了加快制造业转型升级、提质增效的重大战略任务和重大政策举措，力争到 2025 年从制造大国迈入制造强国行列。

大概可以用"一二三四五五十"来概括《中国制造 2025》。所谓"一"，就是一个目标，我国要从制造业大国向制造业强国转变，最终要实现制造业强国的一个目标。所谓"二"，就是通过两化融合发展来实现这个目标。党的十八大提出了将信息化和工业化深度融合来引领和带动整个制造业的发展，这也是制造业所要占据的一个制高点。两化融合是推进信息技术、信息产品、信息资源、信息化标准等信息化要素，在工业技术、工业产品、工业装备、工业管理、工业基础设施、工业市场环境等各个层面的渗透与融合。所谓"三"，就是要通过"三步走"的一个战略，大体上每一步用 10 年左右的时间来实现从制造业大国向制造业强国转变的目标。所谓"四"，就是确定了 4 项原则。第一项原则是市场主导、政府引导；第二项原则是既立足当前，又着眼长远；第三项原则是全面推进、重点突破；第四项原则是自主发展和合作共赢。所谓"五五"是有两个五：第一就是有 5 条方针，即创新驱动、质量为先、绿色发展、结构优化和人才为本；第二就是实行五大工程，包括制造业创新中心的建设工程、强化基础的工程（强基工程）、智能制造工程、绿色制造工程、高端装备创新工程。所谓"十"就是 10 个领域，作为重点的领域，在技术、产业化上寻求突破。例如，新一代信息技术产业、高端船舶和海洋工程、航天航空、新能源汽车领域等，选择了 10 个重点领域进行突破。

随着全球性金融危机的爆发，目前无论是工业基础比较发达的西方国家还是发展中的新兴经济体，纷纷都在制定以重振制造业为核心的再工业化战略，发达国家在高端制造回流、重塑制造业中占优势，抢占制造业新一轮竞争制高点；发展中国家却以低成本优势，争夺中低端制造转移资源。中国的制造业在自身存在许多不利条件的情况下，面临"双向挤压"的严峻挑战，因而发展智能制造、提升制造业的竞争力刻不容缓。当前，新一轮科技革命和产业变革正孕育兴起，绿色制造、智能制造正成为世界制造业未来发展的必然需求和产业发展的制高点。实施《中国制造 2025》，必须坚持创新驱动、智能转型、强化基础、绿色发展，对传统高耗能高污染、低小散等企业动真格，鼓励中国的制造业从低端向高端转型，加快我国从制造大国向制造强国转变的步伐。

全球新一轮科技革命和产业变革加紧孕育兴起，与我国制造业转型升级形成历史性交汇。智能制造在全球范围内快速发展，已成为制造业重要的发展趋势，给产业发展和分工格局带来了深刻影响，推动形成了新的生产方式、产业形态、商业模式。发达国家实施"再工业化"战略，不断推出发展智能制造的新举措，通过政府、行业组织、企业等协同推进，积极培育制造业未来的竞争优势。经过几十年的快速发展，我国制造业规模跃居世界第一位，建立起门类齐全、独立完整的制造体系，但与先进国家相比，大而不强的问题突出。随着我国经济发展进入新常态，经济增速换挡、结构调整阵痛、增长动能转换等相互交织，长期以来主要依靠资源要素投入、规模扩张的粗放型发展模式难以为继。加快发展智能制造，对于推进我国制造业供给侧结构性改革，培育经济增长新动能，构建新型制造体系，促进制造业向中高端迈进、实现制造强国具有重要意义。

随着新一代信息技术和制造业的深度融合，我国智能制造发展取得明显成效，以高档数控机床、工业机器人、智能仪器仪表为代表的关键技术装备取得积极进展；智能制造装备和先进工艺在重点行业不断普及，离散型行业制造装备的数字化、网络化、智能化步伐加快，流程型行业过程控制和制造执行系统全面普及，关键工艺流程数控化率大大提高；在典型行业不断探索和逐步形成了一些可复制推广的智能制造新模式，为深入推进智能制造初步奠定了一定的基础。但目前我国制造业尚处于机械化、电气化、自动化、数字化并存，不同地区、不同行业、不同企业发展不平衡的阶段。发展智能制造面临关键共性技术和核心装备受制于人，智能制造标准、软件、网络、信息安全基础薄弱，智能制造新模式成熟度不高，系统整体解决方案供给能力不足，缺乏国际性的行业巨头企业和跨界融合的智能制造人才等突出问题。相对于工业发达国家，我国推动制造业智能转型，环境更为复杂，形势更为严峻，任务更加艰巨。必须遵循客观规律，立足国情、着眼长远，加强统筹谋划，积极应对挑战，抓住全球制造业分工调整和我国智能制造快速发展的战略机遇期，引导企业在智能制造方面走出一条具有中国特色的发展道路。

1.3.2　制药工业 4.0

1. 医药工业的特点

药品制造具有间歇操作、生产批量小、人工参与度较高的典型特征，这与市场、技术、法规等诸多因素密切相关。药品生产属于流程制造中的间歇（批）生产（batch production）模式，要求按配方规定的生产顺序、时间段和操作参数组织生产。将有限量的物质，按规定的加工顺序，在一个或多个加工设备中加工，以获得有限量的产品的加工过程，如果需要更多的产品则必须重复整个过程。在定型设备上，根据不同的配方，应用不同的原料和操作参数可完成不同的工艺操作过程，有利于多品种小批量的产品生产，柔性生产能力较强。但与连续过程相比，其生产能力低，能耗较高。在药品生产过程中工艺条件的变化显著，过程复杂，一些参数的控制要求较高，并且操作频繁，有些参数的控制需要人工干预，对作业人员的操作依赖性较大。如果缺少必要而有效的培训，难以准确地"重复"生产过程，不好保证产品质量的稳定性和一致性，还有可能导致重大质量事故，造成质量损失。

药品间歇生产的特点是，在工业化程度较低的情况下，难以实现不同生产阶段物料在不同房间及设备之间的连续和（或）密闭转移，因此通常采用分步骤生产的方式逐步完成整个生产工序。分步骤生产的方式不仅降低了生产效率，增加了批次追溯的复杂性，同时还增加了物料在不同步骤间转移时出现混淆和污染的可能性。为了确保追溯生产过程，必须采用严格的批次（批号）管理模式，但每批次规模的选择则必须确保同一批次产品质量和特性的均一性目标的持续实现，这常常受到多种技术因素的限制。例如，对于固体制剂生产，混合、制粒两个工序是赋予物料含量均匀性、流动性的关键，但对于混合、制粒的工艺放大缺乏机理性的、第一性的粉体工程科学理论支撑，只能控制批次生产规模以降低潜在工艺失效所带来的损失风险。对于无菌液体制剂，液体的流体力学及其工程应用固然成熟，连续配液、混合、输送在技术上没有限制，但考虑生命体的生长周期，采用批次生产方式在目前的技术基础上更有利于控制微生物，而批次规模则取决于灭菌设施的处理能力。

2. 制药工业 4.0 的内容

2015 年，中国版的"工业 4.0"——《中国制造 2025》规划出台，它成为指导我国医药行业智能化转型升级的行动目标和纲领。制药工业 4.0 可以实现即时、在线、全程对药品的生产制造和流通消费进行自动监控，并自动生成数据（且不可篡改），自动读取数据，自动将数据存储到云端，零延时，无死角，无盲区。

在制药工业 4.0 中，智能工厂是一大重要主题，主要研究智能化生产系统和过程，以及网络化分布式生产设施的实现。其核心是将设备、生产线、工厂、供应商、产品、客户等紧密地连接在一起。

智能工厂充分利用正在迅速发展的物联网技术和服务网技术，构成三层架构的集成系统。与生产计划、物流、能源和经营相关的企业资源计划（enterprise resource planning，ERP）处在最上层，与制造生产设备和生产线控制、调度、排产等相关的制造执行系统（manufacturing execution system，MES），以及由过程分析技术（PAT）和分布式控制系统（DCS）等构成的过程控制系统在线的分析和过程控制实现对底层设备实施逻辑控制。它们的关系如图 1.10 所示。

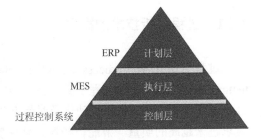

图 1.10　制药工业信息物理系统（CPS）
中三个层次的集成模型关系

智能工厂包括工程控制、生产执行和资源计划三个层次。

位于金字塔上层的是资源计划层，与之对应的是 ERP，它是一个有效地组织、计划和实施企业的"人""财""物"管理的系统，对企业内部资源进行整合，提高了企业管理效率。ERP

最大的贡献在于让企业现状管理的信息透明、准确。对于企业信息化的建设，ERP 的基础地位毋庸置疑，无可替代。然而，ERP 对于生产管理的缺陷是天生的，它的最初目的就是为上层管理者服务。虽然 ERP 有生产管理模块，如主生产计划（MPS）、物料需求计划（MRP）、生产订单管理（MOM）、车间现场管理（SFC），但是仅仅提供的是一个非常粗略的计划与生产过程数据采集统计功能，无法满足用户实际的生产流程控制。

狭义的 MES 的定义是"能通过信息传递对从订单下达到产品完成的整个生产过程进行优化管理，运用及时准确的数据，指导、启动、响应并记录车间生产活动，能够对生产条件的变化做出迅速的响应，从而减少非增值活动，提高效率"的信息化平台。广义的 MES，以制造为核心，是从客户下单到交付给客户，对计划、工艺、制造、物流、质量和设备等进行精益化管理和指挥协同的信息化平台。生产是工厂所有活动的核心，因此它是实时反映各个环节活动和交换数据的节点。所以，从产品生产的角度，所有的维度都有一个交集，这个交集就是 MES。所以 MES 是工业软件的核心。MES 的核心功能是对生产制造的所有相关信息的全息建模，在精确数据的基础上，进行生产过程监控、质量管理、设备监控、计划执行及智能分析等。MES 是沟通计划层和控制层的桥梁。

作为一个工厂，其存在的目的只有两个，生产产品和销售产品。所以在工业企业中，通常会分为两个大的部门，一个是生产部门，另一个是业务部门，前者通过 MES 来管理，后者通过 ERP 来管理。现在大多数企业仅在一定程度上用 ERP 系统管理整个产品采购到出厂的数据，而仅少数国内企业开始使用 MES。MES 中的智能工厂管理模块将通过设备数据与中央系统的对接，使整个工厂生产流程变得透明可视，这样不仅各个工序相关人员可以根据工序完成度来安排工作，工厂管理人员也可更有效率地综合管理生产节拍，减少不必要的闲置。

过程控制系统主要包括 PAT、DCS、组态监控系统（SCADA）、安全仪表系统（SIS）、各类可编程逻辑控制器（PLC）控制系统等。智能化阶段，制药企业将广泛使用智能制造装备并应用计算机网络技术，实现智能生产，从而构建高效节能、绿色环保的智慧工厂。未来药企将普遍使用全自动设备，实现高标准的信息化管理，其生产将更加灵活化，能够缩短任务转换时间，允许实时满足客户需求的动态产品规划，这有利于原料和供应链的"微调"。

1.4　制药过程分析技术

1.4.1　过程分析技术的概念

过程分析化学（process analytical chemistry，PAC）、过程分析技术（process analytical technology，PAT）是与过程质量分析及控制密切相关的两个重要概念。过程分析的目的是通过分析的在线化、动态化、自动化及时地获得过程质量相关信息，进而对过程进行控制，以解决要求越来越高的质量、节能、降耗、环保安全的问题。

根据分析操作区域与被分析区域的空间范围可将 PAC 划分为离线分析、现场分析、在线分析、线内分析和非接触分析 5 个阶段。

（1）离线分析，即生产现场离分析检测场所较远，要通过人工将生产流程上的物料采集后运送到分析实验室进行质量检验。离线分析法准确度高，但操作烦琐、费时费力，分析信息滞后于生产进程，不适合过程快速监控的要求，且抽样检验难以保证全部产品合格。

（2）现场分析，是将分析仪器置于生产现场，就近取样、就近分析，加快了分析结果报告的速度，但仍不能根本解决生产的实时控制问题。

（3）在线分析，是利用自动取样和样品预处理装置，将分析仪器与生产过程直接联系起来，实现快速、自动的分析。在线分析又分为间断和连续两种形式。

（4）线内分析，又称原位分析，是将传感器直接插入生产流程内，将生产线上的物料质量及其他信息转化为光电信号输送给分析仪器进行分析处理，与生产过程同步或几乎同步地给出分析结果，及时反馈信息，利于实现过程的连续实时、自动控制。

（5）非接触分析，是采用不与试样接触的探头进行的线内分析。

最初的过程分析处于"在过程中分析"的阶段，即采用在线/线内仪器或技术对生产过程物料进行化学分析。随着现代工业生产水平的发展，仅物料分析已不能满足要求，也需要掌控过程的整体运转状态和规律，这就促进了"在过程中分析"向"过程的分析"发展。分析的内涵扩展到了除获取过程中物料理化性质之外，还有整个系统信息综合与集成的层面，具体包括：确定过程开发中与产品质量相关的过程关键属性，设计可靠的工艺流程来控制这些属性，选用适合的过程传感器或分析方法，对整个过程信息进行系统的选择或校正，并从中归纳过程运行的规律，建立数据管理系统处理过程的海量信息。这样的过程分析技术将 PAC 方法反馈控制策略、信息管理工具、产品（过程）优化策略集成用于产品生产，是一个连续在线的产品质量控制和评价平台。

PAT 离不开化学计量学。化学计量学又称化学统计学，是一门通过统计学或数学方法将化学体系的测量值与体系的状态之间建立联系的学科。它应用数学、统计学和计算机技术选择最优试验设计和测量方法，并通过对测量数据的处理和解析，最大限度地获取有关物质系统的成分结构及其他相关信息。

1.4.2　制药过程监测

为了最大限度地控制药品开发过程中的任何过程，需要提供有关产品响应制造变量变化的方式的信息。历史上，信息来源于本性数据在特定条件下的批生产。采用批次特性的知识来改变制造条件，以确保产品严格控制到指定的质量规格。

近些年，分析方法和应用有所改善，可以采取过程中实时反馈控制系统的输入参数，以便于连续监测和控制过程。

医药制造业有许多操作单元的例子，这些过程将被视为与文献中报道的方法相验证，从而可以更加准确地控制产品质量，符合最新的监管指令并作为方法设计质量执行的一部分——QbD。

美国食品药品监督管理局颁布了一项 PAT 的文件，流程可分为批处理和连续处理过程，这些过程可通过原位检测，实时或者反馈控制分析方法来控制产品质量（图 1.11）。

制备原料药（active pharmaceutical ingredient，API）时，首先需要生产活性药物成分和添加剂，还要了解它们的性质。在这种情况下，列出了解决所存在的杂质（包括水分）、产物降解（稳定性）、组织兼容性和结晶度（多态性）的重要方法。近红外光谱学已经在初始位置、API 的实时处理化学成分或者添加剂的制造上得到应用。近红外激发拉曼光谱用来检测聚合的形成过程。可以使用各种测量粒子大小的方法，而不是那些原位和实时激发散射的方法。通过直接优化剂型的方法检测干燥混合过程中所涉及的变量、造粒、填充、压缩和包衣。对于更复杂的剂型，必须考虑包装组件的相容性，但这更易被认为在试验初期优化实验步骤。

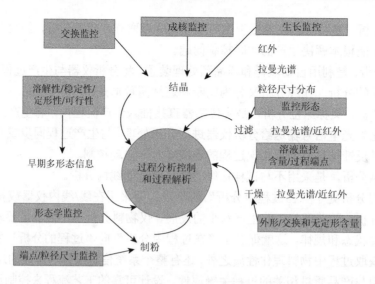

图 1.11　原料药制造中的关键步骤

API 可以认为是空间设计和控制策略的交集，这些是 QbD 的主要元素。在产品质量生命周期中描述了这些主题，而且在国际制药工程协会上被主动实施了。这一主题的创新性在《医药创新》中有所描述。

图 1.12 展现了最主要的决策需要评估过程中的临界变量，决策（方块）是基于基本的商业决策分类（虚线上图），发展分类中的风险评估（虚线下图）穿过一个矩形到临界指定位置（圆角矩形）。至于临界，这些变量不具有重要性，没有说明在安全、疗效或由 ICH Q（8）R 规定的 CQA 方面的影响，因此不包含在设计领域。关键性的变量是那些已知的影响，包括安全性、功效或者其他的生物处理方法。关键性的工艺参数变化如果超过一定范围会对 CQA 有直接或者间接的影响。这些性质必须控制在指定范围内最终确保产品质量，空的符号代表一种可控的选择性的指令，可能对产品有影响但代表低风险。低风险的指示建立在安全性或单独的疗效，或者与其他变量相结合的基础上，降低风险，从非关键变量的知识转移需要额外的评价。

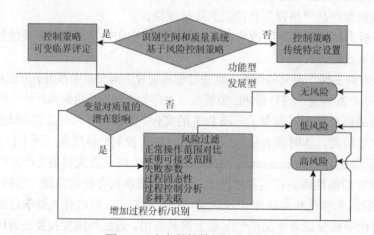

图 1.12　定义关键等级的决策树

因此表明了基本元素的临界可以减少，在配料中检测。这些术语与实验设计和分析能力有关。在产品的生命周期上有明显的区别，临界水平是解决基于流程变量的控制策略、材料属性和关系质量的措施。

1.4.3 制药生产过程分析技术的特点

与实验室中传统的药物分析相比，制药过程分析具有以下特点。

（1）分析对象的多样性与组成的复杂性。制药过程分析的对象是多种多样的，组成复杂。样品可能是原料，或是提取分离过程、浓缩干燥过程、粉碎过程、清洁过程、制剂过程或包装过程的中间产品或成品等；样品可能是液态的、固态的或多态同存的；有的样品从库房取样，有的则需从生产线中取样。

（2）样品条件的苛刻性。生产流程中的物料环境条件苛刻，如酸碱度大、温度高、压力大、黏度大、处于运动或密封中。

（3）分析的快速性要求。过程分析是要对生产流程中的物料进行快速分析，监测生产过程以及产品质量状况，并将结果反馈以便控制生产过程。因此，制药过程中的质量监测，快速是第一要求。

（4）监测的动态性和连续性。任何的生产都是持续的具有一定时间的过程。在生产过程中，待分析对象的性质、组成和含量是随时间而变化的，过程分析也就需动态地连续进行。这不仅要求分析设备具有长时工作的稳定性，还要求对浓度的响应范围广。

（5）采样与样品预处理的特点。制药业生产的物料数量较大，组成往往又是不完全均匀的，分析时只能从中选取少量样品。因此，在过程分析中保证采样的代表性就显得非常重要。采样后，要将其处理成适合分析的形式。固体样品一般要进行粉碎、过筛、混合、溶解等操作，气体和液体样品一般要进行稳压冷却、分离、稀释和定容等操作。根据样品待测成分的性质及后续的检测方法，选择适宜的预处理方法进行分离、净化，对大多数过程分析工作是非常重要的。自动采样与自动样品预处理是过程分析发展的方向之一。所采取的分析方法本身的优点（如非接触分析）使得过程分析无须预处理是最理想的。

（6）化学计量学的重要性。多数过程分析方法的专属性受到一定的限制，由于分析速度的要求，在分析系统中不太可能设置复杂、费时的样品预处理装置，因此对检测得到的信号进行解析，提取有用的信息就显得非常重要。而且，为了识别和监测过程的状态，需要建立相应状态的模型。化学计量学是信号的提取和解析、化学建模的有力工具。

第2章 制药过程的流体流动——动量传递

固态物质的分子或离子是有固定晶格位置的，当固体（刚体）运动时，其内部分子或离子间的相对位置基本不变。然而，气体与液体却不同，运动时其内部分子间会发生相对运动。这种运动时物质内部各部分会发生相对运动的特性，即流动性，气体与液体统称为流体。流体还包括超临界物质、悬浮液、气溶胶等。

由固体力学可知，固体在剪切应力作用下会发生形变。若形变发生在弹性形变范围内，由弹性形变产生的弹性恢复力与外加的剪切应力相互抗衡，一旦外力消失，物体即可恢复原状。这就是说，静止固体可承受剪切应力。然而流体却不同，只要有剪切应力存在，流体就会发生形变，且无法恢复原状。流体连续不断的形变就形成流动。可见，静止流体没有承受剪切应力的能力。

此外，流体也不能承受张力，只能承受压力。流体流动是很多制药生产过程中必不可少的组成部分，制药生产涉及的物料多为流体，其过程绝大部分是在流动条件下进行的。因此，如何通过管道将流体或有流动性质的物料从一个地方输送到另一个地方是许多制药生产过程需要考虑的重要问题。制药工程中涉及流体流动规律的主要有以下几个方面。

1）流动阻力及流量计算

化学和制药工业中对流体的输送，设计管路、选用合适的输送机械时，都需要进行流体阻力的计算。管道中流量的计算也涉及流体力学的基本原理。

2）流动对传热、传质及化学反应的影响

生产设备中流体的传热、传质以及反应过程在很大程度上受到流体在设备内流动状况的影响。例如，在各种换热设备、塔器、流化床和反应器中，流体沿流动截面的速度分布需要均匀，流动的不均匀性会严重地影响反应器的转化率、塔器和流化床的操作性能，最终影响产品的质量和产量。各种化学和制药工业设备中还常伴有颗粒、液滴、气泡、液膜和气膜的运动，掌握粒、泡、滴、膜的运动状况，对理解化学和制药工业设备中发生的过程非常重要。

3）混合

流体与流体、流体与固体颗粒在化学和制药工业设备中的混合效果会受流体流动的基本规律的支配。

流体由分子组成，由于分子的体积很小，少量物质所包含的分子就很多。例如，1 g 水包含的水分子数高达 3.35×10^{22} 个。流体中每个分子都在做永不休止、无规则的热运动。流体的温度、流速、压强等物理量是大量分子微观运动统计基础上展现的平均的宏观性质，也是生产、科研所需要的科学参数。

在对大量分子行为宏观表现认识的基础上，可以假定流体作为连续性介质，取流体质点（或微团）作最小的考察对象。质点是含有大量分子的流体微团，其尺寸远小于设备尺寸但比分子自由程大得多。假定流体是由大量质点组成、彼此间没有间隙、完全充满所占空间的连续介质，那么流体的物理性质及运动参数在空间连续分布，可用连续函数加以描述（实践证明，这样的连续性假定在绝大多数情况下是适合的，而在高真空气体稀薄的情况下不成立）。

2.1　流体静力学

2.1.1　流体的物性参数

1. 流体的密度

流体的密度是单位体积流体具有的质量，以符号 ρ 表示，单位是 kg/m^3。流体的密度是点函数，如流体中 B 点的密度为

$$\rho_B = \lim_{\Delta V \to 0}(\Delta m/\Delta V) \tag{2.1}$$

式中，ρ_B 为流体中 B 点的密度，kg/m^2；ΔV 为流体的体积，m^3，ΔV 中包含了质点 B；Δm 为对应于 ΔV 的流体质量，kg；$\Delta V \to 0$ 为隐含着 ΔV 减小到 B 处的质点量级。

流体的密度是时间及空间位置的函数。根据流体的密度在考虑的时空范围内相对变化量的大小，可把流体分为以下两种类型。

1）恒密度（均匀不可压缩）流体

恒密度流体是流体密度为常量的流体。严格地说，不可压缩流体是不存在的。通常认为液体密度随压强、温度改变而发生的相对变化极小的液体是恒密度流体。例如，0℃的水，增加 1 atm[①]，其体积相对变化量为 –0.005% 左右。而气体密度随压强、温度的改变有较明显的变化，但若在所考虑的问题中气体密度相对变化量很小时，也可对其密度取平均值，并按恒密度流体处理。

2）变密度（可压缩）流体

变密度流体是流体密度为变量的流体。变密度流体通常只有气体，而且在所考虑的问题范围内密度有较大相对变化量时才被视为变密度流体。

流体密度均由实验测得。对于理想气体，密度可按式（2.2）计算。

因为

$$PV = nRT = \frac{G}{M}RT$$

所以

$$\rho = \frac{G}{V} = \frac{PM}{RT} \tag{2.2}$$

式中，n 为物质的量，mol；P 为静压强，Pa，只能用绝对压强；M 为气体的摩尔质量，$kg/kmol$；R 为通用气体常数，$R = 8314\ J/(kmol \cdot K)$；$T$ 为气体的热力学温度，K；V 为气体的体积，m^3；G 为气体的质量，kg。

2. 黏度

黏度是一种用来表征流动行为的属性，在液体中表现出来的是对速度梯度的抵抗作用。黏度因流体而异，是流体的物性。剪切应力及流体的黏度是有限值，故速度梯度也只能是有限值。由此表明，相邻流体层的速度只能连续变化。黏性的物理本质是分子间的引力和分子的运动与碰撞。流体的黏度是影响流体流动重要的物理性质。许多流体的黏度可以从手册中查取。通常液体的黏度随温度增加而减小。气体的黏度通常比液体的黏度小两个数量级，其值随温度上升而增大。

黏度的单位是 $Pa \cdot s$，也有的书中用泊（达因·秒/厘米^2）或厘泊（0.01 泊）表示，其间的关系为

---

① 1 atm=1.013 25×10^5 Pa

$$1 \text{ cP（厘泊）} = 10^{-2} \text{ P（泊）} = 10^{-2} \text{ dyn·s/cm}^2 \text{（达因·秒/厘米}^2\text{）} = 10^{-3} \text{ Pa·s}$$

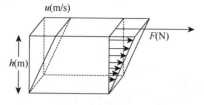

图 2.1　流体流动的作用力、运动方向上的速度和流体的厚度示意图

图 2.1 可以解释黏度的定量意义。

图 2.1 所示的流体由两个面积为 $A(\text{m}^2)$ 相距 $h(\text{m})$ 的平行平面组成。上平面相对于下平面受到 $F(\text{N})$ 的剪切应力并获得 $u(\text{m/s})$ 的速度。剪切应力 τ 为 $F/A(\text{N/m}^2)$。速度梯度和剪切速率可由 u/h 得出，通常也可由微分 du/dy 得出，其中 y 是在一个垂直剪切应力的方向上测出的距离。对于气体、简单流体、真实溶液和稀释分散系统，剪切速率与剪切应力成正比。这些体系称为牛顿体系，可以写成

$$\frac{F}{A} = \tau = \mu \frac{du}{dy} \tag{2.3}$$

式中，比例常数 μ 为流体的动态黏度，其值越高，给定压力引起的剪切速率就越低。动态黏度的量纲为 $M/(L \cdot T)$。

复杂的分散系统无法显示式（2.3）所描述的比例。黏度随剪切速率的增加而增大或减小（后者更为常见），黏度也依赖于剪切时间甚至流体的前处理，这种流体称为非牛顿流体。

式（2.3）表示，只要流体流动，就会产生剪切应力。考虑到流体平行于边界流动时，假设边界和流体之间没有发生滑动，那么与表面邻近的流体分子是静止的（$u = 0$）。如图 2.2 所示，当速度等于液体的静止速度时，速度梯度 du/dy 由边缘的最大值减少到与边缘有一定的距离的 0。因此，剪切应力必须从此点的 0 增加到边缘的最大值。当速度变得等于流体的未受干扰的速度时，$u = u'$。与流体运动相反的剪切应力，称为流体摩擦力。流体的流动被边缘扰动的区域，称为边界层。该层的结构极大地影响了在温度变化时热从边缘转移至流体中心的速率，或者在浓度变化时分子从边界扩散到流体的速率。

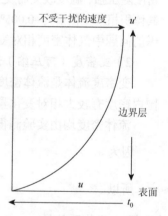

图 2.2　边界层的速度分布

3. 压缩系数

流体的可压缩性是剪切引起的现象。在剪切应力的作用下，流体会像固体一样，体积变小。体积的减少会导致密度按比例增加。但是液体多数情况下是不可压缩的，即密度随压力的变化可以忽略不计。但是，气体则不然，气体的密度会随压力的改变而发生明显变化。

4. 表面张力

当液体与气体接触时，气液界面上液体分子所处状态与液体内部不同。液体内部分子受到邻近四周分子的作用力是对称的。而界面上液体分子受力不对称，受到指向内部的力，如图 2.3 所示，所以液体表面都有自动缩成表面积最小的趋势。这就是水滴、肥皂泡呈现球形的原因。若用白金丝做成如图 2.4 所示的装置，在液面上用力 F 向上拉，形成液膜，界面上单位长度所受的力就是表面张力。因液膜有前后两个表面，表面受力总长度为 $2L$，所以表面张力 σ 为

$$\sigma = \frac{F}{2L} \tag{2.4}$$

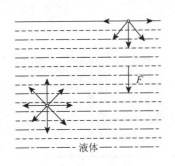

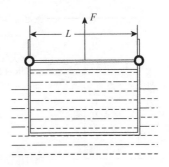

图 2.3 界面上力的各向异性　　　　　图 2.4 界面张力的测量装置

表面张力体现了一个自由表面的特性，因此并不适用于气体，它源于由液体表面附近不平衡的分子间力。

表面张力是物质的特性，其大小与温度、压力、组成及共存的另一相有关。在液液界面、液固界面、气固界面都存在表面张力，此时又称为界面张力。表面张力是形成毛细管压、表面浸润、吸附、沸腾过热、结晶熟化、干燥降速等重要现象的原因。

2.1.2 流体静力学方程

1. 流体的压力

流体垂直作用于单位面积上的力称为流体的压强，习惯上称为流体的压力。作用于整个面积上的力称为总压力。在静止流体中，从各方向作用于某一点的压力大小均相等。

压力的单位是 N/m^2，称为帕斯卡，以 Pa 表示。1 标准大气压 = 101 325 Pa（760 mmHg）。

压力可以有不同的计量标准。例如，以绝对真空为基准测得的压力称为绝对压力（absolute pressure），是流体的真实压力。

以外界大气压为基准测得的压力则称为表压（gauge pressure）。工程上用压力表测得的流体压力，就是流体的表压。它是流体的绝对压力与外界大气压力的差值，即

$$表压 = 绝对压力 - 大气压力 \tag{2.5}$$

表压为正值时，通常称为正压；为负值时，则称为负压。把其负值记为正值时，称为真空度（vacuum）。真空度与绝对压力的关系为

$$真空度 = 大气压力 - 绝对压力 \tag{2.6}$$

测量负压的压力表，又称为真空表。

绝对压力、表压和真空度的关系如图 2.5 所示。为了避免混淆，在写流体压力时要注明是绝对压力还是表压或真空度。

2. 流体静力学基本方程

流体静力学主要研究静止流体内部静压强的分布规律。对静止的流体进行研究基于两个原则：①某点的压强，表示为单位面积上的力，并且在所有方向上是相同的。②连续流体给定的水平线中任何点的压力是相同的。

压力 P 随着深度 Z 的变化而发生改变，用流体静力学公式表示为

$$dP = -\rho g dZ \tag{2.7}$$

式中，ρ 为流体的密度；g 为重力加速度。

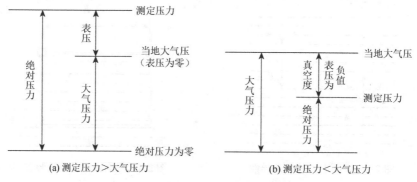

(a) 测定压力>大气压力　　　　　　　　　　(b) 测定压力<大气压力

图 2.5　绝对压力、表压和真空度的关系

因为水和大多数其他液体可被认为是不可压缩的，所以密度是独立于压力的，再通过极限 P_1 和 P_2、Z_1 和 Z_2 之间的整合，得出

$$P_1 - P_2 = -\rho g\,(Z_1 - Z_2) \tag{2.8}$$

3. 压力测量

在液柱中运用式（2.8）得到

$$P_A - P_1 = -\rho g h \text{ 或 } P_1 = P_A + \rho g h \tag{2.9}$$

密度项应是柱中液体的密度和周围空气的密度之间的差异。后者相对较小，因此这种差异可以忽略。P_1 是所指示点的绝对压力，P_A 是大气压。测定相对于大气压力的压力常常很方便，为 $P_1 - P_A$，这就是所谓的表压，等于 $\rho g h$。压力的国际单位是 N/m^2。另外，表压表示为静态液体的高度或落差，它会产生压力。

由式（2.9）可知以下三点。

（1）液面上方的压力一定时，在静止液体内任一点压力的大小与液体本身的密度和该点距液面的深度有关。因此，在静止的、连续的同一液体内，处于同一水平面上的各点，因其深度相同，其压力也相等。此压力相等的水平面称为等压面。

（2）当液面的上方压力 P_A 有变化时，必将引起液体内部各点压力发生同样大小的变化，这就是帕斯卡定律（Pascal's law）。

（3）式（2.9）可改写为

$$\frac{P_1 - P_A}{\rho g} = h \tag{2.10}$$

由式（2.10）可知，压强或压强差的大小可用液柱高度来表示，液柱高度与其密度 ρ 大小有关。虽然流体静力学基本方程是用液体进行推导的，液体的密度可视为常数，而气体密度则随压力而改变，但考虑到气体密度随容器高低变化甚微，一般也可视为常数，故流体静力学基本方程也适用于气体。压力测定装置如图 2.6 所示。

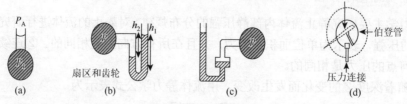

图 2.6　压力测定装置

（a）直型；（b）U 型；（c）改进的 U 型；（d）伯登（Burdon）型

图 2.6（a）是一种简单的压力计。它具有一根垂直管，可接于待测的流体容器中。在这种形式中，对于液体的压力测量是有限制的。但相对于图 2.6（b）所示的 U 型管压力计，该装置则可以用于在液体和气体中测量较高压力。在 U 型管中，不混溶液体的密度 ρ_1 大于容器中流体密度 ρ_2。表压 P 为

$$P = h_1\rho_1 g - h_2\rho_2 g \tag{2.11}$$

读取两个水平面的缺点可以通过图 2.6（c）中改进的装置来克服。用任何刚才所描述的压力计来测定压力，倾斜压力表的读数臂可以增加精准度。落差现在来自沿管移动的距离和倾斜角度。

伯登（Burdon）管式压力计是一种广泛应用于压力测量的紧凑仪器，因压力计的原理不同而异。流体被容纳在椭圆形横截面的密封管中，它的形状见图 2.6（d）。

压力测量的原理也适用于运动的流体。但是，测量时需考虑要使仪表对流体运动的影响最小。

4. 伯努利方程

流线是由平行于流体运动的全部点绘制出的没有宽度的假想线。图 2.7 是流过圆筒的流体的流线示意图。如果任何位置的流动都不随时间变化，那么流线就是稳定的，且能保持其形状。在稳定流中，根据流线的概念，没有流体可以越过不同流线。这时流线间距的变化就可以表示流体的速度变化，在柱面上游侧的区域，流体的速度在增加；在下游侧，情况相反。最大速度发生在与区域 B 和 D 相邻的流体。在点 A 和 C，流体是静止的。随着速率的增加，压力降低。目标周围的压力场处于速度场的反向。这看似与普遍经验矛盾。然而，它遵循能量守恒的原则，并符合伯努利定理。

1）无能量损失和补充的系统

在流体流动的系统的任何一点，总的机械能包括势能、压力能和动能三项。

物体的势能是由于其位置相对于一些参照点的距离而做功的能力。对于高于某一参考水平的高度 z 的单位质量流体，势能 $= zg$，其中 g 是重力加速度。

压力能或流动能是流动流体特有的能量形式。所做的功和转移流体获得的能量是由压力 P 和体积产生的。流体单位质量的体积是密度 ρ 的倒数。对不可压缩流体，密度与压力无关，因此对于单位质量的流体，压力能 $= P/\rho$（图 2.8）。

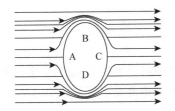

图 2.7　流过圆筒的流体的流线示意图

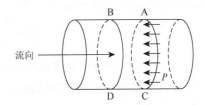

图 2.8　流体的压力能

动能是因主体运动而具有的一种能量形式。如果物体的质量为 m、速度为 u，则动能为 $mu^2/2$；对于单位质量的流体，动能 $= u^2/2$。

因此，单位质量流体的总机械能为

$$总机械能 = \frac{u^2}{2} + \frac{P}{\rho} + zg \tag{2.12}$$

如果系统没有能量损失或补充，那么在 A 和 B 两个点的机械能将是相同的。因此，可以写成

$$\frac{u_A^2}{2}+\frac{P_A}{\rho}+z_A g=\frac{u_B^2}{2}+\frac{P_B}{\rho}+z_B g \qquad (2.13)$$

这种关系式忽略了实际发生在系统内的机械能的摩擦消耗。

2）有能量损失的系统

在克服由流体内的速度梯度所引起的剪切应力时会产生少部分能量消耗。如果 A 和 B 之间的流动过程中损失的能量为 E，式（2.13）则变为

$$\frac{u_A^2}{2}+\frac{P_A}{\rho}+z_A g=\frac{u_B^2}{2}+\frac{P_B}{\rho}+z_B g+E \qquad (2.14)$$

这是伯努利定理的一种形式，限于研究不可压缩流体的流动。每个术语用绝对单位表示，如 N·m/kg。在实际中，每项除以 g 得到长度的大小。这几项指的是速度落差、压力落差、位势落差和摩擦落差，得出流体的总落差的总和如式（2.15）所示。

$$\frac{u_A^2}{2g}+\frac{P_A}{\rho g}+z_A=\frac{u_B^2}{2g}+\frac{P_B}{\rho g}+z_B+\frac{E}{g} \qquad (2.15)$$

动能项的评估需要考虑垂直于流动方向的速度变化。平均速度可通过体积流量除以管道的横截面面积来计算，一般介于管轴中的最大流动速度的 0.5 倍和 0.82 倍。其值取决于流动是

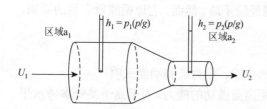

图 2.9　流体通过狭窄处的示意图

层流还是湍流，各项将在后面叙述。由 $u_{mean}^2/2$ 得出的平均动能项有别于通过横穿流动方向求和得到的真正动能。前者可以保留，然而，如果校正因子 a 被引入，则

$$速度落差=\frac{u_{mean}^2}{2ga} \qquad (2.16)$$

其中在层流中 a 的值为 0.5，当完全湍流时，流速趋于统一（图 2.9）。

3）有能量损失和补充的系统

如果用泵在一些点将机械能加入系统，式（2.13）可以做出第二点改变。如果单位质量的流体做的功用绝对单位表示为 W，则

$$\frac{W}{g}+\frac{u_A^2}{2g}+\frac{P_A}{\rho g}+z_A=\frac{u_B^2}{2g}+\frac{P_B}{\rho g}+z_B+\frac{E}{g} \qquad (2.17)$$

通过一个系统以一定的速率来驱动一种液体所需的功率可以利用式（2.17）来计算。速度、压力、高度的变化和由于摩擦的机械损失分别表示为一种液体落差。落差总和 ΔH，作为必须工作的泵，它的总落差是

$$总落差=\frac{W}{g}+\Delta H \qquad (2.18)$$

如果单位质量的流体所做的功和获取的能量为 ΔHg，在时间 t 传送质量 m 所需的功率为

$$功率=\frac{\Delta Hgm}{t} \qquad (2.19)$$

由于单位时间流体的体积（Q）为 $m/\rho t$，

$$功率=Q\Delta Hg\rho \qquad (2.20)$$

【例 2.1】 在图中，压力引起的能量损失为多少？

【解】 运用伯努利方程可得

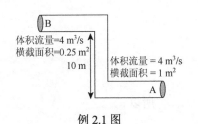

例 2.1 图

$$\frac{u_A^2}{2g} + \frac{P_A}{\rho g} + z_A = \frac{u_B^2}{2g} + \frac{P_B}{\rho g} + z_B + \frac{E}{g}$$

分别计算在 A 点和 B 点的速率落差与位势落差。

A 点的速率落差为

$$\frac{u_A^2}{2g} = \frac{(4/1)^2}{2 \times 9.8} = 0.82 \text{(m)}$$

B 点的速率落差为

$$\frac{u_B^2}{2g} = \frac{(4/0.25)^2}{2 \times 9.8} = 13 \text{(m)}$$

A 点的位势落差 = 0 m

B 点的位势落差 = 10 m

摩擦落差 = 0 m

$$\frac{P_B - P_A}{\rho g} = 13 + 10 - 0.82 = 22.18 \text{(m)}$$

2.1.3 流量测定

1. 流量与流速

1）体积流量

体积流量（Q）是指单位时间通过流道截面的流体体积，单位为 m^3/s。

2）点流速

点流速（v）是指单位时间流体质点在流动方向流过的距离，单位为 m/s。考虑到与流速方向相垂直的同一流道截面上各点的点流速不一样，则

$$Q = \int_A v \, dA \tag{2.21}$$

式中，A 为流道截面积，m^2。

2. 流量测定原理

伯努利定理也可以应用于流量测定。对于不可压缩流体的流路，速度从 u_1 增加到 u_2 引起的动能的增加源于流体的压力能量的转换，压力将从 P_1 下降到 P_2。若流体高度没有发生变化，则式（2.13）可以重新整理为

$$\frac{u_2^2}{2} - \frac{u_1^2}{2} = \frac{P_1 - P_2}{\rho} \tag{2.22}$$

又因体积流量 $Q = u_1 a_1 = u_2 a_2$，因此得

$$u_1 = u_2 \frac{a_2}{a_1} \tag{2.23}$$

替换 u_1，得

$$\frac{u_2^2}{2} - \frac{u_2^2(a_2^2/a_1^2)}{2} = \frac{P_1 - P_2}{\rho} \tag{2.24}$$

$$\frac{u_2^2}{2}\left(1 - \frac{a_2^2}{a_1^2}\right) = \frac{P_1 - P_2}{\rho} \tag{2.25}$$

所以

$$u_2 = \sqrt{\frac{2(P_1 - P_2)}{\rho(1 - a_2^2/a_1^2)}} \tag{2.26}$$

$$Q = a_2\sqrt{\frac{2(P_1 - P_2)}{\rho(1 - a_2^2/a_1^2)}} \tag{2.27}$$

式中，a_1 和 a_2 分别为初始和末尾的横截面积。

这个推导忽略了动能损失，动能损失是在穿过横截面和通过缩颈期间，流动能量的摩擦损耗不均匀引起的。可引入一个数值流量系数 C_D（排放系数）来校正，因此有

$$Q = C_D a_2\sqrt{\frac{2(P_1 - P_2)}{\rho(1 - a_2^2/a_1^2)}} \tag{2.28}$$

C_D 的值取决于流动情况和收缩形状。形状收缩规整的湍流（特别是圆形横截面），C_D 为 $0.95 \sim 0.99$。在层流中，其值要低得多，因为动能校正较大。

3. 流量测定装置

常用的流量计如图 2.10 所示。

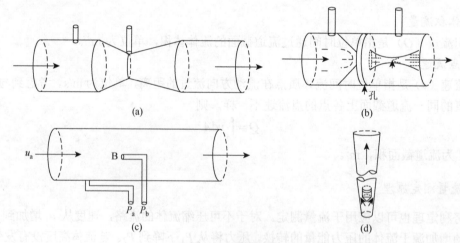

图 2.10　流量计

（a）文丘里流量计；（b）孔板流量计；（c）毕托管；（d）转子流量计

1）文丘里流量计

流体通过分流区段形成的流量在测量装置返回原始速度，这种装置称为文丘里流量计。图 2.10（a）所示的文丘里流量计是一段截面先逐渐缩小然后逐渐扩大、还原的管子，将其串联在管道中，可以方便地测定流体的流量。在文丘里流量计中，会聚锥体形成的最窄横截面部分，称为窄路。压力变化是由这部分的仪表测量，体积流量可通过代入式（2.28）求出。流量系数的值，前段已给出。设计分流区段或扩散器是用来诱导逐渐地恢复到原始速度。这可以在

扩散器中减少涡流的形成，能够恢复相当大比例增加的动能，动能以压力能形式存在。在会聚和发散部分由摩擦产生的落差损失很小，使用该仪器对流体的流动造成的影响就很小。

用文丘里流量计测流量，方法简单，精确度高，阻力小，但因文丘里管内表面的加工精度要求高，价格较高，使用上受到限制。

2）孔板流量计

为使流体流动的截面发生收缩与扩大，可在管内安装一个具有中心圆孔的圆板，如图 2.10（b）所示，这种带中心圆孔的板叫"孔板"。图 2.10（b）描绘了通过流量计的流量，表明通过节流孔通路后，液流会聚得到所谓流颈的最小面积的横截面。下游压力表接头是在这个横截面形成的。式（2.14）给出了体积流速，a_2 为位于流颈的喷射区域。这个尺寸不是很方便测量。因此，相关的孔区域 a_0 可以通过收缩系数 C_C 精确测量，定义 C_C 的公式为

$$C_C = \frac{a_2}{a_0} \tag{2.29}$$

排放系数包含了收缩系数、分水点之间的摩擦损失、动能校正系数。因此体积流量变为

$$Q = C_D a_0 \sqrt{\frac{2(P_1 - P_2)}{\rho\left(1 - \frac{a_0^2}{a_1^2}\right)}} \tag{2.30}$$

如果与管道的横截面相比，孔面积很小，$[1-(a_0^2/a_1^2)]$ 项将趋近于 1。Δh 是孔衍生的落差，由于 $P_1 - P_2 = \Delta h \rho g$，式（2.30）简化为

$$Q = C_D a_0 (2\Delta h g)^{1/2} \tag{2.31}$$

孔板流量计的 C_D 值约为 0.6，但可随着结构、a_0/a_1，以及仪表的流动条件而变化。当遵循流量计的结构要求和安装方法时，校正系数可以从相关图表中查找。

孔板流量计虽结构简单，价格相对较低，但流体通过时阻力较大。由图 2.10（b）可见到，在孔板下游有旋涡区，而文丘里管因其管内径的改变，限制了旋涡区的扩展，其应用范围就有限。

3）毕托管

由于测量仪表的主体上游一般要浸没在待测液流中，伯努利定理还可用来确定流体的相位差的压力变化。毕托管就是根据这个原理进行工作的，如图 2.10（c）所示。毕托管由两根弯成直角的同心套管所组成，内管壁无孔，外管壁上近端点处沿管壁的圆周开有若干个测压小孔，两管之间环隙的端点是封闭的。测量流速时，测速管的管口正对着流体的流动方向，U 形管差压计的两端分别与测速管的内管和套管环隙相连。流体速度从与管线平行的细水流的速度 u_a 下降到滞流点 B 处的 0。压力 P_b 由图 2.10（c）所示的方法来测定。未受干扰的压力 P_a 通过管壁上的抽取点来测量，它与压力计相连接。由于 B 的速率为零，式（2.22）可简化为

$$\frac{u_a^2}{2} = \frac{P_B - P_A}{\rho} \tag{2.32}$$

这样，u_a 就可以通过计算得到。这个推导导致的低压强差表明，毕托管相对于文丘里管或孔板流量计在进行流量测量上的准确性不高。然而，毕托管与待测管道的直径相比很小，因此不会产生明显的落差损失。

4）转子流量计

转子流量计［可变区域流量计，如图 2.10（d）所示］也是常用的流量测定仪器，它可以从一个垂直的小浮子的位置直接读取流量，并通过流经玻璃管的流体来校准读数。转子流量计

的测定管朝向内锥下端，使得浮子和壁间的环形空间与浮子的位置发生改变。通过环形空间中流体的加速度，产生跨过浮体位置的压强差和对其向上的作用力。在平衡位置，其可以被浮体的缓慢旋转所稳定，这种向上的力与浮子的重力平衡。如果平衡被增加的流速扰动，重力的平衡和浮子上升到环面位置时，运动所产生的压强差会变大。精确测量时，可用待计量的流体进行校准。

2.1.4　流体型式

1. 流型的雷诺实验

　　流体的流动既可以是层流（可用流线描绘），也可以是湍流，如图 2.11 所示的仪器，由流体能够流过的直线状玻璃管组成。可以将染料引入玻璃管的轴线来检验流动的性质。低速时，染料形成清晰的螺纹，螺纹的厚度增加得很少并且与管下的距离相关。然而，随着速度的递增，染料线首先开始动摇，随后解散。次级运动会出现并且来回在流动方向穿行。最终，检测不到染料细丝，与淡色相混几乎是瞬时的。雷诺实验虽然简单，却揭示了一个极为重要的事实，即存在着两种截然不同的流体流动类型（流型）。在前一种流型中，流体质点做直线运动，流体层次分明，层与层之间互不混杂（此处仅指宏观运动，不是指分子扩散），从而使染料线流保持着线形。这种流型称为层流或滞流。在后一种流型中，流体质点在总体上沿管道向前运动，同时还在各个方向做随机的脉动，这种随机脉动使红色线抖动、弯曲，以至冲断、分散。这种流型称为湍流或紊流。实验中，流型从层流变化到湍流，此变化在一临界速度下产生。概括来说，在层流中，某点的瞬时速度总是既在大小又在方向上与平均速度相同。在湍流中，秩序已经紊乱，不规则运动混杂在流体主体的稳定运动中。在任何时刻，某处流体的速度的大小和方向都会发生变化，它不仅具有垂直的分量，还与净流动方向平行。一段时间以后，波动变得平复从而得出流动方向的净速度。

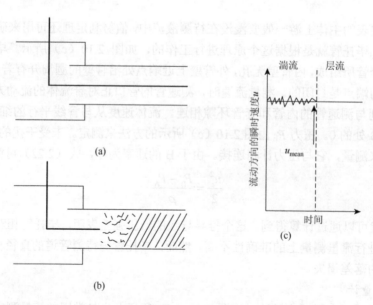

图 2.11　雷诺实验

（a）层流；（b）湍流；（c）以平均速度流动的湍流

在湍流中，快速波动的速度在流体中产生高速梯度。所形成的剪切应力比例较大，为了克服它们，机械能变小并以热量的形式消散。能量在层流的降低程度要小得多。

湍流的随机运动提供了动量转移的机制，这种机制在层流中是不存在的。如果在管道中跨越液流时速度会发生变化，那么一定量快速移动的流体可以跨过流动方向移动到较慢的区域，从而增加了后者的动量。相应的运动必然发生在别处的反向，以及叫作涡流的一整套旋转运动，影响着主流。这是一种平衡动量的强大机制。通过相同的机制，某一成分浓度的任何变化可以被快速消除。在雷诺原始实验中，引入染料到液流表明了这点。相似的，湍流的总混合快速地消除了温度变化。

湍流机制是不同于层流的，它载有动量、热量或一些在流体内转移的物质。动量传递的介质是黏度，它是剪切应力引起的速度变化。同样，热量和物质只能以分子尺寸横跨流线，热以传导、物质以扩散来进行传送，速度、温度和浓度梯度比在湍流中高得多。

2. 流型的判据——雷诺数

不同的流动类型对流体中的动量、热量和质量传递会产生不同的影响。因此，工程设计上需要事先判定流型。对管流而言，实验表明流动的几何尺寸（管径 d）、流动的平均速度 u 及流体性质（密度 ρ 和黏度 μ）对流型从层流到湍流的转变有影响。雷诺发现，可以将这些影响因素综合成一个无量纲的数 $du\rho/\mu$ 作为流型的判据，该数称为雷诺数，以符号 Re 表示。

雷诺指出：

（1）当 Re<2000 时，必定出现层流，此为层流区。

（2）当 2000≤Re<4000 时，有时出现层流，有时出现湍流，依赖于环境，此为过渡区。

（3）当 Re≥4000 时，工业条件下，一般都出现湍流，此为湍流区。

上述情况可以从稳定性概念方面予以说明。稳定性是系统对外界瞬时扰动的反应。系统若受到一瞬时扰动，使其偏离原有的平衡状态，在扰动消失后，该系统能自动回复原有平衡状态的就称该系统平衡状态是稳定的。反之，若在扰动消失后该系统自动地偏离原平衡状态，则称该平衡状态是不稳定的。

层流是一种平衡状态。当 Re<2000 时，层流是稳定的。当 Re≥2000 时，层流不再是稳定的，但是否出现湍流取决于外界的扰动。如果扰动很小，不足以使流型转变，则层流仍然能够存在。当 Re≥4000 时，微小的扰动都可引发流型的转变，因而一般工业情况下总出现湍流。

应该指出，以 Re 为判据将流动划分为三个区：层流区、过渡区、湍流区，但是只有两种流型，因为过渡区并非表示一种过渡的流型。它只是表示在此区内可能出现层流，也可能出现湍流。究竟出现何种流型，需视外界扰动而定，但在一般计算中 Re≥2000 可作湍流处理。

雷诺数的物理意义是它表征了流动流体的惯性力与黏性力之比，它在研究动量传递、热量传递、质量传递中非常重要。

3. 流型的数学分析

对简单管层流进行数学分析，得出了被熟知的泊肃叶定律，它的一种形式为

$$Q=\frac{\Delta P\pi d^4}{128\mu l} \tag{2.33}$$

式中，Q 为体积流量或排放率；ΔP 为管内压强差；d 为直径；l 为管长；μ 为流体黏度。

很多制药过程涉及液体转移，这就使得对管道流量的研究变得更为重要。这项研究中能够

评价由简单管道摩擦产生的压力损失，并评估管粗糙度、直径变化、弯管、包含物质以及入口的附加效应。当系统中由摩擦引起的总压降已知时，可以导出相等落差，驱动液体穿过系统所需的能量可由式（2.33）计算。

无论管流是层流还是湍流，在管壁上都有极薄的静止层。在这点上速度从零开始增加，在管轴处达到最大。流体的流线型流动如图2.12所示。层流的速度剖面如图2.12（a）所示。可见速度梯度 $\mathrm{d}u/\mathrm{d}r$ 在壁上的最大值和轴上的0之间变化。流体通过管时，剪切速率等于速度梯度，式（2.3）阐明了剪切应力的相同变化。

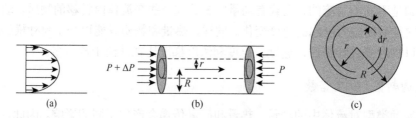

图 2.12　流线型流动

(a) 管道中的流速；(b) 管道纵向上的流动性质；(c) 管道截面上的流动性质

为了推导泊肃叶定律，必须首先建立速度剖面的形式。如图2.12（b）所示，半径为 r 的流体流入管中，管的半径为 R。若相距 l 之间的压强差为 ΔP，驱动此部分所需施加的压力为 $\Delta P\pi r^2$。如果流量稳定，此作用力只能通过这一部分的"壁"上黏滞力来抵消从而达到平衡。这个作用力为 $2\pi rl$，是由剪切应力在它的作用范围产生的。等同这些力得

$$\tau = \frac{\Delta Pr}{2l} \tag{2.34}$$

将式（2.3）代入，得

$$-\frac{\mathrm{d}u}{\mathrm{d}r} = \frac{\Delta Pr}{2\mu l} \tag{2.35}$$

因为 u 随着 r 的增加而减小，所以速度梯度为负数。当 $r=R$，$u=0$ 时，整理得

$$\int_0^u \mathrm{d}u = \frac{\Delta P}{2\mu l}\int_R^r r\cdot\mathrm{d}r \tag{2.36}$$

因此得

$$u = \frac{\Delta P}{2\mu l}\left(\frac{R^2-r^2}{2}\right) \tag{2.37}$$

这种关系显示了管中的速度分布为抛物线形。对于这样的分布，最大流速是平均流速的两倍。在 r 和（$r+\mathrm{d}r$）之间的环形截面如图2.12（c）所示，体积流量为

$$Q = 2\pi r\cdot\mathrm{d}r\cdot r \tag{2.38}$$

用式（2.38）代替式（2.37）中的 u 得

$$Q = \frac{\Delta P\pi}{2\mu l}(R^2r-r^2)r\cdot\mathrm{d}r \tag{2.39}$$

总体积流量是极限 $r=R$ 和 $r=0$ 之间的积分：

$$Q = \frac{\Delta P \pi}{2\mu l} \int_0^R (R^2 r - r^3) \mathrm{d}r = \frac{\Delta P \pi}{2\mu l} R^2 \left(\frac{r^2}{2} - \frac{r^4}{4} \right) \bigg|_0^R \tag{2.40}$$

因此

$$Q = \frac{\Delta P \pi R^4}{8\mu l} = \frac{\Delta P \pi d^4}{128\mu l} \tag{2.41}$$

式（2.33）中，d 是管的直径，$Q = u_{\text{mean}} \pi (d^2/4)$，代入式（2.41），并重新整理得

$$\Delta P = \frac{32 u_{\text{mean}} \mu l}{d^2} \tag{2.42}$$

式（2.42）称为哈根-泊肃叶（Hagen-Poiseuille）方程式。由式（2.42）可知，层流时等径直管的阻力损失与速度成正比。

2.2　量　纲　分　析

2.2.1　量纲分析的通用方法

工程上有些问题是很复杂的。对于某些机理尚未弄清的问题，人们自然不能建立各有关物理量间关系的数学式，有时即使可建立微分方程组去表示某个过程的规律，也很难求解。在这种情况下，往往需通过实验来确定影响某个过程的各有关物理量间简明的、积分式的数学表达式。

要用实验探索某个过程的规律，首先要进行一些小试，通过观察与分析，确定与该过程有关的变量。例如，对湍流阻力问题，可确定管径 d、管长 l，流体的密度 ρ、黏度 μ 及流速 u 都与湍流阻力有关。

此外，管子内壁的粗糙程度也有影响。由于管子内壁的粗糙度难以实测与量化，人们采用了一种方法，在光滑的管壁上粘上单层已知粒径且粒径一致的砂子。像这样的等径管子要准备许多根，每根管子有其特定的砂粒粒径，然后在相同实验条件（指管径、管长、流体流速、物性等相同）下对比待测管壁粗糙度的管子的阻力与粘砂管系列的阻力。若粘砂管中有一根管的阻力与待测管的相同，则此粘砂管的砂粒粒径 ε 便是待测管的管壁绝对粗糙度。工业上常用的不同材料的 ε 值可从手册上查到。

当要了解单一变量对阻力的影响时，需分别对每个自变量进行观察，实验工作量很大，实验数据不易整理，而且由此取得的结论只能应用于实验所用的管子和流体种类范围，无法推广应用。这种没有实验方法指导的、结论只适用于实验条件范围的经验关联式称为纯经验式。

为克服上述纯经验性实验的缺点，需要有一种指导实验的方法，"量纲分析方法"就是一种能满足要求的指导实验的方法。在这种指导实验的方法的指导下，由实验取得的关系式叫半理论半经验式（通过简化物理模型与数学推导，得出数学模型，再由实验确定模型参数，由此确定的过程规律式也为半理论半经验式）。

量纲分析是一种评估具有交互影响变量的分析过程。

该方法基于具有物理意义的方程中的量纲是一致的原则。也就是说，方程两边的单位必须是相同的。式（2.43）可以有效地说明这一原则。

$$Q \propto \frac{\Delta P d^n}{\mu l} \tag{2.43}$$

检查质量（m）、长度（l）和时间（t）的基本单位，使用的符号 [ ] 代表量纲，$[Q]=[l^3 t^{-1}]$，$[\Delta P]=[ml^{-1}t^{-2}]$，$[d^n]=[l^n]$，$[\mu]=[ml^{-1}t^{-1}]$，等化得到

$$[l^3 t^{-1}] = \left[\frac{ml^{-1}t^{-2}l^n}{ml^{-1}t^{-1}l} \right] = [l^{n-1}t^{-1}] \tag{2.44}$$

$[m]$ 和 $[t]$ 一定是明确的，等式中 $n=4$，如果前期无法明确变量结合形式的 Q 值，可以通过以下方程式进行量纲分析，即 Q 值依赖于 ΔP，l，d 和 μ 变量，可以表示为

$$Q = f(\Delta P, l, d, \mu) \tag{2.45}$$

函数 f 可以表示为一个数列，其中每一项都是具有适当贡献的独立变量带来的综合结果。就拿数列的第一项来说

$$Q = N \cdot \Delta P^w \cdot l^x \cdot d^y \cdot \mu^z \tag{2.46}$$

N 是一个数值因子（无量纲），将这几项改写为

$[Q]=[l^3 t^{-1}]$，$[\Delta P^w]=[m^w l^{-w} t^{-2w}]$，$[l^x]=[L^x]$，$[d^y]=[l^y]$，$[\mu^z]=[m^z l^{-z} t^{-z}]$，等式 $[Q]=[\Delta P^w \cdot l^x \cdot d^y \cdot \mu^z]$ 就变成 $[l^3 t^{-1}]=[m^w l^{-w} t^{-2w} \cdot L^x \cdot l^y \cdot m^z l^{-z} t^{-z}]$。

等化 m，l 和 t，得到

$$m: \quad 0 = w + z$$
$$l: \quad 3 = -w + x + y - z$$
$$t: \quad -1 = -2w - z$$

由于三个联立方程中存在 4 个未知，可由第四个确定前三个。解得 $w=1$，$z=-1$ 和 $x+y=3$。将 y 表示为 $3-x$，可得

$$Q = N \frac{\Delta P}{\mu} d^{3-x} l^x = N \frac{\Delta P d^3}{\mu} \left(\frac{l}{d} \right)^x \tag{2.47}$$

第一部分的例子表明：量纲的使用可以局部检验、推导或解出方程。在第二部分中，即使解不完整，也在毫无理论或实验分析的情况下，为流线型流体的流动，以及层流中压降、黏度和流管形状三者之间的关系提供了相当多的信息。例如，如果两个管有相同的 l/d，那么 $Q/(\mu d^5 \Delta P)$ 的值也会是一致的。

由于式（2.47）的指数 x 不确定，括号中的这一项必须是无量纲的。不同于由它衍生出的长度，它是纯数，并且不需具备有意义表达的单位系统。因此，其值不需要提供测量值的单位，当然，测量系统并不复杂。因此，式（2.47）可以被视为两个无量纲组之间的关系。

$$\frac{Q\mu}{d^3 \Delta P} = N \left(\frac{l}{d} \right)^x \tag{2.48}$$

或者一系列的功率术语在大体上构成了原始的未知函数，因此一般来说每一个都有不同的 N 和 x 值。

$$\frac{Q\mu}{d^3 \Delta P} = f \left(\frac{l}{d} \right) \tag{2.49}$$

研究流管内摩擦损失就可运用量纲分析。剪切应力即流体作用在单位面积管道的反向作用

力（R）是由一定表面积管道中的流体速度 u、管的直径 d、液体的黏度 μ、流体密度 ρ 决定的。

量纲方程为

$$R = N \cdot u^p \cdot d^q \cdot \mu^r \cdot \rho^s \qquad (2.50)$$

因此，

$$[ml^{-1}t^{-2}] = [l^p t^{-p} \cdot l^q \cdot m^r l^{-r} t^{-r} \cdot m^s l^{-3s}]$$

等化 m，l 和 t，得到

$$m: 1 = r + s$$
$$l: -1 = p + q - r - 3s$$
$$t: -2 = -p - r$$

根据 q 来计算 p，r 和 s，得 $r = -q$，$s = 1 + q$ 和 $p = 2 + q$。

因此，

$$R = N \cdot u^{2+q} \cdot d^q \cdot \mu^{-q} \cdot \rho^{1+q} = Nu^2 \rho \left(\frac{ud\rho}{\mu}\right)^q \qquad (2.51)$$

其中 N 是一个数值因子，摩擦系数 $R/\rho u^2$ 是函数 u，d，μ 和 ρ 组合的一个无量纲项。这个组合形成了一个称为雷诺数的参数 Re。

$$\frac{R}{\rho u^2} = f(\text{Re}) \qquad (2.52)$$

在湍流中，管壁上的剪切应力取决于管壁表面条件，而管流条件相同的情况下，粗糙管比光滑管壁的剪切应力更高。因此，当管道为不同的无量纲组 e/a 时（式中 e 为表示粗糙度的线性尺寸值；a 为粗糙度参数的允许值），式（2.52）可得一个曲线族。许多物质的 e 值是已知的。

通过完整的无量纲关联，标注在对数坐标上，可以如图 2.13 所示广泛表达不同情况。曲线可以分为 4 个区域。当 Re＜2000 时，流体呈现层流状。这一区域的线性方程是 $R/\rho u^2 = 8/\text{Re}$。这是哈根-泊肃叶定律的另一种简单表达。摩擦系数与管的粗糙度无关，所有数据落在一条单线上。

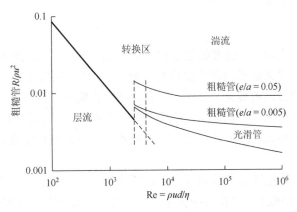

图 2.13　管道摩擦：$R/\rho u^2$ 与雷诺数

当 Re 为 2000～3000 时，流动通常变得动荡。转变的精确值取决于系统的特性。例如，在一个光滑管中处于流线状态的雷诺数，相对于那些表面粗糙管中将产生更高的干扰。

在较高的 Re 条件下，流动变得越来越动荡从而产生了一个区域，其中摩擦系数为 Re 和表面粗糙度的函数。最终，这片区域合并的摩擦系数独立于 Re。流动完全是湍流时，对于一个给定的流管表面，流体的剪切应力与流体速度的平方成正比。第四区域的起点在 Re 值较低的粗糙管道中。

有研究阐述了层流和湍流的本质区别。管中湍流增强的动量转移改变了其速度分布。在层流，这种分布是抛物线。在湍流中，速度更均衡和平坦，高速梯度就局限在一个与壁很近的区域。在这两种情况下，边界层中由边界引起对流动的扰动，延伸管轴并完全填满管。在层流条件下，结构层相当简单，流体层有序地流动到另一层。然而，在湍流条件下，分布区域可以分成三个区域：①流体核心，湍流；②管壁上的薄层为毫米厚度并且持续存在层流条件，这称为层流底层，它与湍流核心通过缓冲层相隔绝；③缓冲层，其中湍流转变为层流。

这个湍流边界层的描述普遍适用于流动于表面的流体。该层性质在流体力学的许多方面都至关重要。此外，这些性质决定着边界传导热或质量的速率。

使用量纲分析法要注意：

（1）量纲分析法可应用于机理尚未弄清楚的过程。应用量纲分析法的前提是必须要有与过程有关的各物理量间的一般不定函数式。若该函数式把重要的因素遗漏，将不能导出重要的无量纲数群；若把影响很小的因素也包括进去，势必导出无关紧要的无量纲数群，使问题变得复杂。

（2）无量纲数群也称为"特征数"，其中，自变量组成的特征数称为决定性特征数，包含因变量的特征数叫非决定性特征数。

（3）特征数的倒数也是特征数，特征数乘以特征数还是特征数。由此，可把不常见的特征数转变成常见的特征数。

（4）应用量纲分析法只能导出相关的特征数，各特征数之间的数量关系须由实验确定。

2.2.2　量纲分析的具体应用

1. 圆形截面管中的流动

1）雷诺数的意义

前面所描述的雷诺实验中，速度的显著提升会引起层流向湍流的转化，如果管中的液体密度不变而管的直径迅速增大或者液体密度增加，也同样会出现层流向湍流的转化。另外，黏度的增加会促进某一流动方向的变化。显然，所有这些因素同时也都决定着流体的各种性质。而这些各自决定着流体各方面性质的因素，结合在一起会得出一个雷诺数。这表明一些作用于流体上的力具有一种特定模式。假如其他类似的几何系统具有相同的雷诺数，那么流体将受到相同作用模式的力。

更具体地说，雷诺数描述了流体惯性与黏性或摩擦力的比值。雷诺数越高，惯性效应的相对贡献就越大。雷诺数极低时，黏性效应占主导而惯性的贡献可以被忽略。一个经典的例子是，改变黏性、惯性或动量效应，会出现如图 2.14 所示的流型的变化。雷诺数还可以表征液体不同的流动状态。

2）主干流体的运动

当物体相对于其所浸入的流体运动时，会遇到运动阻力，并且必须在相对物体运动的方向上施加力。图 2.14 阐述了流过主干的流体，在这种情况下，通过流线圆柱体与纸面轴对称。如前所述，流线的方向假设为流体运动的切线。流体流过圆柱体，固定住与表面接触的液层，并诱导速度梯度在表面产生剪切应力或黏性阻力。圆柱体上游面的流线拥挤，流动模式和动量的变化对下游面一定是完全相反的。如图 2.14（a）所示，圆柱体及流体相对运动产生的整体作用力是黏性阻力。然而，压力的增加和下游表面速度的降低可能导致边界层分离。脱离流线与复苏之间的区域充满着旋涡，流型如图 2.14（b）所示。加速流体的动能被耗散，且无法恢复，如同下游面的压力能。在这种情况下，还有另一个与这种相对运动相反的力，称为形成阻力。它对总阻力的贡献会随着速度的增加而增加。

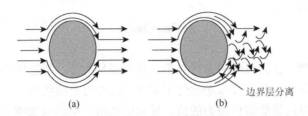

图 2.14　流过圆柱的流体

（a）层流；（b）湍流

此外，黏性和惯性力用来决定流动模式和流体流动的相对阻力。而反映出它们比率的雷诺数作为一个参数可用来预测流动行为。阻力及其控制变量之间的关系类似于管中流体的情况。如果考虑相对于流体运动的一个球体，投影面积为 $\pi d^2/4$（d 是球体的直径）。单位投影面积上的阻力 R'，由流体的速度 u、黏度 μ、密度 ρ，以及球体的直径 d 决定。量纲分析得出的关系为

$$\frac{R'}{\rho u^2} = f(\mathrm{Re}') = f\left(\frac{ud\rho}{\mu}\right) \tag{2.53}$$

雷诺数函数形式 Re' 用到了球体的直径线性尺寸。除了极低的雷诺数值需要理论分析得出，这个函数形式主要来源于实验。结果的对数坐标如图 2.15 所示。当 $\mathrm{Re}' \leqslant 0.2$，黏性项只与球体的阻力有关，式（2.53）可写为

$$\frac{R'}{\rho u^2} = \frac{12}{\mathrm{Re}'} \tag{2.54}$$

所以，

$$总阻力 = R' \cdot \frac{\pi d^2}{4} = \rho u^2 \cdot \frac{12}{\mathrm{Re}} \cdot \frac{\pi d^2}{4} = 3\pi\mu du \tag{2.55}$$

这是斯托克斯定律的基本形式。

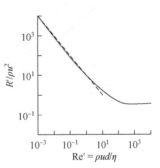

图 2.15　光滑球体下的 $R'/\rho u^2$ 与雷诺数

随着 Re' 值的增大，实验曲线逐渐发散，最终成为独立的 Re' 并得出 $R'/\rho u^2 = 0.22$。随着 Re' 增加，形成阻力随之增加，最终只与反作用力的大小有关。

对于非球体粒子，理论分析主要通过等效体积球体的直径进行测算。由主体形状和液体中的方向决定的校正因子也是必需的一项。

这种分析的一个重要应用是估算粒子在流体中的速度。在重力作用下，粒子会加速到重力 mg，由相反阻力完全平衡。然后物体会以一个恒定的终端速度 u 落地。重力和阻力的关系可表示为

$$mg = \frac{\pi}{6}d^3(\rho_s - \rho)g = R' \cdot \frac{\pi d^2}{4} \tag{2.56}$$

式中，ρ 为固体颗粒的密度；ρ_s 为液体的密度。

当球体在简化状态下（Re'＜0.2）时，$R' = \rho u^2 \cdot 12/\text{Re}$，将 Re'代入式（2.56），得

$$u = \frac{d^2(\rho_s - \rho)g}{18\mu} \tag{2.57}$$

此式还可以简化为

$$u = mg - 3\pi d\mu u$$

3）摩擦压降

如果 ρ 为液体密度，μ 为液体的黏性系数，管道直径为 d，则流体的体积流量为 Q，由流量和管道面积得出管道的平均速度 u 补全了计算 Re 所需的全部数据。如果管道粗糙度是已知的，可以进一步计算得到管壁剪切应力的值。反向运动所产生的总摩擦力是 R 和管面积 πdl 的乘积，其中 l 是管子的长度。如果管中未知的压降为 ΔP，通过管道的动力即 $\Delta P \cdot \pi d^2/4$。相应的压力与摩擦力为

$$\Delta P \cdot \frac{\pi d^2}{4} = R\pi dl \tag{2.58}$$

所以，

$$\Delta P = \frac{4Rl}{d} \tag{2.59}$$

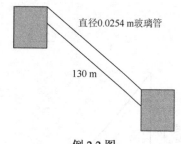

直径0.0254 m玻璃管

130 m

例 2.2 图

除以 ρg 得出作为摩擦落差的压力损失。这种形式被用于式（2.15）和式（2.17）。

【例 2.2】 计算管中由摩擦力引起的压降。

一根光滑的直径为 0.0254 m 的管，长度为 130 m，计算摩擦落差。水的密度为 1000 kg/m³ 且流速为 9.28×10^{-5} kg·m/s。计算 Re 值。

【解】

$$\text{Re} = \frac{1.8 \times 0.0254 \times 1000}{9.28 \times 10^{-5}}$$

$$\frac{R}{\rho u^2} = 2.5 \times 10^{-3}$$

$$R = 2.5 \times 10^{-3} \times 1000 \times 1.8 = 8.1(\text{N/m}^2)$$

$$\Delta P = \frac{4Rl}{d} = \frac{4 \times 8.1 \times 130}{0.0254} = 1.7 \times 10^5(\text{Pa})$$

$$摩擦落差 = \frac{1.7 \times 10^5}{1000 \times 9.8} = 17.35(\text{m})$$

4）管件中的摩擦损失

除了在直管管壁上存在摩擦损失，在实际情况中，摩擦损失还发生在管道的配件和阀门部位。一般来说，流体流动中管子几何形状的变化所引起的大小或方向上的突然变化就会产生损失。损失可以简单理解为一定长度的直管具有的阻力。这通常是多数管直径的形式。例如，直

角弯头的损失相当于一个直径为 40 mm 的直管具有的阻力。所有配件的等效长度之和以及总摩擦损失可由式（2.59）估算得出。

2. 非圆形截面管中的流动

管道中有关流体的研究仅限于圆形管道。此前的论述中还通过引入一个相当于圆形管直径的量纲用于非圆形管道中的湍流分析。引入概念：平均液压直径 d_m 的定义为 4 倍横截面积除以周长。举例如下。

边长为 b 的方形管道：

$$d_m = \frac{4b^2}{4b} = b \tag{2.60}$$

外半径为 r_1、内半径为 r_2 的圆环，

$$\frac{4(\pi r_1^2 - \pi r_2^2)}{2\pi r_1 + 2\pi r_2} = 2(r_1 - r_2) \tag{2.61}$$

这一简单修正并不适用于非圆管层流。

3. 填充床中的液体流动

通过固体透水层进行的流体流动分析广泛应用于过滤、浸出和其他操作过程。第一种方法可假设填充床的间隙相当于大量的离散、并行的毛细管。如果流体是流线型的，体积流量 Q 可以通过式（2.33）中单个毛细管得出。

毛细管的长度超过一定数量的填充床的深度，深度取决于它的曲折。而床的深度 L 与毛细管的长度 l 成正比，所以

$$Q = \frac{\Delta P d^4}{k\mu L} \tag{2.62}$$

k 是填充床上的一个特定常数。如果床的面积为 A，其包含 n 个单位面积上的毛细管数，则总的流量为

$$Q = \frac{\Delta P d^4 nA}{k\mu L} \tag{2.63}$$

n 和 d 都不被普遍知晓。然而对于既定的床，它们的值是一定的，所以

$$Q = KA\frac{\Delta P}{\mu L} \tag{2.64}$$

其中 $K = d^4 n/k$，这个常数是一个渗透系数，$1/k$ 是特定的阻力，其值描绘了特定床的特性。

离散毛细管的假设排除了有效评论，这些评论与决定渗透系数的因素相关。通道不以离散但以随机的方式相互连接。然而通过流体的反作用力必须依赖于通道的数量和尺寸。这些数量可以通过空床的分数表示，即孔隙率，空隙率是分散式的方式。以下是一个具体的例子。相比于相同材料制造的 25%孔隙率的床，水更容易通过孔隙率为 40%的床，且在固定着粗粒径的床的流动速度比固定着细微粒空隙或孔隙的床上流得更快。后者的影响可以用床为流体提供的表面积之间的差异来解释。这个属性的大小与床上粒子的粒径大小成反比。渗透率随着孔隙率的增加和床上总表面积的降低而上升。而这些因素可以结合给出表观直径 d' 的一个公式：

$$d' = \frac{空隙的体积}{形成床材料的总表面积} \tag{2.65}$$

孔隙的体积是孔隙率，固体的体积为 $1-\varepsilon$。如果比表面积也就是单位体积固体的表面积是 S_0，那么由单位体积流化床所呈现出的总表面积则是 $S_0(1-\varepsilon)$。因此，

$$d' = \frac{\varepsilon}{S_0(1-\varepsilon)} \tag{2.66}$$

在层流条件下，流体流经这个等效方式的速度是由式（2.33）得出的。

$$Q = \frac{\Delta P d'^4}{k\mu L} \tag{2.67}$$

通道内流速 u' 由体积流量除以通道面积 $k'd'^2$，代入常数，得

$$u' = \frac{Q}{k'd'^2} = \frac{\Delta P d'^2}{k''\mu L} \tag{2.68}$$

在考虑流化床的全部面积、体积和孔隙后，速度得到较小的 u 值。这些速率与 $u = u'\varepsilon$ 相关。因此，

$$\frac{u}{\varepsilon} = \frac{\Delta P d'^2}{k''\mu L} \tag{2.69}$$

将式（2.66）代入式（2.69），得

$$\frac{u}{\varepsilon} = \frac{\Delta P}{k''\mu L} \frac{\varepsilon^2}{(1-\varepsilon^2)S_0^2} \tag{2.70}$$

和

$$u = \frac{\Delta P}{k''\mu L} \frac{\varepsilon^3}{(1-\varepsilon^2)S_0^2} \tag{2.71}$$

在式（2.71）中，从其原型柯兹尼方程式已知，常数 k'' 的值为 5 ± 0.5。当 A 为流床面积时，由于 $Q = uA$，式（2.71）可以转化为

$$Q = \frac{\Delta P A}{\mu L} \frac{\varepsilon^2}{5(1-\varepsilon^2)S_0^2} \tag{2.72}$$

这一分析表明，渗透率是一个孔隙率及表面积的复杂函数，孔隙率及表面积又由粒子的大小分布和形状所决定。式（2.72）中特定的表面的出现为其测量提供了方法并为尺寸分析的流体渗透方法奠定了基础。这个方程也适用于过滤过程研究。

2.3 流体输送机械

在化学和制药工业的生产过程中，所处理的物料多数是流体。生产上普遍需要按一定流程把流体从一个设备输送到另一个设备中，这就是化学和制药工厂内总是管道纵横的原因。

在化工和制药生产中，也常常需要将流体从低处输送到高处，或从低压送至高压，或沿管路送至较远的地方。为此，需要对流体施加机械能，以提高流体的位能、静压能、流速或功能，克服管路阻力等。为流体提供能量的机械称为流体输送机械。

因为输送的流体种类很多。流体的温度、压力等操作条件，流体的性质（黏性、腐蚀性）、流量以及所需要提供的能量等方面有很大的不同。为了适应不同情况下的流体输送要求，需要不同结构和特性的流体输送机械。流体输送机械根据其工作原理的不同通常分为 4 类，即离心式、往复式、旋转式及流体作用式。离心式流体输送机械因操作可靠，结构简单，流量均匀，

价格便宜且设备取材面广，易于满足不同性质流体的需要，故使用最为广泛。但由于受到其本身操作性能的限制，离心式流体输送机械难以满足需要外加压头很高的工作要求，这时往往采用往复式流体输送机械，往复泵就尤其适用于液体小流量且要求外加压头很高的场合。

在不同的液体输送过程中，输送量、高度差以及流体的性质差别很大，需要不同规格的泵满足不同的需求。正排量泵取代了具有各自冲击与循环流体的固定体积的泵。另外，叶轮泵使流体具有更高的动能，动能随后被转化为压力能，就可使液体输送至更高或更远的地方，泵的排放量取决于输送点的高度差。

气体泵和液体泵的本质相似。提供气体的部件通常被称为压缩机或鼓风机。压缩机在相对较高的压力下工作，鼓风机则在相对较低的压力下工作。由于气体的密度低，黏性也低，因而可具备更大的输送速度（风量）并易于实现密闭。

2.3.1 泵

1. 容积式泵和回转式容积式泵

1）容积式泵

容积式泵是输送落差较大的少量流体时最常使用的泵。该种泵运动部件之间的间隙较小，不可用于粉磨泥浆的输送。常见的容积式泵如图 2.16 所示。图 2.16 中的单作用活塞泵是往复泵的示例。通过活塞的向右往复运动，流体通过进气阀体卷入圆柱体泵缸。

（1）往复泵：往复泵的主要部件有泵缸、活塞、活塞杆、吸入阀和出口阀。吸入阀和出口阀均为单向阀。电动往复泵通常是通过曲柄连杆机构，把电动机的旋转运动变为活塞的往复运动。当活塞向右移动时，泵缸的容积增大而形成低压。出口阀受到排出管内液体压力的作用而关闭；吸入阀受贮槽液面与泵缸内的压差作用而打开，使液体被吸入泵缸。当活塞向左移动时，由于活塞的推压，缸内液体压力增大，吸入阀关闭，出口阀开启，使液体被排出泵缸，完成一个工作循环。活塞在泵缸内两端间移动的距离称为泵的行程。

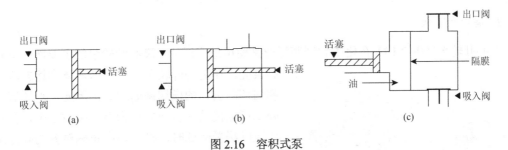

图 2.16　容积式泵

（a）往复泵；（b）双动式活塞泵；（c）隔膜泵

（2）双动式活塞泵：双动式活塞泵中活塞两边的体积可以有效避免反击时泵的停止。液体在一侧的反转会带动液体在另一侧的运动［图 2.16（b）］。这两种泵交互运动，虽然运作模式很简单，但在不同条件下都能很有效地运转。该设备的原理也广泛应用于各种气体压缩机。液体泵出时无须启动，因为泵可有效地排出泵或管道中的空气。

（3）隔膜泵：一种称为隔膜泵的改进装置可以使往复运动的部件不接触泵送的液体［图 2.16（c）］。固定在外周的柔性磁盘可以使泵伸缩，并可通过阀门抽吸和排出液体。隔膜另一侧面与活塞柱间的缸体一般充满水或油。隔膜采用具有弹性的耐腐蚀材料（金属或橡皮）制成。工作流体的耐腐蚀材料只能接触隔膜的一个侧面，隔膜泵需使用液体或悬浮液，活塞柱不会受损。隔膜交替地向两侧弯曲，起着活塞柱的作用。

2）回转式容积式泵

回转式容积式泵包括齿轮泵、罗茨泵、叶片泵和单螺杆泵。回转式容积式泵在工作时，将泵室扩向流体，然后流体密封，转达直出口，液体与气体都被排放，因此无须启动。其工作原理如图 2.17 所示。其中，齿轮泵是将液体传递至泵中两个互相啮合的齿轮形成空间中心，以防止液体返回到入口。罗茨泵广泛用于液体泵和鼓风机中。它的每一个叶轮带有两个或三个叶相互作用，叶轮带之间有着非常小的间隙，使流体从进口传到出口。

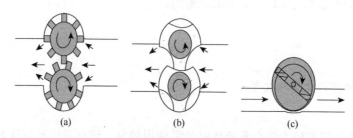

图 2.17　回转式容积式泵的工作原理
（a）齿轮式；（b）花瓣式；（c）叶片式

叶片泵通过安装在偏心转子表面的滑动叶片，在接触情况下提供叶片泵的抽吸作用力。流体通过两个叶片入口被汲入腔。流体受到压缩并在出口处被排出。

单螺杆泵由一个双内部螺旋和一个螺旋转子组成。后者通过定子保持恒定的密封状态，这种密封通过泵不断地进行。这种泵适用于黏性和非黏性液体。定子通常由橡胶或类似的材料构成，所以可以有效地输送浆料，同时排放平稳且可以耐受非常高的压力。这种泵常用来接加压过滤器完成过滤操作。

2. 离心叶轮泵

离心叶轮泵（图 2.18）在化工和制药行业是使用最广泛的。离心叶轮泵的主要部件有叶轮和泵壳。在离心叶轮泵中，输送液体到达旋涡室，朝向切向出口的横切截面增大。因此，液体流速的降低可以使动能转换成压力能。扩散泵中，在其流体速度缓慢降低时，扩散环中正确对齐的叶片从叶轮接收液体和应对压力上升。

由于要精确控制离开叶轮的液体的方向较难，螺旋泵的效率低于扩散泵。然而，由于螺旋泵更方便采用耐蚀材料而被使用得更普遍。该泵结构紧凑，无阀门，可用于泵送泥浆和腐蚀性液体，稳定地输送大量的液体，适用于落差大、中等大的水头及泵

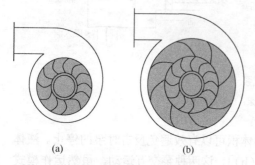

图 2.18　离心叶轮泵
（a）螺旋型；（b）扩散型

串联使用的场合。与容积式泵不同，即使输送线路关闭，离心叶轮泵也可继续运转，将液体的动能转化为热量释放。

离心泵的一个缺点是：定尺寸的泵高效运转的条件范围较小。在给定速度下操作螺旋泵时，排放量和反向落差之间的关系如图 2.19 所示。随着落差的增加，排放量减少。泵的机械效率是从流体获得的功率比值，由式（2.21）可得。图 2.19 所示的最大值，表明最佳运行条件。从图 2.19 中可以看出当泵在其他条件下运行时对效率的影响，并且为了实现给定排放和相对压头的合理操作效率，必须使用具有合适尺寸和运行速度的泵。

离心泵的另一个缺点在于有空气时启动困难。如果泵中仅含有空气，叶轮所产生的低动能将很难增加通过泵的压力，液体既不被吸入也不排出。为了启动泵，叶轮必须被泵出的液体带动起来。在可能的情况下，泵放置在液体供应水平以下。或者，可以在泵的吸入侧放置止回阀，以防止在旋转停止时排水。

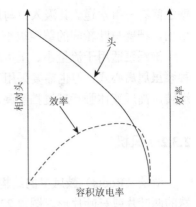

图 2.19　定速运行螺旋泵的工作曲线

3. 齿轮泵

齿轮泵的结构如图 2.20 所示，其主要部件是两个反向旋转、相互啮合的齿轮，两个齿轮中的一个是主动轮，另一个是从动轮。两齿轮的啮合部位把泵体分成两部分：汲入腔与压出腔。随着齿轮的转动，汲入腔内齿轮的齿穴部位液体被带到压出腔。由于液体的压缩性极小，压出腔内液体的输入必导致压强升高，液体便由压出管道流出。汲入腔内的液体被带走便导致其内压强下降，并使液体从汲入管道流进泵体。压出腔内压强高的液体漏回到汲入腔的量取决于齿轮外圆与泵壳内壁的缝隙大小以及齿轮的转速。若回流量大，则容积效率低。

齿轮泵是正位移泵，其特点是流量较小但压头较高，适于输送黏度大的液体，但不宜输送悬浮液，因悬浮液中固体颗粒会磨损齿轮及泵壳内壁，使容积效率降低。

4. 旋涡泵

旋涡泵是一种特殊的离心泵，其结构如图 2.21 所示。这种泵的叶轮由一个金属圆盘于四周铣出凹槽而成，余下未铣去的部分形成辐射状的桨叶。泵壳内壁也是圆形，在叶轮与泵壳内

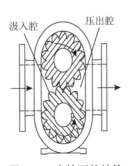

图 2.20　齿轮泵的结构

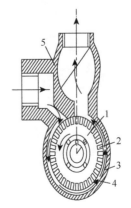

图 2.21　旋涡泵的结构示意图

1. 叶轮；2. 叶片；3. 泵壳；4. 流道；5. 间壁

壁之间有一引水道。其汲入口与压出口靠近，二者间以"挡壁"相隔。压出管并非沿泵壳切向引出。挡壁与叶轮间的缝隙很小，以期阻止压出口压强高的液体漏回汲入口压强低的部位。

旋涡泵适用于流量小、压头高且黏度不大的液体的输送。旋涡泵启动前同样需要灌泵。这种泵虽属离心式，但也需要采用旁路阀调节流量，因引水道窄，泵的压头较高，若关闭出口阀运转，高压液体强行越过挡壁漏回低压端时摩擦阻力大，泵体震动，叶片容易受损。

2.3.2　风机

罗茨（Roots）鼓风机的结构（图 2.22）及工作原理与齿轮泵类似，但"齿轮"形状是特殊的两叶片或三叶片形。图 2.22 所示的罗茨鼓风机的叶片是两叶片形，这些旋转叶片也称为两转子，其中一个主动，另一个从动。二者在中间部位啮合，把风机机壳内空间分隔成压出腔。转子旋转时，转子凹入部位的气体被转子由汲入腔带到压出腔，使压出力高而向压出管道排气，汲入腔则气压降低并由吸入管吸气。由于转子外缘与机壳内隙很小，且转子在旋转，故正常操作时，气体由压出腔漏回汲入腔的现象并不严重。

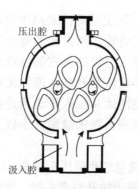

图 2.22　罗茨鼓风机的结构示意图

第3章　制药过程的热量传递和质量传递

3.1　热　量　传　递

由热力学第二定律可知，只要有温差存在，热就会自发地由高温处向低温处传递，因此在物体内部或不同的体系之间，只要存在着温差就会引起热量的转移，这就是传热。传热是自然界和工程技术领域中极其普遍的一类能量传递现象。在制药化工生产中，传热是制药工艺的主要单元操作。热能只能从较高的温度区域转移到较低的温度区域。要想了解传热，需要对这一过程的机制和速率进行研究。在制药化工生产中所遇到的传热问题可分为两类：一类是强化传热过程，在传热设备中使用加热或冷却物料，尽可能提高各种换热设备的传热效率，这就需要所选的换热设备结构紧凑；另一类是削弱传热过程，如高温设备及管道的保温、低温设备及管道的绝热等。此类过程要求热量传递的速率越慢越好，以减少过程中发生的能耗。

根据传热机理的不同，热量通过三种机制转移：传导、对流和辐射。

（1）传导（热传导）：若物体内部或两个直接接触的物体之间存在着温差，热能将从高温部分自发地向低温部分传递，直至各部分的温度相等为止，这种传热方法称为热传导或导热。它是固体热传递机制中研究得最广泛的机制。热传导是借助于分子、原子和自由电子等微观粒子的热运动而进行的，常发生于固体或静止的流体内部。在热传导过程中，没有物质的宏观位移。

（2）对流（热对流）：流体各部分之间产生相对位移而引起的热量传递过程，称为热对流或对流。热对流仅发生在流体中。在对流过程中，流体质点之间产生了宏观运动，在运动过程中发生碰撞和混合，从而引起热量传递。若流体的宏观运动是由各部分间的密度不同即密度差异而引起的（密度轻的部分上浮，重的部分下沉），则称为自然对流。若流体的宏观运动是由受到外力的作用（如风机、泵或其他外界压力等）而引起的，则称为强制对流。

热对流过程中往往伴随着热传导，且两者很难区分。工程上常将流体与固体壁面间的传热称为对流传热。其特点是靠近壁面附近的流体层中主要依靠热传导方式传热，而在流体主体中则主要依靠对流方式传热。虽然热对流是基本的传热方式，但由于热对流时总伴有热传导，要将两者分开处理是困难的，因此一般并不讨论单纯的热对流，而是讨论具有实际意义的热传导。

（3）辐射（热辐射）：辐射能是一种通过电磁波来传递的能量。任何物体，只要其温度在 0 K 以上，都会不停地向外发射辐射能，同时又会不断地吸收来自其他物体的辐射能，并将其转变为热能。由于高温物体发射的能量比吸收的多，而低温物体则相反，从而使净热由高温物体传递至低温物体，这种传热方式称为辐射传热。辐射在极端的温度下是重要的，在这种情况下，其他模式的热传递被抑制。从医药加工的角度来看，该机制几乎是最不重要的，只需要简单的考虑即可。

在传热的三种基本方式中，热传导和热对流都要依靠介质来传递热能，而辐射传热不需要任何介质，仅以电磁波的形式便可在空间传递能量。

在实际传热过程中，上述三种基本传热方式很少单独存在，而往往是两种或三种传热方式的结合。当传热所涉及的温度低于300℃时，辐射传热与其他传热方式相比常可忽略不计。

3.1.1 热量传递的基本方式——热传导、对流传热和热辐射

1. 热传导

1）温度场和温度梯度

在一瞬间，物体内（或系统内）所有各个点的温度的分布称为温度场（temperature field）。同一时刻，由温度场中温度相同的各点组成的连续面称为等温面。不同的等温面与同一平面相交的交线称为等温线，它是一簇曲线，如图 3.1（a）表示某热力管路截面管壁内的温度分布，虚线表示不同温度的等温线。由于空间内任一点在同一时刻不可能有两个不同的温度，因此同一时刻温度不同的等温面不能相交。在等温面上不存在温差，只有穿越等温面才有温度变化。

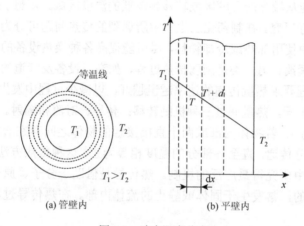

(a) 管壁内　　　　　　　　(b) 平壁内

图 3.1 壁内温度分布

自等温面上某一点出发，沿不同方向的温度变化率不相同，而以该点等温面垂线方向上的温度变化率最大，称为温度梯度（temperature gradient）。温度梯度是向量，其方向垂直于等温面，并指向温度增加方向。因此，温度梯度的方向与传热方向正好相反。对于一稳态温度场，温度只沿 x 方向变化，则温度梯度可以表示为 dT/dx。当 x 坐标轴方向与温度梯度方向（指向温度增加的方向）一致时，dT/dx 为正值，反之则为负值。

2）傅里叶定律

傅里叶定律是热传导的基本定律。实践证明，在质地均匀的物体内，若等温面上各点的温度梯度相同，则单位时间内传导的热量 Q 与温度梯度（dT/dx）及垂直于热流方向的传热面积 A 成正比，即

$$Q = -kA\frac{dT}{dx} \tag{3.1}$$

式中，Q 为传热速率；A 为传热面积，即垂直于热流方向的截面积，m^2；k 为热导率或导热系数，W/(m·K) 或 W/(m·℃)，它的数值取决于材料本身的温度以及材料的温度；dT/dx 为沿 x 方向的温度梯度，K/m 或 ℃/m。x 方向为热流方向，即温度降低的方向，故而 dT/dx 为负值，因传热速率 Q 为正值，故式中加上负号。

3）跨壁传热

跨壁传热遵循傅里叶方程中热流的速率基本关系，许多材料的热导率 k 在表 3.1 中已给出。

表 3.1　各种材料的导热性　　　[单位：J/(m·s·K)]

固体	温度/K	k	液体	温度/K	k	气体	温度/K	k
金属			汞	273	8.3	空气	473	0.0311
铜	373	379	丙酮	313	0.17	蒸汽	373	0.0235
银	373	410	水	373	0.67	二氧化碳	373	0.022
生铁	373	46.4				氢气	373	0.215
不锈钢	373	17.3						
非金属								
碳（石墨）	323	138.4						
玻璃	373	1.16						
建筑砖	293	0.66						
玻璃棉	373	0.062						

尽管不同金属的 k 值差别很大，但金属多具有高的导热性。非金属固体通常具有比金属低的导热性。对于多孔材料，其导热性基本介于均匀固体和在空气中分散的结构之间。低 k 值的材料在隔热材料中有广泛的应用。碳是非金属材料中的一个例外，其相对较高的导热性和化学惰性使其在热交换器中得以广泛使用。跨壁传热如图 3.2 所示。

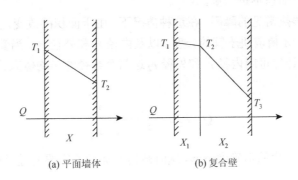

(a) 平面墙体　　　　　　(b) 复合壁

图 3.2　跨壁传热

图 3.2（a）所示的是通过厚度 X 的平面墙体稳定无方向性的传热。假设热导率不随温度变化，温度梯度将呈线性，并且等于 $(T_1-T_2)/X$，其中 T_1 是热面的温度，T_2 是冷面的温度。式（3.1）则变成

$$Q = kA \frac{T_1 - T_2}{X} \tag{3.2}$$

这可以被重新整理为

$$Q = A \frac{T_1 - T_2}{X / k} \tag{3.3}$$

式中，X/k 为热阻。因此，对于一个给定的热流，如果壁或传热层具有高的耐热性（热阻），自然会出现大的温度梯度变化。

耐热性的增加将减少由热流传导的效率，这是防护绝缘原则。通过复合壁的情况如图 3.2（b）所示。如果稳态传热存在两种材料，那么其传热率相同。因此，

$$Q = \frac{k_1 A (T_1 - T_2)}{X_1} = \frac{k_2 A (T_2 - T_3)}{X_2} \tag{3.4}$$

材料提供主要热阻会使在远离 X_2 的地方发生明显的温度下降（在温度剧烈下降的情况下，薄金属壁的温度下降，耐热性非常小，变化可以被忽略）。重新整理该方程并消除连接温度，得

$$Q = A \frac{T_1 - T_3}{X_1 / k_1 + X_2 / k_2} \tag{3.5}$$

这种形式的方程可以应用于任何层数，并且对于多层平壁的稳态热传导，不仅各层的传热效率相等，各层的热通量也相等。

在热传导过程中，物体内部不同位置处的温度是不同的，因而导热系数也不同。在工程上，对于各处温度不同的固体，常取固体两侧温度下导热系数的算术平均值为其导热系数，或取两侧温度的算术平均值作为定性温度，并以此确定该时段固体的导热系数。采用平均导热系数进行热传导计算，不会引起太大的误差，可以满足一般工程计算的需要。

4）管道和管传热

在制药化工生产过程中，所用设备及管道通常为圆筒形，因此通过管道和管的热传导非常普遍。管和管道的热传导与平壁的热传导存在显著差异，其原因是管壁的传热面积和温度均会随半径而变，因此传热面积不是常量。

管道和管是发生传热常见的障碍，在这种情况下，由于面积的改变，热的传导会变得复杂。如果式（3.2）被保留，A 值取决于管的长度 l 以及内径 r_1 和外径 r_2。当管壁很薄，即 r_2/r_1 小于 1.5 时，热传导面积的计算可用内径 r_1 和外径 r_2 这两个半径的平均值来计算。这样，式（3.2）可转换成

$$Q = k 2\pi \frac{r_2 + r_1}{2} l \frac{T_1 - T_2}{r_2 - r_1} \tag{3.6}$$

对于厚壁管，这个方程的精确度不够，这时热传导面积就需要通过半径的对数平均值计算。热传导方程应改写成

$$Q = k 2\pi r_m l \frac{T_1 - T_2}{r_2 - r_1} \tag{3.7}$$

式中，r_m 为半径的对数平均值，即

$$r_m = \frac{r_2 - r_1}{\ln(r_2 / r_1)} \tag{3.8}$$

在工程计算中，经常采用两个变量的对数平均值。一般而言，当两个变量的比值不超过 2% 时，可采用算术平均值代替对数平均值进行计算，以简化计算过程，由此造成的误差不超过 4%，已能满足一般工程计算的精度要求。

【例 3.1】 不锈钢管 A 内半径为 0.019 m，外半径为 0.024 m，热导率为 34.606 J/(m·s·K)。蒸汽在 422 K 时围绕着钢管，它的外面附了一层 0.051 m 的绝缘层，该绝缘层的热导率为 0.069 J/(m·s·K)，绝缘层的外表面的温度为 311 K，每米管的热损失是多少？

【解】 对于管壁

$$\frac{0.024\ \text{m}}{0.019\ \text{m}} = 1.3 < 1.5$$

因此

$$r = \frac{0.019\ \text{m} + 0.024\ \text{m}}{2} = 0.022\ \text{m}$$

对于绝缘体

$$\frac{0.051\ \text{m}}{0.024\ \text{m}} = 2.1 > 1.5$$

因此

$$r_{\text{m}} = \frac{0.051 - 0.024}{\ln(0.051/0.024)} = 0.036(\text{m})$$

对于管壁

$$Q = 34.606 \times 2\pi \times 0.022 \times 1 \times \left(\frac{T_1 - T_2}{0.024 - 0.019}\right) = 975(T_1 - T_2)$$

对于绝缘层

$$Q = 0.069 \times 2\pi \times 0.36 \times 1 \times \left(\frac{T_2 - T_3}{0.051 - 0.024}\right) = 0.578(T_2 - T_3)$$

根据这些方程可以得到

$$T_1 - T_2 = \frac{Q}{957} \qquad T_2 - T_3 = \frac{Q}{0.578}$$

因此

$$T_1 - T_3 = 111(\text{K}) = \frac{Q}{957} + \frac{Q}{0.578}$$

和

$$Q = \frac{111}{1/957 + 1/0.578} = 64(\text{J/s})$$

2. 对流传热

对流传热在制药化工生产中具有实际意义，它是在流体流动时，流体与固体壁面间的传热过程中发生的热量传递现象。制药化工生产中遇到的对流传热常指间壁式换热器中两侧流体与固体壁面之间的热交换，即流体将热量传给固体壁面或由壁面将热量传给流体的过程称为对流传热（或称对流给热）。

当流体做层流流动时，各层流体均沿壁面做平行流动，在与流动方向相垂直的方向上，其热量传递方式为热传导。

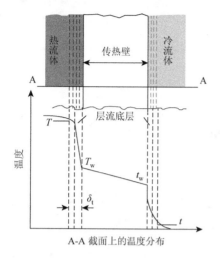

图 3.3　对流传热的温度分布

如图 3.3 所示，当流体做湍流流动时，无论流体主体的湍动程度有多大，紧靠壁面处总有一薄层流体沿着壁面做层流流动，称为层流底层。在层流底层中，垂直于流体流动方向的热量传递主要以导热方式进行。又由于大多数流体的热导率较小，该层的热阻较大，从而温度梯度也较大。在层流底层与湍流之间有一过渡区，该过渡区内的热量传递是传导与对流的共同作用。而湍流主体中，由于流体质点的剧烈运动，各部分的动量与热量传递充分，其传热阻力很小，因而温度梯度较小。总之，流体与固体壁面之间的对流传热过程的热阻主要集中在层流底层中。

流体对壁面的对流传热的推动力在热流体侧应该是该截面上湍流主体最高温度与壁面温度 T_w 的温差；而冷流体一侧则应该是壁面温度 t_w 与湍流主体最低温度的温差。但因为流动截面上的湍流主体的最高温度和最低温度不易测定，所以通常用该截面处流体平均温度（热流体为 T，冷流体为 t）代替最高温度和最低温度。这种处理方法就是假设过渡区和湍流主体的传热阻力全部叠加到层流底层的热阻中，在靠近壁面处构成一层厚度为 δ_t 的流体膜，称为有效膜（effective film）。假设膜内为层流流动，而膜外为湍流，即把所有热阻都集中在有效膜中。这一模型称为对流传热的膜理论模型（film theory model）。当流体的湍动程度增大时，则有效膜厚度 δ 会变薄，在相同的温差条件下，对流传热速率就会增大。

1）对流传热速率方程

由于对流传热与流体的流动情况、流体性质、对流状态及传热面的形状等有关，其影响因素较多，有效厚度 δ 难以测定，引入对流传热系数 α 代替单层壁传热速率方程 $Q = (\lambda/\delta)A\Delta T$ 中的 λ/δ，得

$$Q = \alpha A\Delta T = \frac{\Delta T}{\dfrac{1}{\alpha A}} \tag{3.9}$$

式中，Q 为对流传热效率，W；A 为传热面积，m^2；ΔT 为对流传热温差，在热流体中 $\Delta T = T - T_w$，在冷流体中 $\Delta T = T_w - T$，℃；α 为对流传热系数，或称膜系数，$W/(m^2 \cdot K)$ 或 $W/(m^2 \cdot ℃)$。

式（3.9）称为对流传热速率方程，也称为牛顿冷却公式。

2）对流传热系数

牛顿冷却公式并未揭示对流传热过程的本质，而仅仅是将影响对流传热过程的各种因素都归入对流传热系数中。因此，确定各种具体情况下的对流传热系数是解决对流传热问题的关键。

对流传热系数与导热系数不同，它不是流体的物性参数。对流传热系数不仅与流体的物性有关，而且与流体的状态、流动状态以及传热面的结构等因素有关，其影响因素如下。

（1）流体的种类：对流传热系数与流体的种类有关。一般情况下，液体的对流传热系数要大于气体的对流传热系数。

（2）流体的物性：流体的导热系数、密度、比热、黏度及体积膨胀系数对对流传热系数有较大的影响。

A. 导热系数：流体的导热系数越大，传热边界层的热阻就越小，因而对流传热系数就越大。

B. 密度和比热：ρC_P 表示单位体积流体所具有的热容量，流体的密度和比热越大，流体携带热量的能力就越大，因而对流传热的强度就越大。

C. 黏度：流体的黏度越小，其 Re 值就越大，即湍动程度越大，相应的传热边界层的厚度就越薄，因而对流传热系数就越大。

D. 体积膨胀系数：自然对流时，流体的体积膨胀系数越大，所产生的密变差就越大，相应的自然对流的强度就越大，因而对流传热系数就越大。由于流体在传热过程中的流动多为变温流动，因此即使在强制对流的情况下，也存在附加的自然对流，所以流体的体积膨胀系数对强制对流时的对流传热系数也有一定的影响。

（3）流体的相变情况：传热过程中，有相变流体的对流传热系数要远大于无相变流体的对流传热系数。例如，在套管式换热器中用水蒸气加热管内的空气，则环隙中蒸汽冷凝时的对流传热系数要远大于管内空气的对流传热系数。

（4）流体的流动状态：流体作层流流动时，由于在传热方向上无质点运动，因而对流传热系数较小。而流体作湍流流动时，由于质点之间的强烈碰撞与混合，对流传热系数较大。且流体的 Re 值越大，层流内层就越薄，对流传热系数就越大。

（5）对流情况：一般情况下，强制对流时的流速较大，自然对流时的流速较小。因此，强制对流时的对流传热系数一般大于自然对流时的对流传热系数。

（6）传热面的结构：传热面的形状（如管、板、环隙、管束等）、位置（如管子排列方式、垂直放置或水平放置）及流道尺寸（如管径、管长）等都直接影响对流传热系数，这些都将反映在对流传热系数的计算公式中。

3）流体间热量的传递

热量经固体边界从一种流体传递到另一种流体，在制药生产过程中具有重要意义。跨固体边界的热量传递可以看作一个由多个部分组成的热量传递系统，这一系统中的各个热传递部分的热传递阻力不相同。整个系统的过程可用下面的关系式表示。

$$热量传递速率 \propto \frac{总温差}{总热阻}$$

例如，当热液体流经一个封闭的金属管时，热量从液体转移到管，通过管壁传导，并且通过自然对流损失到周围环境中，其中每一个过程都具有不同的热阻。

4）流体和固体之间的热交换

热量从液体到固体界面的传递包含着热传导和对流传热过程。图 3.4 表示两种流体界面的温度分布。如果流体是湍流，温度分布就被限定在流体与固体界面邻近的较窄的区域内；在这个区域的外面，在热传递中，以对流传导为主。湍流层中的温度梯度可被很快破坏并且出现

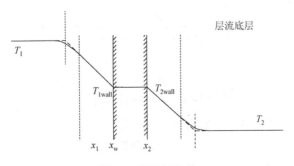

图 3.4　液体间传热

T_1 和 T_2 相等。在靠近固体界面的狭窄区域内，流体是层流状态，在这个层流层中，热量只通过传导传递。

液体与固体间的热传递主要的阻力来自层流层，层流层的厚度对热量从流体到固体界面的传导有重要影响，而这个层流层的厚度又取决于流体类型、流动的条件以及固体表面的物理特性，这些影响因素之间的相互作用也非常复杂。

假设用一层薄膜来评价液固界面的热导率，这个虚构的膜呈现出与近壁层和层区相同的传热阻力。其厚度是 x_1，则其液固界面的热传导公式可以写成

$$Q = kA\frac{(T_1 - T_{1wall})}{x_1} \tag{3.10}$$

k 是流体的热导率，另一面的热传递也可用类似的方程进行说明；这层膜的厚度影响因素较多，这些因素还调控层流层的厚度，通常它是未知的，上面的方程可能写成

$$Q = h_1 A (T_1 - T_{1wall}) \tag{3.11}$$

式中，h_1 为前面假设的膜的热传导系数，它和 k/x_1 一致，$J/(m^2 \cdot s \cdot K)$。这是对边界热的对流和传导的一个简便的数学表达。膜扩散系数如表 3.2 所示。

表 3.2 各种流体的膜扩散系数（h） [单位：$J/(m^2 \cdot s \cdot K)$]

流体	h
水	1 700～11 350
气体	17～285
有机溶剂	340～2 840
油	57～680

温差和不同层的热阻的比率决定了跨越图 3.4 中三种膜的热导率，用膜效率 h_2 表示从固体边界到冷流体的热导率，有

$$T_{1wall} - T_{2wall} = \frac{Q}{h_1 A}$$

$$T_{1wall} - T_{2wall} = \frac{Qx_w}{k_w A}$$

式中，k_w 为壁的热导率。

$$T_{2wall} - T_2 = \frac{Q}{h_2 A} \tag{3.12}$$

联立这些方程得到

$$Q = \frac{A}{(1/h_1) + (x_w/k_w) + (1/h_2)}(T_1 - T_2) \tag{3.13}$$

而

$$\frac{A}{(1/h_1) + (x_w/k_w) + (1/h_2)} = UA$$

式中，UA 为总体热导效率，热导率的通俗表达式为

$$Q = UA\Delta T \tag{3.14}$$

式中，Q 为热流速率；U 为传热总系数；A 为传热总面积；ΔT 为两种液体的温差。

5）对流传热的空间分析

空间分析可以对对流传热进行合理的评价，温差及密度差异引起的自然对流描述的是一个整体流动的热传递。不同空间的流体的密度存在差异。例如，与液体接触的表面是热的，液体将会吸热，局部密度就可能发生变化（降低及上升）。在这种情况下，下面的因素会影响单位时间单位面积的传热量 q。使用温度额外的基本维数，已经给出了这些因素的二维形式。

流体的黏度 μ：　　　　　　　　　　$[ML^{-1}T^{-1}]$

流体的热导率 k：　　　　　　　　　　$[HT^{-1}L^{-1}\theta^{-1}]$

流体和表面温度的差值 ΔT：　　　　$[\theta]$

密度 ρ：　　　　　　　　　　　　　$[ML^{-3}]$

比热容 C_p：　　　　　　　　　　　　$[HM^{-1}\theta^{-1}]$

浮力（取决于热扩散率 α 和重力加速度 g）：　　$[\theta^{-1}LT^{-2}]$

式中，M 为质量；L 为长度；T 为温度。通常表面的物理尺寸很重要。例如，一个平坦的或垂直的表面高度与宽度的比只有在确定总面积时显示其重要性，重要特征的二维参数被设为 $l[L]$，二维方程就成为

$$[q]=[l^x\Delta T^y k^z \mu^p C_p^q (\alpha g)^r \rho^s]$$

或者

$$[HL^{-2}T^{-1}]=[L^x\theta^y H^z T^{-z} L^{-z}\theta^{-z} M^p L^{-p}T^{-p}H^q M^{-q}\theta^{-q}\theta^{-r}L^r T^{-2r}M^s L^{-3s}]$$

指数

$$H^1 = q+z$$
$$L^{-2} = x-p+r-3s-z$$
$$T^{-1} = -p-2r-z$$
$$\theta^0 = y-q-r-z$$
$$M^0 = p-q+s$$

为了解出 x、y、z、p 和 s，用 q 和 r 来表示，

$$z = 1-q$$
$$y = r+1$$
$$p = q-2r$$
$$s = 2r$$
$$x = 3r-1$$

因此

$$[q]=[l^{3r-1}\Delta T^{r+1}C_p^q k^{1-q}(\alpha g)^r \rho^{2r}\mu^{q-2r}]$$

综合、整理，得到

$$q = \text{Constant}\frac{\Delta T k}{l}\left(\frac{l^3 \Delta T \alpha g \rho^2}{\mu^2}\right)^r \left(\frac{C_p \mu}{k}\right)^q$$

或者

$$\frac{ql}{\Delta Tk} = \text{Constant}\left(\frac{l^3 \Delta T \alpha g \rho^2}{\mu^2}\right)^r \left(\frac{C_p \mu}{k}\right)^q \tag{3.15}$$

自然对流所导致的热传递可以用这三组变量来表示：$C_p\mu/k$ 为普朗特数 Pr，$l^3\Delta T\alpha g\rho^2/\mu^2$ 为格拉斯霍夫数 Gr；$ql/\Delta Tk$ 为努塞尔特数 Nu。因此，膜常数 h 用 $q/\Delta T$，努塞尔特数也可被写成 hl/k。

这些因素之间的关系是通过实验确定的。然后，由于具有相同的空间排布，单位时间、单位面积的热传递 q 以及膜传导效率可被确定。在这个排布里面，自由热对流可以用努塞尔特数从已知的 Gr、Pr 的变换来确定其准确性。

流体的性质 C_p、k、μ 和 ρ 依赖于它们自身的温度。在建立关联性方面，测量这些性质必须选择合适的温度。这个温度通常是主要液体的整体温度或这个温度和表面温度的平均值。

许多表面组态的实验相关性是可以利用的，通常，q 和 r 在流线型体中为 0.25；在混流中为 0.33。常数随物理组态的变化而变化。例如，在一个水平管中的气体和液体之间通过自然对流的热传递遵循以下关系：

$$\frac{qd}{k\Delta T} = 0.47\left(\frac{d^3\Delta T\alpha g\rho^2}{\mu^2}\right)^{0.25}\left(\frac{C_p\mu}{k}\right)^{0.25} \tag{3.16}$$

这一关系中涉及的线性尺寸就是管的直径 d；液体特性在壁或者大体积流体中被测定。

在强制对流中，流体通过泵和鼓风机作用而通过表面，自然对流的影响经常可以忽略。研究强制对流具有很重要的实践意义。根据大量记录数据，管中的流体线和混乱的沸腾平行通过管道，跨过垂直的管道或者其他的配置如夹套和线圈，这些数据与直径相关联。

在强制对流中，热的传导取决于流水线的直径以及表面和流体之间的温差、黏性、密度和速度、传导率 k 及比热容。空间分析遵循以下规律：

$$\frac{ql}{k\Delta T} = \text{Constant}\left(\frac{C_p\mu}{k}\right)^x\left(\frac{ul\rho}{\mu}\right)^y \tag{3.17}$$

式中，$ql/k\Delta T$ 为努塞尔特数；$C_p\mu/k$ 为普朗特数；$ul\rho/\mu$ 为雷诺数；参数 x 和 y 的值以及一个特殊系统的参数是通过实验建立的。对于管中的混流，低黏度流体的相关性遵循以下方程：

$$\text{Nu} = 0.023\text{Pr}^x\text{Re}^{0.8} \tag{3.18}$$

高温时 $x = 0.4$；低温时 $x = 0.3$。用于计算 Re 和 Nu 的线性尺寸是管的直径。流体的物理特性是通过整个流体的温度获得的。在给定的系统中，这个相关性显示膜效率随着流体速度的变化而变化，如果流速加倍，膜效率将会增加 1.7。

尽管给出的相关性可能显得非常复杂，但是它在实践中的应用很简单。大量统计数据可以被利用，并且数值的变化和其尺寸的组合很容易被利用。在许多情况下，从这些变量的图形中可以找到简单的处理方案。在其他案例中，如果被限定在一个特定的系统，这个相关性可被大大简化。像空气的自然对流就是一个很重要的例子。

3. 热辐射

当物体温度较高时，热辐射往往成为主要的传热方式。在工程技术和日常生活中，辐射传热也是常见的现象，在各种工业用炉、辐射干燥、食品烤箱及太阳能热水器等设备中能发生这种传热过程。最为常见的辐射现象是太阳对大地的照射。近年来，人类对太阳能的利用促进了对辐射传热的研究。

1）热辐射的基本概念

凡是热力学温度在零度（0 K）以上的物体，由于物体内部原子复杂的激烈运动能以电磁波的形式对外发射热辐射线，并向周围空间作直线传播。当与另一物体相遇时，则可被吸收、反射和透过，其中被吸收的热辐射线又转变为热能。热辐射线的波长 λ 主要集中在 0.1～1000 μm，

其中 $\lambda = 0.1 \sim 0.38\ \mu m$ 为紫外线，$\lambda = 0.38 \sim 0.76\ \mu m$ 为可见光，$\lambda = 0.76 \sim 1000\ \mu m$ 为红外线。热辐射线的大部分能量位于红外线波长 $0.76 \sim 20\ \mu m$ 处。

热辐射线的传播不需要任何介质，在真空中能很快传播。

2）透热体、白体及黑体

对于物质发出的辐射，由吸收部分、反射部分和透射部分组成。这三部分分别被称为吸收率 a、反射率 r 和透射率 τ。

（1）透热体：当物体的 $\tau = 1$ 时，则表示该物体对透射来的热辐射线既不吸收也不反射，而是全部透过，这种物体称为透热体。

自然界只有近似的透热体。例如，分子结构对称的双原子气体（O_2、N_2 和 H_2 等）可被视为透热体，但是分子结构不对称的双原子气体和多原子气体，如 CO、CO_2、SO_2、CH_4 和水蒸气等，一般都具有较大的辐射能力和吸收能力。

（2）白体：物体的 r 是表明物体反射辐射能的本领，当 $r = 1$ 时称为绝对白体，或简称为白体。实际物体中不存在绝对白体，但有的物体接近于白体。例如，表面磨光的铜，其反射率可达 0.97。

（3）黑体：当物体的 $a = 1$ 时，则表示该物体能全部吸收投射来的各种波长的热辐射线，这种物体称为绝对黑体，或简称为黑体（black body）。黑体是对热辐射线吸收能力最强的一种理想化物体，实际物体没有绝对的黑体。引入黑体这个概念，可以使实际物体的辐射能力的计算简化。

3）辐射传热

物体之间通过辐射和吸收进行持续的热传递。如果两个邻近表面具有不同的温度，温度较高的表面辐射较多的能量，吸收较少的能量，总体使其温度降低。温度较低的表面辐射较少的能量，吸收较多的能量，使其温度升高，最后温度达到均衡。此时，能量继续交换，但是释放和吸收的能量相等。

工业用的很多固体是不透明的，所以其透射率为零。

$$a + r + \tau = 1 \qquad\qquad (3.19)$$

因此，反射率和透射率依赖于表面特性。有些物质具有一种极限情况，即只吸收不反射能量，这种物质就是黑体。

（1）固体与液体的热辐射特点：固体和液体不能透过热辐射线，其 $\tau = 0$，因此，其 a 与 r 之和为 1，见式（3.19）。

这表明热辐射线不能透过的物体，其反射能力越大，则其吸收能力就越小；反之，其反射能力越小，则其吸收能力就越大。固体和液体向外发射热辐射线以及吸收投射来的热辐射线都是在物体表面上进行的，因此其表面情况对热辐射的影响较大。

（2）气体的热辐射特点：气体的辐射和吸收是在整个气体容积内进行的，因为投射到气体的热辐射能进入气体容积内部，沿途被气体分子逐渐吸收。气体容积发射的热辐射能也是整个容积内气体分子发射的热辐射能的总和。因此，气体所发射的和吸收的热辐射能，都是在整个气体容积内沿射线行程进行的。

4）辐射交换

辐射交换只遵循两个原则：基尔霍夫定律（Kirchhoff law）和斯特藩-玻尔兹曼定律（Stefan-Boltzmann law）。

（1）基尔霍夫定律：在热平衡状态下，辐射的发射和吸收是相等的，一个物体的辐射能力 E 是指一种物体单位时间单位面积释放出的能量[$J/(m^2 \cdot s)$]。一个面积为 A_1 的物体的辐射系数为 E_1，则它释放出的能量为 $A_1 E_1$，如果能量为 E_b 的辐射照射在单位面积的物体上，则吸收的能

量为 $E_b a_1 A_1$，其中 a_1 为吸收系数。热平衡时，$E_b A_1 a_1 = E_1 A_1$，对于同样环境中的另外一个物体，$E_b A_2 a_2 = E_2 A_2$。因此，

$$E_b = \frac{E_1}{a_1} = \frac{E_2}{a_2} \tag{3.20}$$

对于黑体，$a = 1$。因此辐射能是 E_b。黑体是个完美的辐射体，被用作其他表面的参照标准。一个表面的辐射 e 定义为在相同温度下，一个表面的辐射能力 E 与黑体表面辐射能力 E_b 的比率：

$$e = \frac{E}{E_b} \tag{3.21}$$

辐射能数值上等于吸收能，辐射能随波长而变化，因此这个比率应在特定的波长下被定义。对于许多材料，辐射能是相对于特定黑体辐射的比率，辐射率是恒定的，这些材料称为灰体。

（2）斯特藩-玻尔兹曼定律：斯特藩-玻尔兹曼定律是指黑体的能量辐射能力与辐射温度的 4 次方成正比：

$$E = \sigma T^4 \tag{3.22}$$

式中，E 为总释放能；σ 为斯特藩-玻尔兹曼常数，它的数值是 5.676×10^{-8} J/(m²·s·K⁴)。它充分且精确地说明了黑体面积 A 与单位时间内的辐射能量 Q 之间的关系：

$$Q = \sigma A T^4 \tag{3.23}$$

对于不是完全黑体的物体：

$$Q = \sigma e A T^4 \tag{3.24}$$

式中，Q 为热损失；e 为辐射率；A 为物体的面积。

一个物体得到或失去的净能量可以通过这些规律预测。最简单的例子就是在黑色环境中的辐射体，这些条件与一个物体向宇宙辐射相似，物体辐射出的能量没有反射现象。如果一个物体的能量是 T_1，热损失率就是 $\sigma e A T_1^4$。周围的温度为 T_2，释放的能量为 σT_2^4，并且面积和吸收率所决定的组分 a 将被物体吸收。这个热能是 $\sigma e A T_2^4$。因此，吸收和辐射相等。

$$净传热效率 = \sigma e A (T_1^4 - T_2^4) \tag{3.25}$$

如果一个物体表面释放的能量被另一个表面反射回来，辐射交换的计算比较复杂，各种表面的方程仍然适用，这些具有以下通式：

$$Q = F_1 F_2 \sigma A (T_A^4 - T_B^4) \tag{3.26}$$

式中，F_1 和 F_2 取决于在温度 T_A 和 T_B 下的表面性能与辐射率。

【例 3.2】　在 0.058 m 非绝缘水平管中把蒸汽从 389 K 运往 294 K 的环境时，管的辐射率为 0.8，热力学温度是 273 K。求辐射损失。

【解】

$$\frac{热量损失}{单元长度} = 5.676 \times 10^{-8} \times 0.058 \times \pi \times 0.8 \times (116^4 - 21^4) = 1.50 [J/(m \cdot s)]$$

5）辐射传热的强化与削弱方法

工程中有时需要强化与削弱物体之间的辐射传热效率，因此可以采用一些方法来对辐射传热进行强化或削弱。

（1）改变物体表面的黑度：由热速率计算式（3.23）可知，当物体的相对位置、表面温度、辐射面积一定时，要想改变辐射传热速率，可以利用改变物体表面黑度的方法。例如，要增大室内各种设备表面的散热量时，可在其表面涂上黑度较大的油漆，油漆的黑度为 0.92～0.96。

而当需要减少辐射传热时，可在设备表面上镀以黑度较小的银、铅等元素的薄涂层。保温瓶的瓶胆就是采用这种方法减少热损失的。玻璃的黑度为 0.94，银的黑度为 0.02。经计算可知，瓶胆夹层的玻璃表面上不镀银的热损失是镀银时的 88 倍。同时，瓶胆夹层中抽成真空，可以进一步减少导热与对流传热。

（2）采用遮热板：为了削弱辐射传热速率，常在两个辐射传热表面之间插入薄板，以阻挡辐射传热。这种薄板称为遮热板。

3.1.2　有相变的热量传递——沸腾和冷凝

1. 沸腾

液体被加至热汽化并产生气泡的全过程，称为沸腾。液体沸腾是典型的发生相变的对流传热过程，此类传热过程的特点是相变流体要吸收或放出大量的相变潜热，但流体的温度不发生改变。流体在相变时产生气、液两相之间的剧烈流动，仅在壁面附近的流体层存在较大的温度梯度，因而对流传热系数远大于无相变时的对流传热系数。故液体沸腾时的对流传热系数较单一相的液体的对流传热系数要大得多。

液体与高温壁面接触被加热汽化并产生气泡的过程，以及将加热壁面浸入所加热液体中，液体被壁面加热而引起的无强制对流的沸腾现象，都称为容器内沸腾。下面主要讨论液体在容器内的沸腾。

当液体被加热面加热至沸腾时，首先在加热面上某些粗糙不平的点上产生气泡，这些产生气泡的点称为汽化中心。气泡形成后，由于壁温高于气泡温度，因此热量将由壁面传入气泡，并将气泡周围的液体汽化，从而使气泡长大。气泡长大至一定尺寸后，便脱离壁面自由上升。气泡在上升过程中所受的静压力逐渐下降，因而气泡将进一步膨胀，膨胀至一定程度后便发生破裂。当一批气泡脱离壁面后，另一批新气泡又不断形成。气泡不断产生、长大、脱离、上升、膨胀和破裂，从而使加热面附近的液体层受到强烈扰动，这就是沸腾的过程。因此，沸腾传热时的对流传热系数比没有沸腾时的大得多。

蒸发和蒸馏等生产操作过程中都具有液体的沸腾传热过程。但这些过程中热量通过传导和对流转移的情况进一步变得复杂，这一过程是通过发生在热传递边界的相的改变引起的。

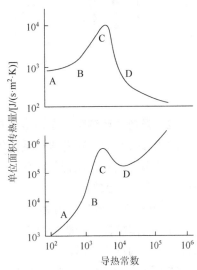

图 3.5　导热常数与单位面积传热量的变化

1）沸腾池

如果一个水平的加热面与液体相接触并使液体沸腾，随着液体和加热表面的温度的不同，热量的传递将发生一些变化。图 3.5 是导热常数与单位面积传热量的变化图，已知加热表面单位面积的热通量 q 和加热面与液体的温差 ΔT，就可计算出热传递的效率值 $h = q/\Delta T$。

当 ΔT 较小时，邻近表面的液体层的传热程度较低，附近液体层的过热水平较低，假如气泡存在的话，气泡的形成、生长和脱离较慢。液体干扰小，传热可以用自然对流表达式来评估，见式（3.16）。这种状态与图 3.5 的 AB 部分对应，与图 3.5 中的线段 AB 相比，q 和 h 都升高。

在 BC 段，蒸汽变得更剧烈，泡沫链从一点上升，逐渐增多并慢慢合并，这个运动增加了液体循环，使 q 和 h 增长加快。该过程称为有核沸腾，是实际生产中比较重要的机制。对于水，q 和 h 的近似值可以从相应的表中得到。在点 C，流量达到峰值并获得了最大的热导率；在这点，ΔT 称为临界温度下降。对于水，该值介于 25 K 和 32 K 之间，对于有机液体，临界温度下降稍微高点。在点 C 以上，蒸汽形成得非常快以至于逃逸不足，逐渐增大的受热面部分被蒸汽膜所覆盖，其较低的热导率使得 q 和 h 降低。这体现了从核状沸腾到膜沸腾的一种传递。当这个传递完成以后，蒸汽完全覆盖了表面，膜沸腾完全建立，热输出再次增加。

沸腾热传递效率取决于液体的物理特性和受热表面的自然特性。通过润湿、粗糙度和污染度的处理，后者很大程度上影响了有核沸腾区域中的气泡的形成、生长以及分离。目前，尚无有效的手段评估热传递的沸腾效率。

2）沸腾方式

（1）垂直管中沸腾：液体在垂直管中沸腾进行热传递在蒸发器中很常见。如果加热器是一个具有合适直径的长管，其沸腾模式就可以用图 3.6 所揭示。在传热水平低时，沸腾可能被抑制 [图 3.6（a）]。在管中传热水平较高时，泡沫产生且被合并 [图 3.6（b）]。泡沫合并导致杵体形成 [图 3.6（c）（d）]。最终，杵体被破坏 [图 3.6（e）]。逃逸抑制，所有液体和蒸汽加速向上运动。排水导致相的分离，形成了高黏度蒸汽核向上牵动环形膜 [图 3.6（f）]。在这个区域内，主要靠强制对流和有核沸腾进行热传递。这是升膜蒸发器的正常状态，通过式（3.17）可以计算出热通量。在较大的温差下，会发生膜上核沸腾以及剧烈运动从而提高热传导效率。

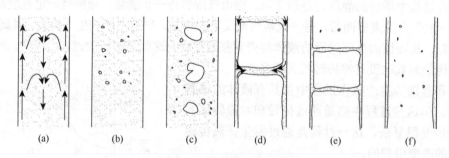

（a）　　　（b）　　　（c）　　　（d）　　　（e）　　　（f）

图 3.6　狭窄直管中的沸腾

（2）强制循环沸腾：在许多传热系统中，除沸腾之外的其他运动也被加强。例如，搅拌容器中的沸腾较常见。沸腾传热系数依赖于液体的性质和表面的特性以及搅拌等。获得的传热效率比低沸腾池的高，在管的内部，强制循环沸腾模式和前面介绍的部分相似。然而，其系数高是运动速度高导致的。

3）影响沸腾传热的因素

（1）液体物性：一般情况下，沸腾传热系数随液体导热系数和密度的增大而增大，随黏度和表面张力的增大而减小。

（2）温差：温差是控制沸腾传热的重要参数，适宜的温差应使沸腾传热维持在有核沸腾区操作。

（3）操作压力：提高操作压力相当于提高液体的饱和温度，从而使液体的表面张力和黏度均下降，有利于气泡的生成和脱离，因此适当提高操作压力可提高沸腾传热系数。

（4）加热壁面：一般情况下，新的或清洁的加热壁面，其沸腾传热系数较高。当壁面被油脂污染后，沸腾传热系数将急剧下降。壁面越粗糙，汽化中心就越多，对沸腾传热也就越有利。此外，加热面的布置情况对沸腾传热也有明显的影响。

2. 冷凝

当蒸汽与温度低于其饱和温度的冷壁接触时，蒸汽放出潜热，在壁面上凝结出液体的现象就是液体的冷凝或凝结。

1）冷凝介质

（1）水蒸气冷凝：饱和水蒸气冷凝是制药化工生产中的常见过程之一。当饱和水蒸气与低于其温度的壁面接触时，即发生冷凝，释放出的热量等于其潜热。当冷凝过程达到稳态时，压力可视为恒定，故气相中不存在温差，即不存在热阻。显然，饱和水蒸气冷凝时的热阻主要集中于壁面上的冷凝液中。

（2）纯蒸汽的凝结：对于膜凝结，液体膜层流的理论分析降低了斜面和厚度的累积增加，由于缩合产生平均传热系数 h_m，其表达式如下。

$$h_m = \mathrm{Constant}\left(\frac{\rho^2 k^3 \lambda g}{\Delta T \mu x}\right)^{0.25} \tag{3.27}$$

式中，λ 为汽化潜热；ρ、k 和 μ 分别为液体的密度、热导率、黏度；ΔT 为表面和蒸汽的温差；x 为位移。

用实验系数确定了式（3.27）的有效性。随着凝结率上升，凝结层的厚度增大，膜效率降低。在这些条件下，系数再次增加，式（3.18）不再适用。如果蒸汽的速度发生变化，也可引起效率的增加。

（3）混合蒸汽凝结：如果一个凝结和非凝结的气体混合物在表面冷却到其露点以下，那么前者凝固离开邻近层更多，因此产生了一个额外热阻碍。冷凝馏分必须通过该膜到达冷凝物的膜而发生扩散。热传递系数通常比纯蒸汽中的相应值低得多。例如，已经发现 0.5%空气的存在会减少高达 50%的凝结蒸汽传热。

2）冷凝方式

蒸汽在壁面上冷凝成液体的方式有两种，即膜状冷凝和滴状冷凝（图 3.7）。

（1）膜状冷凝：当饱和蒸汽接触到一个低温表面时，热被传递到该表面并且水蒸气凝结成液体。该蒸汽的成分可以是一种单一的物质或混合物，或者含有部分成分

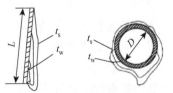

图 3.7　蒸汽冷凝方式

可能不会凝固。该过程的描述如下：蒸汽扩散到实际发生冷凝的界面，在多数情况下，冷凝物在低温表面形成一个连续层，通过重力的影响而外流，这个过程就是膜状冷凝。潜在的热释放通过膜传导到一个表面冷凝，尽管这个膜提供了对热流相当大的阻力，但是通常膜传热系数较高。t_s、t_w 分别为膜内外的温度；L、D 分别为长度和内径。

膜状冷凝时冷凝液能润湿壁面，因而能在壁面上形成一层完整的液膜。在膜状冷凝过程中，冷凝液若能润湿壁面（冷凝液和壁面的润湿角 $\theta < 90°$），就会在壁面上形成连续的冷凝

液膜，膜状冷凝时，壁面总被一层冷凝液膜所覆盖，这层液膜将蒸汽和冷壁面隔开，蒸汽冷凝只在液膜表面进行，冷凝放出的潜热必须通过液膜才能传给冷壁面。冷凝液膜在重力作用下沿壁面向下流动，逐渐变厚，最后由壁的底部流走。因为纯蒸汽冷凝时，汽相不存在温差，换言之，即汽相不存在热阻，可见液膜集中了冷凝给热的全部热阻。壁面越高或水平管的直径越大，冷凝液向下流动形成的液膜的平均厚度就越大，整个壁面的平均对流传热系数也就越小。

（2）滴状冷凝：当冷凝液不能润湿壁面（$\theta > 90°$）时，由于表面张力的作用，冷凝水不会形成一个连续的膜，而形成一个液滴，这个液滴增长、联合，冷凝液在壁面上形成许多液滴，并随机地沿壁面落下，接着从表面离开。由于小部分表面经常与蒸汽接触，因此膜的耐受性缺乏，热传导系数可能是获得的冷凝膜的 10 倍，这个过程称为滴状冷凝。

滴状冷凝时部分壁面直接暴露于蒸汽中，可供蒸汽冷凝。与膜状冷凝相比，由于滴状冷凝不存在液膜所形成的附加热阻，因而对流传热系数要大几倍至十几倍。

实际生产中所遇到的冷凝过程多为膜状冷凝过程，即使是滴状冷凝，也因大部分表面在可凝性蒸汽中暴露一段时间后会被蒸汽所润湿，很难维持滴状冷凝，因此尽管它非常符合人们的期望，但是它的发生依赖于表面的潮湿程度，具有不可预测性及不可用于基础设计，所以工业冷凝器的设计均按膜状冷凝处理。

3）影响蒸汽冷凝给热的因素

（1）传热面的形状与布置的影响：冷凝液膜为膜状冷凝传热的主要热阻，如何减薄液膜厚度以降低热阻，是强化膜状冷凝传热的关键。对于垂直壁面（板或管），在壁面上开上若干纵向沟槽，凝液由槽峰流到槽底，借重力顺槽流下。当凝液增多或壁面较长时，槽深也应相应加深。纵槽面的冷凝传热系数可比光滑面提高约 4 倍。对于水平布置的管束，凝液从上部各排管子流到下部管排，液膜变厚，使冷凝传热系数变小。若能设法减少垂直方向上管排数目，或将管束由直列改为错列，皆可增大冷凝传热系数。

（2）蒸汽流速和流向的影响：若蒸汽以一定速度流动时，蒸汽与液膜之间会产生摩擦力。若蒸汽和液膜流向相同，这种力的作用会使液膜变薄，并使液膜产生波动，导致冷凝传热系数增大。若蒸汽与液膜流向相反，摩擦力的作用会阻碍液膜流动，使液膜增厚，传热削弱。但是，当这种力大于液膜所受重力时，液膜会被蒸汽吹离壁面，反而使冷凝传热系数急剧增大。

（3）不凝性气体的影响：所谓不凝性气体，是指在冷凝器冷却条件下，不能被冷凝下来的气体，如空气等。在气液界面上，可凝性蒸汽不断冷凝，不凝性气体则被阻留，越接近界面，不凝性气体的分压越高。于是，可凝性蒸汽在抵达液膜表面进行冷凝之前，必须以扩散方式穿过聚积在界面附近的不凝性气体层。扩散过程的阻力造成蒸汽分压及相应的饱和温度下降，使液膜表面的蒸汽温度低于蒸汽主体的饱和温度。这相当于增加了一项热阻。当蒸汽中含 1%空气时，冷凝传热系数将降低 60%左右。因此在冷凝器的设计和操作中，都必须设置排放口，以排除不凝性气体。

（4）冷凝水的影响：未及时排放出去的冷凝水会占据一部分传热面，由于水的对流传热系数比蒸汽冷凝时的对流传热系数小，从而导致部分传热面的传热效率下降。因此，用蒸汽加热的换热器，其下部应设疏水阀，及时排放出冷凝水，避免逸出过量的蒸汽。

（5）液膜两侧温差的影响：当液膜呈层流流动时，液膜两侧的温差越大，蒸汽的冷凝速率就越大，相应的液膜厚度就越大，对流传热系数则越小。因此，用蒸汽加热时，蒸汽温度应适当。

3.1.3　热量传递设备

系统内由于温度不同，热量由一处转移到另一处的过程叫作传热过程，也称为热交换。在制药生产中，许多过程都与热交换有关。例如，药品生产过程中的磺化、硝化、卤化、缩合等化学反应，均需要在适宜的温度下才能按所希望的反应方向进行，并减少或避免不良的副反应；在反应器的夹套或蛇管中，通入蒸汽或冷水，进行热量的输入或输出；对原料提纯或反应后产物的分离、精制的各种操作，如蒸发、结晶、干燥、蒸馏、冷冻等，也必须在提供热量或一定温度的条件下，即在有足够的热量输入或输出的条件下才能顺利进行。此外，生产中的加热炉、设备和各种管路常常包括绝热层，来防止热量的损失或导入，也都属于热交换问题。在生产过程中，排出的废水、废气及废渣一般都含有热量，充分回收利用这些废热，对节约能源、改善生产操作条件具有重要意义，而回收废热也牵涉到热交换过程。由此可见，热交换过程在制药生产中占有十分重要的地位。

1. 换热设备

换热设备是进行各种热量交换的设备，通常称作热交换器或简称换热器。由于使用条件的不同，换热设备有多种形式与结构。根据换热目的的不同，换热设备可分为加热器、冷却器、冷凝器、蒸发器和再沸器。根据冷、热流体热量交换原理和方式，换热设备基本上可分为三大类，即混合式换热器（又称直接接触式换热器，冷、热流体在器内直接接触传热）、间壁式换热器（冷、热流体被换热器器壁隔开传热）和蓄热式换热器（热流体和冷流体交替进入同一换热器进行传热）。

制药工业生产中最常用的换热设备是间壁式换热器。间壁式换热器可分为管壳式换热器（又称列管式换热器）、夹套式换热器、沉浸式蛇管换热器、喷淋式换热器和套管式换热器。在传统的间壁式换热器中，除夹套式换热器外，几乎都是管式换热器（包括管壳、蛇管、套管等）。管式换热器的缺点是结构不紧凑，单位换热器容积所提供的传热面积小，能耗量大。随着工业的发展，不少高效紧凑的换热器陆续出现并逐渐趋于完善。这些换热器基本上可分为两类，一类是在管式换热器的基础上加以改进，而另一类则从根本上摆脱圆管形式而采用各种更为高效的换热表面，如各种板式换热器（螺旋板式换热器、平板式换热器、板翅式换热器等）、强化管式换热器、热管换热器和流化床换热器等。以下将重点讨论几种典型换热设备。

1）传统的间壁式换热器

（1）管壳式换热器：管壳式换热器又称为列管式换热器，是最典型的间壁式换热器，它在工业上的应用有着悠久的历史。虽然同一些新型的换热器相比，它在传热效率、结构紧凑性及金属材料耗量方面有所不及，但其坚固的结构、耐高温高压性能、成熟的制造工艺、较强的适应性及选材范围广等优点，使其在工程应用中仍占据主导地位。

管壳式换热器主要由壳体、管束、管板和封头等部分组成，壳体多呈圆形，内部装有平行管束，管束两端固定于管板上。在管壳式换热器内进行换热的两种流体，一种在管内流动，其行程称为管程；另一种在管外流动，其行程称为壳程。管束的壁面即传热面。

为提高管外流体的传热系数，通常在壳体内安装一定数量的横向折流板。折流板不仅可防止流体短路、增加流体速度，还迫使流体按规定路径多次错流通过管束，使湍动程度大为增加（图 3.8）。常用的挡板有圆缺形和圆盘形两种，前者应用更为广泛。

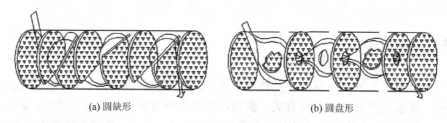

(a) 圆缺形　　　　　　　　　　(b) 圆盘形

图 3.8　流体在壳内的折流示意图

在管内，流体每通过管束一次称为一个管程，每通过壳体一次称为一个壳程。为提高管内流体的速度，可在两端封头内设置适当隔板，将全部管子平均分隔成若干组。这样，流体可每次只通过部分管子而往返管束多次，称为多管程。同样，为提高管外流速，可在壳体内安装纵向挡板使流体多次通过壳体空间，称为多壳程。

在管壳式换热器内，由于管内外流体的温度不同，壳体和管束的温度也不同。如果两者的温差很大，换热器内部将出现很大的热应力，可能使管子弯曲、断裂或从管板上松脱。因此，当管束和壳体温差超过 50℃时，应采取适当的温差补偿措施，消除或减小热应力。根据所采取的温差补偿措施，换热器又可以进一步划分为固定管板式、浮头式、填料函式和 U 形管式。

A. 固定管板式换热器：当冷、热流体温差不大时，可采用固定管板即两端管板与壳体制成一体的结构型式，如图 3.9 所示，固定管板式换热器的封头与壳体用法兰连接，管束两端的管板与壳体是采用焊接形式固定连接在一起的。它具有壳体内所排列的管子多、结构简单、造价低等优点，但是壳程不易清洗，故要求走壳程的是干净、不易结垢的流体。

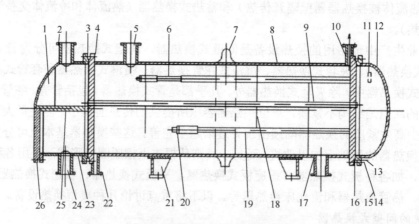

图 3.9　固定管板式换热器示意图

1. 管箱；2. 接管法兰；3. 设备法兰；4. 管板；5. 壳程接管；6. 拉杆；7. 膨胀节；8. 壳体；9. 换热管；10. 排气管；11. 吊耳；12. 封头；13. 顶丝；14. 双头螺栓；15. 螺母；16. 垫片；17. 防冲板；18. 折流板或支撑板；19. 定距管；20. 拉杆螺母；21. 支座；22. 排液管；23. 管箱壳体；24. 管程接管；25. 分程隔板；26. 管箱盖

这种换热器由于壳程和管程流体的温度不同而存在温差应力。温差越大，该应力值就越大，大到一定程度时，温差应力可引起管子的弯曲变形，会造成管子与管板连接部位泄漏，严重时可使管子从管板上拉脱出来。因此，固定管板式换热器常用于管束及壳体的温差小于50℃的场合。当温差较大，但壳程内流体压力不高时，可在壳体上设置温差补偿装置。例如，安装图 3.9 所示的膨胀节。

图 3.9 中所示即双管程固定管板式换热器。此外，为了提高管外流体与管壁间的传热系数，

在壳体内可安装一定数量的与管束垂直的横向挡板，称为折流板，强制流体多次横向流过管束，从而增加湍流流动程度。

B. 浮头式换热器：浮头式换热器的结构如图 3.10 所示。它一端的管板与壳体固定，另一端的管板可在壳体内移动，与壳体不相连的部分称为浮头。

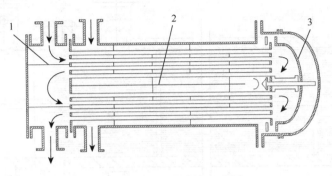

图 3.10 浮头式换热器示意图

1. 管程隔板；2. 壳程隔板；3. 浮头

浮头式换热器中两端的管板有一段可以沿轴向自由浮动，管束可以拉出，便于清洗。管束的膨胀不受壳体的约束，因而当两种换热介质温差大时，不会因管束与壳体的热膨胀量不同而产生温差应力，可应用在管壁与壳壁金属温差大于 50℃，或者冷、热流体温差超过 110℃的地方。浮头式换热器可适用于较高的温度、压力范围。相对于固定管板式换热器，浮头式换热器的结构更复杂，造价更高。

我国生产的浮头式换热器有两种型式：一种管束采用 $\Phi19\,mm \times 2\,mm$ 的管子，管中心距为 25 mm；另一种管束采用 $\Phi25\,mm \times 2.5\,mm$ 的管子，管中心距为 32 mm。管子可按正三角形或正方形排列。

C. 填料函式换热器：填料函式换热器的结构特点是浮头与壳体间被填料函密封的同时，允许管束自由伸长，如图 3.11 所示。该结构特别适用于介质腐蚀性较严重、温差较大且要经常更换管束的冷却器。因为它既有浮头式的优点，又克服了固定管板式的不足，与浮头式换热器相比，其结构简单，制作方便，清洗检修容易，泄漏时能及时被发现。

但填料函式换热器也有它自身的不足，主要是由于填料函的密封性能相对较差，故在操作压力及温度较高的工况及大直径壳体（>700 mm）下很少使用。壳程内的介质具有易挥发、易燃、易爆及剧毒性质时也不宜应用。

D. U 形管式换热器：U 形管式换热器的每根换热管都弯成 U 形，进出口分别安装在同一管板的两侧，封头以隔板分成两室，其结构特点如图 3.12 所示。这样，每根管子

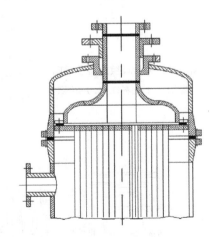

图 3.11 填料函式换热器示意图

皆可自由伸缩，而与外壳无关。由于只有一块管板，管程至少有两程。管束与管程只有一端固定连接，管束可因冷热变化而自由伸缩，并不会造成温差应力。

这种结构的金属消耗量比浮头式换热器可少 12%～20%，还能承受较高的温度和压力，管

束可以抽出，管外壁清洗方便。其缺点是在壳程内要装折流板，制造困难；因弯管需要一定的弯曲半径，管板上管子排列少，结构不紧凑，管内清洗困难。因此，一般用于通入管程的介质是干净的或不需要机械方法清洗的，如低压或高压气体。

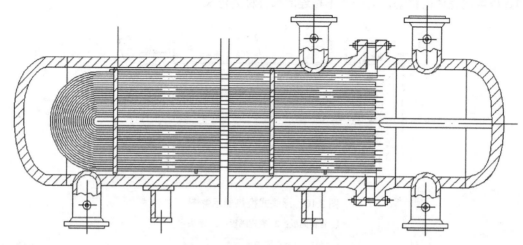

图 3.12　U 形管式换热器示意图

（2）夹套式换热器：这种换热器是在容器外壁安装夹套制成的（图 3.13），结构简单；但其加热面受容器壁面限制，传热系数也不高。为提高传热系数使釜内液体受热均匀，可在釜内安装搅拌器。当夹套中通入冷却水或无相变的加热剂时，也可在夹套中设置螺旋隔板或其他增加湍动的措施，以提高夹套一侧的传热系数。为了补充传热面的不足，也可在釜内部安装蛇管。夹套式换热器广泛用于反应过程的加热和冷却。

（3）沉浸式蛇管换热器：这种换热器是将金属管弯绕成各种与容器相适应的形状（图 3.14），并沉浸在容器内的液体中。沉浸式蛇管换热器的优点是结构简单，能承受高压，可用耐腐蚀材料制造；其缺点是容器内液体湍动程度低，管外传热系数小。为提高传热系数，容器内可安装搅拌器。

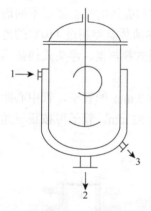

图 3.13　夹套式换热器示意图

1. 蒸汽口；2. 出料口；3. 冷凝水口

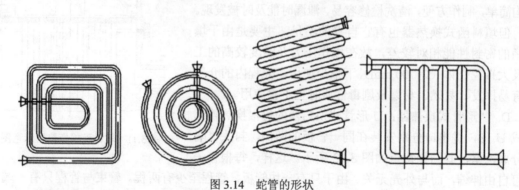

图 3.14　蛇管的形状

（4）喷淋式换热器：喷淋式换热器是将换热管成排固定在钢架上（图 3.15），热流体在管内流动，冷却水从上方喷淋装置均匀淋下，故也称喷淋式冷却器。喷淋式换热器的管外是一层湍动程度较高的液膜，管外传热系数较沉浸式蛇管换热器增大很多。另外，这种换热器大多放置在空气流通之处，冷却水的蒸发也带走一部分热量，可起到降低冷却水温度、增大传热动力的作用。因此，和沉浸式蛇管换热器相比，喷淋式换热器的传热效果大有改善。

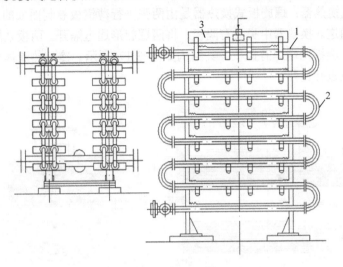

图 3.15　喷淋式换热器示意图

1. 直管；2. U 形管；3. 水槽

（5）套管式换热器：套管式换热器是由直径不同的直管制成的同心套管，并由 U 形弯头连接而成（图 3.16）。在这种换热器中，一种流体走管内，另一种流体走环隙，两者皆可以得到较高的流速，故传热系数较大。另外，在套管式换热器中，两种流体可为纯逆流，因此传热效果较好。

套管式换热器的结构简单，能承受高压，应用也方便（可根据需要增减管段数目）。特别是由于套管式换热器同时具备传热系数大、传热推动力大及能够承受高压的优点，在超高压生产过程（如操作压力为 300 MPa 的高压聚乙烯生产过程）中所用的换热器几乎全部都是套管式。

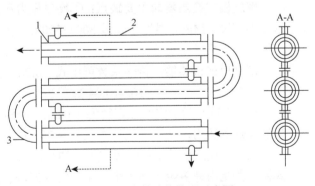

图 3.16　套管式换热器示意图

1. 内管；2. 外管；3. U 形肘管

2）板式换热器

板式换热器是针对管式换热器单位体积的传热面积小、结构不紧凑、传热系数不高的不足之处而开发出来的一类换热器，它使传热操作大为改观。板式换热器表面可以紧密排列，因此各种板式换热器都具有结构紧凑、材料消耗低、传热系数大的特点。这类换热器一般不能承受高压和高温，但对于压强较低、温度不高或腐蚀性强的场合，各种板式换热器都显示出更大的优越性。板式换热器主要有螺旋板式换热器、平板式换热器、板翅式换热器和板壳式换热器等几种形式。

（1）螺旋板式换热器：螺旋板式换热器是由两张平行薄钢板卷制而成的，在其内部形成一对同心的螺旋形通道。换热器中央设有隔板，将两螺旋形通道隔开。两板之间焊有定距柱以维持通道间距，在螺旋板两端焊有盖板，其结构如图 3.17 所示。冷、热流体分别从两螺旋形通道流过，通过薄板进行传热。

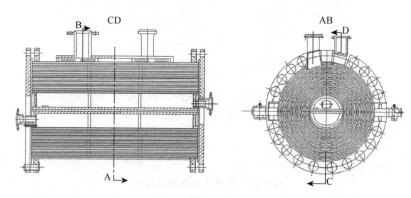

图 3.17　螺旋板式换热器示意图

螺旋板式换热器的主要优点：①由于离心力的作用和定距柱的干扰，流体湍动程度高，故传热系数大。例如，螺旋板式换热器中水对水的传热系数可达到 2000～3000 W/(m²·℃)，而管壳式换热器一般为 1000～2000 W/(m²·℃)。②由于离心力的作用，流体中悬浮的固体颗粒被抛向螺旋形通道的外缘而被流体本身冲走，故螺旋板式换热器不易堵塞，适于处理悬浮液体及高黏度介质。③冷、热流体可作纯逆流流动，传热平均推动力大。④结构紧凑，单位容积的传热面为管壳式换热器的 3 倍，可节约金属材料。例如，直径和宽度都是 1.3 m 的螺旋板式换热器，具有 100 m² 的传热面积。

螺旋板式换热器的主要缺点：①操作压力和温度不能太高，一般压力不超过 2 MPa，温度不超过 300～500℃。②因整个换热器被焊成一体，一旦损坏不易修复。

螺旋板式换热器的传热系数可用式（3.28）计算：

$$Nu = 0.04 Re^{0.78} Pr^{0.4} \qquad (3.28)$$

式（3.28）对于定距柱直径为 10 mm、间距为 100 mm 按菱形排列的换热器适用，式中的当量直径 $d_e = 2b$（b 为螺旋板间距）。

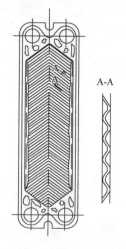

图 3.18　人字形波纹板片

（2）平板式换热器：平板式换热器是高效紧凑的换热设备，平板式换热器是由许多金属薄板平行排列组成的，板片厚度为 0.5～3 mm，每块金属板经冲压制成各种形式的凹凸波纹面。人字形波纹板片如图 3.18 所示，此结构既能增加刚度，又使流体均匀分布，加强湍动，提高传热系数。

组装时，两板之间的边缘夹装一定厚度的橡皮垫，压紧后可以达到密封的目的，并使两板间形成一定距离的通道。调整垫片的厚薄，就可以调节两板间流体通道的大小。每块板的 4 个角上各开一个孔道，其中有两个孔道可以和板面上的流道相通；另外两个孔道则不和板面上的孔道相通。不同孔道的位置在相邻板上是错开的，如图 3.19 所示。冷、热流体分别在同一块板的两侧流过，每块板面都是传热面。流体在板间狭窄曲折的通道中流动时，方向、速度改变频繁，其湍动程度大大增强，大幅度提高了总传热系数。

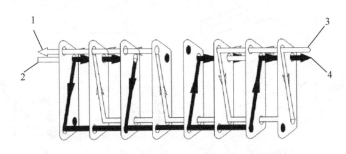

图 3.19　平板式换热器流体流向示意图
1. 热流体出口；2. 冷流体进口；3. 热流体进口；4. 冷流体出口

平板式换热器的主要优点：①由于流体在板片间流动湍动程度高，而且板片厚度又薄，故传热系数 K 比较大。例如，在平板式换热器内，水的传热系数可达 1500~4700 W/(m²·℃)。②板片间隙小（一般为 4~6 mm）、结构紧凑，单位容积所提供的传热面为 250~1000 m²/m³；而管壳式换热器只有 40~150 m²/m³。平板式换热器的金属耗量可减少一半以上。③具有可拆结构，可根据需要调整板片数目以增减传热面积，故操作灵活性大，检修清洗也方便。

平板式换热器的主要缺点是允许的操作压力和温度比较低。通常操作压力不超过 2 MPa，压力过高容易渗漏；操作温度受垫片材料的耐热性限制，一般不超过 250℃。

（3）板翅式换热器：板翅式换热器是一种更为高效紧凑的换热器，过去由于制造成本较高，仅被用于航空航天、电子、原子能等少数领域。现在已逐渐应用于化工和其他工业，取得良好效果。板翅式换热器的结构形式很多，但其最基本的结构元件是大致相同的。

如图 3.20 所示，在两块平行金属薄板之间夹入波纹状或其他形状的翅片，将两侧面封死，就成为一个换热基本元件。将各基本元件适当排列（两元件之间的隔板是公用的），并用钎焊固定，制成逆流式或错流式板束。图 3.20 中所示为常用的逆流或错流板翅式换热器的板束。将板束放入适当的集流箱（外壳）就成为板翅式换热器。波纹翅片是最基本的元件，它的作用一方面承担并扩大了传热面积（占总传热面积的 67%~68%），另一方面促进了流体流动的湍动程度，对平隔板还起着支撑作用。这样，即使翅片和平隔板材料较薄（常用平隔板厚度为 1~2 mm，翅片厚度为 0.2~0.4 mm 的铝锰合金板），仍具有较高的强度，能耐较高的压力。此外，采用铝合金材料时热导率大，传热壁薄，热阻小，传热系数大。

板翅式换热器的结构高度紧凑，单位容积可提供的传热面高达 2500~4000 m²/m³。所用翅片的形状可促进流体的湍动，故其传热系数也很高。因翅片对隔板有支撑作用，板翅式换热器允许的操作压力也很高，可达 5 MPa。其主要缺点是流道小，容易产生堵塞并增大压降；一旦结垢，清洗很困难，因此只能处理清洁的物料；对焊接要求质量高，发生内漏很难修复；造价高昂。

（4）板壳式换热器：板壳式换热器与管壳式换热器的主要区别是以板束代替管束。板束的基本元件是将条状钢板滚压成一定形状然后焊接而成（图 3.21）。板束元件可以紧密排列、结构紧凑，单位容积提供的换热面为管壳式的 3.5 倍以上。为保证板束充满圆形壳体，板束元件的宽度应该与元件在壳体内所占弦长相当。与圆管相比，板束元件的当量直径较小，传热系数也较大。

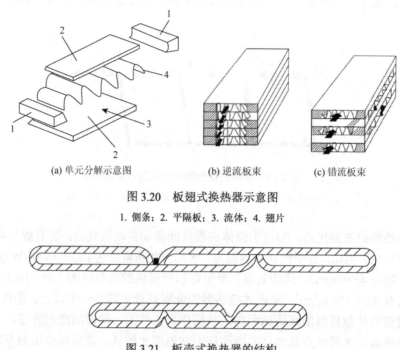

(a) 单元分解示意图　　　　　(b) 逆流板束　　　　　(c) 错流板束

图 3.20　板翅式换热器示意图

1. 侧条；2. 平隔板；3. 流体；4. 翅片

图 3.21　板壳式换热器的结构

板壳式换热器不仅有各种板式换热器结构紧凑、传热系数高的特点，而且结构坚固，能承受很高的压力和温度，较好地解决了高效紧凑与耐温抗压的矛盾。目前，板壳式换热器最高操作压强可达 6.4 MPa，最高温度可达 800℃。板壳式换热器的缺点是制造工艺复杂，焊接要求高。

3）强化管式换热器

强化管式换热器是在管式换热器的基础上，采取某些强化措施，提高传热效果。强化的措施无非是管外加翅片，管内安装各种形式的内插物。这些措施不仅增大了传热面积，而且增加了流体的湍动程度，使传热过程得到强化。

（1）翅片管：翅片管是在普通金属管的外表面安装各种翅片制成。常用的翅片有横向与纵向两种形式。翅片与光管的连接应紧密无间，否则连接处的接触热阻很大，影响传热效果。常用的连接方法有热套、镶嵌、张力缠绕、钎焊及焊接等，其中焊接和钎焊最为密切，但加工费用较高。此外，翅片管也可采用整体轧制、整体铸造和机械加工的方法制造。翅片管仅在管的外表采取了强化措施，因而只对外侧传热系数很小的传热过程起显著的强化效果。用空冷代替水冷，不仅在缺水地区适用，而且对水源充足的地方，采用空冷也可取得较好的经济效果。

（2）螺旋槽纹管：对螺旋槽纹管的研究表明，流体在管内流动时受螺旋槽纹管的引导，靠近壁面的部分流体顺槽旋流有利于减薄层流内层的厚度，增加扰动，强化传热。

（3）缩放管：缩放管是由依次交替的收缩段和扩张段组成的波形管道。研究表明，由此形成的流道使流动流体径向扰动大大增加,在同样的流动阻力下,此管具有比光管更好的传热性能。

(4)静态混合器:静态混合器能大大强化管内对流给热,尤其是在管内热阻控制时,强化效果特别好。

(5)折流杆换热器:折流杆换热器是一种以折流杆代替折流板的管壳式换热器。折流杆的尺寸等于管子之间的间隙。杆子之间用圆环相连,4个圆环组成一组,能牢固地将管子支撑住,有效地防止管束振动。折流杆同时又起到强化传热、防止污垢沉积和减小流动阻力的作用。折流杆换热器在催化焚烧空气预热、催化重整进出料换热、烃类冷凝、胺重沸等方面多有作用。

4)热管换热器

热管是一种新型传热元件。最简单的热管是在一根抽除不凝性气体的金属管内充以定量的某种工作液体,然后封闭而成。当加热段受热时,工作液体遇热沸腾,产生的蒸汽流至冷却段遇冷后凝结放出潜热。冷凝液沿具有毛细结构的吸液芯在毛细管力的作用下回流至加热段再次沸腾。如此过程反复循环,热量则由加热段传至冷却段。

在传统的管式换热器中,热量是穿过管壁在管内、外表面间传递的。已经谈到,管外可采用翅片化的方法加以强化,而管内虽可安装内插物,但强化程度远不如管外。热管把传统的内、外表面间的传热巧妙地转化为两管外表面的传热,使冷热两侧皆可采用加装翅片的方法进行强化。因此,用热管制成的换热器,对冷、热两侧传热系数皆很小的气-气传热过程特别有效。近年来,热管换热器被广泛地应用于回收锅炉排出的废热以预热燃烧所需的空气,取得了很好的经济效果。

在热管内部,热量是通过沸腾冷凝过程传递的。由于沸腾和冷凝给热系数皆很大,蒸汽流动的阻力损失也很小,因此管壁温度相当均匀。由热管的传热量和相应的管壁温差折算而得的表观导热系数,是最优良金属导热体的 $10^2 \sim 10^3$ 倍。因此,热管对于某些等温性要求较高的场合尤为适用。

此外,热管还具有传热能力大、应用范围广、结构简单、工作可靠等一系列其他优点。

5)流化床换热器

流化床换热器的外形与常规的立式管壳式换热器相似。管程内的流体由下往上流动,使众多的固体颗粒(切碎的金属丝如同数以百万计的刮片)保持稳定的流化状态,对换热器管壁起到冲刷、洗垢作用。同时,使流体在较低流速下也能保持湍流,大大强化了传热速率。固体颗粒在换热器上部与流体分离,并随着中央管返回至换热器下部的流体入口通道,形成循环。中央管下部设有伞形挡板,以防止颗粒向上运动。流化床换热器已在海水淡化蒸发器、塔器重沸器、润滑油脱蜡换热等场合取得实用成效。

2. 传热过程的强化途径

传热过程的强化,就是力求使换热设备在单位时间内单位交换面积交换的热量尽可能得多,力图用较少的传热面积或较小的设备来完成同样的任务。简言之就是研究提高换热效果的途径和方法。

1)增大换热面积

增大换热面积,是设计换热器时首先要考虑的问题。例如,采用带有翅片结构的换热器,可增大传热面积。但对已经定型的换热设备,它的换热面积则是确定的。增大换热面积就意味着增加金属材料用量及增加投资费用,用增大换热面积来提高传热速率并非不是一个理想的办法。而从挖掘设备潜力方面看,有效的途径应该是设法增大换热平均温差和传热系数。

2）增大换热平均温差

换热平均温差是换热过程的推动力，若其他条件一定，换热平均温差越大则换热速率也就越大。生产中可采用下述方法增大换热平均温差。

（1）流体采用逆流传热。

（2）提高热流体或降低冷流体的温度。例如，增加蒸汽的压强来提高加热蒸汽的温度，或采用深井水代替自来水，以降低冷却水的温度等。

（3）对蒸发、蒸馏等换热过程，采用减压操作以降低液体（冷流体）的沸点。

但是，增加换热平均温差有时会受到工艺或设备条件的限制。例如，物料的温度由工艺所规定，不能随意变动，而且流体的进、出口温度往往也是不能任意选取的，因此对于流体流向已经确定的场合，平均传热温差常常无法再改变。所以，通常认为强化换热的最有效途径是提高传热系数。

3）增大传热系数

传热系数受许多因素的影响。要想提高传热系数，必须从降低对流给热热阻以及导热热阻等方面入手。

（1）降低导热热阻。换热器的导热热阻包括金属壁的热阻和污垢的热阻，其中金属壁的热阻一般较小，可以略去不计。但当壁面上沉积了一层污垢后，由于垢层的导热系数很小，即使垢层很薄，热阻也很大。1 mm 厚的水垢，就相当于 40 mm 厚的钢板的热阻。因此，防止结垢或有效地除去垢层（如经常清洗传热面等）是强化传热的途径之一。

（2）降低给热热阻，也就是提高传热系数。一般是针对影响传热系数的各因素着手强化，可采取以下措施：①增大流体的湍动程度，减小传热边界层厚度，从而提高传热系数、强化传热过程。增强流体湍动程度的方法有：一是增大流体的流速，对于列管式换热器通常采用增加程数或在管间设置挡板来提高流速。但流速增大，阻力也增大，动力消耗增多，同时还受到输送设备的限制，因此提高流速有一定的局限性。二是改变流动条件，增强流体的湍动程度。例如，把传热壁面制成波纹形或螺旋形的表面，使流体在流动过程中不断地改变方向，以促使形成湍流，或在设备中安装搅拌装置、传热强化圈、超声波装置等造成强烈的震动，以获得较高的传热系数，也可达到强化传热的目的。②选用导热系数大的流体。一般来说，导热系数大的流体，它的传热系数也较大，发生相变的物质的热焓较高，因此采用导热系数大的物质作载热体，可提高传热效率。③增加蒸汽冷凝时的传热系数，用饱和蒸汽作加热剂时，当其与一温度较低的壁面接触，蒸汽就在壁面上冷凝。若壁面能被凝液润湿，则有一薄层凝液覆盖其上，这种冷凝称为膜状冷凝。当壁面是倾斜的或垂直放置时，所形成的液膜更为显著。蒸汽冷凝所放出的热，必须通过液膜才能到达壁面。由于蒸汽冷凝时气相内温变是均匀一致的，因此没有热阻，蒸汽放出的冷凝热要靠传导的方式通过液膜，而液体的导热系数不大，所以液膜具有较大的热阻。液膜愈厚，其热阻愈大，冷凝时的对流传热系数就愈小。但若蒸汽冷凝时冷凝液不能全部润湿壁面，则表面张力的作用将使凝液形成液滴，这种冷凝称为滴状冷凝。随着冷凝过程的进行，液滴逐渐增大，将从倾斜的或垂直的壁面上流下，并在流动时带走其下方的其他液滴，使壁面重新露出，供再次生成新液滴之用。由于滴状冷凝时蒸汽不必通过液膜传热而直接在传热面上冷凝，故其传热系数远比膜状冷凝时大，相差可达几倍甚至几十倍。因此，设法消除膜状冷凝或减薄液膜的厚度，提高蒸汽冷凝时的传热系数，是增强传热效率的途径之一。若于蒸汽中加入滴状冷凝促进剂（如油酸、鱼蜡等），使蒸汽成滴状冷凝，可避免形成液膜；或采用机械的方法，如把管子制成螺纹管，当蒸汽冷凝时，由于表面张力的作用，冷凝液从螺纹的顶部缩向螺纹的凹槽，使螺纹顶部暴露于蒸汽中，从而可促进传热过程。

总之，影响传热系数的因素很多，但各因素对传热系数值的影响程度很不相同。因此必须抓住主要矛盾，针对影响传热系数最大的热阻，如着重提高两流体中传热系数小的一侧的传热系数，减小对流热阻，是提高传热系数、强化传热过程的有效方法。

3. 传热设备的设计

这里以列管式换热器的设计和选用为例子，涉及设计型计算的命题、计算方法及参数选择。设计型计算的命题方式包括设计任务、设计条件和设计目的。

例如，以某一热流体的冷却为例。设计任务：将一定流量的热流体自给定温度 T_1 冷却至指定温度 T_2。设计条件：可供使用的冷却介质温度，以及冷流体的进口温度 t_1。设计目的：确定经济上合理的传热面积及换热器其他有关尺寸。

关于设计型问题的计算方法，其设计计算的大致步骤如下。

（1）首先由传热任务计算换热器的热流量 Q（通常称为热负荷）：

$$Q = q_{m1}C_{p1}(T_1-T_2) \tag{3.29}$$

式中，q_{m1} 为热流体的质量流量；C_{p1} 为热流体的比热容。

（2）做出适当的选择并计算平均推动力 Δt_m；

（3）计算冷、热流体与管壁的对流传热系数及总传热系数 K；

（4）由传热基本方程 $Q = KA\Delta t_m$ 计算传热面。

关于设计型计算中参数的选择，由传热基本方程式可知，为确定所需的传热面积，必须知道平均推动力 Δt_m 和总传热系数 K。

为计算对数平均温差，设计者首先必须：①选择流体的流向，即决定采用逆流、并流还是其他复杂流动方式；②选择冷却介质的出口温度。

为求得总传热系数 K，需计算两侧的传热系数 α，故设计者必须决定：①冷、热流体是走管内还是管外；②选择适当的污垢热阻。

1）列管式换热器设计条件的选择

在列管式换热器的设计型计算中，涉及一系列的选择。各种选择确定以后，所需的传热面积及管长等换热器其他尺寸就不难确定了。不同的选择有不同的设计结果，设计者必须做出适当的选择才能得到经济上合理、技术上可行的设计，或者通过多方案计算，从中选出最优方案。近年来，依靠计算机按规定的最优化程序进行自动寻优的方法得到日益广泛的应用。

选择时通常考虑经济、技术两个方面，具体内容如下。

（1）流向的选择：为更好地说明问题，首先比较逆流和并流两种极限情况。当冷、热流体的进出口温度相同时，逆流操作的平均推动力大于并流，因而传递同样的热流量，逆流所需的传热面积较小。此外，对于一定的热流体进口温度 T_1，采用并流时，冷流体的最高极限出口温度为热流体的出口温度 T_2。反之，如采用逆流，冷流体的最高极限出口温度可为热流体的进口温度 T_1。这样，如果换热的目的是单纯冷却，逆流操作时，冷却介质温升可选择较大的，而冷却介质用量可选择较小的；如果换热的目的是回收热量，逆流操作回收的热量温度（温度 t_2）可以较高，因而利用价值较大。显然在一般情况下，逆流操作总是优于并流操作，应尽量采用。

但是，对于某些热敏性物料的加热过程，并流操作可避免出口温度过高而影响产品质量。另外，在某些高温换热器中，逆流操作因冷却流体的最高温度 t_2 和热流体 T_1 集中在一端，会使该处的壁温特别高。为降低该处的壁温，可采用并流，以延长换热器的使用寿命。

（2）冷却介质出口温度的选择：冷却介质出口温度 t_2 越高，其用量可以越少，回收能量的价值也越高，同时输送流体的动力消耗即操作费用也减少。但是，t_2 越高，传热过程的平均推动力 Δt_m 越小，传递同样的热流量所需的热面积 A 也越大，因而设备投资费用也会增加。因此，冷却介质的选择是一个经济上的权衡问题。目前，据一般的经验，Δt_m 不宜小于 10℃。如果所处理问题是冷流体加热，可按同样原则加热介质的出口温度 T_2。

此外，如果冷却介质是工业用水，给出的温度 t_2 不宜过高。因为工业用水所含的许多盐类（主要是 $CaCO_3$、$MgCO_3$、$CaSO_4$、$MgSO_4$ 等）的溶解度随温度升高而减小，如出口温度过高，盐类析出，形成导热性能很差的垢层，会使传热过程恶化。为阻止垢层的形成，可在冷却用水中添加某些阻垢剂和其他水质稳定剂。即使如此，工业冷却水必须进行适当的预处理，除去水中所含的盐类。

（3）流速的选择：流速的选择一方面涉及传热系数即所需传热面的大小，另一方面又与流体通过换热面的阻力损失有关。因此，流速选择也是经济上权衡得失的问题。但不管怎样，在可能的条件下，管内、外必须尽量避免层流状态。

（4）冷、热流体流动通道的选择：在管壳式换热器内，冷、热流体流动通道可根据下述原则进行选择。①不洁净和易结垢的液体宜选择管程，因管内清洗方便；②腐蚀性流体宜选择管程，以免管束和壳体同时受到腐蚀；③压强高的流体宜选择管内，以免壳体承受压力；④饱和蒸汽宜走壳程，因饱和蒸汽比较清净，传热系数与流速无关，而且冷凝液容易排出；⑤被冷却的流体宜走壳程，便于散热；⑥若两流体温差较大，对于刚性结构的换热器，宜将传热系数大的流体通入壳程，以减小热应力；⑦流量小而黏度大的流体一般以壳程为宜，因在壳程 Re＞100 即可达到湍流。但这些不是绝对的，如流动阻力损失允许，将这种流体通入管内并采用多管程结构，反而能得到更高的传热系数。

（5）流动方式的选择：除逆流和并流外，在管壳式换热器中，冷、热流体还可作各种多管程或多壳程的复杂流动。当流量一定时，管程或壳程越多，传热系数越大，对传热过程越有利。但是，采用多管程或多壳程，必然导致流体阻力损失（输送流体的动力费用增加）。因此，在决定换热器的程数时，需权衡传热和流体输送两方面的得失。

（6）换热管的规格和排列的选择：换热管直径越小，换热器单位容积的传热面积越大。因此，对于洁净的流体管径可取得小些。但对于不洁净或易结垢的流体，管径应取得大些，以免堵塞。考虑到制造和维修的方便，加热管的规格不宜过多。目前我国试行的系列标准规定采用 $\Phi25\ mm×2.5\ mm$ 和 $\Phi19\ mm×2\ mm$ 两种规格，对一般流体是适用的。

管长的选择是以清洗方便和合理适用管材为准。我国生产的钢管长多为 6 m 和 9 m，故系列标准中管长有 1.5 m、2 m、3 m、4.5 m、6 m 和 9 m 六种，其中以 3 m 和 6 m 更为普遍。

管子的排列方式有等边三角形和正方形两种（图 3.22）。与正方形相比，等边三角形排列比较紧凑，管外流体的湍流程度高，传热系数大。正方形排列虽比较松散，给热效果也较差，但管外清洗方便，对易结垢流体更为适用。例如，将正方形排列的管束斜转 45°安装［图 3.22（b_2）］，可在一定程度上提高传热系数。

（7）折流板的选择：安装折流板的目的是提高管外传热系数，为取得良好效果，挡板的形状和间距必须适当。对圆缺形挡板而言，弓形缺口的大小对壳程流体的流动情况有重要影响。由图 3.23 可以看出，弓形缺口太大或太小都会产生"死区"，既不利于传热，又往往增加流体的阻力。一般来说，弓形缺口的高度可取为壳体内径的 10%～40%，最常见的是 20% 和 25% 两种。

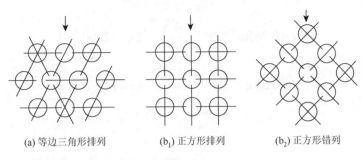

(a) 等边三角形排列　　　　(b₁) 正方形排列　　　　(b₂) 正方形错列

图 3.22　管子在管板上的排列

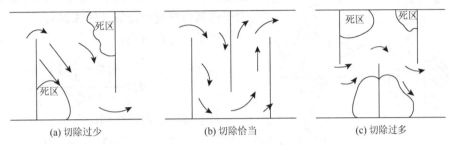

(a) 切除过少　　　　　　(b) 切除恰当　　　　　　(c) 切除过多

图 3.23　挡板切除对流动的影响

　　挡板的间距对壳程的流动也有重要影响。间距太大，不能保证流体垂直流过管束，使管外传热系数下降；间距太小，不便于制造和检修，阻力损失也大。一般取挡板间距为壳体内径的 0.2～1.0 倍。我国系列标准中采用的挡板间距，固定管板式有 100 mm、150 mm、200 mm、250 mm、300 mm、350 mm、450 mm（或 480 mm）、600 mm 八种。

　　2）列管式换热器的传热系数

　　上文提到：制药工业生产中大量遇到的是流体在流过固体表面时与该表面所发生的热量交换，就是对流给热。这个过程中壁面对流体的加热或冷却由于对流的存在变得非常复杂，一般采用牛顿冷却定律作为对流给热的计算基础。牛顿冷却定律指出，在单位时间，以对流给热方式传递的热量（对流给热速率）与固体壁的面积、壁面温度及流体主体的平均温差成正比，比例系数称为传热系数 α。实际上在不少情况下，对流给热速率并不与温差成正比，此时传热系数不是常数而与温差有关，凡影响对流给热速率的因素都将影响传热系数。按照牛顿冷却定律，实验的任务是测定各种不同情况下的传热系数，并将其关联成经验表达式以供设计时使用。

　　（1）管程传热系数 α_i：管内流动的传热系数可按经验式计算，当 Re＞10 000 时，圆形直管内强制湍流的传热系数计算式为

$$\alpha_i = 0.023 \frac{\lambda_1}{d_i} \mathrm{Re}_i^{0.8} \mathrm{Pr}^{0.3\sim0.4} \tag{3.30}$$

式中，λ_1 为热导率；d_i 为管径；Re_i 为雷诺数；Pr 为普朗特数。

由此不难看出管程传热系数 α_i 正比于管程数 N_p 的 0.8 次方，即

$$\alpha_i \propto \mathrm{Re}_i^{0.8} \tag{3.31}$$

　　（2）壳程传热系数 α_0：壳程通常因设计有折流板，流体在壳程中横向穿过管束，流向不断变化，湍动增加，当 Re＞100 时即达到湍流状态。

　　管程传热系数的计算方法有多种，当使用 25%圆缺形挡板时，可用下式计算。

$$\left.\begin{array}{ll} Nu = 0.36\,Re^{0.55}\,Pr^{1/3}\left(\dfrac{\mu}{\mu_w}\right)^{0.14} & Re > 2000 \\[4mm] Nu = 0.5\,Re^{0.507}\,Pr^{1/3}\left(\dfrac{\mu}{\mu_w}\right)^{0.14} & Re = 10 \sim 2000 \end{array}\right\} \tag{3.32}$$

其中 $Re = \dfrac{d_e u_0 \rho}{\rho}$

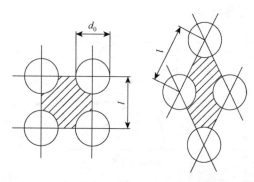

图 3.24　管子不同排列时的流通面积

在式（3.32）中，定性温度取进出口主体平均温度，仅 μ_w 为壁温下的流体黏度。当量直径 d_e 视管子排列情况进行计算（图 3.24）。

对于正方形排列，

$$d_e = \frac{4\left(t^2 - \dfrac{\pi}{4}d_0^2\right)}{\pi d_0} \tag{3.33}$$

对于等边三角形排列，

$$d_e = \frac{4\left(\dfrac{\sqrt{3}}{2}t^2 - \dfrac{\pi}{4}d_0^2\right)}{\pi d_0} \tag{3.34}$$

式中，t 为相邻两管的中心距；d_0 为管外径。

式（3.32）中的流速 u_0 规定按最大流动截面积 A' 计算，

$$A' = BD\left(1 - \frac{d_0}{t}\right) \tag{3.35}$$

式中，B 为两块挡板间的距离；D 为壳体的直径。

由式（3.35）可知，当 $Re > 2000$ 时，$\alpha_0 \propto \dfrac{u_0^{0.55}}{d_e^{0.45}}$。因此，减少挡板间距、提高流速或缩短中心距、减小当量直径皆可提高壳程传热系数。壳程传热系数与挡板间距的 0.55 次方成反比，即

$$\alpha_0 \propto \left(\frac{1}{B}\right)^{0.55} \tag{3.36}$$

3）列管式换热器的设计步骤

设有流量为 q_{m1} 的热流体需从温度 T_1 冷却至 T_2，可用的冷却介质温度为 t_1，出口温度选定为 t_2。由此已知条件可算出换热器的热负荷 Q 和逆流对数平均温差或逆流对数平均推动力 $\Delta t_{m逆}$。传热基本方程式为

$$Q = KA\Delta t_m = KA\Psi\Delta t_{m逆} \tag{3.37}$$

式中，Q 为换热器的总热流量；A 为传热面积；Ψ 为由冷、热流体的进、出口温度计算的温差修正系数；$\Delta t_{m逆}$ 为逆流对数平均温差或逆流对数平均推动力；K 为传热系数，其计算式为

$$K = \frac{1}{\dfrac{1}{\alpha_i} + R_i + \dfrac{\delta}{\lambda} + R_0 + \dfrac{1}{\alpha_0}} \tag{3.38}$$

式中，α_i、α_0 分别为冷、热流体的对流传热系数；R_i、R_0 分别为冷、热流体的污垢热阻；δ 为圆筒壁厚度；λ 为热导率。

当 Q 和 $\Delta t_{\text{m逆}}$ 已知时，要求取传热面积 A，必须知道 K 和 Ψ 才行；而 K 和 Ψ 则是由 A 的大小和换热器结构决定的。可见，在冷、热流体的流量及进、出口温度皆已知的条件下，选用或设计换热器必须通过试差计算。此试差计算可按下列步骤进行。

（1）初步选定换热器的尺寸规格。

A. 初步选定换热器的流动方式，由冷、热流体的进、出口温度计算温差修正系数 Ψ。Ψ 的数值应大于 0.8，否则应改变流动方式，重新计算。

B. 根据经验（或由表 3.3）估计传热系数 $K_{\text{估}}$，计算传热面积 $A_{\text{估}}$。

C. 根据 $A_{\text{估}}$ 的值，参考系列标准选定换热管的直径、长度及排列方式；如果是选用特定的设备，可根据 $A_{\text{估}}$ 在系列标准中选择适当的换热器型号。

表 3.3　管壳式换热器的 K 值大致范围

热流体	冷流体	$K/[\text{W}/(\text{m}^2\cdot\text{℃})]$
水	水	850~1700
轻油	水	340~910
重油	水	60~280
气体	水	17~280
水蒸气冷凝	水	1420~4250
水蒸气冷凝	气体	30~300
低沸点烃类蒸汽冷凝（常压）	水	455~1140
低沸点烃类蒸汽冷凝（减压）	水	60~170
水蒸气冷凝	水沸腾	2000~4250
水蒸气冷凝	轻油沸腾	455~1020
水蒸气冷凝	重油沸腾	140~425

（2）计算管程的压降和传热系数：管壳式换热器内常用的流速范围列于表 3.4 和表 3.5。

表 3.4　管壳式换热器内常用的流速范围

流体种类	流速/(m/s)	
	管程	壳程
一般流体	0.5~3	0.2~1.5
易结垢液体	>1	>0.5
气体	5~30	3~15

表 3.5　不同黏度液体在管壳式换热器中的流速（在钢管中）

液体黏度/(mPa·s)	最大流速/(m/s)	液体黏度/(mPa·s)	最大流速/(m/s)
>1500	0.6	100~35	1.5
1000~500	0.75	35~1	1.8
500~100	1.1	<1	2.4

A. 参考表 3.4、表 3.5 选定流速，确定管程数目，由壳程阻力损失公式（3.39）计算管程压降 ΔP_{t}。

$$\Delta P_{\text{t}} = \left(\lambda \frac{l}{d} + 3 \right) f_{\text{t}} N_{\text{p}} \frac{\rho \mu_{\text{i}}^2}{2} \tag{3.39}$$

式中，l 为换热管长度；f_{t} 为管层结垢校正系数，对等边三角形的取 1.5，对正方形的取 1.4；N_{p} 为管程数；λ 为热导率；μ_{i} 为冷凝管的黏度。

若管程允许压降 $\Delta P_允$ 已有规定,可以直接选定管程数,计算 $\Delta P_允$。若 $\Delta P_t > \Delta P_允$,必须调整管程数重新计算。

B. 计算管内传热系数 α_i。如果 $\alpha_i < K_估$,则应改变管程数重新计算。若改变管程数不能同时满足 $\Delta P_t < \Delta P_允$、$\alpha_i > K_估$ 的要求,则应重新估计 $K_估$ 值,另选一换热器型号进行核算。

(3)计算壳程压降和传热系数。

A. 参考表 3.4 的流速范围选定挡板间距,根据壳程阻力损失公式(3.40)计算壳程压降 ΔP_s。

$$\Delta P_s = \left[F f_o N_{TC}(N_B + 1) + N_B \left(3.5 - \frac{2B}{D} \right) \right] f_s \frac{\rho u_o^2}{2} \tag{3.40}$$

式中,N_B 为折流板数目;N_{TC} 为横过管束中心线的管子数,对于等边三角形排列,$N_{TC} = 1.1 N_T^{0.5}$,对于正方形排列,$N_{TC} = 1.19 N_T^{0.5}$(N_T 为管子总数);B 为折流板间距,m;D 为壳体内径,m;u_o 为按照壳程流动面积 $A_o = B(D - N_{TC} d_o)$ 计算所得的壳程流速,m/s;F 为管子排列形式对压降的校正系数,对于等边三角形排列,$F = 0.5$,对于正方形排列,$F = 0.3$,对于正方形斜转 45°,$F = 0.4$;f_o 为壳程流体摩擦系数,当 $\mathrm{Re} > 500$ 时可由公式 $f_o = 5.0 \mathrm{Re}^{-0.228}$ 求得;f_s 为壳程结垢校正系数(无量纲)。

若 $\Delta P_s > \Delta P_允$,可增大挡板间距。

B. 计算壳程传热系数 α_0,如 α_0 太小可减少挡板间距。

(4)计算传热系数、校核传热面积:根据流体性质选择恰当的垢层热阻 R(表 3.6)。

表 3.6　常见流体的垢层热阻　　　　　　　　　　　　　　（单位：$m^2 \cdot K/kW$）

流体	垢层热阻	流体	垢层热阻
水（1 m/s，$T > 50$℃）		溶剂蒸气	0.14
蒸馏水	0.09	水蒸气	
海水	0.09	优质（不含油）	0.052
清净的河水	0.21	劣质（不含油）	0.09
未处理的凉水塔用水	0.58	往复机排放	0.176
已处理的凉水塔用水	0.26	液体	
已处理的锅炉用水	0.26	处理过的盐水	0.264
硬水、井水	0.58	有机物	0.176
气体		燃料油	1.056
空气	0.26~0.53	焦油	1.76

由 R、α_i、α_0 计算传热系数 $K_计$,再由传热基本方程(3.41)计算所需传热面积 $A_计$。

$$Q = KA \frac{(T_1 - t_1) - (T_2 - t_2)}{\ln \dfrac{(T_1 - t_1)}{(T_2 - t_2)}} \tag{3.41}$$

当此传热面积 $A_计$ 小于初选换热器实际所具有的传热面积 A 时,原则上以上计算可行。考虑到所用传热基本方程的准确程度及其他未可预料的因素,应使所选用换热器的传热面积留有 15%~25% 的富裕度,使 $A/A_计 = 1.15 \sim 1.25$。否则需要重新估计一个 $K_估$,重复以上计算。

4)列管式换热器设计选型计算实例

【例 3.3】 列管式换热器的计算:某制药厂拟采用管壳式换热器回收甲苯的热量将正庚烷从 $t_1 = 80$℃ 预热到 130℃。试选用一适当型号的换热器。

已知：正庚烷的流量 $q_{m2} = 40\,000$ kg/h，甲苯的流量 $q_{m1} = 39\,000$ kg/h，进口温度 $T_1 = 200℃$，管壳两侧的压降皆不应超过 30 kPa。由冷、热流体的进、出口温度计算的温差修正系数 $\Psi = 0.9$。

正庚烷在进、出口平均温度下的有关物性为

$$\rho_2 = 615 \text{ kg/m}^3, \quad C_{p2} = 2.51 \text{ kJ/(kg·℃)}, \quad \lambda_2 = 0.115 \text{ W/(m·℃)}, \quad \mu_2 = 0.22 \text{ mPa·s}$$

甲苯在进、出口平均温度下的有关物性为

$$\rho_1 = 735 \text{ kg/m}^3, \quad C_{p1} = 2.26 \text{ kJ/(kg·℃)}, \quad \lambda_1 = 0.108 \text{ W/(m·℃)}, \quad \mu_1 = 0.18 \text{ mPa·s}$$

【解】

（1）初选换热器。

$$Q = q_{m2}C_{p2}(t_2 - t_1) = 40000 \times 2.51 \times (130 - 80) = 5.02 \times 10^6 \text{(kJ/h)} = 1.39 \times 10^6 \text{(W)}$$

甲苯出口温度

$$T_2 = T_1 - \frac{Q}{q_{m1}C_{p1}} = 200 - \frac{5.02 \times 10^6}{39000 \times 2.26} = 143 \text{(℃)}$$

逆流平均温差

$$\Delta t_m = \frac{(T_1 - t_2) - (T_2 - t_1)}{\ln \dfrac{T_1 - t_2}{T_2 - t_1}} = \frac{(200 - 130) - (143 - 80)}{\ln \dfrac{200 - 130}{143 - 80}} = 66.5 \text{(℃)}$$

$$R = \frac{T_1 - T_2}{t_2 - t_1} = \frac{200 - 143}{130 - 80} = 1.14$$

$$P = \frac{t_2 - t_1}{T_1 - t_1} = \frac{130 - 80}{200 - 80} = 0.417$$

初定采用单壳程、偶数管程的浮头式换热器，已知修正系数 $\psi = 0.9$，初步估计传热系数 $K_{估} = 450 \text{ W/(m}^2\text{·℃)}$，传热面积 $A_{估}$ 为

$$A_{估} = \frac{Q}{K_{估}\psi\Delta t_{m逆}} = \frac{1.39 \times 10^6}{450 \times 0.9 \times 66.5} = 51.61 \text{(m}^2\text{)}$$

根据换热器系列标准，初选 BES500-1.6-54-6/25-2 Ⅰ 型浮头式列管换热器，有关参数列于表 3.7。

表 3.7　BES500-1.6-54-6/25-2 Ⅰ 型浮头式列管换热器的主要参数

参数名称	参数数值	参数名称	参数数值
外壳直径(D)/mm	500	管子尺寸/mm	$\Phi 25 \times 2.5$
公称压强(P)/MPa	1.6	管长(l)/m	6
公称面积/m²	57	管数（N_T）	124
管程数（N_P）	2	管中心距(t)/mm	32
管子排列方式	正方形		

（2）计算管程传热系数 α_i：为充分利用甲苯的热量，选取甲苯走管程，正庚烷走壳程。

管程流动面积：

$$A_1 = \frac{\pi}{4}d^2\frac{N_T}{N_P} = 0.785 \times 0.02^2 \times \frac{124}{2} = 0.0195 \text{(m}^2\text{)}$$

管内甲苯流速：

$$u_i = \frac{q_{m1}}{\rho_1 A_1} = \frac{39000}{3600 \times 735 \times 0.0195} = 0.756 \text{(m/s)}$$

$$\text{Re}_i = \frac{d u_i \rho_i}{\mu_i} = \frac{0.02 \times 0.756 \times 735}{0.18 \times 10^{-3}} = 6.174 \times 10^4$$

管程传热系数 α_i：

$$\alpha_i = 0.023 \frac{\lambda_1}{d_i} \text{Re}_i^{0.8} \text{Pr}^{0.3}$$

$$= 0.023 \times \frac{0.108}{0.02} \times (6.174 \times 10^4)^{0.8} \times \left(\frac{2260 \times 0.18 \times 10^{-3}}{0.108} \right)^{0.3} = 1274[\text{W}/(\text{m}^2 \cdot \text{℃})]$$

（3）计算壳程传热系数 α_0。

最大流通截面：

$$A_2' = BD \left(1 - \frac{d_0}{t} \right) = 0.2 \times 0.5 \times \left(1 - \frac{0.025}{0.032} \right) = 0.0219(\text{m}^2)$$

壳层正庚烷流速：

$$u_0' = \frac{q_{m2}}{A_2' \rho_2} = \frac{40000}{3600 \times 615 \times 0.0219} = 0.826(\text{m/s})$$

正方形排列的当量直径：

$$d_e = \frac{4 \left(t^2 - \frac{\pi}{4} d_0^2 \right)}{\pi d^0} = \frac{4 \times (0.032^2 - 0.785 \times 0.025^2)}{3.14 \times 0.025} = 0.027(\text{m})$$

$$\text{Re}_0' = \frac{d_e u_0' \rho_2}{\mu_2} = \frac{0.027 \times 0.826 \times 615}{0.22 \times 10^{-3}} = 6.23 \times 10^4$$

$$\text{Pr} = \frac{C_{p2} \mu_2}{\lambda_2} = \frac{2.51 \times 10^3 \times 0.22 \times 10^{-3}}{0.115} = 4.8$$

壳程中正庚烷被加热，取 $(\mu / \mu_w)^{0.14} = 1.05$，由式（3.32）可得

$$\text{Nu} = 0.36 \text{Re}^{0.55} \text{Pr}^{1/3} \left(\frac{\mu}{\mu_w} \right)^{0.14}$$

$$= 0.36 \times \frac{0.115}{0.027} \times (6.27 \times 10^4)^{0.55} \times 4.81^{1/3} \times 1.05 = 1181[\text{W}/(\text{m}^2 \cdot \text{℃})]$$

（4）计算传热面积。

传热系数：

$$K_{\text{计}} = \frac{1}{\dfrac{1}{\alpha_i} + R_i + \dfrac{\delta}{\lambda} + R_0 + \dfrac{1}{\alpha_0}}$$

查表 3.6，取 $R_i = 0.000\,17\ \text{m}^2 \cdot \text{℃/W}$，$R_0 = 0.000\,18\ \text{m}^2 \cdot \text{℃/W}$，得

$$K_{\text{计}} = \frac{1}{\dfrac{1}{1274} + 0.00017 + \dfrac{0.0025}{45} + 0.00018 + \dfrac{1}{1181}} = 491[\text{W}/(\text{m}^2 \cdot \text{℃})]$$

$$A_{\text{计}} = \frac{Q}{K_{\text{计}} \psi \Delta t_m} = \frac{1.39 \times 10^6}{491 \times 0.9 \times 66.5} = 47.3(\text{m}^2)$$

所选换热器的实际传热面积约为

$$A = N_T \pi d_0 l = 124 \times 3.14 \times 0.025 \times 6 = 58.4(\text{m}^2)$$

$$\frac{A}{A_{计}} = \frac{58.4}{47.3} = 1.23$$

所选 BES500-1.6-54-6/25-2 I 型浮头式列管换热器适合。

3.2 质 量 传 递

质量传递简称传质。传质过程是自然界和工程技术领域普遍存在的现象。酒的挥发、二氧化碳在水中的溶解等都是常见的质量传递现象。由于传质过程的操作目的主要是对混合物进行分离（如吸收、萃取、蒸馏、干燥、结晶等），故又称为分离过程。分离过程遵循质量传递基本规律。

从概念和数学公式表述上来说，传质类似于传热。传质过程采用许多分离过程，使混合物能被分为多个组分。在一些情况下，常常可用单纯的机械工具进行分离。通过阻碍床层固体渗透到流体中，能将固体从液体中分离，这一过程就是过滤。两相密度的差异也可以实现分离操作，沉降和离心单元操作属于此机理。另外，一些操作是通过一种成分在另一种成分中的扩散而改变相的组成来进行的，称作扩散或传质过程，如蒸馏、溶解、干燥以及结晶。扩散则是由物质迁移浓度差产生的结果，各种成分在浓度梯度的影响下能从高浓度区域向低浓度区域扩散。

在传质过程中，两种不混溶相是常常存在的，其中一个或两个是流体。一般来说，这些相是相对运动的，一个组分从一个相转移到另一个相的速率很大程度上受流体整体运动的影响。例如，在分离气体混合物时，可以用选定的溶剂进行吸收（如分离氨和空气，用水吸收），使溶质气体（氨）由气相转移到液相，与不溶气体（空气）分离；在中药材提取过程中，可溶性活性成分由固体中转移到液体中。在大多数干燥过程中，水蒸气从与干燥表面接触的饱和层扩散到湍流中。边界层由层流的亚层和湍流的外部区域组成。不同的流动状态有不同的扩散机制。在层流层中，水蒸气分子的流线运动只有通过分子扩散才能实现。在湍流区，相对较大的气体单位（称为涡流）从一个区域移动到另一个区域，导致气体成分的混合，这称为涡流扩散。涡流扩散是一个更快速的过程，尽管分子扩散仍然存在，但它对物质整体运动的贡献很小。当流体为静止或作平行于相界面（垂直于传质方向）的层流流动时，传质只能依靠分子运动所引起的扩散——分子扩散进行。按分子运动论，气体中各组分的分子都处于不停的运动状态，分子在运动中相互碰撞，同时改变其速度的方向和大小。在静止的空气中，几乎没有涡流扩散，只有通过分子扩散实现蒸发。

3.2.1 分子传质

分子传质也称分子扩散，简称扩散，是由于分子的无规则热运动而形成的物质传递现象。

1. 气体中的分子扩散

有两种简单而又常见的分子扩散现象（图 3.25）：一种是 A、B 双分子等摩尔相互扩散，在精馏中可遇到这种情况；另一种是吸收中遇到一组分通过另一停滞组分的一维稳定单方向扩散（简称"单向扩散"）。停滞流体的分子转运或在流线层跨越流体的流线通过分子扩散发生。

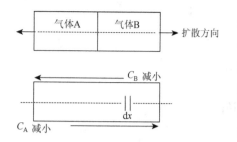

图 3.25　气体 A 和 B 的分子扩散

在图 3.25 中，两个相邻隔室由隔板隔开。每个隔室包含一个纯气体——A 或 B。分子发生随机运动时，经过一段时间，分子出现在与其初始位置相对较远距离的位置。如果隔板被去掉，A 中的一些分子将朝向由已被占据的 B 区域移动，其数量取决于分子的数量。同时，B 扩散的分子会占据以前 A 所占的区域。

最终，A、B 会发生完全混合。在这个时间点之前，A 的浓度将沿轴线逐渐变化，距离为 x，并进入原来的隔室。这种变化的数学表达式为 $-dC_A/dx$（C_A 为 A 的浓度）。负号的产生是因为 A 的浓度随着距离 x 的增加而减小。同样，气体 B 的浓度变化是 $-dC_B/dx$（C_B 为 B 的浓度）。在直接检测到的超过小距离的 A 和 B 分子数量改变的这些表达式具有浓度梯度。A 的扩散率依赖于浓度梯度和在 x 方向 A 移动的分子平均速度。Fick 定律表达了这种关系。

$$N_A = -D_{AB} \frac{dC_A}{dx} \tag{3.42}$$

式中，D_{AB} 为 A 在 B 的扩散系数，代表单位浓度梯度（$kmol/m^3$）下的扩散通量[$kmol/(m^3 \cdot s)$]，表达某个组分在介质中扩散的快慢，是物质的一个传递属性，类似于传热中的热导率，但比热导率复杂：它至少要涉及两种物质，因而有多种配合方式；同时随温度的变化较大，还与总压（气体）或总浓度（液体）有关。它是平均分子速度的一个特性，因此依赖于温度和气压。N_A 为扩散速率，通常表示为在单位时间跨过单位区域的摩尔数。在 SI 系统中，其经常被用于传质，N_A 表示每秒每平方米摩尔数。扩散通量的单位是 m^2/s。与热转移的基本方程一样，式（3.42）表示一个过程的速率与驱动力成正比。在此情况下，这种驱使力是浓度梯度。

这个基本方程可以应用于多种情况。就限制稳态条件下进行讨论，dC_A/dx 和 dC_B/dx 都不随着时间的推移而变化，等摩尔反向扩散是首要因素。

长度 dx 的元件中，假如没有主体流动，那么两种气体 A 和 B 的扩散速率相等，方向相反，也就是

$$N_A = -N_B$$

A 的分压 dP_A 随着距离 dx 的变化而变化。类似地，B 的分压 dP_B 随着距离 dx 的变化而变化。因为跨越各元件（无分流）的总压没有差别，dP_A/dx 一定等于 dP_B/dx。对于理想气体，分压与摩尔浓度相关：

$$P_A V = n_A RT$$

式中，n_A 为气体 A 在体积 V 中的摩尔数，由于摩尔浓度 C_A 等于 n_A/V，则

$$P_A = C_A RT$$

因此，对于气体 A，式（3.42）可以被写为

$$N_A = -\frac{D_{AB}}{RT} \frac{dP_A}{dx} \tag{3.43}$$

相似地，有

$$N_B = -\frac{D_{BA}}{RT} \frac{dP_B}{dx} = \frac{D_{AB}}{RT} \frac{dP_A}{dx}$$

因此，它遵循 $D_{AB} = D_{BA} = D$。假如 A 在 x_1 的分压是 P_{A1}，在 x_2 的分压是 P_{A2}，则总的方程式（3.43）为

$$N_A = -\frac{D}{RT}\frac{P_{A2}-P_{A1}}{x_2-x_1} \qquad (3.44)$$

气体 B 的反向扩散速率计算方法原理同上。

需要注意的是，当气体 A 通过气体 B 扩散时，无气体 B 的全部转移。例如，蒸汽在干燥表面形成后可扩散到周围的气体。在液体表面处，温度决定 A 的分压。对于水，在 298 K 时是 12.8 mmHg[①]。分压随距离的增加而变低，并且浓度梯度导致 A 远离表面扩散。类似地，B 的浓度梯度必须存在，其表面浓度最低。组分的扩散将在表面发生。然而，B 没有发生全部转移，以至于扩散运动和来自表面的本体流动达到平衡。因此，A 的总流量是 A 的扩散流量加上和整体运动相关的传递的部分。

2. 液体中的分子扩散

在液体中描述分子扩散的方程与气体的类似。在液体中组分 A 的扩散速率通过式（3.42）给出：

$$N_A = -D\frac{dC_A}{dx}$$

等摩尔量的反扩散菲克定律：

$$N_A = -D\frac{C_{A2}-C_{A1}}{x_2-x_1} \qquad (3.45)$$

式中，C_{A2}、C_{A1} 分别为 x_1、x_2 相应点上的液体摩尔浓度。

静止液体层的扩散方程可进一步优化。然而，由于扩散在液体中随浓度而变化，这类方程的应用是有限的。此外，总摩尔浓度会从一点到另一点变化，除非该液体非常稀，这会引起气体的扩散。分子在液体中的扩散系数均远远小于在气体中的扩散系数，在气体中的扩散系数一般是在液体中的 10^4 倍。

3.2.2　界面传质

1. 界面上的传质

在层流中，流体的流线分子的运动仅可以发生分子扩散。加入一个组分的浓度，A 在垂直于流线的方向上发生变化，其扩散的摩尔比率方程如式（3.42）所示。

当流体流过表面时，表面阻碍相邻流体区域从而形成了边界层。如果整个流体的流动是层流，分子扩散的方程可用于评估整个边界层传送的质量。然而，多数情况下，大量的流体流动是流速较高的湍流。边界层被认为由三个不同的流态组成。在离边界层最远的表面区域，流动为湍流，传质是大部分流体交换的结果。大量流动是快速的，且浓度梯度低。当接近表面时，在过渡或缓冲区域发生从湍流到层流的转变。在该区域中，涡流扩散和分子扩散引起大幅度的传质。在几分之一毫米厚的表面流体层中，层流的条件持续存在。

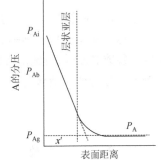

图 3.26　界面上的传质

在该层中只通过分子扩散发生转移，提供了传质的主要阻力，如图 3.26 所示。随着流动变得更加动荡，层流子层的厚度及其抗传质能力下降。

在这种情况下，采用薄膜假设法来评估传质速率，其中为传质提供了相同的抗传质的厚度作为合并层、缓冲区和湍流区。热传导和对流类似，都是很确切的，传热和传质之间的定量关系在某些情况下可以被开发，然而，在这里不做进一步尝试。这种有效膜的模拟图参考说明见图3.26。

气体流过表面，组分 A 和 B 发生等摩尔反向扩散，A 远离表面，且 B 靠近表面。远离表面的 A 的分压变化如图 3.26 所示。在表面上，其值是 P_{Ai}。在层流子层外，P_{Ab} 发生线性下降。此外，分压急剧下降至边界层边缘的值 P_A。P_{Ag} 值略高于 P_A，它是整个系统中 A 分压的平均值。在一般情况下，层流层气体含量很少，致使 P_A 和 P_{Ag} 几乎是相等的。假如扩散是由分子扩散独立实现的，那么分压 P_{Ag} 将达到相同的虚拟距离，表面的 x' 将超过存在的浓度梯度 $(P_{Ai}-P_{Ag})/x'$。传质摩尔比为

$$N_A = \frac{D}{RT}\frac{P_{Ai}-P_{Ag}}{x'}$$

然而，x' 未知，该方程可被写为

$$N_A = \frac{k_g}{RT}(P_{Ai}-P_{Ag}) \tag{3.46}$$

式中，k_g 为传质系数，m/s。由于 $C_A = P_A/RT$，因此又可写为

$$N_A = k_g(C_{Ai}-C_{Ag})$$

式中，C_{Ai} 和 C_{Ag} 为膜的任一侧气体浓度，反之，类似的方程可以描述 B 的扩散。

跨液膜扩散方程如下所述。

$$N_A = k_l(C_{Ai}-C_{Al}) \tag{3.47}$$

式中，C_{Ai} 为组分 A 在表面的浓度；C_{Al} 为组分 A 在本体相中的浓度。

在所有的情况下，传质系数将取决于转移组分的扩散率和有效膜的厚度。后者主要由移动流体的雷诺数即它的平均速度、密度、黏度和系统的一些线性尺寸决定。

$$\frac{K_d}{D} = \text{Constant}(\text{Re})^q \frac{\eta}{\rho D}^r \tag{3.48}$$

式中，Re 为雷诺数；K_d 为传质系数；D 为扩散系数，为系统几何结构的一个尺寸表征。

这个关系类似于强制对流传热表达。无量纲组 K_d/D 与努塞特（Nusselt）组中的热传递一致。参数 Z/rD 代表施密特数（Schmidt number），是与普朗特数（Prandtl number）对应的传质。例如，在管壁中液体薄膜蒸发成沸腾的气体由如下方程描述：

$$\frac{k_d}{D} = 0.023\,\text{Re}^{0.8}\,\text{Sc}^{0.33} \tag{3.49}$$

式中，Sc 为施密特数。该方程表示传热部分的实验数据，与传热部分方程比较，再次说明了热量与质量传递的基本关系。其他情形的类似关系已经被人们凭经验发现。垂直于和平行于液体表面的气体流动可以应用到干燥过程，同时液体中固体的搅动可以为结晶或溶解提供信息。最终的相关性可以对传质系数进行合理、准确的估算。

2. 界面间的传质

到目前为止，传质考虑的是在一个单相的边界层扩散。然而在实践中，两相通常同时存在，质量传输必须通过界面发生。

由于界面没有提供任何阻力，相之间的传质可以被视为一个组分从一个本体相通过两个膜接触转移到另一个相，且各自的传质系数不同。这是双膜理论，它是最简单的界面传质理论。从气体转移到液体中的传质理论如图 3.27 所示。穿过气体膜，局部压力下的浓度从饱和浓度 P_{Ag} 下降到界面浓度 P_{Ai}，在液体中，该浓度再从界面值 C_{Ai} 下降至初值 C_{Al}。

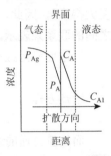

图 3.27　界面间的传质

界面上存在平衡条件，在曲线断裂处体现组分 A 对两相的不同的亲和力和表达浓度不同。然而，凝结相不存在平衡。如果这些条件是已知的，总质量传递系数可以计算出来，并可被用于估算传质速率。

如上所述，一个组分从一个混合相转移到另一个相，需要好多步骤，如液-液萃取、浸出、气体吸收和蒸馏等。在其他过程中，如干燥、结晶以及溶解，一个相可以仅包含一种组分。浓度梯度仅存在于一个阶段，该界面处的浓度由相关平衡条件给出。例如，在干燥时空气层处于平衡状态，也就是饱和状态，假设液体表面及传质到沸腾的气流如式（3.47）所描述。界面的分压是液态的表面温度下的蒸汽压。同样，溶解如式（3.48）中所描述，界面浓度为饱和浓度。溶解速率是由该浓度、在本体溶液中的浓度以及传质系数之差来决定的。

3.3　热量传递、质量传递与动量传递间的类比

流体在湍流时的涡流或脉动现象，使其在与主流垂直的方向上存在着流体质点（或称流体微元）的交换，这与层流时只考虑分子交换有明显区别。如图 3.28（a）所示，湍流流体的主流方向与壁面平行，脉动使离壁面距离分别为 z_1、z_2 的两流层间流体质点发生交换。当物质 A 在流层 2-2 处的浓度 C_2 高于 1-1 处的 C_1，即流体内存在沿 z 方向（与主流方向垂直）的浓度梯度时，质点的交换将导致物质 A 由流体向壁面传递，如气体中的组分 A 有被壁面吸附或被壁面上的液层吸收等情况。此外，若流体中存在着 z 向的温度梯度（$t_2 > t_1$），质点的交换将导致热量的传递；若存在着速度梯度（$u_2 > u_1$），将导致动量的传递；这两种传递的方向与图 3.28 所示相同。

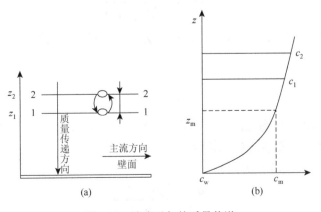

图 3.28　湍流引起的质量传递

（a）湍流与壁面平行时两流层间的质点交换；（b）两层流间沿 z 方向的浓度梯度

3.3.1　三传类比式

上述的质量、热量、动量三种传递都起源于分子交换和脉动引起的质点交换（后者的强度要大得多），因此，它们相互间存在着一定的内在联系，常用给质系数、传热系数和摩擦系数之间的联系来表示，称为三传类比。现以圆形直管内流体对壁面的三种传递为例作说明。

以浓度差为推动力的给质方程写成

$$N_{Aw} = k(C_m - C_w)[kmol/(m^2 \cdot s)] \tag{3.50}$$

给热方程为

$$q_w = \alpha(t_m - t_w)(W/m^2) \tag{3.51}$$

而动量传递的结果为壁面受到剪切应力 τ_w

$$\tau_w = \left(\frac{\lambda}{8}\right)\rho u_m^2 \, [N/m^2(\text{或}Pa)] \tag{3.52}$$

式中，N_{Aw}、q_w、τ_w 分别为流体传给壁面的质量通量、热量通量、动量通量；C_m、t_m、u_m 分别为管截面上组分 A 的平均流体浓度（$kmol/m^3$）、温度（K）、速度（m/s）；C_w、t_w 分别为紧贴壁面处的流体浓度、温度（速度 $u_w = 0$）；k、α、λ 分别为传质系数（以浓度差为推动力，m/s）、传热系数[$W/(m^2 \cdot K)$]、摩擦系数。

为了得出简化的三传类比关系，现做以下假定：从任一流层直到壁面的分子传递都可忽略；代表截面上平均浓度 C_m 的流层，与代表平均温度 t_m、平均速度 u_m 的流层相重合。若这一流层至面积为 A 的壁面间，在时间 θ 内交换的流体体积为 V，则三种传递的通量可分别表达如下。

$$N_{Aw} = \frac{V(C_m - C_w)}{A\theta} \tag{3.53}$$

$$q_w = \frac{V\rho C_p(t_m - t_w)}{A\theta} \tag{3.54}$$

$$\tau_w = \frac{V\rho u_m}{A\theta} \tag{3.55}$$

用式（3.53）除以式（3.54），得到

$$\frac{N_{Aw}}{q_w} = \frac{C_m - C_w}{\rho C_p(t_m - t_w)} \tag{3.56}$$

将式（3.50）和式（3.51）代入式（3.56），并分别从等号两边消去（$C_m - C_w$）和（$t_m - t_w$），其结果为

$$\frac{k}{\alpha} = \frac{1}{\rho C_p} \tag{3.57}$$

这一质量传递与热量传递之间的类比式称为路易斯（Lewis）关系，对空气与水面（或湿物料表面）间的热量、质量传递颇为符合。

用式（3.54）除以式（3.55），得到

$$\frac{q_w}{\tau_w} = \frac{C_p(t_m - t_w)}{u_m} \tag{3.58}$$

将式（3.51）和式（3.52）代入式（3.58），并分别从等号两边消去（$t_m - t_w$）和 u_m，其结果为

$$\frac{\alpha}{\rho u_{\mathrm{m}} C_{\mathrm{p}}} = \frac{\lambda}{8} \tag{3.59}$$

式（3.59）是雷诺早在 1874 年就提出的，表达了传热系数与摩擦系数间的简化关系。这一热量传递与动量传递间的类比式统称为雷诺类比。式（3.59）左侧的无量纲数群 $\alpha/(\rho u_{\mathrm{m}} C_{\mathrm{p}})$ 称为斯坦顿数（Stanton number），用符号 S_t 代表，它可用努塞尔特数（Nu）、雷诺数（Re）和普朗特数（Pr）来表示。

$$S_t \equiv \frac{\alpha}{\rho u_{\mathrm{m}} C_{\mathrm{p}}} = \frac{\mathrm{Nu}}{\mathrm{Re}\,\mathrm{Pr}} \tag{3.60}$$

至于质量传递与动量传递间的类比式，可将式（3.57）与式（3.59）相乘，得

$$\frac{k}{u_{\mathrm{m}}} = \frac{\lambda}{8} \tag{3.61}$$

与式（3.59）一道，可以写出三种传递的雷诺类比：

$$\frac{k}{u_{\mathrm{m}}} = \frac{\alpha}{\rho u_{\mathrm{m}} C_{\mathrm{p}}} = \frac{\lambda}{8} \tag{3.62}$$

无量纲群 k/u_{m} 也称为传质斯坦顿数，以符号 St' 表示，可用舍伍德数 $\mathrm{Sh} = kd/D$（含待求的给质系数 k，相当于传热中的努塞尔特数，其中，d 为管径，D 为扩散系数）、雷诺数 Re 和施密特数 $\mathrm{Sc} = \mu/\rho D$（含有关传质的主要物性，相当于传热中的普朗特数）表示为

$$St' \equiv \frac{k}{u_{\mathrm{m}}} = \frac{\mathrm{Sh}}{\mathrm{Re}\,\mathrm{Sc}} \tag{3.63}$$

雷诺类比式（3.62）以简单的关系表达了三种传递之间的联系，可用于由较易测定的摩擦系数算出传热系数、给质系数及找出后两者的关系。

3.3.2　三传类比式的可靠性

现将类比式（3.59）与熟知的经验式比较，以检验其可靠性。对于光滑圆形直管，湍流时的摩擦系数按布拉修斯式表示为

$$\frac{\lambda}{8} = \frac{0.316}{8\mathrm{Re}^{1/4}} \approx 0.04\mathrm{Re}^{-1/4} \tag{3.64}$$

再将式（3.60）及式（3.64）代入式（3.59），得

$$\mathrm{Nu} = \left(\frac{\lambda}{8}\right)\mathrm{Re}\,\mathrm{Pr} = 0.04\mathrm{Re}^{3/4}\,\mathrm{Pr} \tag{3.65}$$

湍流传热的常用经验式为

加热流体时　　　　　　　　$\mathrm{Nu} = 0.023\mathrm{Re}^{0.8}\,\mathrm{Pr}^{0.4}$ $\tag{3.66}$

冷却流体时　　　　　　　　$\mathrm{Nu} = 0.023\mathrm{Re}^{0.8}\,\mathrm{Pr}^{0.3}$

在式（3.64）、式（3.66）都能适用的 $\mathrm{Re} = 10^4 \sim 10^5$ 内，$0.04\mathrm{Re}^{3/4}$ 与 $0.023\mathrm{Re}^{0.8}$ 相当接近；但是，Pr 的方次却相差较远，只有 $\mathrm{Pr} \approx 1$ 时，式（3.65）与式（3.66）才能较好地符合。气体的 Pr 接近于 1，而液体的 Pr 一般与 1 相差颇大，故雷诺类比式（3.59）能近似地适用于气体，但一般不适用于液体。

对于传质，由湿壁塔（内壁为液膜润湿的垂直圆管）试验得出的典型经验式为

$$\mathrm{Sh} = 0.023\mathrm{Re}^{0.83}\,\mathrm{Sc}^{0.44} \tag{3.67}$$

若将式（3.63）及式（3.64）代入类比式（3.62），可得

$$Sh = 0.04Re^{3/4}Sc \tag{3.68}$$

在 $Re \approx 10^4$ 时，式（3.67）与式（3.68）的主要差别也在于 Sc 的方次，而即使是气体组分在气体介质内的传质，Sc 一般为 0.6～2.6，大多偏离 1，使得雷诺类比对传质的应用颇为受限。

雷诺类比的局限性是由于其基本假定与实际情况有出入，实际上在近壁处有层流底层，其中属分子传递，对传递的阻力相当大，而不能忽略。计入这一因素后，可导出普朗特类比等，其形式非常复杂，这里不再讨论。

3.3.3　三传类比式的准确性

相比半经验的柯尔本类比，雷诺类比有较好的准确性，形式上又更为简单。

$$St'Sc^{2/3} = StPr^{2/3} = \lambda/8 \tag{3.69}$$

式中，$St'Sc^{2/3}$ 也称为传质 j 因子，用 j_M 表示为

$$j_M = St'Sc^{2/3} = \frac{Sh}{ReSc^{1/3}} \tag{3.70}$$

而 $StPr^{2/3}$ 也称为传热 j 因子，用 j_H 表示为

$$j_H \equiv StPr^{2/3} = \frac{Nu}{RePr^{1/3}} \tag{3.71}$$

从而可得

$$j_M = j_H = \lambda/8 \tag{3.72}$$

适用范围：对于传质，$0.6 < Sc < 3000$；对于传热，$0.6 < Pr < 100$。值得注意的是：用于传热时，定性温度取壁面与流体温度的算术平均值 $(t_w + t_f)/2$，与湍流传热经验式取流体（平均）温度 t_f 不同；除了圆形直管外，也适用于其他沿程（表面）摩擦的情况，但存在局部（形体）阻力时，λ 比 j_M、j_H 增加得快，故与动量传递的类比，误差会更大。

中篇　制药过程的单元操作

第4章 制药过程中含液原辅料的处理

4.1 蒸 发

"蒸发"是通过汽化除去溶剂的操作。一般通过蒸发可以达到分离的目的。蒸发和沸腾都是汽化现象，是汽化的两种不同方式。但是煮沸（沸腾）通常会受到溶液浓度的限制。蒸发量是指在一定时段内水分经蒸发而散布到空气中的量，通常用蒸发掉的水层厚度的毫米数表示。蒸发的主要目的包括：获得浓缩的溶液、脱除溶剂、除杂质。结晶和干燥也会使用到液体的蒸发过程（类似）。在制药工业领域，许多工艺都通过蒸发方式除去水或者其他的溶剂。然而，蒸发过程的原理从液体开始受热到沸腾的整个过程中，主要与液体本身的物理性质和热稳定性有关。影响蒸发的主要因素有温度、湿度、液体的表面积、液体表面上空的空气流动速度等。

4.1.1 蒸发原理

1. 溶液的物理特性

与蒸发过程相关的物理因素有很多，并且都比较复杂。对于一个给定的待加热的流体，蒸发器介质两侧的温差是由其沸点、外部压力和溶质的浓度决定的。沸点和溶质浓度会影响到溶液的黏度，进而会对传热系数产生很大的影响。沸点同时也决定着溶质的溶解度和浓缩程度，这些过程可以不用分离固体物质而直接进行。这些特性是选择和设计蒸发器必须考虑的因素。而需要蒸发的溶液一般具有以下特点。

（1）溶液的沸点高于纯溶剂的沸点，因此溶液沸腾需要更高温度的加热蒸汽。

（2）溶液含有溶质，易发泡，使气液分离更为困难，浓缩过程中易结垢、结晶，影响传热。

（3）通常溶液比纯溶剂的黏度大，不宜传热。

（4）有些溶液是热敏性或腐蚀性的。

2. 沸点与溶质浓度的关系

当溶质溶解到溶剂中时，溶液的蒸汽压会下降，沸点会升高。由于沸点随着溶质浓度的增加而增大，溶液与传热表面介质间的温差会下降。对于稀溶液，可以使用拉乌尔定律（Raoult law）来预测沸点的增加量，但是这个定律对于浓溶液和不明确组分的溶液是不适用的。对于浓水溶液，利用杜林规则（Duhring's rule）可以在任何压力下计算溶液沸点的变化。此规则表明，一个给定浓度的溶液的沸点与水的沸点呈线性关系，如图4.1所示。

1）沸点与外部压力的关系

组分确定的溶液，其外部压力决定了这种溶液的沸点。纯溶剂的蒸汽压通常可以从文献中得到。另外，如果已知了两个温度的蒸汽压，蒸汽压的对数与热力学温度的倒数作图，会得到一条近似的直线。对于中间压力时的温度，可以通过差值找到溶剂的沸点。如果有溶质溶解在溶剂中，沸点就必须通过杜林规则来调整，这个调整值可以准确地估算蒸发器内的温差。

外部压力的降低可以降低溶液的沸点，并且在黏度增加不大的前提下，蒸发速率也会得到增加。在大型装置中，通常会使用一个中等大小的真空设备来增加蒸发器的溶剂。对于热不稳定和不耐压材料，保持低压和降低沸点是很有必要的。

蒸发器中通常会安置一些沸腾管。在这些情况下，由液体柱或者摩擦力组成的静水压头会产生一定的压力，这种压力会造成蒸发器蒸发量的降低。

2）黏度与温度和浓度的关系

溶液的黏度可以通过改变温度和浓度来改变。因为低黏度可以有效地增加传热系数，降低黏度指数和升高温度非常重要。

一般情况下，溶液中加入非挥发性的溶质可以在任何温度下增加溶液的黏度。因此，黏度影响了蒸发过程。但是，这种影响很难通过计算得到。

在适当的温度和浓度条件下，溶液的黏度很高并且在热介质表面流动时，会得到一个令人满意的热传递系数。

3）温度与溶解性的关系

溶液溶解物质的能力是与温度相关的。通常情况下，溶解度会随着温度的增加而增加。所以在较高的温度下，溶质会具有更高的溶解性。溶液的逆溶解特性是真实存在的。

4）热量对溶液中有效成分的影响

溶液各组分的热稳定性可以决定蒸发器的样式和操作的条件。对于一个包含有可水解材料的溶液，并且这种材料的降解速率与在蒸发过程中它的浓度有关，未分解部分 F 与反应时间 t 呈指数相关性，它们的一级反应特性可以得到

$$F = e^{-kt} \tag{4.1}$$

反应速率常数 k 和热力学温度 T 具有以下关系：

$$k = Ae^{-(B/T)} \tag{4.2}$$

式中，A 和 B 为反应常数。

因此，在温度 T_1、T_2 和 T_3 条件下（$T_1 > T_2 > T_3$），未水解组分与反应时间的关系如图 4.2 所示。图 4.2 表明温度和加热时间的重要性，如果缩短加热时间，增加反应温度，未水解组分会减少。因此，如果温度对蒸发速率的影响是已知的，就有可能确定在最小水解量时的温度和时间条件。

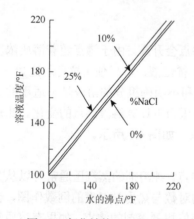

图 4.1　氯化钠的 Duhring 图

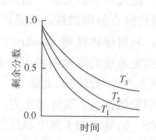

图 4.2　时间和温度对降解的影响

实际上，通常情况下水解动力学与蒸发速率的关系是未知的，特别是在产物需要通过颜色、味道和口味来判断时。另外，这种分析方法忽略了温度的变化，如在传热介质边缘的温度会更高，这种温差会对蒸发和水解产生一定的影响。因此，通常情况下确定蒸发过程的适应性实验是非常有必要的。

在工业化生产过程中，液体通过热介质表面的蒸发过程是连续不断的，在这个不断蒸发的过程中，液体可以通过加热器再循环。对于在蒸发器中的混合组分，比例 f 和时间 t 的关系为

$$f = 1 - e^{-(t/a)} \tag{4.3}$$

式中，t 为平均停留时间；a 为确定比率，为蒸发器工作容积/排放体积（排放体积是延长加热时间所造成的损失指标）。

例如，从式（4.3）可以得出，如果一个蒸发器的平均停留时间为 1 h，那么它将会拥有 13.5% 的活性物质，如果平均停留时间为 4 h，活性物质组分为 2%。

3. 多组分系统的蒸发

1）不混溶二元混合物液体

如果二元混合物中的两个组分是不混溶的，混合物的蒸汽压是两个组分的蒸汽压之和，任何一个组分是独立的，它们之间的浓度也不会互相影响。这种特性被使用到了蒸汽蒸馏过程中，蒸汽蒸馏特别适用于从非挥发性杂质中分离高沸点物质。蒸汽在蒸馏过程中被作为一种廉价的惰性载体。这种方法同样也适用于其他的不互溶组分混合物。

当水和另外一种高沸点的液体的混合物被加热时，如硝基苯，混合物总蒸汽压逐渐增加达到外部压力。混合蒸汽浓缩之后生成一种液体混合物，就可以在重力作用下分离开。实际上，蒸汽是通过很近的两相之间的相互作用生成的。由于混合物中的两个组分都提供一定的蒸汽压，混合物的沸点一定会比任何一种组分的沸点都低。例如，水和硝基苯混合物在大气压下的沸点为 372 K，如要在这个温度下分馏硝基苯，就必须额外增加 20 mmHg 的压力。因此，使用蒸汽分馏法可以不用在高温的条件下将水不溶组分分馏开，但这种方法可能会造成分解和高真空状态。另外，蒸汽分馏法的局限性在于只能分离非挥发性成分，如果有挥发性的成分存在，它将会出现在馏分当中。

馏分的组成可以由以下方法计算。对于两种组分 A 和 B，总蒸汽压为 P，是两种组分的蒸汽压 P_A 和 P_B 之和。对于混合气体，由于它们的摩尔比和各自的蒸汽压之比相同，蒸汽组分可用式（4.4）表示。

$$\frac{n_A}{n_B} = \frac{P_A}{P_B} \tag{4.4}$$

式中，n_A、n_B 分别为组分 A、B 的物质的量。如果 W_A 和 W_B 分别为 A 和 B 的质量，则可得到

$$\frac{W_A}{M_A} \cdot \frac{M_B}{W_B} = \frac{P_A}{P_B} \tag{4.5}$$

式中，M_A、M_B 分别为 A、B 的相对分子质量；W_A、W_B 分别为从蒸汽中获得的馏分 A、B 的质量。因此，

$$A组分在总馏分中的百分比 = \frac{W_A}{W_A + W_B} \times 100\% = \frac{P_A M_A}{P_A M_A + P_B M_B} \times 100\% \tag{4.6}$$

如果馏分中与水不互溶的有机组分具有很高的相对分子质量或者蒸汽压的话，这种组分在总馏分中的比例就会更大。

对于热稳定性较差、沸点温度不大于 373 K 的物质,蒸汽蒸馏法也可以在真空条件下进行。此条件与常规蒸馏的不同之处在于,不饱和蒸汽在真空低温条件下没有冷凝水生成。整个过程中只存在两相:混合蒸汽和被蒸馏的液体。外部压力不再影响蒸馏过程中的温度,而在三相体系中,任何一个变量的变化都会引起其他变量发生改变。

蒸汽蒸馏法主要用于纯化和分离高沸点的液体混合物,如分离苯胺、硝基苯和对二氯苯,以及制备脂肪酸和挥发油。对于很多脂肪酸和挥发油,制备它们时使用蒸汽蒸馏法分馏粉末药物与水的混合物。这种方法同时也可以用于移去有气味的组分,如从食用油中除去醛和酮组分。如果要将一种物质脱水,需要加入一种与水不互溶的挥发性物质,如乙酸乙酯,然后用蒸汽分馏脱水,分离的溶剂可以回收重复使用。

2)混溶二元混合物液体

蒸汽压与混合成分的相互关系:当二元混合物中两个组分完全混溶时,混合物的蒸汽压是两个组分蒸汽压共同作用的结果。如果液体是理想化的液体,那么蒸汽压与各个组分的关系符合拉乌尔定律。在恒定的温度下,理想混合溶液中一个组分的蒸汽压与它在混合溶液中的摩尔比成正比。例如,对于混合溶液 A 和 B:

$$P_A = P_A^o X_A \tag{4.7}$$

式中,P_A 为组分 A 的蒸汽压;P_A^o 为纯单一组分时 A 的蒸汽压;X_A 为 A 在混合溶液中的摩尔比。同样的:

$$P_B = P_B^o X_B \tag{4.8}$$

式中,P_B 为组分 B 的蒸汽压;P_B^o 为纯单一组分时 B 的蒸汽压;X_B 为 B 在混合溶液中的摩尔比。

体系的总蒸汽压 $P = P_A + P_B$。

这些变量之间的关系也可以用图来表达。在确定的温度下,每个单一组分的蒸汽压表示在图上,在同样的温度下液体混合物总的蒸汽压随着各组分的比例呈线性关系。而各组分在混合溶液中的蒸汽压可以用图中的对角线表示,如图 4.3 所示。同时,在不同温度下的规律也被标在图中。

符合拉乌尔定律的液体混合物很少。所以,实际操作中还要以实验数据为准,实际混合物的蒸汽压曲线会偏离拉乌尔定律,如果是正向偏离的话,实际曲线会出现在理论曲线之上,如果是负偏离的话,实际曲线会出现在理论曲线之下。对于极端的情况,各个组分的实际蒸汽压相对于纯组分蒸汽压会变得很大或者很低。

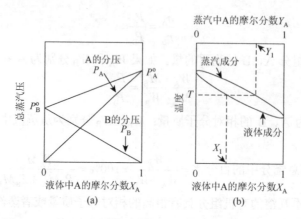

图 4.3 理想二元混合溶液的蒸汽压 [(a)] 和相图 [(b)]

对于理想的体系，单个组分的蒸汽压与它的摩尔分数有关，对于组分 A：

$$P_A = Y_A P \tag{4.9}$$

式中，P_A 为组分 A 的蒸汽压；Y_A 为组分 A 的摩尔分数。

由于，$P_A = P_A^o \cdot X_A$，则有

$$Y_A = \frac{X_A P_A^o}{P} \tag{4.10}$$

同样的：

$$Y_B = \frac{X_B P_B^o}{P} \tag{4.11}$$

如果组分 A 是易挥发性物质，蒸汽压大于 P，Y_A 就大于 X_A，所以易挥发性物质的蒸汽压就大于平衡液体的蒸汽压。

4.1.2　蒸发流程与计算

1. 蒸发流程

1）单效蒸发流程

单效蒸发是所产生的二次蒸汽不用来使物料进一步蒸发，只是单台设备的蒸发。单效蒸发装置示意图如图 4.4 所示。

目前生产上使用的大部分蒸发器均由两大部分组成，第一部分是下部的加热室，这实际上是一个由若干加热管组成的间壁式换热器；第二部分是上部的蒸发室（也称分离室）。

待蒸发的原料液（稀溶液）被送入蒸发器后直接流入加热室的加热管内，而加热蒸汽则进入加热室的管间冷凝，所放出的潜热通过管壁传给在管内流动的料液，使溶液受热沸腾汽化，浓缩了的料液从蒸发器的底部排出，进入浓液贮槽成为产品（常称完成液）。加热蒸汽放热后自身冷凝为冷凝水，由加热室下部排出。

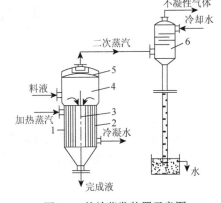

图 4.4　单效蒸发装置示意图

1. 加热室；2. 加热管；3. 中央循环管；
4. 蒸发室；5. 除沫器；6. 冷凝器

2）多效蒸发流程

多效蒸发是将前效的二次蒸汽作为下一效加热蒸汽的串联蒸发操作形式。在多效蒸发中，各效的操作压力、相应的加热蒸汽温度与溶液沸点会依次降低。

（1）并流流程：图 4.5 为并流加料三效蒸发流程。溶液和二次蒸汽同向依次通过各效。这种流程的优点为：料液可借相邻二效的压强差自动流入后一效，而不需用泵输送。同时，由于前一效的沸点比后一效的高，因此当物料进入后一效时，会产生自蒸发，这可多蒸出一部分水汽。这种流程的操作也较简便，易于稳定。但其主要缺点是传热系数会下降，这是因为后序各效的浓度会逐渐升高，但沸点反而逐渐降低，导致溶液黏度逐渐增大。

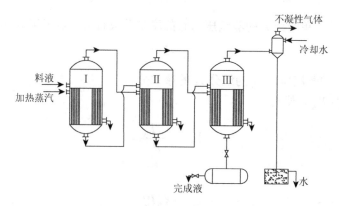

图 4.5　并流加料三效蒸发流程

（2）逆流流程：图 4.6 为逆流加料三效蒸发流程。溶液与二次蒸汽的流动方向相反，需用泵将溶液送至压力较高的前一效。其优点是各效浓度和温度对溶液黏度的影响大致抵消，各效的传热条件大致相同，即传热系数大致相同。其缺点是料液输送必须用泵。另外，进料也没有自蒸发。一般这种流程只有在溶液黏度随温度变化较大的场合才被采用。

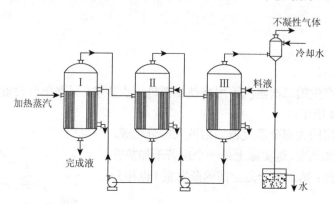

图 4.6　逆流加料三效蒸发流程

（3）平流流程：图 4.7 为平流加料三效蒸发流程，蒸汽的走向与并流相同，但原料液和完成液则分别从各效加入和排出。这种流程适用于处理易结晶物料如食盐水溶液等的蒸发。

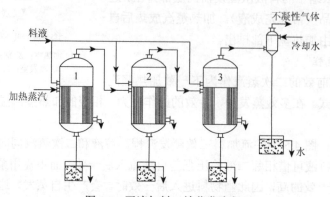

图 4.7　平流加料三效蒸发流程

（4）错流流程：错流流程中的溶液在各效间可以吸取并流、逆流这两种方法的优点，但操作会比较复杂。例如，纸浆黑液的蒸发采用五效蒸发装置，蒸汽的流向为 1—2—3—4—5 效，而料液的流向为 3—4—5—2—1 效。

2. 蒸发的计算

1）物料衡算

对图 4.8 所示的单效蒸发器进行溶质的物料衡算，可得

$$Fx_0 = (F-W)x_1 = Lx_1$$

由上式可得水的蒸发量和完成液的浓度分别为

$$W = F\left(1-\frac{x_0}{x_1}\right) \tag{4.12}$$

$$x_1 = \frac{Fx_0}{F-W} \tag{4.13}$$

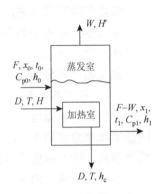

图 4.8　单效蒸发的物料
衡算与热量衡算

H 为二次蒸汽的焓；其他见正文

式中，F 为原料液量，kg/h；W 为水的蒸发量，kg/h；L 为完成液量，kg/h；x_0 为料液中溶质的浓度（质量分数）；x_1 为完成液中溶质的浓度（质量分数）。

2）能量衡算

设加热蒸汽的冷凝液在饱和温度下排出，则由蒸发器的热量衡算得

$$Dh + Fh_0 = WH' + (F-W)h_1 + Dh_c + Q_L \tag{4.14}$$

$$Q = D(h-h_c) = WH' + (F-W)h_1 - Fh_0 + Q_L \tag{4.14a}$$

式中，D 为加热蒸汽耗量，kg/h；h 为加热蒸汽的焓，kJ/kg；h_0 为原料液的焓，kJ/kg；H' 为二次蒸汽的焓，kJ/kg；h_1 为完成液的焓，kJ/kg；h_c 为冷凝水的焓，kJ/kg；Q_L 为蒸发器的热损失，kJ/h；Q 为蒸发器的热负荷或传热速率，kJ/h。

由式（4.14）或式（4.14a）可知，如果每个物流的焓值已知，以及热损失给定，即可求出加热蒸汽耗量以及蒸发器的热负荷。

溶液的焓值是其浓度和温度的函数。对于不同种类的溶液，其焓值与浓度和温度的这种函数关系有很大的差异。因此，在应用式（4.14）或式（4.14a）求算 D 时，按两种情况分别讨论：溶液的稀释热可以忽略的情形和稀释热较大的情形。大多数溶液属于可忽略溶液稀释热的情形。例如，许多无机盐的水溶液在中等浓度时，其稀释的热效应均较小。对于这种溶液，其焓值可由比热容近似计算。若以 0℃的溶液为基准，则

$$h_0 = C_{p0}t_0 \tag{4.15}$$

$$h_1 = C_{p1}t_1 \tag{4.15a}$$

将上述二式代入式（4.14a），得

$$D(h-h_c) = WH' + (F-W)C_{p1}t_1 - FC_{p0}t_0 + Q_L \tag{4.16}$$

式中，t_0 为原料液的温度，℃；t_1 为完成液的温度，℃；C_{p0} 为原料液的比热容，kJ/（kg·℃）；C_{p1} 为完成液的比热容，kJ/（kg·℃）。

当溶液溶解的热效应不大时，其比热容可近似按线性加合原则，由水的比热容和溶质的比热容加合计算，即

$$C_{p0} = C_{pw}(1-x_0) + C_{pB}x_0 \tag{4.17}$$

$$C_{p1} = C_{pw}(1-x_1) + C_{pB}x_1 \tag{4.18}$$

式中，C_{pw} 为水的比热容；C_{pB} 为溶质的比热容。

4.1.3 蒸发设备与计算

1. 蒸发器

低温的冷凝液体通过蒸发器，与外界的空气进行热交换，气化吸热，达到制冷的效果。

蒸发器主要由加热室和蒸发室两部分组成。加热室向液体提供蒸发所需要的热量，促使液体沸腾汽化；蒸发室使气液两相完全分离。

蒸发器主要分为以下几类：自然循环蒸发器、强制循环蒸发器和膜蒸发器。

1）小规模蒸发器

小规模蒸发器通常是一个简单的包括夹套、线圈或者两者都包含的加热锅。通过夹套层里的热流体来给容器中的溶液传送热量。微型的蒸发器可以是开放的装置，蒸汽排入空气中或者排气罩内。较大的蒸发器就需要密闭装置，蒸发出来的蒸汽通过管道排出。小夹套锅是一种非常有用且易于清洗的装置，还能够安装到用于热不稳定物质的真空蒸发器中。但是，因为加热速率会随着容积的增加而减慢，所以它们的容积一般不大，而对于大型的装置需要装配加热线圈。虽然这样可以有效地增加蒸发容积，但是缺点在于装置不易清洗。

2）大型蒸发装置

大型蒸发装置通常会使用到具有较大加热面积的加热管，这些管子需要水平安装在蒸发器内部，热流体从管中流过，进而来加热待蒸发液体。但是这种装置的缺点是对于一些非黏性的液体，蒸发操作的循环性较低。正常情况下，管束是垂直安装于蒸发器中，也被称排管。较早的蒸发过程是在排管中进行的。蒸发管的长度和液体的高度与蒸发过程有关，沸腾过程发生在管子中，并且随着沸腾的发生，混合蒸汽与液体的高度也会增加，直至将管子淹没。一种经典的蒸发器如图 4.9（a）所示。常见的管子一般 120～180 cm 长，5.1～7.6 cm 宽。低密度的液体和蒸汽在管子中向上运动，液体和蒸汽在排管的最上方分离开，液体通过一个大型的中央降液管或者加热元件和蒸发器壳体之间的环形空间返回到管子底部池中。如图 4.9 所示，原料由进料口添加进去，浓缩液从池中抽出。只要液体的黏性足够小，就能够得到较好的循环性和较高的蒸发系数。

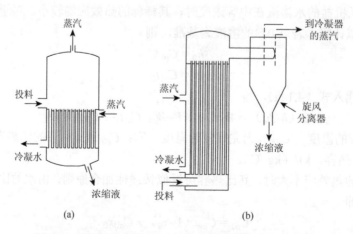

图 4.9　列管式蒸发器［（a）］和上升式膜蒸发器［（b）］

在另外的一些蒸发器中，排管也可以是斜着的，并且可以加长。

3）强制循环蒸发器

当进料量很小时，强制循环蒸发器和上述的蒸发器是相似的，唯一的不同点在于强制循环蒸发器多了一个搅拌装置。剧烈搅拌可以增加传热系数，传热系数的增加程度取决于搅拌器的种类和搅拌速度。当蒸发黏性材料时，搅拌操作可以阻止材料在加热介质的表面分解。

大型的强制循环蒸发器与自然循环蒸发器是类似的。自然循环蒸发器是通过内部的垂直蒸发管束来实现功能的，并且通过一个安装在降压管上的中央叶轮辅助进行。但是当黏性液体或者含有固体悬浮物的液体需要蒸发时，蒸发器装置需要进一步提升。这种装置单元在蒸发结晶过程中就可以使用。对于其他的强制循环蒸发器，为了提高效率，管束就成了一种简单的热交换器，液体通过管束被压进容器。随着液体进入容器中，在大量热的作用下，液体会变成蒸汽与液体的混合物。

4）膜蒸发器

在排管束的顶部，液体与蒸汽的混合物从此排出，如果管子的长度足够长，混合物会完全变成单一的蒸汽高速排出管道，这种原理的蒸发器会形成一种沿着管子的液体环形薄膜。当液体或者蒸汽沿着相同的方向在管子中流动时，这种现象会在膜蒸发器中出现。膜的加入很大程度增加了传热系数，并且气泡和蒸汽会迅速地形成蒸汽流。即使循环有时候可能会发生，但是由于在管子中蒸汽流动速率很快，这就很有可能使液体的浓缩过程在单一的管道中实现。由于蒸发过程的停留时间非常短，耐热材料的浓缩可以在高温下进行。膜蒸发器也适用于易发泡的液体。

上升式膜蒸发器是最常见的一种膜蒸发器，这种蒸发器蒸发室内部的蒸发管一般 460～910 cm 长，2.7～5.1 cm 宽［图 4.9（b）］。原料从蒸发管的底部进入蒸发器，然后向上流动直至蒸发。但是，蒸发管长度的增加会降低传热系数，可以通过对进料的预热来最大限度地降低传热系数。随着液体的向上流动，混合的液体和蒸汽不在管子的顶部产生，并且可以通过挡板或者旋风分离器分离。上升式膜蒸发器不适合用于黏性液体的蒸发操作。

对于下降式膜蒸发器，液体从长加热管的顶部进入，在重力的帮助下，液体从管中留下来，这种方法适合于中等黏度的液体蒸发。对于这种装置而言，蒸汽和液体的混合物从加热管的中部产生和分离。即使在加料过程中能确保液体的分布，但是在一些管子中，液体有被蒸干的可能性。

上升式膜蒸发器首先通过一个阶梯膜蒸发装置浓缩液体，然后将产生的液体和蒸汽再通过一个下降膜式蒸发器的加热管。通过这种串联的装置就可以达到很好的蒸发效果，并且这种装置特别适合在蒸发过程中黏度增加很快的液体。

对于机械搅拌膜蒸发器，在热传递介质表面增加了一个薄膜材料，这样就可以不用考虑液体的黏度。这种装置通常需要一个和加热管同轴的带有叶片的转子，转子通常会刮到管子或者轴，使得清除率降低。机械搅拌膜蒸发器适用于高黏度或者具有低热导性的液体。膜上温度的降低和停留时间的缩短使材料的真空蒸发热稳定性增加。

2. 蒸发过程分析

蒸发强度与加热蒸汽的经济性是衡量蒸发装置性能的两个重要的技术经济指标。下面简要介绍一下提高蒸发强度与加热蒸汽的几个影响因素。

1）蒸发效率

在制药生产工业中，蒸发操作的经济性显得非常重要，因为小剂量的生产过程和贵重物品的生产一般通过提高热效率来减少消耗比较困难，由于热效率主要靠蒸发器中产生的蒸汽的热浓度来保证，因此高效蒸发和蒸汽再压缩是常用的两种提高蒸发效率的方法。

在高效蒸发过程中，蒸发器产生的蒸汽可以作为热介质存在于二级蒸发器的加热管周围，但是操作温度必须比原来的低。这个规律适用于大部分蒸发器，甚至包括一些真空蒸发器。这种装置的缺点是厂房的造价较高和真空装置中储存蒸汽需要成本。

蒸发过程中蒸汽的重新压缩需要机械泵或者喷气泵来增加其温度。压缩后的蒸汽再重新回到容器内。

2）蒸汽的除去和液体夹带

蒸发过程中必须将蒸汽移出，而蒸汽的除去也会夹带少量的液体。这两个问题也对液体表面的蒸汽压和蒸汽离开蒸发器的速率产生了决定性的影响。当进料量小时，液体表面的蒸发速率很低，而当进料量增大时，液体表面的蒸发速率就会急剧增加。形成的液滴通过气泡在液面爆开然后可能离开液体表面。另外，也可能会形成泡沫。很多装置被用来减少液体表面蒸汽的夹带作用。通常增大液体上方的蒸汽空间就可以使更多的液滴落下或者更多的泡沫分解。同时也可以使用挡板来减少液体夹带量。如果情况允许，消泡剂如硅油也可以用于减少泡沫量。

斯托克斯定律（Stokes law）表明，特殊的蒸汽会反重力携带液滴离开液面。因此，这些在蒸发器体内的没有被拦截的液滴会以更快的速度离开液面。捕获的液滴数量主要取决于管道形状和蒸汽速率。在大气压下，蒸汽速率可能是 17 m/s，对于真空蒸发，蒸汽速率会更高。当夹带液体的量更高时，蒸汽通常会进行旋风分离，旋风分离可以使液气混合物离开膜阶梯蒸发器。在蒸发器内通过离心力将夹带的液体甩到器壁，然后就可以收集液体并重新回到蒸发器内。蒸汽会被引导到冷凝器。

3）无沸腾蒸发

在加热过程中，液体沸腾之前，在液体的表面会发生一定程度的蒸发。因此，如果液体黏度非常大或者很容易起泡，就可以不需要等到沸腾再来进行浓缩。蒸汽从表面的扩散过程表示为

$$N_A = \frac{K_g}{RT}(P_{Ai} - P_{Ag}) \tag{4.19}$$

式中，N_A 为单位面积单位时间内的蒸发分子摩尔数量；K_g 为质量转移系数（正比于气体速率）；R 为气体常数；T 为热力学温度；P_{Ai} 为液体的蒸汽压；P_{Ag} 为蒸汽气流的部分压力。

3. 蒸发器的计算

1）蒸发器的传热计算

在蒸发器中，液体达到沸腾所需的热量通常来自自身所接触的具有流体热源的管子或者夹层。热流体速率主要通过式（3.14）计算得到。

总传热系数是通过结合一系列热传递过程中的热屏障影响因素而得到的参数。因此，对于热流体传热过程而言，蒸汽冷凝的薄膜系数主要来自通风和排水。对于流体加热介质而言，在热传递表面的流动速率较高才是切实可行的。如果传热介质由一层薄金属片构成，那么热流动阻力就会很小。但是，由于产物会积累在另外一侧，这样会造成阻力的急剧增加。这种情况应该尽量避免。玻璃介质具有最大的热阻效应。不考虑被加热液体的热稳定性，液体的循环应该是迅速的，由于黏度的影响，加热温度越高越好。这些因素都能够引起较高的内壁膜系数。

蒸发器的传热速率方程与通常的热交换器相同，即

$$Q = KS\Delta t_m \tag{4.20}$$

式中，S 为蒸发器的传热面积，m^2；K 为蒸发器的总传热系数，$W/(m^2 \cdot K)$；Δt_m 为传热的平均温差，℃；Q 为蒸发器的热负荷，W。

　　式（4.20）中的热负荷可通过对加热器作热量衡算求得。当忽略加热器的热损失时，Q 为加热蒸汽冷凝放出的热量，即

$$Q = D(h-h_c) = Dr \tag{4.21}$$

式中，D 为加热蒸汽流量，kg/h；r 为汽化热，kJ/kg。

　　蒸发器加热室的一侧为蒸汽冷凝，另一侧为溶液沸腾，其温度为溶液的沸点。因此，传热的平均温差为

$$\Delta t_m = T - t_1 \tag{4.22}$$

式中，T 为加热蒸汽的温度，℃；t_1 为操作条件下溶液的沸点，℃；Δt_m 也称为蒸发的有效温差，是传热过程的推动力。

　　但是，在蒸发过程的计算中，一般给定的条件是加热蒸汽的压力（或温度 T）和冷凝器内的操作压力。由给定的冷凝器内的压力，可以定出进入冷凝器的二次蒸汽的温度 t_c。一般将蒸发器的总温差 Δt_T 定义为

$$\Delta t_T = T - t_c \tag{4.23}$$

式中，t_c 为进入冷凝器的二次蒸汽的温度，℃。那么，如何从已知的 t_c 求得传热的有效温差 t_1，或者说，如何将 t_c 转化为 t_1 呢？下文先讨论一种简化的情况。

　　2）有效温度的计算

　　设蒸发器蒸发的是纯水而非含溶质的溶液。采用 $T = 150℃$ 的蒸汽加热，冷凝器在常压（101.3 kPa）下操作，因此进入冷凝器的二次蒸汽的温度为 100℃。如果忽略二次蒸汽从蒸发室流到冷凝器的摩擦阻力损失，则蒸发室内的操作压力也为 101.3 kPa。又由于蒸发的是纯水，因此蒸发室内的二次蒸汽及沸腾的水的温度均为 100℃。此时传热的有效温差 $\Delta t_m = T - t_1$ 应等于总温差：

$$\Delta t_T = T - t_c = 150 - 100 = 50℃$$

　　如果仍采用如上操作条件（加热蒸汽的温度为 150℃，冷凝器的操作压力为 101.3 kPa），蒸发 71.3% 的 NH_4NO_3 水溶液，实验表明，在相同的压力（101.3 kPa）下，该水溶液在 120℃ 条件下沸腾。然而该溶液上方形成的二次蒸汽却与纯水沸腾时产生的蒸汽有着相同的温度，即 100℃。也就是说，二次蒸汽的温度低于溶液的沸点温度。也忽略二次蒸汽从蒸发室流到冷凝器的阻力损失，则进入冷凝器的二次蒸汽温度为 100℃，此时传热的有效温差变为

$$\Delta t_m = T - t_1 = 150 - 120 = 30℃$$

　　与纯水蒸发相比，其温差损失为 20℃。

　　蒸发计算中，通常将总温差与有效温差的差值称为温差损失，即

$$\Delta = \Delta t_T - \Delta t_m \tag{4.24}$$

式中，Δ 为温差损失，℃，亦即溶液的沸点升高值。

　　对于上面 NH_4NO_3 溶液的蒸发，沸点升高仅仅是由于水中含有不挥发的溶质。如果在上面的讨论中，考虑了二次蒸汽从蒸发器流到冷凝器的阻力损失，则蒸发器内的操作压力必高于冷凝器内的压力，还会使溶液的沸点升高。此外，多数蒸发器的操作需维持一定的液面（膜式蒸发器除外），液面下部的压力高于液面上的压力（蒸发器分离室中的压力），因此，蒸发器内底部液体的沸点会升高。

　　综上所述，蒸发器内溶液的沸点升高值（或温差损失），应由如下三部分组成，即

$$\Delta = \Delta^t + \Delta^N + \Delta^M \tag{4.25}$$

式中，Δ^t 为由溶质的存在引起的沸点升高值，℃；Δ^N 为由液柱静压头引起的沸点升高值，℃；Δ^M 为由管路流动阻力引起的沸点升高值，℃。

（1）溶液中溶质的存在引起的沸点升高。由于溶液中含有不挥发性溶质，阻碍了溶剂的汽化，因而溶液的沸点永远高于纯水在相同压力下的沸点。如前面的例子中，在 101.3 kPa 条件下，水的沸点为 100℃，而 71.3% 的 NH_4NO_3 水溶液的沸点则为 120℃。但二者在相同压力（101.3 kPa）下沸腾时产生的饱和蒸汽（二次蒸汽）有相同的温度（100℃）。与溶剂相比，在相同压力下，由溶液中溶质存在引起的沸点升高值 Δ^t 可定义为

$$\Delta^t = t_N + T' \tag{4.26}$$

式中，t_N 为溶液的沸点，℃；T' 为与溶液压力相等时水的沸点，即二次蒸汽的饱和温度，℃。

溶液的沸点 t_B 主要与溶液的种类、浓度及压力有关，一般需由实验测定。

蒸发操作常常在加压或减压下进行。但从手册中很难直接查到非常压下溶液的沸点。当缺乏实验数据时，可以用下式近似估算溶液的沸点升高值。

$$\Delta' = f\Delta'_a \tag{4.27}$$

式中，Δ'_a 为常压（101.3 kPa）下由溶质的存在引起的沸点升高值，℃；Δ' 为操作压力下由溶质存在引起的沸点升高值，℃；f 为校正系数，其值为

$$f = \frac{0.0162(T'+273)^2}{r'} \tag{4.28}$$

式中，T' 为操作压力下二次蒸汽的温度，℃；r' 为操作压力下的二次蒸汽的汽化热，kJ/kg。

溶液的沸点也可用杜林规则（Duhring's rule）估算。杜林规则表明：一定浓度的某种溶液的沸点与相同压力下标准液体的沸点呈线性关系。由于不同压力下的水的沸点可以从水蒸气表中查得，故一般以纯水作为标准液体。根据杜林规则，以某种溶液的沸点为纵坐标，以同压力下水的沸点为横坐标作图，可得一直线，即

$$\frac{t'_B - t_B}{t'_w - t_w} = k \tag{4.29}$$

或写成

$$t'_B = kt_B + m \tag{4.30}$$

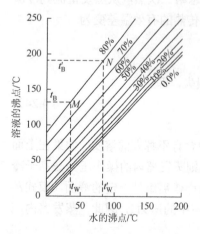

图 4.10　NaOH 水溶液的杜林线图

式中，t'_B、t_B 分别表示压力为 P'、P 的溶液的沸点，℃；t'_w、t_w 分别表示压力为 P'、P 的水的沸点，℃；k 为杜林直线的斜率；m 为不同浓度下的溶液沸点与溶剂沸点的差值。

由式（4.29）可知，只要已知溶液在两个压力下的沸点，即可求出杜林直线的斜率，进而可以求出任何压力下溶液的沸点。

图 4.10 为 NaOH 水溶液的杜林线图。图中每一条直线代表某一浓度下该溶液在不同压力下的沸点与对应压力下水的沸点间的关系。由图 4.10 可知，当溶液的浓度较低时，各浓度下杜林直线的斜率几乎平行，这表明在任何压力下，NaOH 水溶液的沸点升高值基本上是相同的。

（2）液柱静压头引起的沸点升高。由于液层内部的压力大于液面上的压力，故相应的溶液内部的沸点高于液面上的沸点 t_B，二者之差即液柱静压头引起的沸点升高值。为简便

计，以液层中部点处的压力和沸点代表整个液层的平均压力和平均温度，则根据流体静力学方程，液层的平均压力为

$$P_{av} = P' + \frac{\rho_{av}gL}{2}$$ （4.31）

式中，P_{av} 为液层的平均压力，Pa；P' 为液面处的压力，即二次蒸汽的压力，Pa；ρ_{av} 为溶液的平均密度，kg/m³；L 为液层高度，m；g 为重力加速度，g/m²。

溶液沸点升高为

$$\Delta' = t_{av} - t_N$$ （4.32）

式中，t_{av} 为平均压力 P_{av} 下溶液的沸点，℃；t_N 为液面处压力（二次蒸汽压力）；Δ' 为下溶液的沸点，℃。

作为近似计算，式（4.32）中的 t_{av} 和 t_N 可分别用相应压力下水的沸点代替。应当指出，由于溶液沸腾时形成气液混合物，其密度大大减小，因此按上述公式求得的 Δ' 值比实际值略大。

（3）流动阻力引起的沸点升高。前已述及，二次蒸汽从蒸发室流入冷凝器的过程中，由于管路阻力，其压力下降，故蒸发器内的压力高于冷凝器内的压力。换言之，蒸发器内的二次蒸汽的饱和温度高于冷凝器内的温度，由此造成的沸点升高以 Δ' 表示。Δ' 与二次蒸汽在管道中的流速、物性以及管道尺寸有关，但很难定量分析，一般取经验值，为 1～1.5℃。对于多效蒸发，效间的沸点升高值一般取 1℃。

4.2　蒸馏、精馏与分馏

4.2.1　蒸馏

蒸馏是通过蒸发将混合溶液分离为单个组分的过程。沸腾的混合溶液相比于平衡态的混合溶液而言，具有更强的挥发性。蒸馏过程就是利用了这个原理。虽然多组分混合物在蒸馏过程中是很常见的，但是对蒸馏操作过程的理解可以以二元混合物或者二组分蒸汽压为基础。前提是二元混合物系统中的两个组分是不互溶的。

对于蒸馏过程而言，蒸汽压与组分的相互关系图也可以用沸点曲线图来代替。沸点曲线图可以通过实验来确定。图 4.11（a）描述了一个系统，系统中易挥发性的物质组分的混合蒸汽压比单一纯组分的蒸汽压大。这个体系中会出现一个最小的沸点，将这个最小沸点的溶液组成称为 Z 点。这个点的混合物是一个恒沸点的共沸混合物，并且组分相同。对于二元混合物，如图 4.11（b）所示，混合物的蒸汽压小于非挥发性的物质，最大沸点在 Z 点。

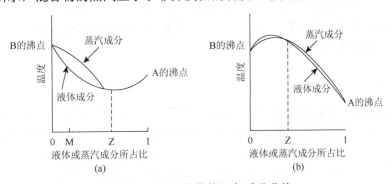

图 4.11　二元混合物的温度-成分曲线

（a）最小共沸物；（b）最大共沸物

具有最小沸点的混合物最常见。以乙醇与水的混合物（含水质量分数为 4.5%）为例，混合物在常压下的沸点为 351.15 K，比纯的乙醇沸点低了 0.25 K。具有最大沸点的混合物很少见。最熟悉的就是盐酸溶液，对于 20.2% 质量分数的盐酸与水的混合物，沸点为 381 K。常见的蒸馏法不能够将共沸混合物分离为单一组分，但是分离出一种纯的组分还是可行的。图 4.11（a）中，有效地分馏混合物 M，将会得到共沸物 Z 和纯物质 B。

一个体系的共沸混合物的组成部分与总蒸汽压有关，在一些情况下还可以通过改变混合物在蒸馏操作中的压力来计算混合物的恒沸点。例如，在压力小于 100 mmHg 的情况下，乙醇与水不能够形成共沸物，并且可以完全分离。

气-液平衡图（图 4.12）提供了一种简便的方法来记录蒸馏数据。在图中，横坐标为液体混合物中更易挥发组分的摩尔分数，纵坐标表示蒸汽中更易挥发组分的摩尔分数。一个理想化的二元混合物如图 4.12 所示。温度随着每一条曲线的变化而变化，并且每一个图表只适用于压力可以测定的情况下。曲线的最小和最大沸点混合物分别如图 4.12（b）和（c）所示。

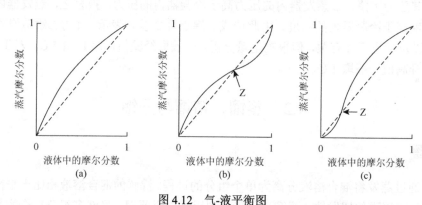

图 4.12　气-液平衡图
（a）理想二元混合物；（b）最小沸点混合物；（c）最大沸点混合物

4.2.2　精馏

1. 精馏的原理

把液体混合物进行多次部分汽化，同时又把产生的蒸汽进行多次部分冷凝，使混合物分离为所要求组分的操作过程称为精馏。根据操作方式，精馏可分为连续精馏和间歇精馏；根据混合物的组分数，精馏可分为二元精馏和多元精馏；根据是否在混合物中加入影响气液平衡的添加剂，精馏可分为普通精馏和特殊精馏（包括萃取精馏、恒沸精馏和加盐精馏）。若精馏过程伴有化学反应，则称为反应精馏。

2. 精馏设备

对于简单的蒸馏操作，蒸汽量很小。而对于分馏操作，这里使用到一个专业术语"精馏"，蒸汽离开液体进入精馏塔回流，然后在精馏塔中不同部位冷凝。通过一系列的部分冷凝和气化过程，蒸汽中易挥发组分的量逐渐积累，不易挥发的组分冷凝留在塔的下部，这样就实现了不同组分的分离。这种塔叫作分馏塔，主要分为填充柱和塔板柱两种类型。

1）填充柱式分馏塔

填充柱主要适用于实验室或者工业上的小规模分离操作，通常被用于间歇操作。它一般包含一个竖直、中空的金属外壳柱子，柱子的填充料为气液两相提供一个很大的接触区域。填充料的形式有所不同，但不是拉西环形式，最常使用的填充料为小型的金属或者陶瓷气缸。其他的填料形式为马鞍型、鲍尔环、莱辛环，并且具体为编织线或者金属网。在填充柱式分馏塔中，上升的蒸汽和冷凝下降的液体在整个柱子中相互影响。蒸馏速率和填充料的大小、形状的选择必须考虑各相之间的运动和相互关系。高速流动的液体可能会阻止或者转变液体向下流动性能，从而决定了柱子中气液两相的流动范围。如果留下的液体不能够充分浸湿所有填充材料的表面，分馏效率就会降低，这也是分馏操作中一个重要的条件。总的来讲，填充柱的使用范围很广，分馏效率受其他影响因素的影响较小。

2）塔板柱式分馏塔

塔板柱式分馏塔通常含有一系列的板子或者塔板，向下流动的液体会在塔板上停留一段时间。向上移动的蒸汽通过这些液体，为气液两相间的相互关系提供了最初的平台。塔板间回流的液体通常通过降液管流下来。气液相互作用就发生在这个阶段。

塔板柱式分馏塔对原料具有一些限制性的条件。例如，塔板柱式分馏塔主要应用于大规模的工业生产中，而且分馏过程需要不断地进行。

3. 精馏的计算

这部分主要是精馏塔的计算。不论是板式塔或是填充塔，通常都按分级接触传质的概念来计算理论板数。对于双组分精馏塔的设计计算，通常给定的设计条件有：液体混合物（料液）的量和浓度（以易挥发组分的摩尔分数表示），以及塔顶和塔底产品的浓度。计算所需的理论板数和实际板数。计算前必须先确定合理的回流比。理论塔板数最常用的计算方法是麦凯勃-蒂利图解法（美国 W. L. 麦凯勃和 E. W. 蒂利在 1925 年合作设计的双组分精馏理论板计算的图解方法），用于双组分精馏计算。此法假定流经精馏段的汽相摩尔流量和液相摩尔流量以及提馏段中的汽液两相流量 L_1 和 L_2 都保持恒定。此假定通常称为恒摩尔流假定，它适用于料液中两组分的摩尔汽化潜热大致相等、混合时热效应不大，而且两组分沸点相近的系统。麦凯勃-蒂利图解法的基础是组分的物料衡算和汽液平衡关系。

取精馏段第 n 板至塔顶的塔段为对象，作易挥发组分物料（y_{n+1}）衡算，得

$$y_{n+1} = \frac{L}{L+P}X_n + \frac{P}{L+P}X_p \qquad (4.33)$$

式中，y_{n+1} 为蒸汽量；P 为塔顶产品量；L 为液体量；X_n 为离开第 n 板的液相浓度；X_p 为离开第 $n+1$ 板的汽相浓度。此式称为精馏段操作线方程，斜率为一条直线。

同样取提馏段第 m 板至塔底的塔段 $m+1$ 为对象，作易挥发组分物料（y_{m+1}）衡算，得

$$y_{m+1} = \frac{L'}{L'-W}X_m + \frac{W}{L'-W}X_W \qquad (4.34)$$

式中，y_{m+1} 为回流量；W 为塔底产品量；L' 为液体量；X_m 为离开第 m 板的液相浓度；X_W 为离开第 $m+1$ 板的汽相浓度。此式称为提馏段操作线方程。将汽液平衡关系和两条操作线方程绘在一个直角坐标上。

根据理论板的定义，离开任一塔板的汽液两相浓度 n 与 $n+1$ 必在平衡线上，根据组分的物料衡算，位于同一塔截面的两相浓度 n 与 $n+1$ 必落在相应塔段的操作线上。在塔顶产品浓度 P 和塔底产品浓度 W 范围内，在平衡线和操作线之间做梯级，每梯级代表一块理论板，总

梯级数即所需的理论板数 T，跨越两操作线交点的梯级为加料板。计入全塔效率，即可算得实际板数 N（见级效率）；或根据等板高度，从理论板数即可算出填充层高度。

$$\lg \frac{N_T - N_{\min}}{N_T + 1} = -0.9 \left(\frac{R - R_{\min}}{R + 1} \right) - 0.17 \tag{4.35}$$

式中，$N_{\min}$ 为全回流时所需的最少理论塔板数；N_T 为理论塔板数；R 为回流比；$R_{\min}$ 为最小回流比。

4.2.3　分馏

1. 简单分馏

在简单分馏法操作中，混合物的蒸汽被迅速移出和冷凝。如图 4.13（a）的系统，对液体组分 x_1，蒸汽组分 y_1，混合液体有向纯物质 B 移动的趋势并且沸点逐渐增加。因此，蒸汽的组成也要发生变化，其中易于挥发组分的摩尔分数逐渐增加。除非两种组分沸点的差别很大，否则就无法分离。这种方法适用于从水相中分离低沸点的物质。

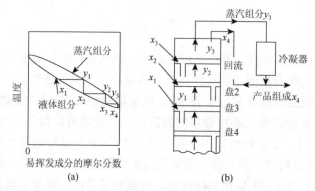

图 4.13　分馏过程中的三个理想阶段［（a）］和协助分馏的板式塔［（b）］

图 4.13（a）是一个二元混合物的沸点曲线图，如果混合物中组分 x_1 蒸发，蒸汽中这个组分组成为 y_1，则此时冷却的话会得到组成为 x_2 的液体混合物。这个过程是一个理想的分馏过程。随着蒸汽继续向上流动，得到组成为 x_3 的液体混合物。随着蒸汽不断向上流动，直至会生成纯的低沸点组分。

这些操作发生于连续分馏操作过程中。在这种连续分馏柱中，需要不断添加原料和移去分馏出的低沸点组分。另外，在柱子中的任何部位，液体和蒸汽的组成比例不会发生变化。图 4.13（b）是塔式分馏柱中连续分馏操作的过程图。假设在塔板 3 上的液体组成为 x_1，达到这层塔板的蒸汽以气泡的形式通过这层液体，很少的低沸点组分会冷凝成液体，导致蒸汽中低沸点组分的摩尔分数增加。这些蒸汽带来的潜在的热量也会进一步加热蒸发塔板上的液体，进而增加蒸汽中低沸点组分的含量。按照这些原理，蒸汽会离开塔板继续向上流动，而液体会留在塔板上。如果能达到平衡，大量的蒸汽将会不断生成，这个过程对应于沸点曲线图上的气液浓度平衡。例如，图 4.13（b）体系是 x_1y_1 曲线图。在塔板 x_1 和 x_2 将会完成分离过程。在实际生产中，因为受到两相之间的影响，是不可能达到平衡的。收率也会比理想化的操作低，这也是计算塔板效率的一种方法。

在已经恒定的柱子中，在任何一个塔板中低沸点组分的浓度通过溢出或者回流的液体中获得，除下顶部塔板，越往上的塔板含有越多含量的低沸点物质。低沸点物质含量高的塔板中液体组成通过上层回流下来的冷凝液而保持不变。回流速率就是冷凝液返回柱子的速率和抽取产物的速率。这个速率对分馏效果的影响很大，如果冷凝液流回柱子的速率增加，那么在顶层塔板液体中低沸点组分的摩尔分数就会增加，同时它在新生成的蒸汽中的含量也会进一步增加，从而得到一个纯的产物。如果增加塔板中液体的溢出速率，所有的塔板也将增加。因此，通过增加液体的回流速率，对于恒定塔板数的柱子，产物收率也会增加。对于一个处于完全回流状态下的分馏柱，当柱子中所有的馏分可以回流到柱内时，此时的塔板数就是最小塔板数。但是，这是在最小塔板数的条件下，没有纯的产物分离。比较经济的设备设计方案是：少量的塔板数，短柱子，外加快速的回流速率；或者高塔板数，长柱子，低回流速率。

在回流速率已知的条件下，使用一种分馏塔来分离一种混合物时，代数和图形法通常可以用来计算理论塔板数。

在填充柱式分馏塔中，随着柱子的增高，低沸点组分的蒸汽不断生成。较纯的低沸点产物会在一个确定长度的柱子中生成。柱子的高度与实际的和理论的塔板数（HEPT）有关。这就方便了直接可以将计算应用于填充分馏柱。用于分离的填充物的高度与 HEPT 产物和理论所需单元数有关。对于一个给定的填充柱式分馏塔，HEPT 不是恒定不变的，它与待分离的混合物和蒸汽的物理性质有关，如密度、黏度和分馏速率。

间歇性分馏装置不可能得到平衡状态，并且随着产物的移出，低沸点组分的浓度在柱子中任何地方都会下降，在产物中的浓度也会下降。为了完成分馏过程，随着时间的变化随时增加回流速率是非常有必要的。或者，当回流速率不变并且产物的平均组成符合规定时，第一次得到的组分含有较多的低沸点产物，而最后得到的组分所含低沸点产物很少。

对于大多数的分馏操作，采用连续式还是间歇式过程取决于待分馏混合物或者多组分混合物。如果各个组分的沸点差别较大，那么两组分混合物就很容易分馏。如果混合物含有 A、B 和 C 三个组分，就需要使用间歇式分馏操作，最易挥发的组分 A 最先被分馏出来。在分馏过程中，组分 A 在馏分中的浓度下降，最终不能够得到一个所需的量。然后，中间组分 B 会被分离，刚开始馏分中包含 A 和 B，直到得到纯的 B。收集到所有馏分后，然后分馏得到化合物 C。通过间歇式分馏可以得到中间产物。同时也可以使用两个柱子分馏，一根柱子分馏 A 和 B 与 C 的混合物，另一根柱子分离 B 和 C。

为了避免混合物中组分在分馏过程中发生热分解，分馏操作也可以在减压条件下进行。按照以上所描述的规律，下面几个因素是非常重要的。首先，压力下降与柱子上方蒸汽的流动有关，而在大气压力下这个压力是相当小的，这将对液体温度的升高产生很大的影响。其次，对于填充柱式分馏塔，由于向上的蒸汽流动速度很快，液体向下的速度会减慢。

2. 特殊分馏

大多数情况下，共沸物体系不能使用分级分馏来分离。在一些特殊例子中，通过改变压力可以实现共沸物体系的分离。对于具有相似极性组分的混合物，分馏还是存在许多问题的，对于这样的系统，可以通过加入第三种组分来协助分馏。如果这种新的组分与最初的组分形成一个或者多个共沸物，这个过程就叫作共沸分馏。加入非挥发性的组分，可以有效地改变原始组分的挥发性质，这个过程就叫作萃取分馏。

在具有最小沸点二元共沸混合物中加入第三种新的组分以后，所形成的混合物既是一个新的二元共沸物，也可以看成一个具有更低最小沸点的三元共沸混合物，这个新的混合物与原来的混合物体系具有不同的性质。所形成的混合物体系必须容易分馏。例如，可以通过加入苯分离乙醇与水的混合物。水与乙醇的二元共沸物的沸点为 351.4～373 K，加入苯以后，所形成的新体系的沸点为 337.8 K，苯与乙醇二元共沸物的沸点为 341 K。分馏水、乙醇与苯的三元共沸物，分离冷凝后会分成两层，其中一层包含了原组分中的所有水分。对于间歇分馏过程，可以得到苯和乙醇的共沸物，剩下无水乙醇在蒸馏室中。对于连续分馏过程，可以分阶段使用不同的柱子分馏。

　　萃取分馏可以通过例子来解释，如通过加入苯酚分离苯和环己烷的混合物。原始组分的挥发性能得到了改变，环己烷存在于馏分中。苯酚和苯的混合物留在蒸馏室中，然后再将此混合物在另外一根柱子中分馏。苯酚从柱子的顶部加入，在其向柱子底部流动时优先溶解苯，这个过程称为萃取分馏。

3. 分子分馏

　　分子分馏是在很低的压力（0.001 mmHg）条件下分馏，不需要高温煮沸。在这种压力下，通过蒸汽中分子碰撞返回液面的概率减小，分子按照一定的顺序离开液面并且有一个冷凝管在其周围。这种装置可以分离每一个高沸点物质，但是不能够超过一个理论板。所以，最初人们使用这种方法来浓缩非挥发性高沸点物质。鱼肝油中的维生素可以使用这种方法来浓缩。对于分离挥发性不同的液体混合物，需要几个分离操作。对于没有固定沸点的物质，就必须在蒸汽压表面采取方法来获得更多的低沸点产物。图 4.14 是工业生产中使用到的分子分馏器，原料从装置底部的加热锥形转子进入，在离心力的作用下以一个薄层液体的形式向上流动。残余物夹在沟槽的顶部。蒸汽通过一个同轴水冷式冷凝器冷凝。

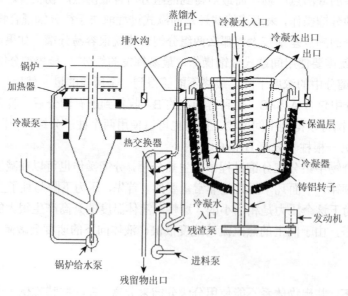

图 4.14　大型分子分馏器

4.3　萃　　取

　　分离液体混合物的工业过程除蒸馏外，应用较广的还有萃取。利用液体各组分在溶剂中溶解度的差异，用以分离液体混合物，这就是液-液萃取，简称萃取。

4.3.1　萃取的基本概念

萃取与吸收、蒸馏一样，其基础是相平衡。萃取过程中至少要涉及三个组分，即溶质 A、原溶剂 B 和萃取剂 S。对于这种较为简单的三元体系，若所选择的 S 与 B 的相互溶解度在操作范围内小到可以忽略，则萃取相 E 和萃余相 R 都只含有两个组分，其相平衡关系类似于吸收中的溶解度曲线，可在直角坐标上标绘。但这种较为理想的溶剂并不多见，常见的情况是 S 与 B 部分互溶，于是 E 和 R 都含有三个组分，其平衡关系通常用三角形相图表示。

三角形相图可分为等边三角形和直角三角形两种。前者较易于将基本原理表述清楚；后者可应用普通的直角坐标纸描绘，实用上较为方便。本节主要用前者来阐述问题。

溶液组成通常用质量分数表示。这是因为在萃取过程中很少会遇到恒摩尔流的简化情况，在液液平衡中也没有像拉乌尔定律那样的简化规律，故采用摩尔和摩尔分数作单位并没有优点。此外，由于体积的计量较为方便，有时也会遇到以体积表示物质量、以体积分数表示组成的情况。

1. 三元组成的表示法

等边三角形相图如图 4.15（a）所示。三角形的三个顶点各代表纯物质，如点 A 代表100%组分 A。习惯上以三角形上方的顶点代表溶质 A，左下顶点代表原溶剂 B，右下顶点代表萃取剂 S。

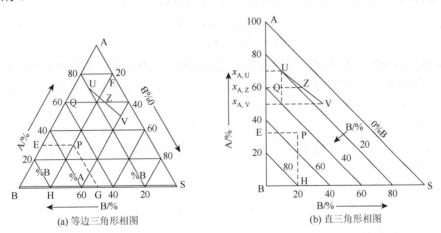

图 4.15　三角形相图上的组成表示法

每条边上的一个点代表一个二元物系，愈靠近某一顶点处，此顶点所代表的组分在溶液中的含量（浓度或组成）愈高。三条边都分为 100 等份，分别表示三个组分含量的百分数，如侧边 BA 上的标尺代表组分 A 含量的百分数（以符号"A"表示）。边 BA 上的点 Q 代表 A、B 的二元混合液，其中含 60%A、40%B 而不含 S（点 Q 较靠近顶点 A，组分 B 的百分数用线段 QA 表示）。

三角形内的任一点 P 代表一个三元混合物，其组成可用各条边上的长度表示为：过点 P 作底边 SB 的平行线 PE，交边 BA 于点 E，以线段 BE 代表溶质 A 的含量（顶点 A 与底边 SB 相对）；同理，作 PF∥BA，PQ∥AS，以线段 AF 及 SG 分别代表组分 S 和 B 的含量；参见

图 4.15（a）中对各边标明的箭头及百分数的标尺。由于 BEPH 为一平行四边形，PHG 为一等边三角形，故有 BE = HP = HG；此外还有 AF = BH；故组分 B、A、S 的含量还可用三角形底边 SB 上的线段表示，如图 4.15（a）所示，而且

$$SG + GH + HB = SB$$
$$\%B + \%A + \%S = 100\% \tag{4.36}$$

如图 4.15（a）所示，点 P 的组成按上述线段的长度可从标尺读出，为 30%A、50%B、20%S。直角三角形相图与上述等边三角形相图的不同，除边 BA 与底边 BS 垂直以外，还有：萃取剂 S 的标尺改写在底边上（由左向右）；原溶剂 B 的标尺改写在与斜边平行的各条线上，如图 4.15（b）所示。B 的含量也可不另外标出，而由两坐标轴上查得%S 及%A 后，按下式计算。

$$\%B = 100\% - \%A - \%S \tag{4.37}$$

图 4.15（b）中的点 P 代表同样的一个三元组成：30%A、20%S、50%B。

2. 三角形相图中的杠杆定律

杠杆定律（比例定律）包括两条内容，现以直角三角形相图为例作说明。

（1）若在一组成以图 4.15（b）中点 U 为代表的液体中，加入另组成以点 V 为代表的液体，则代表所得混合物组成的点 Z 必落在直线 UV 上。

（2）点 Z 的位置按照线段比 $\overline{ZV}\big/_{\overline{ZU}}$ 等于数量比 U/V 确定。其证明如下：作总物料衡算 $Z = U + V$，和溶质 A 的物料衡算 $Zx_{A,Z} = Ux_{A,U} + Vx_{A,V}$（其中 $Zx_{A,Z}$、$Ux_{A,U}$、$Vx_{A,V}$ 分别代表溶质 A 在混合物 Z、原液体 U 和 V 中的含量），可解得以下关系：

$$\frac{U}{V} = \frac{x_{A,Z} - x_{A,V}}{x_{A,U} - x_{A,Z}} = \frac{\overline{ZV}}{\overline{UV}} \tag{4.38}$$

式（4.38）右侧等号是由相似三角形对应边比例的关系得出的，因而也说明了点 Z 必落在点 U 和点 V 的连线上。为在直线 UV 上确定 $Zx_{A,Z}$，还需知道 U 和 V 的数量或 U 与 V 的比值。

上述 Z 是在 U 中加入 V 混合而得的，故在相图中常称点 Z 为 U 和 V 的"和点"，而 Z 的组成按式 $Z = U + V$ 计算。若相反，从任意液体 Z 中分出 U（或 V），剩下 V（或 U），则称：点 V 为 Z 与 U（或点 U 为 Z 与 V）的"差点"，应用与上述相同的两项物料衡算，仍可得到 V 的组成计算式：

$$\frac{U}{Z} = \frac{x_{A,Z} - x_{A,V}}{x_{A,U} - x_{A,V}} = \frac{\overline{ZU}}{\overline{VU}} \tag{4.39}$$

以及 U 的组成计算式：

$$\frac{V}{Z} = \frac{x_{A,Z} - x_{A,U}}{x_{A,V} - x_{A,U}} = \frac{\overline{ZU}}{\overline{VU}} \tag{4.40}$$

杠杆定律的应用可举例说明。一组 A、B 二元溶液的组成以图 4.15 中的点 P 代表，将溶剂 S 加入其中所得三元混合液的总组成将以连线 FS 上的一点 P 代表，而点 P 的位置符合下述比例关系：

$$\frac{\overline{PF}}{\overline{PS}} = \frac{S}{F} \tag{4.41}$$

当逐渐增加溶剂 S 的量，点 P 将按这一比例关系沿 FS 线朝向顶点 S 移动。至于混合液中 A 与 B 的比例则不因 S 的加入而变化，即与原二元溶液的比例相同。

3. 分配系数

在平衡共存的两液相中，溶质 A 的分配关系可用分配系数 k_A 表示为

$$k_A = \frac{溶质A在萃取相(E)中的组成}{溶质A在萃余相(R)中的组成} = \frac{y}{x} \qquad (4.42)$$

式中，溶质组成常用质量分数或质量浓度（kg/m^3）表示。k_A 值愈大，则每次萃取所能取得的分离效果愈好。当组成的变化范围不大时，恒温下的 k_A 可作为常数。

对于 S 与 B 互不相溶的物系，分配系数 k_A 相当于气-液平衡中的溶解度系数。对于 S 与 B 部分互溶的物系，k_A 与连接线的斜率有关。如以质量分数 y、x 代表溶质 A 在萃取相、萃余相中的组成，当 $k_A = 1$ 时，则 $y = x$，连接线与底边 BS 平行，其斜率为零；如 $k_A > 1$，则 $y > x$，连接线的斜率大于零；也有时 $k_A < 1$，则 $y < x$，斜率小于零。显然，连接线的斜率愈大，k_A 也愈大；斜率或 k_A 的绝对值愈大愈有利于萃取分离。

4.3.2　萃取的基本过程

萃取的基本过程如图 4.16 所示。原料液中含有溶质 A 和溶剂 B，为使 A 与 B 尽可能地分离完全，选择一种合适溶剂，称为萃取剂，以 S 代表，要求它对 A 的溶解能力要大，而与原溶剂（或称为稀释剂）B 的相互溶解度则愈小愈好。萃取的第一步是使原料液与萃取剂在混合器中保持密切接触，溶质 A 将通过两液相间的界面由原料液向萃取剂中传递；在充分接触、传质之后，第二步是使两液相在分层器中因密度的差异而分为两层。一层以萃取剂 S 为主，并溶有较多的溶质，称为萃取相；另一层以原溶剂 B 为主，还含有未被萃取完的部分溶质，称为萃余相。若溶剂 S 和 B 为部分互溶，则萃取相中还含有 B，萃余相中也含有 S。当萃取相 E 和萃余相 R 达到相平衡时，则称图 4.16 所示的设备为一个理论级萃取设备。

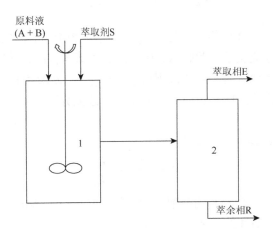

图 4.16　萃取过程原理图

1. 混合器；2. 分层器

萃取相和萃余相都是均相混合液，为了得到产品 A，并回收溶剂 S 供循环使用，还需对它们做进一步的分离，通常是应用方式；当溶质很难挥发时，也可采用蒸发方式。

由上可知，为了分离液体混合物，萃取的流程比蒸馏要复杂，而蒸馏可以是最常用的方法。但是在遇到以下情况时，直接采用蒸馏不一定经济合理。

（1）当溶质 A 的浓度很稀，特别是溶剂 B 为易挥发组分时，以蒸馏法回收 A 的单位热耗甚大。这时可用萃取先将 A 富集在萃取相中，然后对萃取相进行蒸馏，使耗热量显著降低。例如，从稀苯酚水溶液中回收苯酚，就以应用先萃取再蒸馏的方法为佳。

（2）当溶液是恒沸物或所需分离的组分沸点很接近时，一般的蒸馏方法不适用。除可采用恒沸蒸馏或萃取蒸馏以外，有些场合以应用先萃取再蒸馏的方法较为经济。例如，使重整油中的芳烃与未转化的烷烃分离就是如此。炼油工业中称这一萃取过程为"芳烃抽提"。

（3）当需要提纯或分离的组分不耐热时，若直接采用蒸馏，往往需要在高真空下进行，而应用常温下操作的萃取过程，通常较为经济；对于生化药物、食品、香料等半成品的分离，常以萃取法为合理。

4.3.3　萃取剂的选择

选择适宜的萃取溶剂，是萃取过程能够进行而且经济合理的关键，前已提及，选用的萃取剂关系到三角形相图中两相区的大小和连接线的斜率，从而直接影响到萃取过程的分离效果和费用。此外，萃取剂还应满足在混合器内两相接触、传质后，使萃取相与萃余相易于分层，其后萃取剂本身又易于回收的要求。现将这些要求归纳为以下几方面。

1. 选择性

萃取剂 S 应为原料液中溶质 A 的良好溶剂，同时又为原溶剂 B 的不良溶剂，以使萃取相中 A 的组成 y_A（即 y）大，而 B 的组成 y_B 小；相反，在萃余相中则 A 的组成 x_A（即 x）小，而 B 的组成 x_B 大。这种对选择性溶解度的要求，可以定量地用一个选择性系数 β 表示。

$$\beta = \frac{y_A / y_B}{x_A / x_B} = \frac{y_A / x_A}{y_B / x_B} = \frac{y_A x_B}{y_B x_A} \tag{4.43}$$

式中，y_A/y_B 为萃取相中 A、B 的组成之比；x_A/x_B 为萃余相中 A、B 的组成之比。

由于组成多用质量分数表示，此时 A、B 的组成比即 A、B 的质量比。选择性系数 β 与蒸馏中的相对挥发度 α 很类似。当 $\beta = 1$ 时，则 $y_A/y_B = x_A/x_B$，萃取相和萃余相在脱除溶剂后的萃取液和萃余液将具有同样的组成，也与原料液相同，故无分离作用。另外，β 愈大时将愈有利于萃取分离。

将式（4.42）代入式（4.43）中，得

$$\beta = \frac{k_A}{y_B / x_B} = \frac{k_A}{k_B} \tag{4.44}$$

式中，k_B 为 B 在萃取相与萃余相间的分配比例，称为 B 的分配系数，$k_B = y_B/x_B$。式（4.44）表明了分配系数与选择性系数间的关系。

2. 影响分层的因素

为使萃取相与萃余相能较快地分层，要求萃取剂与原溶剂有较大的密度差。此外，萃取剂与原溶液、原溶剂之间的表面张力也有重要的影响：若表面张力过小，则分散相的液滴很细，不易合并、集聚，严重时会产生乳化现象，因而难以分层；但如表面张力很大，液体又不易分

散，则在混合时相界面过小而接触不良，使两相传质后距平衡态甚远，即"级效率"（相当于塔板效率）很低，也不适宜。因此，表面张力要适中，其中首要的还是满足易于分层的要求。有人建议：将萃取剂与原料液同置于分液漏斗中，经剧烈摇动后，以分层时间不超过 5 min 作为表面张力适当的大致标准。

3. 溶剂回收的难易程度

分层后的萃取相及萃余相，通常以蒸馏法分别进行分离，回收萃取剂 S 供循环使用。故要求 S 与其他组分的相对挥发度大，特别是不应有恒沸物形成。为节约回收所耗的热量，要求浓度低的组分较易挥发。若 S 为易挥发组分，或因溶质几乎不挥发而采用蒸发法分离，则希望 S 的汽化潜热要小。

4. 其他

萃取剂应满足一般的工业要求：稳定性好，腐蚀性小，无毒，不易着火、爆炸，来源容易，价格较低等。此外，需要它的黏度小，以利于输送及传质；蒸汽压低，以减少汽化损失。

一般来说，很难找到满足上述所有要求的萃取剂，而溶剂又是萃取过程的首要问题，故应当充分了解可供选用的溶剂的主要性质，再根据实际情况细加权衡、合理选择。

4.4　浸　　出

浸出或固-液萃取是描述用合适的溶剂从固体或半固体萃取可溶性成分。许多国家将其用于生产茶叶或咖啡，这个过程是生产天然存在于动物或植物组织中许多精细化学品的重要阶段。这种方法可以代替机械压榨从种子中提取油；用于生物碱的制备，如从马钱子豆中提取番木鳖碱，从金鸡纳碱树皮中提取奎宁；酶的分离，如肾素、激素的分离（如从动物中提取胰岛素）。

4.4.1　浸出方法

浸出在制药及其相关产业中是大规模处理中药原料的常见生产过程。这是因为高成本材料的加工数量相对较少。原材料的频繁变化可能会造成清洁和污染问题。由于这些原因，连续萃取不适用于药物的提取。连续萃取的特征是处理量较大，处理的过程包括固体的机械运动和溶剂的流动。一般可以采用两种方法：一种是将原材料放置在一个容器中，通过溶剂或溶媒的渗透提取有效成分，含有有效成分的溶液再从设备的底部流出。这种液体有时称为油水混合物，排出的固体称为榨渣。这个过程就是渗滤。另一种是可以用浸泡代替浸出，将原材料浸泡在溶剂中并不断搅拌，经过适当的时间就可以将固体中的液体分离。

1. 渗滤浸出

将原材料放在提取的设备中。外面覆盖的夹套用来控制渗滤浸出的温度。物料填充必须均匀，否则溶剂将优先流过填充稀少较薄之处，导致浸出率低。在大型萃取器中，通过将多孔板水平放置在床的间隔来预防或阻止沟流。

干燥材料溶胀会对溶剂有抑制作用，渗滤床的渗透性将降低。这种影响用水作溶剂时最显著。所以，如果会发生溶胀，那么在物料被填装进入提取器之前，有必要用水或溶剂先湿润材料。

一旦将物料填装进入提取器，可以用很多方式进行浸出。提取器的主体完全充满溶剂，液体从提取器的底部流出，再加入更多的溶剂。这个过程一直持续到榨渣被提取干净。或者将从底部流出的溶液循环使用。经过一段时间的循环，将液体完全放出，再加入新溶剂。在这两种方法中，在加溶剂之前，要将物料浸泡一段时间。如果填充的物料比较致密，那么要想保证一定的流速，就必须用泵施加压力，这时就必须使用一个密闭耐压的提取容器。密闭的容器在高温萃取或使用挥发性溶剂提取时也是必要的。在其他过程中，物料层不需要浸泡在溶媒中。溶媒只是简单地撒在上层，允许液滴缓慢地流过物料层，物料层的空隙中充满空气。采用这种方式，可以阻止精细物料向下移动和物料底部形成低渗透区域。

如果要完成这种简单的提取，需要大量的溶剂，而且产量低。如果用蒸发法提取，能克服这些缺点。这些操作通常整体用于植物提取。浸出液离开提取器进入蒸发器被加热。因为遇到的大多数材料是热敏的，可以应用减压操作。离开蒸发器的蒸汽被冷凝又回到提取器。当提取是在水不溶性溶剂中进行时，来自原材料和存在于冷凝液中的任何水分都会被分离和除去。当提取液中无所要的成分时，萃取提取停止。浓缩的提取物残留在蒸发器中。

渗滤浸出为分离浸出液和固体提供了一种简单的方法。当提取过程完成后，渗滤床中的液体要排干，在最大程度上回收溶剂。进一步的回收可以用机械方式。

2. 浸泡浸出

在制药过程中，在简单的罐子中浸泡浸出，可以用涡轮机或桨搅拌。如果固体悬浮充分并与提取相紧密接触，能促进有效的提取。不会出现沟流导致的提取不充分和发生肿胀而导致的提取困难。可以用浸泡浸出的物料通常是可压缩的。停止搅拌，固体沉降，可以将液体抽出放置到合适的槽中。然而，沉淀中仍残留大量的浸出液，用新的溶剂重新洗沉淀，待沉淀沉降倒出上清液。也可以用滤饼过滤。滤饼中残留的浸出液，用溶剂洗涤后转移洗涤液。

浸出方法的选择主要取决于物料的物理性质和颗粒大小。如果物料是一种粗的、硬的粉末，可以形成高渗透层，采用渗滤浸出。这既避免了物料磨细所需费用，在随后的固体和液体的分离中也比较方便，用这种方式可以得到浓缩产物。其他物料如细粉或可压缩的动物组织，不能形成渗透层，必须采用其他方法。在洗涤过程中，可能会发现更快速、更彻底的浸出方法用来补救分离和稀释提取物的难题。如使用细粉，固体和液体可加强紧密接触和避免沟流。

4.4.2　浸出溶剂的选择

理想的溶剂应该廉价，无毒，不易燃。溶剂具有高度选择性，只溶解所要的成分。溶剂的黏度低，易通过固体物料层。如果所得的溶液要蒸发浓缩，那么溶剂要有较高的蒸汽压。这些条件大大限制了具有商业价值的溶剂的数量。目前，水、醇以及两者的混合物应用较广泛。然而，使用水和醇会非选择性地浸出一定比例的树胶、黏胶和其他不想要的成分。制药中提取酊剂和液体时多数用水或水-乙醇的混合物来提取不纯物。酸性或碱性的水和乙醇的混合物被用来从胰腺碎末中提取胰岛素。许多纯的生物碱的制备中，物料粉末用碱性溶液湿润，填充成层，可用石油醚浸出。后续在没有树胶的情况下采用分级结晶来纯化也很方便。在特定情况下，所需要成分的特定性能可能需要特殊溶剂。在浸出中也可以采用丙酮和氯化烃。采用氢氧化钾溶液可以很容易地从丁香中提取丁香酚。

4.4.3　浸出率的影响因素

不论采用哪种方法，浸出包括多个连续扩散和传质过程。首先溶剂渗透原物料，然后可溶性成分发生溶解。固体成分向相反的方向扩散到表面，穿过固体表面的液体层到达浸出液。这些过程受总浓度梯度的影响，浸出液的浓度是最小的。所有的这些过程都可能限制浸出率。然而在药物浸出中，固体基质通常是由细胞所构成的，这种结构会提供非常高的扩散阻力。这种复杂的结构使得对传质过程进行详细的分析非常困难。然而在菲克定律中表达的简单扩散的概念表明影响浸出率的因素包括浸出颗粒的尺寸分布、浸出温度、固体和液体的相对运动。

1）固体颗粒的尺寸和尺寸分布

固体颗粒的尺寸决定了溶剂和溶质在固体基质中的扩散距离。因为这提供了主要的扩散主力，粉碎能减小这个距离，大大增加浸出率，浓度梯度洗脱也能增加浸出率。另外，颗粒尺寸和表面积的反比关系使固体基质与周围液体的接触面积增加。因此，在边界处的溶质转运非常便利。在浸泡渗出中，尺寸减小的另一个优点是易于使用悬浮的精细颗粒。另外，大量的细胞在粉磨的过程中发生破裂，溶剂和溶质能直接紧密接触，溶质更快地溶解和扩散。

然而，其他因素不能减小颗粒尺寸。渗滤浸出要求形成渗透层。低渗透性或导致溶剂流动性差和提取效率低。渗透率是颗粒大小和孔隙率的复杂函数，颗粒大小决定了如何将一定的孔隙率安排在物料层中。孔隙空间的配置是由几个相对大粒径的通道构成的，即如果颗粒尺寸较大，物料层渗透性就高。在浸泡浸出中，物料颗粒尺寸越小，固体和液体分离的难度就越大。

最佳颗粒尺寸因提取方法的不同而不同。这在一定程度上取决于固体的物理性质。密集的木质结构可以作为细粉被提取。典型的例子是吐根树的根的提取。另外，枝叶类药物更适合用粗粉浸出。

孔隙率和渗透率都受物料尺寸分布的影响。如果分布有限，那么孔隙率就高。小颗粒可以填补大颗粒产生的孔隙。因此，粉磨后可以将物料进行分类，除去较小的物料。较小的物料与其他批次的细粉混合单独提取。小粒径分布的另一个优点是填充和创造了一个普通的孔隙和药的体系。这促进了溶剂和溶液穿过物料层进行均匀运动。

在某些情况下，减小物料尺寸可以采用一些特殊的工艺。种子和豆类可用滚压或制片以破碎大量的细胞。在其他物料的处理过程中，虽然保留细胞壁会抑制提取率，但是可以阻止不想要的高分子质量成分的提出，使得提取更有选择性。

2）浸出温度

在所需成分的热稳定性限制的范围内，较高的浸出温度是可取的。大多材料的溶解度随着温度的升高而增加，因此较高的溶质浓度和较高的浓度梯度是可行的。这时会使提取率升高。然而，在很多情况下，物料容易受热降解，所以必须使用冷提取。此外，溶剂的选择会受到高温的限制。例如，用沸腾的甲醇提取萝芙木生物碱。

3）固体和液体的相对运动

主要控制溶质扩散到浸出液的阻力来自细胞基质。因此溶液通过物料层表面的速度对提取率的影响不大。这与溶解和结晶的过程有明显的区别。但是，在前面提到的方法中溶媒的运动都会被加强。

在液体通过物料层的渗滤中，由于分子扩散和扩散引起的密度变化形成的对流，固体表面向物料层的间隙溶液发生溶质传质。虽然这些过程缓慢，但它们比在基质中相同的浓度差下传质速度快得多。因此，在颗粒外部的溶液中的浓度梯度非常低。在物料层中的任何一点，从上面加入稀溶液和浓溶液从下部流出都会通过稀释或置换来降低物料间隙液浓度。这种效果可以简单地认为减少了固体和溶液交界处的溶质浓度，从而在基质内施加一个有力的浓度梯度。同样的，在浸泡浸出中不断搅拌的主要目的不是减少边界层的厚度和扩散阻力，而是保持物料的悬浮和平衡溶质在溶液中的浓度。如果颗粒沉降，那么溶质必须扩散通过充满物料层间隙的停滞液。扩散阻力升高，提取效率降低。

4.5　结　　晶

结晶是指从溶液、蒸汽或熔融物中析出固态晶体的过程。结晶在制药化工生产过程中有广泛的应用，许多固体药物都是以晶体形态存在或是由结晶法分离得到的。例如，青霉素和红霉素等抗生素类药物的精制、氨基酸和尿苷酸等生物产品的纯化等，一般都离不开结晶操作。

与其他分离过程相比，结晶过程有以下优点：①结晶过程的选择性较高，可获得高纯或超高纯的晶体制品。②与精馏过程相比，结晶过程的能耗较低，结晶热一般仅为精馏过程能耗的$1/7 \sim 1/3$。③结晶过程特别适用于同分异构体、共沸或热敏性物系的分离。④结晶过程的操作温度一般较低，对设备的腐蚀及环境的污染均较小。

结晶过程一般可分为溶液结晶、熔融结晶、升华结晶和沉淀结晶四大类。其中溶液结晶在制药化工生产中的应用最为广泛，它是通过降温或浓缩的手段使溶液达到过饱和状态，进而析出溶质晶体。溶液结晶历来都是结晶学界关注的重点领域，通常也是研究其他类型结晶的重要突破口之一。因此，本节将围绕溶液结晶技术，从结晶的基本概念入手，重点介绍晶核形成和成长动力学、结晶过程的控制、工艺计算及典型结晶设备。

结晶度正如固体的其他物理化学性能（如稳定性）一样是固体物料最重要的基本性质之一。结晶作为一个单元操作，主要是从多组分流动相中得到单一组分的固体产物。这些流动相包括蒸汽、熔融液、溶液等。在结晶操作中，溶液结晶法是工业生产中应用最为广泛的。为了得到干燥纯净的产品，还需要将结晶从溶液中分离出来，然后干燥处理，分离过程同时也需要过滤或离心操作。结晶操作的重点在于整个结晶过程中产物的纯度和保证物理性质不变。通过结晶得到的产品具有很多优点，如易于后续操作，良好的形貌、稳定性和流动性。

蒸汽中的结晶操作可以自发进行。例如，霜的形成就是因为水蒸气在干冷条件下的升华冷凝结晶。在具体生产操作过程中，结晶设备可以看作一个特殊的冷凝器，结晶设备的冷凝器通常并联安装，其主要任务是通过除去结晶过程中的潜热，析出固体产物。在制药工业生产中，结晶操作通常是于夹套或者搅拌装置中在少量的溶液中完成。为了得到合适纯度、收率和晶型的结晶，需要从大量的实验中积累出结晶操作的条件。影响结晶过程的主要因素大多来源于熔融态。结晶一般有两个过程：核化过程和晶化过程。核化过程是晶核的形成过程。没有晶核，晶体就不会生长。

4.5.1　晶体的性质和结晶动力学

1. 晶体的性质

1）晶体的纯度

结晶操作一般要求较高的产品纯度，通常纯度越高，产品的附加值越大。就工业结晶过程而言，影响晶体产品纯度的主要因素有母液、晶体粒度、晶簇、杂质等。在结晶过程中，饱含杂质的母液是影响产品纯度的重要因素。黏附在晶体上的这种母液若未除尽，则最后的产品必然沾有杂质，纯度降低。一般是把结晶所得固体物质在离心机或过滤机中加以处理，并用适当的溶剂洗涤，以尽量除去黏附母液所带来的杂质。遇有若干颗晶体聚结成为"晶簇"时，容易把母液包藏在内，而使以后的洗涤困难，也会降低产品的纯度。但若在结晶时进行适度的搅拌，可以减少晶簇形成的机会。母液黏附在晶粒上或包在晶簇中的现象，通常称为包藏。体积较大而粒度一致的晶体与体积较小而粒度参差不齐的晶体相比，它们所携带的母液较少而且洗涤比较容易。但细小晶体聚结成簇的机会较少。由此可见，在结晶过程中，产品粒度及粒度分布对产品纯度也有很大的影响。

2）晶体的产量

晶体的产量取决于溶液的初始浓度和结晶后的母液浓度，而后者多由操作的最终温度所决定。

对于溶质溶解度随温度变化敏感的物系结晶，当操作温度降低时，通常溶质的溶解度将减小，母液浓度降低，即杂质的析出量相应增大，故易导致晶体纯度的下降。此外，较低的温度也会引起母液黏度的增加，从而影响晶核的活动，导致微细晶粒的大量涌现，易造成晶体粒度的分布不均。对于通过蒸发浓缩而析出溶质的结晶操作，同样需注意此类问题。因此，在实际生产中，不可一味地追求晶体产量，以免降低晶体的其他品质指标。另外，为提高结晶操作的产量，通常还对结晶后的母液加以回收和再利用，即实现母液的循环套用。例如，对母液进行再次结晶，就可适当提高溶质的析出量。

2. 结晶动力学

1）熔体结晶

熔体可被定义为一种单一物质的液体形态或者由两种以上物质通过冷却固化形成的同种类液体形态。熔体结晶遵循以下顺序：强制过冷却、晶核形成和晶体生长。对于单一组分而言，过冷却操作需在晶核形成和晶体生长操作之前开始。存在于熔点以下的亚稳液相区域只能通过冷却形成。在这个亚稳态下，如过冷区域没有晶核，晶体就不能够形成。但是，如果在过冷区域加入晶种，晶体就会生长。工业结晶操作主要是在亚稳态系统中加入晶核。多数物质随着进一步冷却，其晶核自发形成，结晶放热使熔体温度增加到真正的熔点。一些物质在低温下会增加其黏度而阻止成核，在液体状态凝固成一团却不结晶，这个过程常称为玻璃化，产物称为玻璃化产物。

2）晶核的形成

在过饱和溶液中新生成的结晶微粒称为晶核。溶质晶体从溶液中的析出通常要经历晶核形成和晶体生长两个步骤。晶核形成是指在过饱和溶液中生成一定数量的结晶微粒；而在晶核的基础上成长为晶体，则是晶体生长。结晶动力学就是研究结晶过程中的晶核形成和晶体生长的规律，包括成核动力学和生长动力学两部分内容。

对于明确的单一成分体系，如哌啶溶液中，哌啶晶核的形成和晶体生长过程是相互独立的，因而可以分开来研究其晶核的增长速率，首先溶液保持在特定的过冷温度下一段时间，然后迅速地升温到亚稳态区域，达到这个状态以后晶核的形成就很少了，已经形成的晶核就会生长。图 4.17（a）表示了这个实验的结果。在过冷条件下，基本上不会有晶核形成。随着进一步冷却，晶核生长速率先增大再减小。因此，从图 4.17（a）得知，过冷条件可能会通过限制晶核的数量来降低结晶的速率。

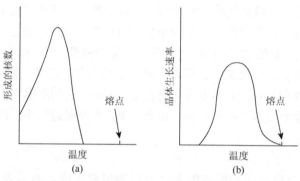

图 4.17　过冷条件下晶核形成的变化 [（a）] 和晶体生长速率的变化 [（b）]

对于自发成核过程，当这些具较低动力学能的分子之间的吸引力大于其动能时，它们有自发聚集在一起的趋势。核的增长过程很有可能在很短时间内于高浓度区域发生。晶核达到一定的尺寸，就会变得稳定。随着温度的下降，具有低能量的分子出现得更多，成核率增加。而低温下晶核生长速率的减小是因为溶液黏度的增加。

3）晶体生长

如果晶核形成和晶核生长是两个相互独立的过程，那么对于晶核的生长就可以通过在很少或者没有晶核的溶液中加入一些小的晶体来研究晶核的生长过程，生长速率也可以通过计算得到。生长速率与温度的关系如图 4.17（b）所示，即使正常情况下最大生长温度比最大晶核形成温度更高，也具有一个最佳的温度。晶体生长曲线再一次使用动力学得以解释。在熔点以下的温度时，分子在晶格中保留了很多的能量。随着温度的下降，更多的分子保留能量，晶体的生长速率增加。但是，最终在晶体表面的扩散和方向都受到了限制。

对于单一组分的晶体生长过程，在晶体表面的分子必须在晶格上到达正确的位置、合适的方向和低动力能，晶体才能生长。随着结晶过程的进行，能量发生变化，但是热量必须从溶液的表面转移到溶液内部。晶体的生长速率受到热量转移速率和溶液表面变化的影响。通过搅动溶液可以减少液体层之间的热阻，从而增加溶液之间的热量转移，直至有效控制表面晶体。

在多组分的溶液中，晶体表面沉淀的出现使得邻近的液体层之间变得空虚，然后溶液的浓度就会产生梯度，表面是饱和溶液，液体中是过饱和溶液。

以上的研究主要是对于一些确定的组分，排除了一切外来物干扰的理想状况。空气中的灰尘或者其他不溶物可能会形成一个结晶中心，增加晶核的形成速率。不溶的杂质可能会增加或者减少晶核形成和晶体生长这两个过程。晶体的生长可能是由晶体表面吸附杂质所造成的，杂质含量和种类也可能会影响物质的结晶形式。

4.5.2　结晶的方式、过程与制备

1. 结晶的方式

同一种物质的晶体，采用不同的结晶方式，可以得到完全不同的晶型，并且可以影响晶体的其他品质。在实际生产过程中，常用的结晶方式主要有三种：自然结晶、搅拌结晶、外加晶种结晶。

1）自然结晶

在没有外加搅拌和外加晶种的条件下，过饱和溶液自然生成晶体的方式称为自然结晶。自然结晶得到的晶体颗粒较大，表面积较小，而且不容易潮解，因而一般适用于熔点低、有潮解性的晶体产品。例如，$NiCl_2 \cdot 5H_2O$ 晶体通过自然结晶可获得晶莹无色的针状结晶，而通过搅拌结晶只能获得细粉状的粉末结晶。

2）搅拌结晶

对于熔点较高、潮解性能较低的产品，搅拌结晶可使晶体均匀、松散、不易潮解。若采用自然结晶，则可能出现晶体外观不整齐、硬度大、易结块的现象。例如，硫酸亚铁胺和硫酸高铁胺必须用搅拌结晶才能获得含量均匀的合格产品。此外，某些采用自然结晶的产品，也可通过改变结晶条件而采用搅拌结晶方式，以提高生产效率。

3）外加晶种结晶

某些物料的溶液，特别是许多有机化合物溶液所形成的过饱和状态相当稳定，若不加晶种，则很长时间都不会产生结晶；或虽能产生结晶，但其晶体形状、含量等常常会达不到要求。例如，对于 $Na_2SiO_3 \cdot 5H_2O$ 晶体，有晶种的结晶为粗砂状的白色松散晶体，而无晶种的结晶则为冰糖样的坚硬块状物。

2. 液体结晶的过程

1）冷却结晶

冷却结晶是将溶液降温以达到过饱和而析出结晶，因此此法也称为冷析结晶法。冷析结晶过程基本上不去除溶剂，而是通过冷却降温使溶液变成过饱和状态。此法适用于溶解度随温度的降低而显著降低的物系。冷却的方法分为自然冷却、间壁换热冷却及直接接触冷却。

（1）自然冷却法是指将热的结晶溶液置于无搅拌的有时甚至是敞口的结晶釜中，靠自然冷却降温结晶。此法所得产品纯度较低，粒度分布不均，容易发生结块现象。设备所占空间大，生产能力较低。由于这种结晶过程设备造价低，对产品纯度及粒度均无严格要求的产品至今仍在应用它生产。

（2）间壁换热冷却结晶是制药及化工过程中应用广泛的结晶方法。图 4.18 所示的结晶器分为内循环式和外循环式间壁冷却结晶器，冷却结晶过程所需的冷量由夹套或外冷器传递，具体选用哪种形式的结晶器，主要取决于结晶过程换热量的大小。内循环式间壁冷却结晶器由于受换热面积的限制，换热量不能太大。外循环式间壁冷却结晶器通过外冷器换热，传热系数较大，还可根据需要加大换热面积，但必须选用合适的循环泵，以避免悬浮晶体的磨损破碎。间壁换热冷却结晶过程的主要困难在于冷却表面常会有晶体结出，称为晶疤或晶垢，使冷却效果下降，需要定期清除疤垢。

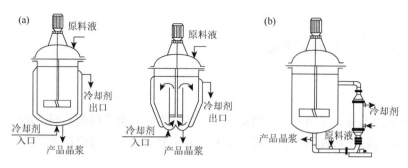

图 4.18　内循环式间壁冷却结晶器 [（a）] 和外循环式间壁冷却结晶器 [（b）]

（3）直接接触冷却结晶过程是通过冷却介质与热结晶母液的直接混合而达到冷却结晶的目的。常用的冷却介质是与结晶溶液不互溶的碳氢化合物及空气，还有的采用专用的液态冷冻剂与结晶液直接混合，借助于冷冻剂的汽化而直接制冷。采用这种操作必须注意的是冷却介质可能对结晶产品产生污染，选用的冷却介质不能与结晶母液中的溶剂互溶或者虽互溶但应易于分离，而且对结晶产品无污染。此法目前在润滑油脱蜡、水脱盐及某些无机盐生产中均有采用。

2）蒸发结晶

蒸发结晶是除去一部分溶剂的结晶过程，主要是使溶液在常压或减压下蒸发浓缩而达到过饱和。此法适用于溶解度随温度降低而变化不大或具有逆溶解度特性的物系。利用太阳能晒盐就是最古老而简单的蒸发结晶过程。蒸发结晶器与一般的溶液浓缩蒸发器在原理、设备结构及操作上并无本质的差别。但需要指出的是，一般蒸发器用于蒸发结晶操作时，对晶体的粒度控制度较差。遇到必须严格控制晶体粒度的场合，则需将溶液先在一般的蒸发器中浓缩至略低于饱和浓度，然后移送至带有粒度分级装置的结晶器中完成结晶过程。蒸发结晶过程需要消耗的热能较多，加热面问题也会给操作带来困难。

蒸发结晶器也常在减压下操作，其操作真空度不高。采用减压的目的在于降低操作温度，以利于热敏性产品的稳定，并减少热能损耗。

3）真空绝热冷却结晶

真空绝热冷却结晶是使溶剂在真空下蒸发而使溶液绝热冷却的结晶法。此法适用于具有正溶解度特性而溶解度随温度的变化率中等的物料体系。真空绝热冷却结晶器的操作原理，是把热浓溶液送入绝热保温的密闭结晶器中，设备容器内维持较高的真空度，由于对应的溶液沸点低于原料液温度，溶液势必蒸发而绝热冷却到与容器内压强相对应的平衡温度。实质上溶液通过蒸发浓缩及冷却两种效应来产生过饱和度。真空绝热冷却结晶过程的特点是设备结构相对简单，无换热面，操作比较稳定，不存在晶垢妨碍传热而需经常清理的问题。

4）盐析（溶析）结晶

另一种产生过饱和度的方法是向溶液中加入某些物质，以降低溶质在原溶剂中的溶解度。所加入的物质可以是固体，也可以是液体或气体，这种物质往往称为盐析剂或沉淀剂。对所加物质的要求是：能溶解于原溶液中的溶剂，但不溶解或很少溶解被结晶的溶质，而且在必要时溶剂与盐析剂的混合物易于分离（如用蒸馏法）。这种结晶法之所以叫作盐析法，是因为 NaCl 是一种常用的盐析剂。例如，在用联合法生产纯碱和氯化铵时，向低温的饱和氯化铵母液中加入 NaCl，利用共同离子效应，使母液中的氯化铵尽可能多地结晶出来，以提高结晶收率。在制药行业中，经常采用向含有医药物质的水溶液中加入某些有机溶剂（如低碳醇、酮、酰胺类等溶剂）的方法使医药母液结晶出来。此法还常用于使不溶于水的有机物质从可溶于水的有机溶剂中结晶出来,此时加入溶液中的是适量的水。向溶液中加入其他的溶剂使溶质析出的过程又称为溶析结晶。溶析结晶的机理是在溶液中原来与溶质分子作用的溶剂分子部分或全部被新加入的其他溶剂分子所取代,使溶液体系的自由能大为提高,导致溶液过饱和而使溶质析出。在选择溶析剂时,除要求溶质在其中的溶解度要小之外,如果对于溶析结晶的产品晶形还有特殊的要求,则还需考虑不同的溶析剂对晶体各晶面生长速率的影响。

盐析(或溶析)结晶法的优点:一个优点是可将结晶温度保持在较低水平,对热敏性物质的结晶有利,一般杂质在溶剂与盐析的混合物中有较高的溶解度,有利于提高产品的纯度,适于药物结晶。另一个优点是可与冷却法结合,进一步提高结晶收率。其缺点是常需要回收设备来处理结晶母液,以回收溶剂和盐析剂。

5)反应结晶

气体与液体或液体与液体之间发生化学反应以产生固体沉淀,这是在化工和医药生产中常用的单元操作过程。显然,固体的析出是反应产物在液相中的浓度超过了饱和浓度或构成产物的各离子的浓度超过了溶度积的结果。

反应结晶过程可分为反应和结晶两个基本步骤,随着反应的进行,反应产物的浓度增大并达到过饱和,在溶液中产生晶核并逐渐长大为较大晶体颗粒。不同于一般的结晶过程,反应结晶过程中往往还伴随着粒子的老化(相转变等)、聚结和破碎等二次过程。根据奥斯特瓦尔德(Ostwald)递变法则,在反应结晶过程中首先析出的粒子常常是介稳的过渡状态,随后才慢慢转变为更稳定的固体状态,这里可能是由一种晶型转变为另一种晶型,或由一种水合物转变为另一种水合物或无水物,或由无定型沉淀转变为晶型产品等。

流体的混合状况对反应结晶过程具有较大的影响,因为一般化学反应的速率比较快,如果在结晶器中不能提供良好的混合,则容易在进料口处产生较大的过饱和度并产生大量晶核。因此,反应结晶产生的固体粒子一般较小。要想获得符合粒度分布要求的晶体产品,必须小心控制溶液的过饱和度,如将反应试剂适当稀释或适当延长沉淀时间。

对于溶液中的结晶操作,晶核的形成和晶体的生长可以在一个很宽的温度范围内同时发生,因此溶液中的结晶过程研究变得很困难。但是,总体上还是和熔融态结晶相似的。过饱和溶液的形成、晶核的形成和晶体的生长三个过程如图 4.19 所示。

溶液 A 的温度和浓度如图 4.19 的 A 点所示,要得到饱和溶液的话,可以通过降低温度到 B 或者增加浓度到 C 点。随着进一步的冷却和浓缩,溶液就会进入过饱和亚稳态区域。如果过饱和度较小,自发地形成晶核是不可能的。但是,如果加入晶种,晶体生长过程还可以发生。随着亚稳态区域程度的增大,晶核的形成逐渐增加,但是亚稳态区域会受到 B′C′ 的限制。如果溶液被冷却到 B′ 或者浓缩溶液到 C′,就一定会形成晶核。晶体生长在这些条件下也能够进行,但是生长速率会受到低温的限制。

在晶体生长过程中,晶体表面的沉淀会造成分子附近的消耗。这个过程的驱动力来自溶液浓度由过饱和溶液到晶体表面浓度下降的梯度变化。因此,过饱和溶液浓度越大,晶体生长速率就越大。溶液中溶解的分子会有序地按照晶格的形式堆积,为晶体的生长提供了另外一个阻力。同时,结晶过程产生的热量必须考虑。

对于给定温度条件的饱和溶液,增加搅拌可以提高晶体生长速率。这是因为搅拌可以减少扩散阻力和边界层厚度。但是随着搅拌的加剧,生长速率也会有一定的限制,主要是受到晶体表面的动力学影响。图 4.20 展示了不同搅拌速率对各种浓度的硫代硫酸钠的结晶生长速率的影响。溶液 1、2、3 的过饱和度分别为 5 g/L、10 g/L、15 g/L。

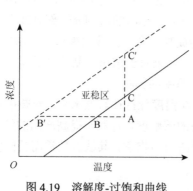

图 4.19　溶解度-过饱和曲线

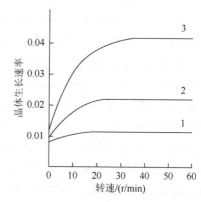

图 4.20　搅拌对硫代硫酸钠晶体生长速率的影响

对于溶液来说，不溶性的杂质可能会增加或者减缓晶核形成速率。不溶性的物质可能作为晶核促进结晶。同时，不溶性杂质也可能改变晶体的构型。例如，通过人为地加入不溶性的物质，可以确保产物的良好晶型、无结块性以及合适的流动性。

结晶所需的温度可能是由晶体的构型和所需产品的水化程度决定的。图 4.21 所示的硫酸亚铁溶解度曲线表明，在 50℃ 条件下生成 $FeSO_4 \cdot 7H_2O$，在 60℃ 条件下生成 $FeSO_4 \cdot 4H_2O$，在 70℃ 条件下生成 $FeSO_4$。但是大部分的产品可能是一种或者两种形式。

3. 结晶的制备

1）精细结晶的制备

生产细粉末是药物生产中很重要的部分。如果某种药物有陡峭的溶解度曲线，就可以通过在亚稳态区域迅速地冷却的方法生成这种药物细末的结晶产物，同时，在这种条件下，成核速率很高并且晶体生长速率很慢。但这种方法不一定是完全有效的。

2）大结晶的制备

如果批量制备体积较大且粒径均匀的晶体，可以在搅拌反应装置中，通过慢速搅拌或者自然冷却的方法生产。如图 4.22 所示，自发成核很难形成，直至溶液 A 冷却到 X 状态。结晶过程按照 XB 过程进行。如果在溶液中加入晶种，结晶就会变得更容易。晶种在 X′ 处加入，结晶过程就按照 X′B 进行，这样做的目的在于保持溶液在亚稳态区域，并且晶体生长速率高，成核

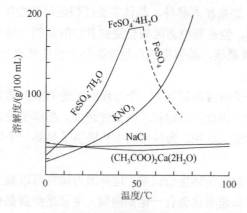

图 4.21　硫酸亚铁的溶解度曲线

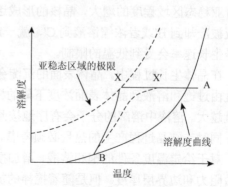

图 4.22　大晶体的生成及过饱和条件

速率缓慢。最初，冷却 A 到 X，随着结晶过程的开始，溶液的过饱和度和浓度开始下降。最终，到达图中 B 点，结晶过程停止。对于没有晶核形成过程的溶液可以通过加入晶种进行结晶。晶种在 X′处加入，结晶过程就按照 X′B 进行。

连续制备大晶体的一个重要方法就是使用 Oslo 或者 Krystal 结晶器。在亚稳态区域，过饱和溶液被释放到溶液的底部。生成的晶体通过循环的溶液在流化床上分开，从底部可分离得到较大的晶体。

4.5.3　结晶设备

结晶设备在化学和制药工业中早就为人们所使用，第一代的结晶设备多属于间歇式结晶器，不能控制过饱和度。由于此种结晶设备结疤沉积严重，生产能力小，劳动力消耗大。目前除小批量的生产仍有沿用外，多半已淘汰。

随着结晶设备广泛地使用和大型化，现代结晶设备的特点除规模大、操作自动化外，都是连续式的，而且无一例外地要精确控制过饱和度的影响。为了控制合理的过饱和度，结晶溶液必须循环。按照物料溶解度随温度变化的特性，基本上有 5 种类型结晶器：①冷却结晶器；②蒸发结晶器；③真空结晶器；④盐析结晶器；⑤其他类型，如喷雾结晶器、附有反应的结晶器等。若按操作方式的不同，结晶设备可分为连续式、半连续式和间歇式；按流动方式的不同，结晶设备可分为母液循环型和晶浆循环型；按能否进行粒度分级，结晶设备可分为粒析作用式及无粒析作用式；按产生过饱和度方法的不同，结晶设备可分为冷却式、蒸发式和真空式等（图 4.23）。

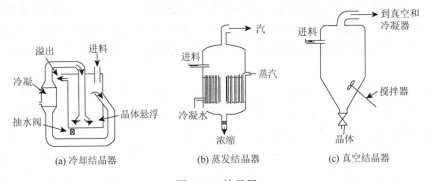

　　　(a) 冷却结晶器　　　　　　　(b) 蒸发结晶器　　　　　　(c) 真空结晶器

图 4.23　结晶器

结晶器的目的就是尽可能地生产所需的大小、形态、纯度和产率的晶体。这就需要操作过程保持在一个合适的过饱和度，在这种过饱和度下晶核能够形成和按照一定的速率生长。对于一个给定量的溶液，通过控制晶核的数量可以控制晶体的大小。对于很少或者没有天然晶核的体系而言，晶体的大小和数量可以通过加入适量的晶种来控制。

如图 4.21 所示，结晶的模式由溶质的溶解度和温度的相互关系确定。其他的重要影响因素有溶质的热稳定性、不溶物质、水化程度等。如果溶质的溶解度随着温度的增加而剧烈增加，大部分的溶质可以通过冷却热饱和溶液得到，如硝酸钠溶液。另外，氯化钠和乙酸钙则不同，其溶解度随温度变化很小。因此，过饱和溶液可以通过蒸发掉一部分溶剂得到。所以，蒸发和冷却操作都可能使用。当溶解度有适当的变化，并且存在的杂质不会影响结晶过程时，蒸发结晶后的母液可以冷却以产生另外的晶体。一些蒸发器中通常也会用到快速冷却操作，热溶液在真空环境中快速蒸发和冷却。

过饱和溶液也可以通过加入第三种物质来降低组分的溶解性而形成。这些沉淀过程对于热不稳定物质是非常重要的。通过控制第三种物质加入时的速率、温度、搅拌条件等来控制结晶的过程。例如，不溶于水的物质溶解在水溶性的有机溶剂中时，可以通过加入一定量的水来结晶。同样的，可以通过改变溶液的酸碱性或者加入常见的离子来降低很多物质的水溶性。例如，通过加入氯化铵或者改变溶液的 pH 将蛋白质从溶液中盐析出来。另外，结晶固体的沉淀可能是化学反应的结果。

结晶器生产出来的晶体大小应该是均匀的，而且可以方便地移出母液并清洗结晶沉淀。如果大量的液体被沉淀堵塞，干燥后将会得到一个不纯的产品。另外，晶体还很有可能停留在滤饼上。

结晶器可以按照过饱和溶液的类型进行分类，或者采用其他的分类方法。这就产生了一些新的术语，如冷却结晶器和蒸发结晶器。真空结晶器中，蒸发和冷却两个过程都使用得到。

1. 冷却结晶器

最简单的冷却结晶器仅是一个敞口的结晶槽。结晶溶液通过液面和器壁向空气散热，以降低自身温度并析出晶体，故称为空气冷却式结晶器。此类结晶器可获得高质量、大粒度的晶体产品，尤其适用于含多结晶水物质的结晶。其缺点是传热速率太慢，且属于间歇操作，因而生产能力较低。

工业上大量的结晶生产过程需要用到封闭或者开放的反应罐，并且需要机械搅拌。结晶过程中产生的热量可以通过带有冷却循环水的夹套或者线圈来除去。搅拌破坏罐中液体间的渐变温度，晶体能够在容器的底部有规则的生长。同样的装置中，通过加入第三种物质也可以发生结晶和沉淀过程。

连续结晶通常通过自然冷却或者夹套冷却结晶。溶液从一个结晶器的底部进入，然后晶体和溶液从另外一个反应器中排出。在结晶器中，一个慢速转动的蜗杆在溶液中清除冷却器表面的晶体并且慢慢地通过槽传送已形成的晶体。另一个槽通过摇动来搅拌。使用挡板增加溶液的停留时间。这两种结晶器的传热系数很低，另一种装置包含有一个双管换热器。结晶的溶液在容器的中央管中，管子周围存在着逆流的冷却液。一个带叶片的轴在中央管中旋转，刮掉热转移介质表面的晶体，得到较高的热转移系数。对于 Oslo 结晶器，通过冷却得到过饱和溶液，如图 4.23（a）所示。

2. 蒸发结晶器

蒸发结晶器是一类通过蒸发溶剂使溶液浓缩并析出晶体的结晶设备。对于小剂量结晶溶液，简单的搅拌容器可以被用于蒸发结晶操作。对于晶体大小要求不严格的操作、较大的单元反应，可以使用加热装置，如图 4.23（b）所示。装置中的下水管一定要足够大才能满足悬浮液的流动要求，还要安装一个叶轮，强制性地增加液体热量的转移。这些单元操作既可以用于间歇式也可以用于非间歇式结晶操作。而对于非间歇式过程，需要更加注意晶体的大小，使用 Oslo 结晶器时可以使用蒸发操作使溶液达到饱和。

蒸发结晶器的操作性能优异，缺点是结构复杂、投资成本较高。

3. 真空结晶器

真空结晶操作是将常压下未饱和的溶液，在绝热条件下减压闪蒸，由于部分溶剂的汽化而使溶液浓缩、降温并很快达到饱和状态而析出晶体。真空结晶又称为蒸发冷却结晶，相应的真空结晶器又称为蒸发冷却式结晶器。

真空结晶器可以通过移去和冷却溶剂使溶液达到过饱和状态。如图 4.23（c）所示，在低压条件下将热饱和溶液加入搅拌容器中，溶液在绝热、低压条件下沸腾和冷却。随着溶液的浓缩，结晶过程产生，并且从容器的底部移出产物。Oslo 结晶器可以在真空条件下使用。

由于该类结晶器的操作温度一般较低，故产生的溶剂蒸汽不易被冷却水直接冷凝，为此需在冷凝器的前方装设一个蒸汽喷射泵，便于在冷凝前对蒸汽进行压缩，以提高其冷凝温度。

第 5 章　制药过程中流固原辅料的处理

许多化工和制药生产过程中，要求分离非均相物系（heterogeneous system）。含尘和含雾的气体属于气固非均相物系。悬浮液、乳浊液及泡沫液等都属于液固非均相物系。

流固非均相物系中处于分散状态的物质统称为分散质或分散相，如气体中的尘粒、悬浮液中的颗粒、乳浊液中的液滴。流固非均相物系中处于连续状态的物质则统称为分散介质或连续相，如气固非均相物系中的气体、液固非均相物系中的连续液体。

流固非均相物系分离的目的有以下 3 个。

（1）回收分散物质。例如，从结晶器排出的母液中分离出晶体。

（2）净化分散介质。例如，除去含尘气体中的尘粒。

（3）劳动保护和环境卫生等。

因此，流固非均相物系的分离，在工业生产中具有重要意义。

对含尘气体及悬浮液进行分离，工业上最常用的方法有沉降分离法与过滤分离法。沉降分离法是使气体或液体中的固体颗粒在重力、离心力或惯性力的作用下而发生沉降的方法；过滤分离法是利用气体或液体能通过过滤介质而固体颗粒不能通过过滤介质的性质而进行分离，如袋滤法。此外，对于含尘气体，还有液体洗涤除尘法和电除尘法。液体洗涤除尘法是使含尘气体与水或其他液体接触，洗去固体颗粒的方法。电除尘法是使含尘气体中颗粒在高压电场内受电场力的作用而沉降分离的方法。这两种方法及过滤分离法都可用于分离含有 1 μm 以下颗粒的气体。但应注意的是，液体洗涤除尘法往往产生大量废水，存在废水处理的困难；电除尘法不仅设备费较多，每日操作费也较多。

本章重点介绍重力沉降、离心沉降及过滤等分离法的原理及设备。

5.1　沉　　降

5.1.1　颗粒与流体相对运动时所受的阻力

颗粒在流体中作重力沉降或离心沉降时，要受到流体的阻力作用。因此在这里先介绍颗粒与流体相对运动时所受的阻力。

如图 5.1（a）所示，当流体以一定速度绕过静止的固体颗粒流动时，流体的黏性会使其对颗粒有作用力。同样，如图 5.1（b）所示，当固体颗粒在静止流体中移动时，流体也会对颗粒有作用力。这两种情况的作用力性质相同，通常称为曳力（drag force）或阻力。

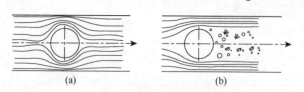

(a)　　　　　　　　　　(b)

图 5.1　流体绕过颗粒的流动

只要颗粒与流体之间有相对运动，就会产生这种阻力。除了上述两种相对运动情况，还有颗粒在静止流体中作沉降时的相对运动，或运动着的颗粒与流动着的流体之间的相对运动。对于一定的颗粒和流体，无论何种相对运动，只要相对运动速度相同，流体对颗粒的阻力就一样。

当流体密度为 ρ，黏度为 μ，颗粒直径为 d_p，颗粒在运动方向上的投影面积为 A，颗粒与流体的相对运动速度为 u 时，则颗粒所受的阻力 F_d 可用式（5.1）计算。

$$F_d = \zeta A \frac{\rho u^2}{2} \tag{5.1}$$

式中，无量纲的 ζ 称为阻力系数（drag coefficient），为流体相对于颗粒运动时的雷诺数的函数，即

$$\zeta = \varPhi(\mathrm{Re}) = \varPhi(d_p u \rho / \mu) \tag{5.2}$$

此函数关系需由实验测定。球形颗粒 ζ 的实验数据如图 5.2 所示。

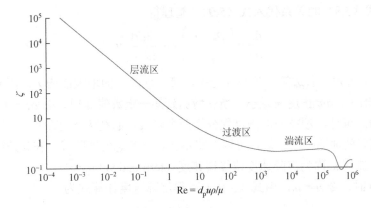

图 5.2　球形颗粒 ζ 与 Re 的关系曲线

图中曲线大致可分为 3 个区域，各区域的曲线可分别用不同的计算式表示如下。

层流区（$10^{-4} < \mathrm{Re} \leqslant 2$）　　　　　$\zeta = 24 / \mathrm{Re}$ （5.3）

过渡区（$2 < \mathrm{Re} \leqslant 500$）　　　　　$\zeta = 10 / \sqrt{\mathrm{Re}}$ （5.4）

湍流区（$500 < \mathrm{Re} \leqslant 2 \times 10^5$）　　　　$\zeta = 0.44$ （5.5）

这 3 个区域又分别称为斯托克斯（Stokes）区、阿仑（Allen）区、牛顿（Newton）区。其中斯托克斯区的计算式是准确的，其他两个区域的计算式是近似的。

5.1.2　重力沉降与设备

1. 重力沉降速度

由地球引力作用而发生的颗粒沉降过程，称为重力沉降（gravity settling）。

1）重力沉降速度的计算

单个颗粒在流体中沉降，或者颗粒群在流体中分散得较好，而颗粒在互不接触、互不碰撞的条件下沉降，称为自由沉降（free settling）。

当一个球形颗粒放在静止流体中，颗粒密度 ρ_p 大于流体密度 ρ 时，则颗粒将在重力作用下做沉降运动。设颗粒的初速度为零，则颗粒最初只受重力 F_g 与浮力 F_b 的作用。重力向下，浮力向上。当颗粒直径为 d_p 时，有

$$F_g = \frac{\pi}{6} d_p^3 \rho_p g \tag{5.6}$$

$$F_b = \frac{\pi}{6} d_p^3 \rho g \tag{5.7}$$

此时，作用于颗粒上的这两个外力之和不等于零，颗粒将产生加速度。当颗粒开始下沉时，受到流体向上作用的阻力 F_d。令 u 为颗粒与流体相对运动速度，有

$$F_d = \zeta \frac{\pi d_p^2}{4} \cdot \frac{\rho u^2}{2} \tag{5.8}$$

根据牛顿第二定律，颗粒的重力沉降运动基本方程式应为

$$F_g - F_b - F_d = m \frac{du}{d\tau} \tag{5.9}$$

式中，m 为颗粒质量；τ 为下沉时间。

将式（5.6）～式（5.8）的关系代入式（5.9），整理得

$$\frac{du}{d\tau} = \left(\frac{\rho_p - \rho}{\rho_p} \right) g - \frac{3\zeta\rho}{4 d_p \rho_p} u^2 \tag{5.10}$$

由式（5.10）可知，右边第一项与 u 无关，第二项随 u 的增大而增大。因此，随着颗粒向下沉降，u 逐渐增大，$du/d\tau$ 逐渐减小。当 u 增加到某一定数值 u_t 时，$du/d\tau = 0$。于是颗粒开始做匀速沉降运动。可见，颗粒的沉降过程分为两个阶段，起初为加速阶段，而后为匀速阶段。对于小颗粒，沉降的加速阶段较短，可以忽略不计，只考虑匀速阶段。在匀速阶段中，颗粒相对于流体的运动速度 u_t 称为沉降速度或终端速度（terminal velocity）。

当 $du/d\tau = 0$ 时，令 $u = u_t$，由式（5.10）可得沉降速度计算式为

$$u_t = \sqrt{\frac{4 g d_p (\rho_p - \rho)}{3 \zeta \rho}} \tag{5.11}$$

式中，u_t 为沉降速度，m/s；d_p 为颗粒直径，m；ρ_p 为颗粒的密度，kg/m³；ρ 为流体的密度，kg/m³；g 为重力加速度，m/s²；ζ 为阻力系数。

式（5.11）与式（5.10）的阻力系数 ζ 关系式联立求解，可得颗粒在流体中的沉降速度 u_t。

对于球形颗粒，将不同 Re 范围的阻力系数代入式（5.11），可得各区域的沉降速度计算式。

层流区（$10^{-4} < \text{Re} \leqslant 2$）　　　$u_t = g d_p^2 (\rho_p - \rho) / 18\mu \tag{5.12}$

过渡区（$2 < \text{Re} \leqslant 500$）　　　$u_t = \left[\frac{4 g^2 (\rho_p - \rho)^2}{225 \mu \rho} \right]^{1/3} d_p \tag{5.13}$

湍流区（$500 < \text{Re} \leqslant 2 \times 10^5$）　　$u_t = \sqrt{3.03 g (\rho_p - \rho) d_p / \rho} \tag{5.14}$

式（5.12）称为斯托克斯式或斯托克斯定律。

由此三式可知，u_t 与 d_p、ρ_p 及 ρ 有关。d_p 及 ρ_p 愈大，则 u_t 就愈大。层流区与过渡区中，u_t 还与流体黏度 μ 有关。液体黏度约为气体黏度的 50 倍，故颗粒在液体中的沉降速度比在气体中小很多。

已知球形颗粒直径，要计算沉降速度时，需要根据 Re 值从式（5.12）～式（5.14）中选择一个计算式。但因为 u_t 为待求量，所以 Re 值是未知量。这就需要用试差法进行计算。例如，当颗粒直径较小时，可先假设沉降属于层流区，则用斯托克斯式（5.12）求出 u_t。然后用所求出的 u_t 计算 Re 值，检验 Re 值是否小于 2。如果计算的 Re 值不在所假设的流型区域，则应另选用其他区域的计算式求 u_t，直到用所求计算的 Re 值符合所用计算式的流型范围为止。

2）重力沉降速度的其他影响因素

（1）颗粒形状：颗粒和流体相对运动时所受的阻力与颗粒的形状有很大的关系。颗粒的形状偏离球形愈大，其阻力系数就愈大。实际上颗粒的形状很复杂，目前还没有确切的方法来表示颗粒的形状，所以在沉降问题中一般不深究颗粒的形状。这个问题可以采用下述方法处理，即测定非球形颗粒的沉降速度，用沉降速度式计算出粒径。这样求出来的非球形颗粒的直径称为当量球径（diameter of equivalent sphere）。即用球形颗粒直径来表示沉降速度与其相同的非球形颗粒的直径，并对沉降过程进行设计计算。

（2）壁效应：当颗粒在靠近器壁的位置沉降时，由于器壁的影响，其沉降速度较自由沉降速度小，这种影响称为壁效应（wall effect）。

（3）干扰沉降：当非均相物系中的颗粒较多，颗粒之间相互距离较近时，颗粒沉降会受到其他颗粒的影响，这种沉降称为干扰沉降（hindered settling）。干扰沉降比自由沉降的速度小。

2. 重力沉降设备

1）降尘室

利用重力沉降分离含尘气体中的尘粒，是一种最原始的分离方法。其一般被作为预分离之用，可以分离粒径较大的尘粒。

本部分介绍最典型的水平流动型降尘室（dust-settling chamber）的操作原理。降尘室如图 5.3 所示。

图 5.3　降尘室

（1）停留时间与沉降时间：含尘气体由管路进入降尘室后，因流道截面积扩大而流速降低。只要气体从降尘室进口流到出口所需要的停留时间等于或大于尘粒从降尘室的顶部沉降到底部所需的沉降时间，则尘粒就可以分离出来。这种重力降尘室，通常可分离粒径为 50 μm 以上的粗颗粒，作为预除尘用。

如图 5.4 所示，降尘室的长度为 L，如果颗粒运动的水平分速度与气体的流速 u 相同，则颗粒在降尘室的停留时间为 L/u；若颗粒的沉降速度为 u_t，则颗粒在高度为 H 的降尘室中的沉降时间为 H/u_t。

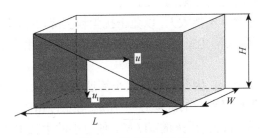

图 5.4　降尘室的计算

颗粒在降尘室中分离出来的条件是停留时间≥沉降时间，即

$$L / u \geqslant H / u_t \tag{5.15}$$

（2）临界粒径 d_{pc}：若已知含尘气体的体积流量 q_{Vs}（单位为 m^3/s），则含尘气体在降尘室中的流速为

$$u = q_{Vs} / HW \tag{5.16a}$$

将此式代入式（5.15），则得尘粒在降尘室中的沉降速度应满足的条件为

$$u_t \geqslant \frac{q_{Vs}}{WL} \tag{5.16b}$$

即尘粒的沉降速度，应大于或等于 q_{Vs}/WL。或者说，某些粒径的尘粒，其沉降速度 u_t 大于或等于 q_{Vs}/WL 时，则能全部被分离出来。

含尘气体中的尘粒大小不一，颗粒大者沉降速度快，颗粒小者较慢。设其中有一种粒径能满足式（5.16b）中的条件：

$$u_{tc} = \frac{q_{Vs}}{WL} \tag{5.17}$$

则此粒径称为能 100%除去的最小粒径，或称为临界粒径（critical particle diameter），用 d_{pc} 表示。u_{tc} 为临界粒径颗粒的沉降速度。

只要粒径为 d_{pc} 的颗粒能够沉降下来，则比其大的颗粒在离开降尘室之前都能沉降下来。

将式（5.17）的临界粒径 d_{pc} 所对应的沉降速度 u_{tc}，代入沉降速度计算式（5.12）～式（5.14），可求出临界粒径 d_{pc}。

假如尘粒的沉降速度处于层流区（斯托克斯区），将式（5.17）代入式（5.12），可得颗粒的临界粒径计算式为

$$d_{pc} = \sqrt{\frac{18\mu}{(\rho_p - \rho)g} u_{tc}} = \sqrt{\frac{18\mu}{(\rho_p - \rho)g} \times \frac{q_{Vs}}{WL}} \tag{5.18}$$

式中，d_{pc} 为颗粒的临界粒径，m；u_{tc} 为与临界粒径 d_{pc} 对应的沉降速度，m/s；μ 为流体的黏度，Pa·s；ρ 为流体的密度，kg/m^3；ρ_p 为颗粒的密度，kg/m^3；g 为重力加速度，m/s^2；q_{Vs} 为含尘气体的体积流量，m^3/s；W 为降尘室的宽度，m；L 为降尘室的长度，m。

由式（5.17）与式（5.18）可知，当 q_{Vs} 一定时，d_{pc} 及 u_{tc} 与降尘室的底面积 WL 成反比，而与高度 H 无关。同时，当 d_{pc} 与 u_{tc} 一定时，q_{Vs} 与底面积 WL 成正比，而与高度 H 无关。

（3）降尘室的形状：从上面分析可知，降尘室宜做成扁平形状。

当含尘气体的体积流量 q_{Vs} 不变时，若使降尘室的高度 H 为原来的 1/2，而临界粒径颗粒的沉降速度 u_{tc} 不变时，则尘粒的沉降时间将缩短一半。同时，因气体流速 u 为原来的两倍，则尘粒在降尘室中的停留时间也为原来的 1/2。

应注意的是气体流动速度 u 不能太大，以免干扰尘粒沉降，或把沉下来的尘粒重新卷起来。一般 u 不超过 3 m/s。多层隔板降尘室如图 5.5 所示，将降尘室用水平隔板分为 N 层，每层高度为 H/N。

由于气体流动的截面积未变，因此颗粒的水平流速不变。由式（5.18）可知，颗粒的临界粒径不变。同时，要求临界粒径颗粒的沉降时间 H/u_{tc} 等于停留时间，也不变。因为颗粒的沉降高度为原来的 $1/N$，临界粒径降为原来的 $\sqrt{1/N}$，使更小的尘粒也能分离。一般可分离 20 μm 以上的颗粒，但多层隔板降尘室排灰不方便。

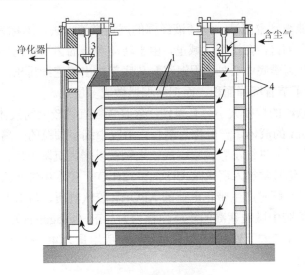

图 5.5　多层隔板降尘室

1. 隔板；2, 3. 降尘室；4. 除尘口

（4）降尘室的计算：从层流区（斯托克斯区）的计算式（5.18）可知，降尘室的计算问题可分为下列 3 类。

A. 若已知气体处理量 q_{Vs}、物性数据（气体密度 ρ、黏度 μ 及颗粒密度 ρ_p）及要求除去的最小颗粒直径（临界粒径 d_{pc}），则可计算降尘室的底面积 WL。

B. 若已知降尘室底面积 WL、物性数据及临界粒径 d_{pc}，则可计算气体处理量 q_{Vs}。

C. 若已知降尘室底面积 WL、物性数据及气体处理量 q_{Vs}，则可计算临界粒径 d_{pc}。

2）增稠器与悬浮液的沉聚

悬浮液放在大型容器里，其中的固体颗粒在重力作用下沉降，得到澄清液与稠浆的操作，称为沉聚（sedimentation）。当原液中固体颗粒的浓度较低，而为了得到澄清液时的操作，常称为澄清。所用设备称为澄清器（clarifier）。从较稠的原液中尽可能地把液体分离出来而得到稠浆的设备，称为增稠器（thickener）。

工业上处理大量悬浮液时多用连续式增稠器，如图 5.6 所示。增稠器是一个带锥形底的圆槽，直径一般为 10～100 m。原液经中心处的进料管送至液面下 0.3～1.0 m 处。固体颗粒在上部自由沉降区边沉降边向圆周方向分散，而液体向上流动。在这个区域里，当液体流速小于颗

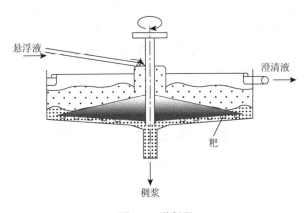

图 5.6　增稠器

粒的沉降速度时，就能得到澄清液。澄清液经槽的周边溢流出去，这称为溢流（over flow）。沉降区的下部为增稠压缩区，在这个区域里，由于转动缓慢的齿形耙的挤压作用，挤出更多的液体，同时把稠浆移动到槽底中心处，用泥浆泵从底部排出管连续排出。排出的稠浆称为底流（under flow）。有时为了节省沉降面积，而把增稠器做成多层式。

液体中所含固体颗粒的粒径大小会有差别，含有颗粒直径较大的液体，一般称为悬浮液；含有颗粒直径小于 1 μm 的液体，一般称为溶胶。溶胶中细小颗粒的分离要比悬浮液中较大颗粒的分离更为困难。为了促进细小颗粒絮凝成较大颗粒以增大沉降速度，可往溶胶中加入少量电解质。例如，河水净化时常加入明矾[$KAl(SO_4)_2 \cdot 12H_2O$]，使水中细小污物沉淀。因为这些微粒常带负电荷，而明矾水解时产生带正电荷的 $Al(OH)_3$ 胶状物质，与水中微粒聚集成大颗粒而一起沉降。凡能促进溶胶中微粒絮凝的物质均称为絮凝剂（coagulant）。常用的电解质除了明矾还有三氧化铝、绿矾（硫酸亚铁）、三氯化铁等，一般用量为 40～200 mg/kg。近年来，已研究出某些高分子絮凝剂。

5.1.3　离心沉降与设备

物体受外离心力的作用在一个圆形路径内移动，这种外离心力能够平衡向心力使物体绕着中心旋转移动，这一原理用于流固原辅料的机械分离时称为离心沉降。

离心沉降中的分离是由两个或两个以上相的密度不同引起的。在这个更重要的过程中，固-液混合物和液-液混合物可以完全分离。然而，如果分离不完全，在离心机内会有一个分散相的梯度大小出现，因为越大粒子的径向速度越快。以这种方式操作，离心机能起到分离的作用。

1. 离心沉降速度

斯托克斯方程描述了液体中粒子的运动。如果它的直径是 d、速率是 u，在黏度为 μ 和密度为 ρ 的液体中在重力作用下沉降，描述这些因素与粒子运动速率之间的关系如下。

$$u = \frac{1}{18} d^2 \frac{\rho_s - \rho}{\mu} g \qquad (5.19)$$

式中，g 为重力加速度；ρ_s 为颗粒的密度。

在离心力内引起分离力被离心力所替代。如果一个质量为 m 的粒子，在一个半径为 r 的圆内运动，角速度为 ω，则离心力是 $\omega^2 r \cdot (m - m_1)$，其中 m_1 为排开液体的质量。$\omega^2 r / g$ 是离心力在给定的例子中的重力。它的值可以超过 10 000。因此，含有非常细的颗粒的系统会分离得更快、更完全、更有效，是通过布朗运动而不是重力发生沉淀。

根据粒子的体积和有效密度来表示粒子的质量，离心力可以用下列式子表达。

$$\frac{\pi}{6} d^2 (\rho_s - \rho) \omega^2 r \qquad (5.20)$$

在简化条件下，在方程中相对黏滞力是 $3\pi\mu du$，其中 u 是颗粒的终端速度，则有

$$u = \frac{1}{18} d^2 \left(\frac{\rho_s - \rho}{\mu} \right) \omega^2 r \qquad (5.21)$$

沉降速率与圆的半径、角速度的平方成正比。

2. 离心沉降设备

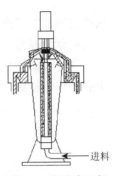

离心沉降机可以分为许多不同类型。

对于转速非常高的操作，离心沉降机是管状的，长径比为 4～8。图 5.7 是超速离心机的例子，其转速可达到 15 000 r/min，或者在涡轮机驱动的实验模型中，转速可高达 50 000 r/min。这种机器可以连续分离两个液体，被广泛用于乳液分离。当固体含量很少时，它也可以作为一种有效的澄清剂。这种装置可用于脂肪和蜡的清洁、血液分离和病毒的回收。

图 5.7　超速离心机

5.2　悬浮液过滤

制药行业的人员需要大量使用过滤方法，收集化学合成或者注射用液体中的沉淀物。因此，过滤操作可以解释为：使含固体颗粒的非均相物系通过布、网等多孔性介质除去固体或者液体中的悬浮物质，并且这种不溶悬浮物质会保留在介质上。虽有含尘气体的过滤和悬浮液的过滤之分，但通常所说的"过滤"是指悬浮液的过滤。过滤介质和隔膜先前是负载于一个基础物质之上，这种安装方式可以使得液体物质通过隔膜，形成过滤器。

过滤的操作方式是多种多样的，但是常被分为滤饼过滤和澄清过滤。

5.2.1　过滤方式与过滤材料

图 5.8 为过滤操作示意图。悬浮液通常也称为滤浆或料浆。过滤用的多孔性材料称为过滤介质。留在过滤介质上的固体颗粒称为滤饼或滤渣。通过滤饼和过滤介质的清液称为滤液。

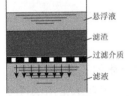

图 5.8　过滤操作示意图

1. 过滤方式

常见的过滤方式有以下两种。

1）溶液过滤（深层过滤）

在药物生产过程中需要用到高标准的澄清溶液。这样做的目的很简单，就是使药物更加完美，注射用药物溶剂很明显是不能有微粒物质存在的。不希望有的杂质通常很微量。当悬浮液中所含颗粒很小，而且含量很少（液体中颗粒的体积＜0.1%）时，可用较厚的粒状床层做成的过滤介质（如自来水净化用的砂层）进行过滤，也可以使用薄膜介质进行过滤，通过截留、撞击和静电效应渗透和截流不溶的微量杂质。由于悬浮液中的颗粒尺寸比过滤介质的孔道直径小，当颗粒随液体进入床层内细长而弯曲的孔道时，靠静电及分子力的作用而附着在孔道壁上。过滤介质床层上面没有滤饼形成，因此这种过滤称为深层过滤（deep bed filtration）。由于它是从稀悬浮液中得到澄清液体，所以又称为澄清过滤，如自来水的净化及污水处理等。不溶微粒的大小可能是截流物质材料大小的 100 倍。因此，过滤器必须是非溶性并且必须具有足够的深度以使通过介质的物质尽可能得小。

深层过滤空隙的大小决定了截流物质的颗粒大小。当颗粒大小和空隙大小相近时，这种过滤器称为"可溶过滤器"，以至于可以很大程度地分离开杂质，这种机理就好比类比与筛选。

这些过滤器的寿命与通过隔膜的液体量有关。一旦微粒被截流在空隙的入口处，那么液体过滤的速率就会减慢。滤膜过滤器就是这个原理。

通过过滤操作顺便将溶液灭菌可以看作澄清溶液过滤操作中一个极好的应用，在这个操作中必须保证能够清除大于 0.3×10^{-6} m 的颗粒。

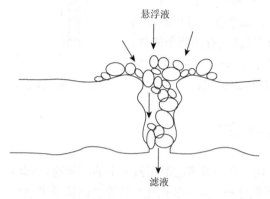

悬浮液

滤液

图 5.9 架桥现象

2）滤饼过滤

悬浮液过滤时，液体通过过滤介质而颗粒沉积在过滤介质的表面形成滤饼。当然颗粒尺寸比过滤介质的孔径大时，会形成滤饼。不过，当颗粒尺寸比过滤介质孔径小时，过滤开始会有部分颗粒进入过滤介质孔道，迅速发生"架桥现象"，如图 5.9 所示。但也会有少量颗粒穿过过滤介质而与滤液一起流走。随着滤渣的逐渐堆积，过滤介质上面会形成滤饼层。此后，滤饼层就成为有效的过滤介质而得到澄清的滤液。这种过滤称为滤饼过滤，它适用于颗粒含量较多（液体中颗粒的体积＞1%）的悬浮液。

滤饼过滤在工业生产中最常见的应用就是过滤具有大量泥浆或者固体沉淀物的悬浮液，这些不溶物质通常占总量的 3%～20%。隔膜在这种过滤操作中只起到了载体的作用，实际起到过滤作用的物质是滤饼。在这种情况下，固体可以通过滤膜直至一个有效的滤饼形成。然后，滤液可以循环过滤。滤饼的物理性质很大程度上决定了方法的使用。通常情况下，清洗、部分干燥和脱水是过滤过程不可或缺的操作。移除滤饼完成过滤，固体或者滤液可能都是所需要的。

2. 过滤材料

1）过滤介质

过滤介质的作用是使液体通过而使固体颗粒截留住。因此，要求过滤介质的孔道比颗粒小，或者过滤介质的孔道虽比颗粒大，但颗粒能在孔道上架桥，只让液体通过，工业上常用的过滤介质有以下的分类方式。

（1）按材质分类如下。

A. 织物介质：由天然或合成纤维、金属丝等编织而成的滤布、滤网，这种过滤介质在工业生产中使用得最多、最广泛。它的价格便宜，清洗及更换方便。视织物的编织方法和孔网的疏密程度，此类介质可截留颗粒的最小直径为 5～65 μm。有棉、麻、丝、毛及各种合成纤维织成的滤布，还有铜、不锈钢等金属丝编织的滤网。

B. 堆积的粒状介质：此类介质是由各种固体颗粒（砂、木炭、石棉粉）或非编织纤维（玻璃棉）等堆积成较厚的床层，一般用于处理固体量很少的悬浮液，是深层过滤介质。

C. 多孔性介质：此类介质是由陶瓷、烧结金属（或玻璃），或由塑料细粉黏结而成的多孔性板状或管状介质。能截留小至 1～3 μm 的微小颗粒。

过滤介质的选择，要考虑悬浮液中液体性质（如酸、碱性）、固体颗粒含量、粒度操作压力与温度及过滤介质的机械强度与价格等因素。

D. 滤膜介质：如覆膜滤布，以滤布为机械支撑，将带均匀细孔的滤膜覆盖在滤布上。滤膜材质可以是陶瓷、金属、合成高分子材料、微孔玻璃等。滤膜的孔径为 0.1～10 μm，厚度均匀，能截留 0.1～10 μm 及以上的颗粒。

此外，工业滤纸也可与上述介质组合，用以拦截悬浮液中少量微细颗粒。

（2）按性能分类如下。

A. 刚性介质：刚性介质可以是疏松的也可以是固定的，前者可以是合适的载体上加有助滤剂，这种介质的过滤特性主要由粒度、粒度分布、形状等这些因素决定，这些因素可能随着对过滤要求的不同而变化。

固定介质随冲筛网的不同而变化，它们可以由金属、塑料、玻璃粉等烧结骨料的极细颗粒组成，用于粗滤。烧结材料粉末的尺寸、尺寸分布和形状以及烧结条件能控制最终介质产品中孔隙的大小和分布。此外，介质还可以用空气渗透率来表征。当选择灭菌过滤器时，孔径的最大尺寸是非常重要的，可以通过测量通过介质吹空气的气泡所需的压强差来确定，而它能够支持具有已知表面张力的一系列液体。

B. 柔性介质：柔性介质可以是编织类的，也可以是非编织类的，编织的过滤介质可以是棉纤维、羊毛、合成纤维和再生纤维，玻璃和金属纤维在滤饼中可作为滤膜。其中，棉花是使用最广泛的，并且尼龙在合成纤维中占据主导地位，涤纶在酸过滤中是一种非常有用的介质。渗透和滤饼卸载受纤维扭曲度、厚度和各种各样的编织方式影响，滤布的选择往往取决于泥浆的化学性质。

非编织的介质主要是毛毡类和压缩纤维素，并且常用于深度过滤。但是它有一个缺点，就是纤维材料是从过滤器的下侧开始损失，除非这种介质是专门精心制备的。纸类介质也可在一定范围内应用。纸类介质填充使其具有高湿度，一种替代制造方案是采用纤维素框架来支撑石棉纤维。

过滤介质的选择，要考虑悬浮液中液体性质（如酸、碱性）、悬浮液中的固体颗粒含量与粒度、介质所能承受操作压力与温度、化学稳定性及过滤介质的机械强度与价格等因素。过滤介质的合理选择需要具有专业经验。在过滤纯化的过程中，高过滤速率和细颗粒滞留的要求是相互对立的，介质的渗透性和保持能力可以用来指导小规模的实验与过滤材料的选择。需考虑的其他因素是介质污染的滤液、机器的防护壳、溶液对介质的吸附，必要时是否能承受重复灭菌操作。

对于滤饼而言，过滤介质必须能抑制过度渗透，并且促使高渗透率滤饼的形成。在洗涤和脱水后，这种介质能够方便地将滤饼取下来。

2）滤饼的压缩性

某些悬浮液中的颗粒所形成的滤饼具有一定的刚性，滤饼的空隙结构并不因为操作压差的增大而变形，这种滤饼称为不可压缩滤饼。若滤饼在操作压差的作用下会发生不同程度的变形，致使滤饼或滤布中的流动通道缩小（滤饼中的空隙率 ε 减小），流动阻力急骤增加。这种滤饼称为可压缩滤饼。

3）助滤剂

助滤剂分为介质助滤剂和化学助滤剂两类。

（1）介质助滤剂：当悬浮液中的颗粒很细时，过滤时很容易堵死过滤介质的孔隙，或所形成的滤饼在过滤的压强差作用下孔隙很小，阻力很大，使过滤困难。为了防止这种现象发生，可使用介质助滤剂（filter aid）。常用的介质助滤剂有以下几种。

A. 硅藻土：它是由硅藻土经干燥或煅烧、粉碎、筛分而得到的粒度均匀的颗粒，其中主要成分为含 80%～95% SiO_2 的硅酸。

　　B. 珍珠岩：它是珍珠岩粉末在 100℃条件下迅速加热膨胀后，经粉碎、筛分得到的粒度均匀的颗粒，其主要成分为含 70% SiO_2 的硅酸铝。

　　C. 石棉：由石棉粉与少量硅藻土混合而成。

　　D. 炭粉、纸浆粉等。

　　介质助滤剂有两种使用方法。其一是先把助滤剂单独配成悬浮液，使其过滤，在过滤介质表面先形成一层助滤剂层，然后进行正式过滤。其二是在悬浮液中加入助滤剂一起过滤，这样得到的滤饼较为疏松，可压缩性减小，滤液容易通过。由于滤渣与助滤剂不容易分开，若过滤的目的是回收滤渣，就不能把助滤剂与悬浮液混合在一起。助滤剂的添加量一般在固体颗粒质量的 0.5%以下。

　　（2）化学助滤剂：使用化学助滤剂的目的是改变颗粒的聚集状态、提高过滤速率、降低滤饼含水量。化学助滤剂的主要作用：一是改变颗粒表面的电荷量或电位，促使颗粒凝聚；二是将微细颗粒架连。同时，要尽量使颗粒表面疏水，以利于水从滤饼孔隙中排出。化学助滤剂有表面活性剂和高分子絮凝剂两大类。

5.2.2　过滤过程的其他问题

　　1. 液体过滤后处理

　　过滤后处理主要包括滤饼脱液和滤饼洗涤。

　　滤饼脱液是利用某种方法除去滤饼中残留的液体。滤饼脱液的主要方法有气体置换（压缩空气吹脱、真空吸脱）和机械力脱除（机械压榨、惯性力和离心力脱液、振动脱液）等。

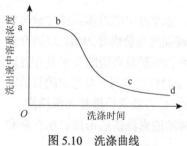

图 5.10　洗涤曲线

　　滤饼洗涤是某些过滤操作需要回收滤饼中残留的滤液或除去滤饼中的可溶性盐，则在过滤操作结束时用清水或其他液体通过滤饼流动，称为洗涤。在洗涤过程中，洗出液中的溶质浓度与洗涤时间的关系如图 5.10 所示。

　　图 5.10 中曲线的 ab 段洗出液基本上是滤液，它所含的溶质浓度几乎未被洗涤液所稀释。在滤渣颗粒细小、滤饼不发生开裂的理想情况下，滤饼空隙中 90%的滤液在此阶段被洗涤液所置换，此称为置换洗涤。此阶段所需的洗涤量约等于滤饼的全部空隙容积（ε_{AL}）。

　　曲线的 bc 段，洗出液中溶质浓度急速下降。此阶段所用的洗涤液量约与前一阶段相同。

　　曲线的 cd 段是滤饼中的溶质逐步被洗涤液沥取带出的阶段，洗出液中溶质浓度很低。只要洗涤液用量足够，滤饼中的溶质浓度可低至所需的程度。但若洗涤的目的旨在回收溶质，洗出液浓度过低将使回收费用增加。因此，洗涤终止时的溶质浓度应从经济角度加以确定。

　　图 5.10 所示的洗涤曲线、洗涤液用量和洗涤速率都应通过小型实验确定方属可靠。

　　2. 过滤过程的特点

　　液体通过过滤介质和滤饼空隙的流动是流体经过固定床流动的一种具体实例。所不同的是，过滤操作中的床层厚度（滤饼厚度）不断增加，在一定压差下，滤液通过速率随过滤时间的延长而减小，即过滤操作是一非定态过程。但是，由于滤饼厚度的增加比较缓慢，过滤操作可作为拟定态处理，固定床压降的结果可以用来分析过滤操作。

设过滤设备的过滤面积为 A，在过滤时间为 τ 时所获得的滤液量为 V，则过滤速率 u 可定义为单位时间、单位过滤面积所得的滤液量，即

$$u = \frac{\mathrm{d}V}{A\mathrm{d}\tau} = \frac{\mathrm{d}q}{\mathrm{d}\tau} \tag{5.22}$$

式中，$q = V/A$，为通过单位过滤面积的滤液总量，m^3/m^2。

不难理解，在恒定压差下过滤，由于滤饼的增厚，过滤速率 $\mathrm{d}q/\mathrm{d}\tau$ 必随过滤时间的延续而降低，即随时间 τ 的增加，过滤速率逐步趋于缓慢。对滤饼的洗涤过程，由于滤饼厚度不再增加，压差和速率的关系与固定床相同。过滤计算的目的在于确定获得一定量的滤液（或滤饼）所需的过滤时间。

3. 滤饼洗涤和脱水

在许多过滤操作中，滤饼洗涤是非常重要的，因为保留在滤饼中的滤液会被纯溶剂置换。过滤设备洗涤效率的不同，可能会影响工厂对过滤设备的选择。假设两种液体的黏度是相同的，即滤饼的结构不发生改变，如果把遵循相同操作的洗涤液体也视为滤液，那么洗涤速率就是过滤的最终速率，如排除絮凝电解质的胶溶作用。洗涤包括两个阶段：第一阶段是通过简单的位移除去大部分保留在滤饼中的滤液；第二阶段较长，即将滤液通过扩散机制从不易进出的孔隙中除去，该过程如图 5.11 所示。

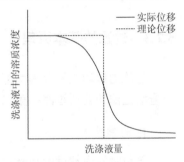

高效的洗涤需要凝聚力较强的滤饼，它不易形成裂缝和通道，避免洗涤液从裂缝和通道流走。因此，滤饼应具有均匀的厚度和渗透性。后续操作，如干燥处理，是除去洗涤液后残留在滤饼中的液体，一般可能占据总滤饼体积的 40%～80%。其

图 5.11   置换洗涤中滤液的位移

过程是通过吹或抽吸滤饼空气来实现的。洗涤操作的有效性体现在随着滤饼颗粒尺寸的减小，由细颗粒组成的滤饼的表面积和单位体积液体接触点的数目增加。

4. 悬浮液量、固体量、滤液量及滤渣量之间的关系

悬浮液过滤所得的滤液量与悬浮液中所含液体量不相等，因为湿滤渣中含有一部分液体。因此在讨论过滤问题时，需要了解悬浮液量、固体量、滤液量及滤渣量之间的关系。

$$\text{悬浮液} \begin{cases} \text{滤液，密度}\rho\text{，体积}V \\ \text{湿滤渣，密度}\rho_c \to \begin{cases} \text{液体} \\ \text{干渣，密度}\rho_p \end{cases} \end{cases}$$

1）湿滤渣密度 ρ_c 的计算

C 为湿滤渣与其中所含干渣的质量比，即 C kg 湿渣与 1 kg 干渣对应。湿滤渣体积 C/ρ_c 与干渣体积 $1/\rho_p$ 有下列关系。

$$\frac{C}{\rho_c} = \frac{1}{\rho_p} + \frac{C-1}{\rho} \tag{5.23}$$

式中，ρ_c 为湿滤渣密度，kg/m^3；ρ_p 为干渣密度，kg/m^3；ρ 为滤液密度，kg/m^3。

用式（5.23）可求出湿滤渣的密度 ρ_c。

2）干渣质量与滤液体积的比值 ω

设悬浮液中固体颗粒的质量分数以 X 表示，单位为 kg 固体/kg 悬浮液。C 与 X 的乘积 CX 为单位质量悬浮液可得湿滤渣的质量，单位为 kg 湿渣/kg 悬浮液。$1-CX$ 为单位质量悬浮液可得滤液的质量，单位为 kg 滤液/kg 悬浮液。

$X/(1-CX)$ 为干渣与滤液的质量比，由 $X/(1-CX)$ 与滤液密度 ρ 可求得干渣质量与滤液体积的比值：

$$\omega = \frac{X}{(1-CX)/\rho}\text{ kg 湿滤渣/m}^3\text{ 滤液} \tag{5.24}$$

式中，ω 为单位体积滤液所对应的干渣质量。

（1）湿滤渣质量与滤液体积的比值为 ωC，单位为 kg 湿滤渣/m³ 滤液。

（2）湿滤渣体积与滤液体积的比值为

$$v = \frac{\omega C}{\rho_c} \tag{5.25}$$

式中，ρ_c 为湿滤渣密度，kg/m³；v 为单位体积滤液所对应的湿滤渣的体积。

5.2.3　过滤的基本原理

过滤的原理主要分为两部分：第一部分是描述液体通过空隙的过程，这个过程的原理适用于澄清过滤和滤饼过滤；第二部分只适用于澄清过滤，检验深层过滤中的保留颗粒。

1. 过滤速率

单位时间内滤过的滤液体积称为过滤速率，单位为 m³/s。单位过滤面积的过滤速率称为过滤速度，单位为 m/s。设过滤面积为 A，过滤时间为 $d\tau$，滤液体积为 dV，则过滤速率为 $dV/d\tau$，而过滤速度为 $dV/Ad\tau$。

过滤速率基本方程式是描述滤液量随过滤时间的变化关系的，可用于计算获得一定量的滤液（或滤饼）所需要的过滤时间。

过滤操作的特点是：随着操作过程的进行，滤饼厚度逐渐增大，过滤的阻力就逐渐增大。如果在一定的压强差（P_1-P_2）条件下操作，过滤速率必逐渐减小，如果想保持一定的过滤速率，可以随着过滤操作的进行逐渐增大压强差，来克服逐渐增大的过滤阻力，因此可以写成

过滤速度 = 过滤推动力/过滤阻力

式中，过滤推动力就是压强差 $\Delta P = \Delta P_c + \Delta P_m$；过滤阻力包括滤饼阻力和过滤介质阻力。

过滤阻力与滤液性质及滤饼层性质有关，考虑到过滤时滤饼层内有很多细微孔道，滤液流过孔道的流速很小，其流动类型属于层流。因此，在这里可以借用流体在圆管内层流流动时的哈根-泊肃叶方程描述滤液通过滤饼的流动，即

$$u = \frac{d^2 \Delta P_c}{32\mu l} = \frac{\Delta P_c}{32\mu l/d^2} \tag{5.26}$$

式中，u 为滤液在滤饼层毛细孔道内的流速，m/s；ΔP_c 为滤液通过滤饼层的压力降；μ 为滤液的黏度，Pa·s；l 为滤饼层中毛细孔道的平均长度，m；d 为滤饼层中毛细孔道的平均直径，m。

滤饼层中毛细孔道的平均长度 l 与滤饼厚度 L 成正比。用 V_c 表示滤饼体积，由于滤饼厚度

L 与单位过滤面积的滤饼体积 V_c/A 成正比，因此 l 与 V_c/A 成正比。设比例系数为 α，则有

$$l = \alpha V_c / A \tag{5.27}$$

滤液在滤饼层毛细孔道内的流速 u 与过滤速度 $\mathrm{d}V/A\mathrm{d}\tau$ 成正比，设比例系数为 β，则有

$$u = \beta \frac{\mathrm{d}V}{A\mathrm{d}\tau} \tag{5.28}$$

对于一定性质的滤饼层，其中的毛细孔道平均直径 d 应为定值。因无法测量，将其并入常数项内。

将式（5.27）与式（5.28）代入式（5.26），求得任一瞬时的过滤速度 $\mathrm{d}V/A\mathrm{d}\tau$ 与滤饼层两侧的压力降 ΔP_c 的关系式为

$$\frac{\mathrm{d}V}{A\mathrm{d}\tau} = \frac{\Delta P_c}{\left(\dfrac{32\alpha\beta}{d^2}\right)\mu \dfrac{V_c}{A}} \tag{5.29}$$

令 $\gamma = 32\alpha\beta/d^2$，则有

$$\frac{\mathrm{d}V}{A\mathrm{d}\tau} = \frac{\Delta P_c}{\gamma\mu \dfrac{V_c}{A}} \tag{5.30}$$

式中，$\mathrm{d}V/A\mathrm{d}\tau$ 为过滤速度，m/s；V 为滤液体积，m^3；A 为过滤面积，m^2；τ 为过滤时间，s；ΔP_c 为滤液通过滤饼的压力降，Pa；V_c 为滤饼体积，m^3；μ 为滤液的黏度，Pa·s；γ 为比例系数，$1/\mathrm{m}^2$。

式（5.30）表明任一瞬间的过滤速度 $\mathrm{d}V/A\mathrm{d}\tau$ 与滤饼层两侧的压强差 ΔP_c 成正比，与当时的滤饼厚度（$L \propto V_c/A$）及滤液黏度 μ 成反比。式中的比例系数 γ 反映了滤饼的特性。

滤液通过滤饼的推动力为 ΔP_c，滤饼阻力 R_c 为

$$R_c = \gamma\mu V_c / A \tag{5.31}$$

此式表明在单位过滤面积上所形成的滤饼为 V_c/A（m^3 滤饼/m^2 面积）时的滤饼阻力。式中，比例系数 γ 为单位过滤面积上的滤饼为 $1\,\mathrm{m}^3$（$V_c/A = 1$）时的阻力，称为滤饼的比阻（cake resistance），单位为 $1/\mathrm{m}^2$。

滤饼体积 V_c 与滤液体积 V 之间的关系为

$$V_c = \upsilon V \tag{5.32}$$

式中，V_c 为滤饼体积，m^3；V 为滤液体积，m^3；υ 为单位体积滤液所对应的滤饼体积，m^3 滤饼/m^3 滤液。

将式（5.31）代入式（5.32），得

$$R_c = \gamma\mu\upsilon V / A \tag{5.33}$$

式中，滤饼阻力 R_c 为获得滤液量 V 时所形成的滤饼层的阻力。

除了滤饼阻力外，还要考虑过滤介质阻力。可以把过滤介质阻力 R_m 看作获得当量滤液量 V_e（equivalent volume of filtrate）时所形成的滤饼层的阻力，表示为

$$R_m = \gamma\mu\upsilon V_e / A \tag{5.34}$$

而滤液通过过滤介质的压力降表示为 ΔP_m。

由上述分析可知，滤液通过滤饼层及过滤介质的总压力降即总推动力，可表示为

$$\Delta P = \Delta P_c + \Delta P_m \tag{5.35}$$

过滤阻力为滤饼阻力与过滤介质阻力之和，可表示为

$$R_c + R_m = \frac{\gamma \mu \upsilon (V + V_e)}{A} \tag{5.36}$$

因此，过滤速率方程式为

$$\frac{dV}{Ad\tau} = \frac{\Delta P}{\gamma \mu \upsilon (V + V_e) / A} \tag{5.37}$$

$$\frac{dV}{d\tau} = \frac{A \Delta P}{\gamma \mu \upsilon (V + V_e) / A} \tag{5.38}$$

式中，$dV/d\tau$ 为瞬时的过滤速率，m^3 滤液/s；ΔP 为滤液通过滤饼层及过滤介质的总压力降，Pa；V 为生成厚度为 L 的滤饼所获得的滤液体积，m^3；V_e 为过滤介质的当量滤液体积，m^3；γ 为滤饼的比阻，$1/m^2$；μ 为滤液的黏度，Pa·s；υ 为单位体积滤液所对应的滤饼体积，m^3 滤饼/m^3 滤液；A 为过滤面积，m^2。

过滤速率方程式（5.38）是表示过滤操作中某一瞬时的过滤速率 $dV/d\tau$ 与过滤面积 A、压强差 ΔP、滤液黏度 μ、当时的滤饼厚度 $\upsilon(V + V_e)/A$ 及滤饼的比阻 γ（反映滤饼特性）之间的关系。

在现有过滤设备上进行过滤时，要想提高过滤速率 $dV/d\tau$，可以适当地增大过滤压强差 ΔP，增大操作温度，使滤液黏度降低，或选用阻力低的过滤介质。

要想用过滤速率方程式（5.38）求出过滤时间 τ 与滤液量 V 之间的关系式，还需要依据具体操作情况进行积分运算。

间歇操作的过滤设备，如板框压滤机可以在恒压、恒速或先恒速后恒压下操作，而连续操作的过滤机，如转筒真空过滤机都在恒压下操作。总之，恒压操作的过滤机较多，下面只讨论恒压过滤的计算。

2. 滤液体积与过滤时间的关系

恒压过滤时，滤液体积 V 与过滤时间 τ 的关系如图 5.12 所示。曲线 OB 表示实际过滤操作的 V 与 τ 的关系，面曲线 O'O 表示与过滤介质阻力对应的虚拟滤液体积 V_e 和虚拟过滤时间 τ_e 的关系。

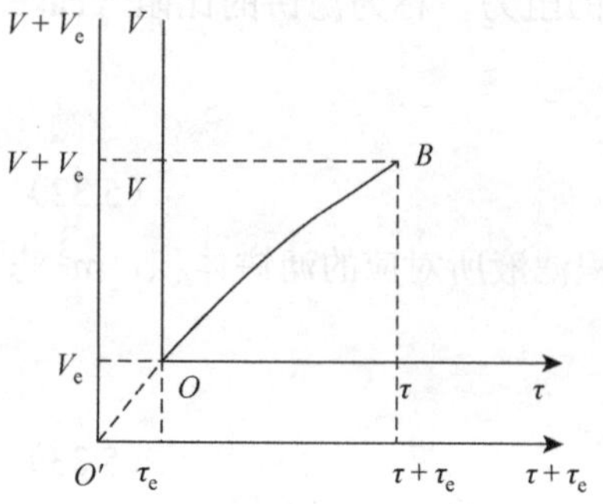

图 5.12　恒压过滤时滤液体积 V 与过滤时间 τ 的关系

将式（5.38）进行积分，可以得到 V 与 τ 的关系。恒压过滤时，ΔP 为常数。对于一定的悬浮液和过滤介质，μ、γ、υ 及 V_e 也均为常数，故式（5.38）的积分为

$$\int_0^V (V + V_e) dV = \frac{A^2 \Delta P}{\gamma \mu \upsilon} \int_0^\tau d\tau$$

得

$$\frac{V^2}{2} + V V_e = \frac{A^2 \Delta P}{\gamma \mu \upsilon} \tau \tag{5.39}$$

令

$$K = \frac{2 \Delta P}{\gamma \mu \upsilon} \tag{5.40}$$

由式（5.40）得恒压过滤方程为

$$V^2 + 2V V_e = K A^2 \tau \tag{5.41}$$

式（5.41）表示在恒压条件下滤液体积 V 与过滤时间 τ 的关系。

令
$$q = \frac{V}{A} , \quad q_e = \frac{V_e}{A}$$

将式（5.41）的恒压过滤方程式改写成 q 与 τ 的关系式：

$$q^2 + 2qq_e = K\tau \qquad (5.42)$$

式中，q 为单位过滤面积获得的滤液体积，m^3/m^2；τ 为过滤时间，s；q_e 为单位过滤面积获得的虚拟滤液体积（与过滤介质阻力对应），m^3/m^2；K 为过滤常数，m^2/s。

由式（5.42）可知，过滤常数 $K = 2\Delta P/\gamma\mu\upsilon$，表明 K 与过滤的压力降 ΔP 及悬浮液性质、温度（表现在 μ、γ、υ 上）有关。

恒压过滤方程式（5.42）中的过滤常数 q_e 与 K 由实验测定。

3. 过滤常数的测定

应用恒压过滤方程式计算过滤时间，需要知道过滤常数 q_e 与 K。各种悬浮液的性质及浓度不同，其过滤常数会有很大差别。由于没有可靠的预测方法，工业设计时要用悬浮液在小型实验设备中测定过滤常数。下面举例说明实验时应测哪些数据，以及如何整理数据，得到过滤常数。

将恒压过滤方程式（5.42）改写成

$$\frac{\tau}{q} = \frac{1}{K}q + \frac{2}{K}q_e \qquad (5.43)$$

即在恒压过滤时，τ/q 与 q 之间具有线性关系。直线的斜率为 $1/K$，截距为 $2q_e/K$。实验时，测定不同过滤时间 τ 所获得的单位过滤面积的滤液体积 q 的数据。并将数据 τ/q 与 q 标绘于图中，连成一条直线，可得到直线的斜率 $1/K$ 与截距 $2q_e/K$，从而可以得到过滤常数 K 与 q_e 值。

必须注意，因 $K = 2\Delta P/\gamma\mu\upsilon$，其值与悬浮液性质、温度及压强差有关。因此，只有在工业生产条件与实验条件完全相同时才可直接使用实验测定的过滤常数 K 与 q_e。

4. 过滤速率的影响因素

在粉末床中，由存在于复杂间隙网络中通道的水力直径相等的概念可导出如下方程：

$$Q = \frac{KA\Delta P}{\mu L} \qquad (5.44)$$

式中，Q 为体积流量；A 为床面积；L 为床厚度；ΔP 为床上的压差；μ 为流体的黏度；K 为渗透系数，其计算式为

$$K = \frac{\varepsilon^3}{5(1-\varepsilon)^2 S_0^2} \qquad (5.44a)$$

式中，ε 为地层的孔隙率；S_0 为比表面积，m^2/m^3。

方程（5.44）可用于讨论和确定影响过滤速率的因素。

1）压力

过滤速率在任何时间点都正比于滤床两侧的压差。

对于结块过滤，沉淀固体可以在一段时间内增加床体的厚度。因此，如果过滤过程中压力保持恒定，那么过滤速率就会下降。所以，通过控制压力可以增加过滤速率。

真空过滤中压力是恒定不变的。对于压力过滤操作，刚开始时常采用低恒压过滤，原因将在后面讨论，然后增大压力。

2）过滤面积

对于滤饼过滤（特殊的泥浆），就必须采用合适的过滤面积。如果过滤面积太小，过于厚的滤饼会产生较大的压力，因为很难得到一个理想的过滤速率。对于泥浆过滤，生成可压缩性的滤饼是非常重要的。当澄清过滤时，比较简单。只需要增加一倍过滤面积，过滤速率可以增加两倍。

3）渗透系数

渗透系数可以通过孔隙率和表面积两个变量来考察。方程（5.44a）中的 $\varepsilon^3/(1-\varepsilon)^2$ 表明，渗透系数是孔隙率的敏感函数。过滤泥浆时，滤饼的孔隙率取决于颗粒沉积和填充的方式。在等尺寸球体的规则排列中，孔隙率或空隙率可能为 0.27~0.47。中间值会随着相当规则粒子的沉淀而获得。通过浓缩浆液或者快速流动可以快速得到沉淀，因此增大了桥形和拱形滤饼的可能性。虽然理论上粒径对孔隙率没有影响（假设床层比颗粒大），但是如果小颗粒堆积在由较大颗粒形成的空隙中，较宽的粒径分布可能会导致孔隙率降低。

表面积与孔隙率不同，受微粒大小的影响很大，与微粒直径成反比。因此，通常在实验室里可以观察到，出现粗沉淀时比细的沉淀更容易过滤，即使它们具有相同的孔隙率。为了得到一个合适大小的颗粒，可以通过在结晶过程中控制成核过程和制粉中的比例，以及控制停留时间来实现。

在纯化过程中，高渗透性和滤过率不利于颗粒的保留。在用烧结或松散颗粒制备过滤介质的过程中，要考虑粒径大小、比表面积、孔隙率等因素。在工程设计时，为了提供适宜的渗透性和粒子保留，需采用合适的介质。因为纤维材料的形状所限，纤维不适合作为过滤介质。

4）颗粒在深度过滤器上的保留

滤液经过滤床中的过滤通道是非常曲折的。这些通道会使滤液的流动方向和速度发生剧烈变化。极细的颗粒，由于重力或布朗运动引起的粒子偏转，将会带着粒子在颗粒与介质之间的作用范围内移动并被沉积下来。在气固分离过程中，惯性效应，即粒子凭借其动量的流线型运动，非常重要，但在液固体系中影响没有那么大。

固体颗粒在滤床上的相互碰撞并沉积下来的概率取决于滤床表面积、过滤介质孔道的孔隙空间扭曲度和滤液流速。由于液固体系中，惯性影响较小，增加过滤速度可以降低颗粒间的接触概率并保持颗粒不变。因此，过滤器的效率随流速的增加而减小，随着颗粒密度和尺寸的增大而增加，随着颗粒在过滤床上尺寸的减小而降低。一般认为，每一层的过滤都可以除去相同比例的粒子，数学表达式为

$$\frac{dC}{dx} = -KC \tag{5.45}$$

式中，C 为颗粒进入床层深度 dx 时的浓度；K 为确定系数，表示沉积在单位高度的过滤床上的颗粒分数，其随时间变化。

最初，去除速率的增加会使过滤的效率提高，因为颗粒沉积在过滤床上表面的面积和弯曲度增加。随后随着沉积颗粒的减小，表面的弯曲度也随之降低，故去除效率降低且液体介质速度增加。充分保留颗粒的完整性或渗透性以及降低过滤速度，可以最终延长过滤器的寿命。如果沉积过程是可逆的，则渗透性和保留体积可以通过剧烈反洗恢复。

5）悬浮浆料的调整

由助滤剂构成的一个理想的过滤床的通透性大约是 7×10^{-13} m²。这种过滤床的通透性高于

氢氧化铝材料 1000 倍。因此，改变过滤浆料的物理特性，称为滤浆调理，对于过滤来说是一个强有力的手段。两种方法较常见，即絮凝和加助滤剂。

对于滤浆絮凝，加入絮凝剂是一种常见的方法。这些聚集体或絮凝态的特征是有较高的沉积速率和沉积体积。形成的滤饼的孔隙率高达 0.9。同时，这样的絮凝凝集物是高度可压缩的，因此过滤要在低压条件下进行。

助滤剂是一种能加速较难过滤的有机溶液和悬浮液过滤的试剂，用量可高达 5%。助滤剂由于其外形特征、低表面积、窄的粒度分布，以及可以通过不同的操作改变属性形成具有高孔隙率和良好渗透率的刚性颗粒的特性，能对较难过滤的有机溶液和悬浮液形成较好的过滤促进作用。助滤剂最好是用能吸附凝聚微细物质的固体粒子，硅藻土是最常见的助滤剂，其他助滤剂还包括珍珠岩和一些纤维素衍生物。但是当滤饼是需要的产品时，助滤剂不宜使用。

6）压缩指数

在沉积过滤的理论中，透过系数一般是常数。但滤饼内部硬实而表面稀松的现象，说明了孔隙率在整个滤饼中是不断变化的。

这种变化可能是由于流体静压力从滤饼表面到支撑隔膜的背面由最大降低到了零而引起的。流体静压力必须由一个推力来保持平衡，这种推力源自流体的黏性阻力，它通过滤饼传递，并从滤饼表面到支撑隔膜的背面从零到最大不断发生变化。在滤饼中这种应力和压力之间的关系如图 5.13 所示。

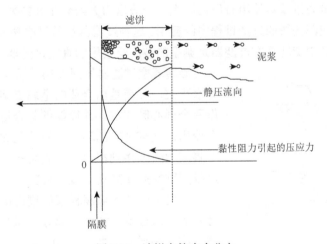

图 5.13　滤饼中的应力分布

理论上滤饼在这种压力下不会变形，即滤饼是完全刚性的。但事实上，没有滤饼能够保持完好状态。当然，也有一些几乎接近于完全刚性的滤饼，如那些由助滤剂或粗的等直径的粒子构成的滤饼。其他的，如从大量的水合胶体颗粒浆料中沉积下来的滤饼，容易变形，使得被认为是常数的渗透系数不再适用于该压力的函数式（5.42）。这种变化也标志着压力增加实际上会降低过滤速度。

5.2.4　过滤器

过滤设备要有一定的生产能力，并且滤饼要满足一定的质量指标。通常，可用以下两个指标表示对过滤设备的要求。

（1）平均过滤速度：定义为过滤设备每小时每平方米过滤面积获得的清液量。过滤速度是随时间变化的，但是操作周期内的平均过滤速度就是单位过滤面积的生产能力。平均过滤速度与过滤级别有关，颗粒粒度越小，过滤级别越高，平均过滤速度就越小，过滤设备就越庞大。

（2）滤饼的含液量：定义为滤饼中液体的质量分数。滤饼的含液量（质量分数）是液固分离度的重要标志，滤饼含液量越低，液固分离度越高。通常，压差过滤的滤饼含液量可达到40%左右，液固分离度较低，增加了滤饼洗涤的难度。离心过滤可将滤饼含液量降低到 5%左右，这是离心过滤的一个重要优点。

过滤器一般可以分为以下 4 种：重力过滤器、真空过滤器、压力过滤器和离心机。

每一种还可以按照过滤器是连续过滤还是间歇过滤进一步细分。由于技术上的原因，连续压力过滤器比较少见且昂贵。下面介绍几种常见的过滤器。

1. 重力过滤器

重力过滤器的滤床颗粒一般较厚，过滤效率低，多用于城市自来水的过滤。其过滤压力通常小于 1.03×10^4 N/m^2。重力过滤器在制药业中的使用相当有限。在稍微大点的规模中，使用木头或石头作滤材时底部一般都会铺过滤用布。

2. 真空过滤器

真空过滤器比重力过滤器使用时压力要大。一般压力大约会在 8.27×10^4 N/m^2，这会限制其在只能产生相对较薄滤饼的过滤过程中的应用。这种过滤器目前已成功地应用于连续和完全自动的过滤操作，其中旋转真空过滤器是典型的被广泛使用的真空过滤器。

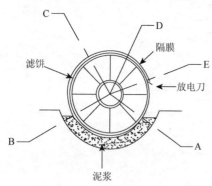

图 5.14　旋转真空过滤器

A-B. 滤饼的沉积；B-C. 滤饼排水；C-D. 洗涤；D-E. 部分干燥；E. 洗涤

旋转真空过滤器如图 5.14 所示。其典型的结构是同心水平缸，外筒是由合适的金属支架支撑。其可以被看作两个同心卧式缸，外筒能够与合适的多孔金属隔膜组合使用。气缸之间的环形空间被隔成多个外围隔室。每个隔室由线连接到端口中的旋转阀，能够在过滤的不同阶段间歇性抽真空或施加压缩空气。

滚筒部分插入填满料浆的槽内部。外筒每转一次就会完成一次过滤、洗涤、部分干燥和卸料，如此往复，每一次循环通常需要 1～10 min。该循环周期的相对长度，在图中由段的叠加来表示，取决于形成滤饼的浆液的特性和洗涤、干燥等相关操作的重要性。它们会因浸入过滤槽的深度和旋转速度的不同而改变，每个隔室在形成滤饼之前都保持浸没状态。浆料在整个过程中需要进行搅拌，才能使较细的颗粒优先沉积，从而形成更紧密结实的滤饼。

3. 压力过滤器

这种过滤技术多是形成渗透性很低的滤饼，所以需要加压才能完成过滤操作时会使用它。另外，当浆料不能被加入旋转真空过滤器中时也考虑使用压力过滤器。通常情况下，在固定过滤器的表面操作压力为 $6.89 \times 10^4 \sim 6.89 \times 10^5$ N/m^2。这种技术很难用于连续操作，但是间歇操作的劳动力成本又很高，因此必须通过降低设备成本来抵消。

最常用的压力过滤器是板框式压滤机。它由一系列滤板平行排列组成,滤板和滤框松开后滤饼就很容易剥落下来。典型的板框式压滤机如图 5.15 所示。

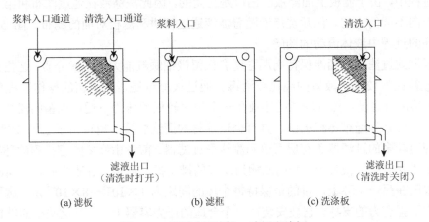

图 5.15　板框式压滤机:滤板和滤框

滤布安装在每个滤板的两面,并且和手动螺杆或液压油缸一起组装成移动的滤板和滤框。这就形成了一系列的滤室,其中可通过在板和框加工边缘进行密封,固定滤布作为一个垫圈(此处经常发生漏液)。这种过滤器不适合有毒物质的过滤。每个滤室的空间大小由板面积和中间框架的厚度决定。这些滤室的大小和滤室的数量主要取决于要处理的浆料的体积和其固体含量。压力过滤器滤板的表面是凹槽,能够有效地支持滤布,防止滤布在压力下会发生变形,并允许滤液在滤布的背面自由流出。组装式压滤机如图 5.16 所示。

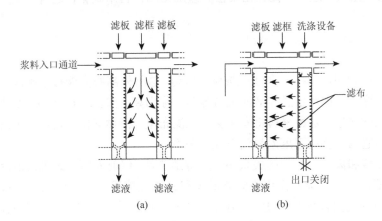

图 5.16　组装式压滤机

包括一个滤框和两个滤板,滤液的移动包括过滤[(a)]和洗涤[(b)]

在滤板和滤框的顶部左上角有个重合的孔,用于组装压滤机,每一个滤室都有一个添加浆料的通道。因此,所有的滤室都以同样的方式进行相同的操作,在滤板两侧的表面上同时形成两个滤饼。通过滤饼、滤布和凹槽之后的滤液是通过与滤框上入口正相反的一个滤板上出口排放的。过滤过程可以持续进行,直到滤饼已经完全填满了隔室或由于滤饼的堆积不能够顺利进行过滤为止。

这种过滤装置的洗涤可以用洗涤液简单置换悬浮液并分开收集来实现。但是,由于滤饼的腐蚀或在通道中的残留，可能不能够进行有效的清洗。因此，需要高效的清洗方式，考虑专用的滤板与用其他特殊滤板相互交替使用。这些滤板上包含了可以让洗涤液通过滤布的附加孔。在洗涤的过程中，由于滤板上面滤液的出口是封闭的，因此洗涤液在通过滤布和第一个滤饼时被滤出液带向不同的方向。然后洗涤液随着滤液通过滤饼和滤板对面的滤布。图 5.16（b）给出了在洗涤的过程中液体流动的图解。

新型板框式过滤器包括能保持高湿强度和保留极细颗粒能力的过滤介质。这些介质还可用于含固体颗粒比例较小的液体的纯化或消毒。通过板框过滤器来灭菌的操作过程分为两个阶段。首先是溶液被过滤，然后澄清的滤液在一个相对较低的压力下通过灭菌的滤片。在操作之前，组装过滤器必须通过蒸汽灭菌。具有合适片材的清洗装置，也可用于空气过滤。

其他应用较多的过滤器还有层磨机和流线型过滤器。前者由许多紧密排列的环组成，通常由不锈钢制成并装在一根杆上。杆的凹槽为滤液的排出提供通道。过滤器的环之间的通道是以扇形的形式压在另一个环上，目的是保持每个环的间距为 $1 \times 10^{-5} \sim 8 \times 10^{-5}$ m。这种结构为过滤介质提供了强有力的支撑。它被安装在一个合适的压力容器上，并且这些小的结构单元构成了大的过滤器。这些过滤器首先被涂上了一层合适的循环助滤剂，最合适的材料还适用于清除细菌。这些材料作为深度过滤器的外套，助滤剂也可以被添加到需要过滤的液体中。

"流线型"过滤器选用压缩的圆形纸片作为过滤的介质，滤液通过纸片之间的微小空隙，把固体留在边缘，这是流线式过滤的原理。其他的过滤器由金属板或金属丝构成，操作原则和上面一样。

许多小型的过滤器由一个简单的固定的刚性介质安装在合适的装置内组成，这种装置能够承受足够的压力。这种真空操作的过滤器，适用于通过深度过滤来纯化的操作，由烧结的金属、陶瓷、塑料、玻璃组成。这些过滤器由紧密分级烧结陶瓷粉末制备，适合于生产规模上的过滤灭菌。

4. 离心机

物体受外离心力的作用在一个圆形路径内移动，这种外离心能够平衡向心力使物体绕着中心旋转移动，这一原理用于悬浮液的机械分离，称为离心过滤。在离心过滤中，将材料放置在一个旋转多孔滤布里，这种材料将固体保留在滤布里，液体流出。它本质上是一种离心源驱动的过滤过程。它与两相的密度差异没有任何关系。

虽然过滤速度和离心力之间的关系还不是特别清楚，但前面所讨论的过滤原理可以直接应用于离心过滤。该工艺能广泛用于分离晶体和其他颗粒状产品，但如果浆料包含粒径小于 1×10^4 m 的颗粒的比例较高，则过滤的效率会变低。该方法的优点是可以有效地清洗和干燥。离心后残余水分含量远远小于用压力或真空过滤后残留的。离心机的外壳容易处理除去有毒、易挥发的物料。

典型的离心机由一个安装在垂直轴上穿孔的金属筐组成。保留固体的滤布通常安装在金属篮内，如图 5.17 所示。但是，如果使用顶部悬挂式，滤饼可以更容易从金属篮圈中取出。在间歇操作中，机器加速和减速过程会花费很长时间。固体连续排放的机器操作被用于在大规模操作中分离粗粒固体。这种机器的构造通常都有一水平旋转轴。

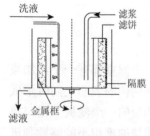

图 5.17　间歇式离心机

在间歇式离心过滤操作中（滤饼）需要手动排出。当较稠的浆料通过篮框周边的喷嘴或阀门时，较大的机器会连续或间歇地排出固体。

5.3　空气过滤

空气调节的目的是除去空气微粒，同时调控温度和湿度。除去固体和液体微粒，最常用的就是过滤，但在某些情况下可以使用其他方法，比如静电沉淀、旋风分离器和洗涤器。这样可以简单地提供舒适和干净的工作条件，或者可以在一定的区域用操作程序控制。另外，一些工业流程需要大量的清洁空气。

本节主要讨论空气过滤，任务是减少或完全清除空气中的细菌。根据不同的严格标准，这些要求还被应用到与药物相关的若干操作中。杀菌是主要要求，滤去杂质是次要的，另外还需要紫外辐射和加热辅助。细菌很少单独存在于大气中，它们常常伴随许多大颗粒存在。有数据表明，78%的携带韦氏梭菌的颗粒直径都大于 $4.2×10^{-6}$ m，平均直径超过 $10×10^{-6}$ m。基于此，可以认为空气过滤器可以以 99.9%的效率过滤掉 $5×10^{-6}$ m 的微粒，这已达到在手术室和包扎病房使用的标准。另外，过滤器用来清洁供给到大规模需氧发酵培养物所需的空气，在此过程中要降低任何有机体的投出率。产生青霉素酶时微生物的入侵可能是致命的，这就使得青霉素的深度生产变得很重要。同样，制备无菌产品时厂房所需要的空气供给都需要有严格的规定。

5.3.1　空气过滤的机理

早在 20 世纪 30 年代，各种障碍悬浮颗粒流的研究为纤维介质通道空气过滤理论奠定了基础。烟雾过滤的研究已经表明：虽然过滤器的类型及其所处的工况不同，过滤器内部变化很大，但是下列 5 个空气过滤的机理在过滤器内部通道中同时存在。

（1）布朗运动导致的扩散效应。

（2）颗粒和纤维之间的静电吸引。

（3）纤维直接拦截粒子。

（4）由于惯性效应，拦截作用于粒子并使其与纤维发生碰撞。

（5）沉降和引力效应。

空气过滤器在流线流动条件下运行，图 5.18 所示为围绕圆柱形纤维颗粒的流线的横截面。假设粒子在纤维颗粒周围运动，一旦发生任何碰撞，粒子就会被捕获。一旦发生捕获，粒子将不会被夹带在气流中，而是沉降在床层。白色葡萄球菌雾化的悬浮液和枯草芽孢杆菌的孢子都支持这种假说。然而，一些纤维过滤器用稠油处理后，可能更有利于捕获颗粒，能减少二次夹带。

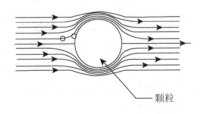

颗粒

图 5.18　纤维对粒子的惯性捕捉

如果粒子通过纤维周围时保持流线型，只有当粒子半径超过流线和纤维之间的距离时，粒子才能被捕获，这种机制称为"直接拦截捕获"。该机制除了流线根据空气的流速改变而改变外，它是独立于空气流速的。

流线中的粒子可以在各种途径中发生偏差。如果布朗运动导致流线显著迁移，则捕获的机会将会加大。但这只对小颗粒（$<5×10^{-7}$ m）和低空气流速有效，在纤维周围时所需时间会相对较长。这些条件也适用于粒子捕捉，其结果是静电吸引引起的。

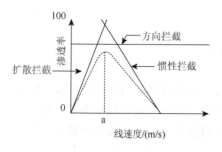

图 5.19　粒子捕获机制的相互作用

惯性机制取决于粒子的质量、纤维直径和行进流速。如图 5.19 虚线所示，粒子偏离流线。如果粒子发生偏转，可以增加粒子的质量和速度，使粒子与纤维接触，从而使粒子被捕获，a 点为最佳扩散拦截点。

在这些发挥作用的机制中，一种是要求空气速度低和具有成形的细颗粒，另一种需要高速流动的大颗粒，这表明适中的空气流速可发生最大的过滤渗透。因此，对于给定的条件，最佳尺寸的颗粒使过滤率最小并且渗透率最大。图 5.19 说明了该机制的相互作用。

类似的作用由研究细菌气溶胶的 Humphrey 和 Gaden 两位科学家证明，他们估算了用玻璃纤维垫收集枯草杆菌孢子喷雾的半径超过微米的微粒的效率，其结果如图 5.20 所示。

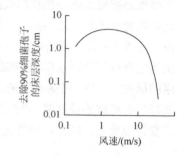

图 5.20　过滤器气流流速对细菌孢子移动的影响

5.3.2　空气过滤器

由纤维和石棉制成的滤床可用于高效过滤器。过滤器的厚度可随着纤维石棉滤床的颗粒含量的减少而减小。在这里，给出式（5.45）：

$$\frac{dC}{dx} = -kC$$

式中，C 为进入厚度为 dx 截面的颗粒数目；常数 k 是衡量过滤器保留颗粒能力的常数，是纤维直径、纤维之间距离和操作时空气速度过滤能力的复变函数。

进口和出口之间的浓度关系为

$$\frac{\log C_{out}}{\log C_{in}} = -kx \tag{5.46}$$

这种渗透作用的对数关系在滤波器设计中的使用，在早期的研究中描述过。如果某个过滤器厚度能够保留 90%进入的粒子，那么如果 10^6 个粒子进入，则将有 10^5 个粒子透过。如果使用 6 倍厚度的过滤器，据预测，只能穿过一个颗粒。纤维过滤器和颗粒床的渗透率作用的对数关系可确定。然而，必须强调的是，纤维过滤器和颗粒过滤器的通道比它们去除的细颗粒要大得多，在一定粒径下不能达到绝对无菌或绝对过滤。但是，对于给定的输入污染，设计变量（如纤维直径、纤维填充密度、过滤器厚度和空气速度）可以改变以提供具有高统计概率的无菌空气。

在早期研究中，Terjesen 和 Cherryl 用细菌气溶胶与 Bourdillon 狭缝取样测试过滤器空气的除菌效率。结果表明：0.075 m 厚的矿渣棉板由纤维组成，大部分均小于 $6×10^{-6}$ m，压缩到一个合适的密度，在 0.152 m/s 的速度运转 15 天将获得无菌空气。这与玻璃纤维组成过滤器直径相类似。树脂结合剂的过滤网组成的玻璃纤维直径为 $12×10^{-6}$～$13×10^{-6}$ m。这些组成得到的过滤装置能有效去除深度为 0.304 m 的细菌。

通过活性炭、氧化铝和其他材料的颗粒床，能有效除去空气中的细菌。表 5.1 给出了氧化铝在颗粒床上 0.381 m 深层去除空气沙雷氏菌效率的数据。设计了两个变量，即颗粒大小和空气速度，见表 5.1。

表 5.1 通过 0.381 m 的氧化铝颗粒床去除沙雷氏菌（*Serratia marcescens*）

气流速度/(m/min)	效率（去除百分比）	
	8~16 网孔	16~32 网孔
24.4	—	92
73.2	88	99.4
146.3	98.7	99.9
219.5	99.86	—

放射性尘埃颗粒的极端危险性促进了高效空气过滤器的设计和使用。这种过滤器可以用于任何要求极其纯净的空气中。前期研究描述了过滤器的发展，即粒径为 $1 \times 10^{-7} \sim 5 \times 10^{-7}$ m 的颗粒除去比例是 99.995%。纸片媒介是由纤维素和石棉构成的，可以用打褶的瓦楞纸作为衬垫，在相对较小的空间得到相对较大的过滤面积。非常细的玻璃纤维组成的一张纸，纸的温度高达 773 K，因此可进行灭菌消毒。

所有过滤器的一般设计目标是在介质对空气流动阻力最小的情况下，去除所考虑的颗粒。与液体澄清器不同，空气过滤器随着时间的推移变得更加高效，因为颗粒的积聚限制了通过介质的通道。这种沉积导致恒定流速下压强差的增加。当过滤器装载着一定量的尘埃颗粒后，就必须清洗或更换。空气通过初效过滤器用于除去较大颗粒，高效率的空气过滤器的寿命得以延长。

可以使用细菌气溶胶作为示踪剂测试生物过滤器的效率。其他无生命的粉尘则可以用来评价过滤性能。对于一般的通风过程有两项测试规定。首先，确定过滤器储存灰尘的容量。气流阻力需要粒径在 $2.6 \times 10^{-6} \sim 5 \times 10^{-6}$ m 的灰尘颗粒进入过滤器。其次，这也适用于高效率过滤器，需要测定亚甲蓝气溶胶在给定条件下通过过滤器的分数。气溶胶是由 1%亚甲蓝的雾化水溶液产生的。液滴干燥后，得到尘粒，其中 90%的粒径是小于 2×10^{-7} m 的尘粒以恒定的速率（1×10^{-3} m³/min）穿过过滤器，然后通过多孔条带的纸，收集渗入其中的亚甲蓝颗粒。如果 60×10^{-3} m³ 的过滤空气经染色后的色斑与 1.2×10^{-5} m³ 的未经过滤的空气经染色后的色斑相匹配，则渗透率为 0.02%。衡量渗透的另一种方法是通过采用氯化钠溶液雾化产生的云颗粒。通过过滤器后，一部分空气会通过一个氢火焰。氢火焰产生的强度用光电单元来评估。

第6章　制药过程中原辅料的混合

在工业生产中，混合过程占有很重要的地位。例如，在采掘、食品、石油、化工、医药、造纸、能源工业、城市、工业废水处理以及其他众多的生产或处理过程中，混合都是极为重要的。混合是一种将两种或两种以上的固体粉料、两种相溶或不相溶的液相或固相与液相通过相互分散，使其中任意一个成分的每个粒子尽可能地与其相邻的任意一个其他成分的"粒子接触"的操作，在容器中实现混合操作有多种不同的方法。

混合是大多数工艺流程中的基本步骤，通常为了确保混合组分的均匀性，以便使少量的样品能代表混合物的总体组成。一般混合可分为如下三类。

（1）主动混合（positive mixing），它适用的系统是在给定的时间内，自发地完全混合。例如，两种气体或两种液体的混合，混合搅拌装置可以帮助这种系统加速混合。

（2）被动混合（negative mixing），它适用于非自发系统。例如，固体悬浮液，在任何密度不同的两相的系统中，需不断搅拌，否则会产生分离。

（3）中性混合，它适用于自发和非自发系统之间的状态，常发生在混合分层过程中（排除系统受到外力系统干扰的情况）。例如，当固体和固体混合或固体与液体混合时，前者的浓度较高则会发生中性混合。

在混合系统已经确定的情况下，混合理论能够指导混合器的选型和设计，如体积、形状和叶轮的类型的确定，工艺条件如搅拌程度、时间和搅拌所需的功率的选择等。

6.1　混合的机理和基本概念

液体的搅拌是化工和制药行业中经常使用的一种单元操作。通常借搅拌以达到的目标是：①使两种或多种可互溶的液体彼此混合均匀，如用溶剂将浓溶液稀释；或使不互溶的液体混合（如用与一种液体不互溶的另一种溶剂对前者进行洗涤；用液体萃取另一液体，或制备乳浊液等）。②使固体在液体中均匀混悬。例如，在液体中溶化固体颗粒，从溶液中将固体结晶出来，用液体浸取固体中的可溶物质，用固体吸附液体中的污染物，促进液体与固体之间的化学反应，将催化剂悬浮在液体反应物中等。③使气泡较密切地与液体接触，以加快气泡间的传质或反应，促进液体与容器壁之间的传热，以防止局部过热作用等。就搅拌而言，其本质就是促进混合作用。

6.1.1　混合的机理

1. 均相液体的混合机理

（1）宏观混合与微观混合：其混合效果的度量与考察尺度有关。混合可分为宏观混合与微观混合。宏观混合是相对较大尺度的混合；微观混合则指分子尺度上的混合，有赖于分子扩散。显然，微观混合只适用于均相液体的情况。

（2）低黏度液体的混合：液体的流动将待混合的液体破碎成较大液团并带至釜内各处，高度湍动液流中能产生旋涡，从而造成更小尺度上的混合。不同尺寸和不同强度的旋涡对液团有不同程度的破碎作用。旋涡尺寸越小，破碎作用越大，所形成的液团也越小。通常搅拌条件下最小液团的尺寸约为几十微米。大尺度的旋涡只能产生较大尺寸的液团，因为小尺寸液团将被大旋涡卷入，与其一起旋转而不被破碎。

旋涡的尺寸和强度取决于总体液体流动的湍动程度。总体液体流动的湍动程度越高，旋涡的尺寸越小，数量也越多。因此，为达到更小尺度上的宏观混合，除选用适当的搅拌器外，还可采用其他措施，人为地促进液体总体流动的湍动程度。

（3）高黏度及非牛顿流体的混合：高黏度流体在耗能较小的操作范围内很难获得高度的湍动而只能发生层流状态下的流动，此时的混合机理主要依赖于充分的总体流动，并通过在桨叶端部造成高剪切区，借剪切分割液团，而达到预期的宏观混合。为此，常使用大直径搅拌器，如框式、锚式和螺带式等。为加强轴向流动，采用带上、下往复运动的旋转搅拌器以进一步提高效果。

多数非牛顿流体具有明显剪切稀化特性，也就是说桨叶端部附近的液体由于高速度梯度使黏度减小而易于流动；但在远离桨叶的区域则呈现高黏度而较难流动。这对混合及釜内进行的反应过程会产生严重影响。所以要用大直径搅拌器以促进总体液体流动，使釜内的剪切应力场尽可能均匀。

均相液体的混合机理主要包含了两个步骤：先达到小尺度的宏观混合，然后依靠分子扩散达到分子尺度上的均匀混合。均相液体混合的应用主要有两种场合：①液相中分子扩散很慢，若不破碎成微团，混合速度太慢。因此，需要通过搅拌，较快混合均匀。②微团若不够小，要达到分子尺度，所需的时间以分钟计；对于快速反应而言，仍嫌太慢，需要强烈搅拌，形成几十微米的微团。

2. 非均相物系的混合机理

1）液滴或气泡的分散

两种不互溶液体搅拌时，其中必有一种被破碎成液滴，称为分散相，而另一种液体称为连续相。气体在液体中分散时气泡为分散相。为达到小尺度的宏观混合，必须尽可能减小液滴或气泡的尺寸。液滴或气泡的破碎主要依靠高度湍动。液滴是一个具有明显界面的液团。界面张力会使液滴的表面积最小，以抵抗液滴变形和破碎。因此，对液体分散而言，界面张力是过程的抗力，为使液滴破碎，必须先克服界面张力使液滴变形。

当总体流动处于高度湍动状态时，存在着方向迅速变换的湍流脉动，液滴不能追随这种脉动而产生相对速度很大的绕流运动。这种绕流运动沿液滴表面产生不均匀的压强分布和表面剪切应力，将液滴压扁并扯碎。总体流动的湍动程度越高，湍流脉动对液滴绕流的相对速度越大，则可能产生的液滴尺寸越小。

实际上，搅拌器内不仅发生大液滴的破碎，同时也存在小液滴合并的过程。破碎与合并过程同时发生，必然导致液滴尺寸的不均匀分布。其中大液滴是由小液滴合并而成的，而小液滴则是大液滴破碎的结果。实际的液滴尺寸分布状态，是靠破碎和合并过程之间的抗衡决定的。

此外，在搅拌釜各处流体湍动程度不均也是造成液滴尺寸不均匀分布的重要因素。在叶片附近的区域内流体的湍动程度最高，液滴破碎速率大于合并速率，液滴尺寸较小；而在远离叶片的区域内流体湍动程度较弱，液滴合并速率大于破碎速率，液滴尺寸变大。

实际过程中，通常希望液滴大小分布均匀。则可针对上述导致液滴分布不匀的原因，采取下列措施：①尽量使流体在设备内的湍动程度分布均匀。②在混合液中加入少量的保护胶或表面活性物质，使液滴在碰撞时难以合并。许多高分子单体的悬浮聚合过程，就是采用这种方法获得大小均匀的聚合物颗粒。

气泡在液体中的分散，原理与液滴分散相同，只是气液表面张力比液液界面张力大，分散更加困难。此外，气液密度差较大，大气泡更易浮升溢出液体表面，单位体积的气体，小气泡不但具有较大的相际接触面积，而且在液体中有较长的停留时间。所以，气泡分散往往更需重视，一般搅拌釜内的气泡直径为 2～5 mm。

2）固体颗粒的分散

细颗粒（<100 μm）被投入液体中搅拌时，首先发生固体颗粒的表面润湿过程，即液体取代颗粒表面层的气体，并进入颗粒之间的间隙，接着是颗粒团聚体被流体动力所打散，即分散过程。通常的搅拌不会改变颗粒的大小，因此与气泡和液滴分散一样，只能达到小尺度的宏观混合。

对于粗颗粒（>1 mm），如果搅拌转速较慢，颗粒会全部或部分沉于釜底，这大大降低了固液接触界面。只有足够强的、能扫到底部的总体流动和高度湍动，才能使颗粒悬浮起来。当搅拌器转速由小增大到某一临界值时，全部颗粒离开釜底悬浮起来，这一临界转速称为悬浮临界转速。实际操作必须大于此临界转速，才能使固液两相有充分的接触界面。过高的转速虽然可以在总体上提高釜内搅拌的均匀性，但对提高固液两相界面的作用不大。

3. 混合和分层机制

粒子相互之间随机的相对运动，是由以下机制实现的。

（1）对流混合：混合物中相邻粒子组在混合器内从一处向另一处作相对流动，位置发生转移。

（2）扩散混合：粒子在新形成的表面的分布。

（3）剪切混合：物料群体中的粒子相互间形成剪切面的滑移。

所有这些都在混合过程中发生，它们的混合程度随所用混合器的类型而变化。在一般情况下，如果待混合的物料规模小的话，必须使用大的混合元件。此外，在粉磨中，较大的剪切应力会引起材料的部分变形，如冲击引起单个颗粒的破坏和样品的细化，这些常被用于某些混合操作。

对于固定容器内利用混合元件运动进行混合的机器，很适宜对流混合。例如，水平带混合器可使相邻颗粒组分从一个位置运动到另一个位置，实现混合。

扩散混合在滚筒搅拌机中占主导地位。混合元件翻滚时，物料被举起并翻过它的休止角。当一个粒子通过碰撞而改变了流通渠道，或被另一层粒子所呈现的空隙所捕获时，就发生了混合。

上面这些例子中，混合的作用力比较温和，可能不足以充分地分散那些倾向于聚集的材料。更有力的混合或粉碎需要用到冲击式粉碎机。粉碎和搅拌同时进行，虽然前者可能轻微一点。在生产炉甘石时，混合氧化铁和碱式碳酸锌就可以用这样的设备。其他能用的设备还有锤磨机、粉碎机和装有小球的球磨机。注意，任何时候处理这些物料都必须确保量是准确的。如果磨碎机的容积足够大，可通过正确地按比例进料来实现。否则，该产品将必须通过其他方法进行二次搅拌，以保证混合得均匀。

6.1.2　混合的基本概念

1. 混合速率

由于混合是达到物料均匀性的过程，混合速率与有待进行混合的物料的量成正比。在混合开始时，粒子改变了位移路径，混合速率因此最快。在混合过程结束时，粒子不容易发生不同环境的位移，混合的行为将越来越少，最终混合速率为零。任何混合机制的混合速率都可以用式（6.1）表示。

$$\frac{\mathrm{d}M}{\mathrm{d}t} = k(1-M) \tag{6.1}$$

式中，混合指数 M 已有定义；t 为混合时间。整合此式，得

$$M = 1 - \mathrm{e}^{-kt} \tag{6.2}$$

速率常数 k 取决于混合物料的物理性质和搅拌器的运转方式与几何结构。

2. 混合效果的度量

搅拌操作视工艺过程的目的不同而采用不同的评价方法以衡量搅拌装置及其操作情况的优劣。若为加强传热或传质，可用传热系数或传质系数的大小来评价，若为促进化学反应过程，可用反应转化率等指标来衡量。但多数搅拌器操作均以两种或多种物料的混合为基本目的，因而常用混合的均匀度（主要针对均相物系）和分隔尺度（主要针对非均相物系）作为搅拌效果的评价准则。

1）均匀度

设有 A、B 两种液体，各取体积 V_A（浓度为 C_A）及 V_B 置于一个容器中，则容器内液体 A 的平均体积浓度（C_{A0}）为

$$C_{A0} = \frac{C_A \times V_A}{V_A + V_B} \tag{6.3}$$

现经一定时间的搅拌以后，在容器中各处取样分析。若各处样品的分析结果一致，皆等于 C_{A0}，表明已搅拌均匀，若分析结果不一致，则表明搅拌尚未均匀，而且样品浓度 C_A 与平均浓度 C_{A0} 偏离越大，均匀程度越差。因此，引入均匀度来表示样品与均匀状态的偏离程度。将某一样品的均匀度 I 定义为

$$I = \frac{C_A}{C_{A0}} \quad (\text{当样品中 } C_A < C_{A0} \text{ 时}) \tag{6.4a}$$

$$I = \frac{1-C_A}{1-C_{A0}} \quad (\text{当样品中 } C_A > C_{A0} \text{ 时}) \tag{6.4b}$$

显然，均匀度 I 不可能大于 1，即 $I \leqslant 1$，若对全部 m 个样品的均匀度求平均值，得平均均匀度：

$$\bar{I} = \frac{I_1 + I_2 + \cdots + I_m}{m} \tag{6.5}$$

平均均匀度 $\bar{I}$ 可以用于度量整个液体的混合效果，即均匀程度。当混合均匀时，$\bar{I}=1$。

2）分隔尺度

若需用搅拌将液体或气体以液滴或气泡的形式分散于另一种不互溶的液体中，此时单凭均匀度并不足以说明物系的均匀程度，现举例说明如下。

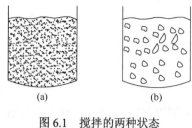

图 6.1　搅拌的两种状态

设有 A、B 两种液体通过搅拌达到如图 6.1 所示的两种状态。在两种状态中，液体 A 都已成微团均匀分布于另一种液体 B 中，但液体微团的尺寸相差很大。如果取样体积远大于微团尺寸，每一样品皆包含为数众多的微团，则两种状态的分析结果相同，平均均匀度 $\bar{I}$ 都应接近于 1。但是，如果样品体积小到与图 6.1（b）中的微团尺寸相近，则图 6.1（b）所示状态的平均均匀度将明显下降，而图 6.1（a）所示状态的均匀度仍可保持不变。换言之，同一个混合状态的均匀度是随所取样品的尺寸而变化的，说明单凭均匀度不能反映混合物的状态。

因此，对多相分散物系，分隔尺度（如气泡、液滴和固体颗粒的大小与直径分布）是搅拌操作的重要指标。

综上所述，混合效果的度量是与考察的尺度有关的。混合效果的度量主要是均匀度和分隔尺度，前者是均匀程度的度量，后者是考察尺度的体现。

3. 混合的规模

混合材料是否令人满意取决于后续操作，在后续操作中混合物起到了很重要的作用。如果考察的是足够小的规模，那么任何混合物都将显示明显的不均匀区。混合的可接受程度与后续操作中的处理顺序有关。Danckwerts 提出了"规模效应"这一术语来描述在特定混合物中的最小偏析区域，这个最小偏析区域会导致混合物被视为不够充分混合。例如，如果片剂含有 0.1 g 药物 A 和 0.1 g 药物 B，必须充分混合才能得到含有 0.2 g 样品的混合物，该片剂中将包含 A 和 B 的正确含量。只要该片剂是不分开的，其中 A 和 B 在样品中的分散方式并不重要。在这里考察的规模将由片剂的质量来确定。

在一般情况下，如果产品的单位尺寸小，一种组分过多或过少的话，小规模的考察均匀度都是非常不可取的。

在这里介绍两个有用的概念来描述混合的非均匀度：分离规模和分离强度。分离规模是用来衡量未混合材料的区域大小的量度。在上面所给出的例子中，分离强度体现了 A 稀释成 B 的程度，反之亦然。这两个概念通常是相互关联的。只要分离规模小，高分离强度是可以接受的。相反，如果分离强度降低，那么分离规模变大也是可以接受的。

4. 混合程度

混合状态希望能通过定量表达式合理地回答"材料是否充分混合了"这个问题。这个表达式最好还能够体现不同的混合过程和对不同混合设备的性能作比较。最有用的表达混合程度的方法是测量从混合物中抽取的样本组成的统计量的变化。审查的尺度决定样品的大小，而样品数量取决于评估要求的精度。

1945 年，Lacey 提出来自随机混合的一系列样本的标准偏差 s_r，与混合指数 M 之间的关系为

$$M = \frac{s_r}{s} \tag{6.6}$$

式中，s 为从被检测的混合物中抽取的样品的标准偏差。随着混合逐渐完全，这种方法得到统一。

Kramers 曾提出

$$M' = \frac{s_0 - s}{s_0^2 - s_r} \tag{6.7}$$

式中，s_0 为从未混合的材料中抽取的样本的标准偏差。它等于 $p(1-p)$，其中 p 是混合物中的组分所占的比例。

Lacey 使用样本方差对其做了修改，并给出基本方程式

$$M'' = \frac{s^2 - s_r^2}{s_0^2 - s_r^2} \tag{6.8}$$

式中，M' 和 M'' 均为混合的程度，从 0 到 1 不断变化。

二项分布和泊松分布也可以用来检测混合物的状态。如果在一个有黑、白两种粒子随机组成的混合物中，黑色粒子所占的比例是 p，那么在一个样本数为 n 的样品中获得 x 个黑色颗粒的概率 $P(x)$ 为

$$P(x) = \binom{n}{x} p^x (1-p)^{n-x} \tag{6.9}$$

如果样本数 n 很大，而比例 p 很小（<0.15），那么就会服从泊松分布，表达式为

$$P(x) = e^{-m} \left(m^x / x! \right) \tag{6.10}$$

其中，$m = np$，表示在含有 n 个粒子的样品中黑色颗粒的平均数目。这个关系可以在干式混合设备进行评估时使用。

如果 m 大于 20，且超过 10 个样本时可以采用，此时：

（1）样品中约有 10 个黑色颗粒在限制之外时（$m \pm 1.7\sqrt{m}$）。

（2）约有样品数量的 5%的黑色颗粒在限制之外时（$m \pm 2.0\sqrt{m}$）。

（3）约有样品数量的 1%的黑色颗粒在限制之外时（$m \pm 2.6\sqrt{m}$）。

这些实验结果如图 6.2 所示，在这些实验中聚乙烯的小立方体混合于双圆锥混合器中。图 6.2（a）中绘制的结果来自随机混合的概率小于 0.01。在这个例子中，两种组分的相对密度分别为 0.92 和 1.2。当组分具有相同的密度并且从随机混合物中取出样品的概率为 0.7 时，获得图 6.2（b）中给出的结果。

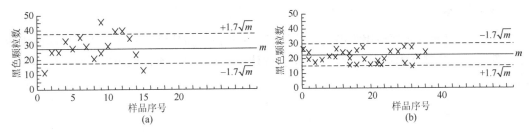

图 6.2　样品经过搅拌器搅拌后黑色粒子数量的变化

（a）$P < 0.01$；（b）$P = 0.7$

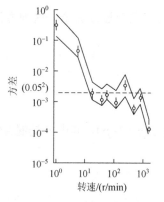

图 6.3　双层混合器中普鲁卡因青霉素（40%）和双氢链霉素（60%）混合物中样品的方差

另外，可以通过由混合物参与的操作规定的标准来均匀地混合。例如，Kaufman 测定从普鲁卡因青霉素和双氢链霉素在转鼓混合器内混合后，随机抽取的 10 个样品的方差。在搅拌过程中不同时间所取的样品的方差如图 6.3 所示。在此情况下，称取 5 g 的样本，代表生产规模的抗生素混合物的最终细粉。均匀性可以接受程度的设定是标准偏差为 5%，方差为 0.05^2，并且当混合器的转速超过 100 r/min 时，实验值方差周围的频带限制其真方差所处的范围（$P = 0.9$）。通过这种方式可以建立机器设备的适宜性和操作属性。

6.2　混合的类型和特点

6.2.1　混合的类型

混合的类型可以用 5 种基本过程来表示（表 6.1），即液-固、液-气、不互溶液体、互溶液体和流体运动等，是 5 种流体混合操作的主要应用类型。在表 6.1 的其他两列中，对混合应用做了进一步的区分，第一列和第三列是分别按物理过程和化学过程分类的，合在一起就可详细说明各主要应用类型中包含的各过程类型。对于一个给定的应用类型来说，物理过程与化学过程的差异在于一个是用物理均匀性为判据，而另一个是以化学反应或传质为判据。

表 6.1　混合类型

物理过程	应用类型	化学过程
悬浮	液-固	溶解
分散	液-气	吸收
乳化	不互溶液体	萃取
混匀	互溶液体	化学反应
泵送	流体运动	传热

1. 液-固混合

液-固混合过程为主要应用类型之一，包括：①悬浮，搅拌槽中各处悬浮均匀度的描述和规定，都可以用物理技术进行测量。②溶解，固体被溶解，是一个从固相进入液相的相间传质过程。

2. 液-气混合

液-气混合过程是另一个主要应用的类型，包括：①分散，使气体在液体中分布和分散。②吸收，是一种传质过程。例如，发酵过程中氧气从气相传递到液相和固相中。③气-液的物理分散，通常不是气-液过程的最终目的。在很多情况下要求有一定体积的气体分散在液体中，但这种要求通常并不是该体系的关键性要求。只有当过程产物为泡沫或发泡材料时才有这种要求。通常，气-液分散是一个由气泡向液体的气-液传质步骤，像磺化、氯化和氧化时的情况那样，当分散的最终结果是要求进行化学反应或传质时，根据物理分散情况来确定搅拌器通常是不恰当的。

3. 不互溶液体混合

在液-液过程中，对很多产品的最终要求是要得到稳定的乳化液，如洗发香波、抛光剂以及其他一些特殊化工产品。在这种情况下，可以采用物理过程对乳化液的类型和稳定性进行描述。另外，在液-液萃取中，不稳定的乳化作用（液体分散作用）则仅仅是作为一种传质方法而被采用。通常这种分散还必须考虑到它的再澄清作用，以便在后续操作中可以分离各相。因此，这种乳化性质的描述只是对传质步骤的要求来说是合适的。

4. 互溶液体混合

互溶液体的混合也是一种常见的生产过程，也可用物理指标来对最终的混合结果进行描述。但是这种描述方法并不是想象的那么简单。就很多贮槽或混匀槽而言，对混匀都没有作精确的描述或定义，甚至也不需要；其过程选择是极为原始的。但是在化学反应领域中，均匀性则是很重要的，因为化学反应动力学分析通常都要求已知定量长度的各反应物的浓度。这里要涉及宏观尺度混合和微观尺度混合等概念。当要求更深入地研究反应物均匀性的各种尺度时，这些概念都极其复杂。

5. 流体运动

流体运动是混合应用类型中的最后一类，这是一种综合性的分类。在这类过程中，混合是要求用流体的运动或另一些流体参数来进行描述。研究流体运动需要具有关于叶轮泵送流量的知识和描述搅拌叶轮排出流体的特性的方法。为了对流体运动进行完全描述，还要了解流体在槽底、挡板以及液体表面附近流动时的复杂情况。

在表 6.1 的第三列中还包括有传热一项。不管是通过管还是通过壁的传热，促进传热的流体湍动，一般都是由传热面本身引起的，此时搅拌器的主要作用就是提供扫过这些壁面的流动促进传热。很多过程都包含了表 6.1 第二列所示的 5 种基本应用类型的联合作用，如液-固-气和液-液-固-气。另外还可能有多种组合。实际上，大多数混合过程都包含有这 5 种基本应用类型中的若干种，因此必须确定每一种类型对需要得到的过程结果所起的作用。

6.2.2　混合的特点

1. 固体的混合

工业制剂中有许多重要的固体混合的例子。在一些不同剂型的药物中，实现准确的剂量取决于在生产过程的某个阶段中进行适当的混合操作。如果剂量单位是很小的，比如说 0.1 g，那么就可以应用小规模的均匀性评价考察。

所有物质系统的混合涉及颗粒的相对位移，无论它们是分子、小球还是小晶体，直到

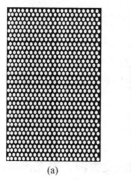

图 6.4　固体混合

（a）理想混合物；（b）随机混合物

产生最大无序状态并且实现完全随机的排列。这种对于两个组分完全等量的随机排列的混合物如图 6.4（b）所示。

在实际的示例中，"理想"的混合物，物质的点的分布是均匀的，如图 6.4（a）所示。但是实际上，这种排布几乎不可能，也没有一个混合设备可以做到比图 6.4（b）所示的"随机"混合物更好的。在这样的混合物中，在任何一点找到同一种粒子的概率等于该类型的粒子在混合物整体中所占的比例。

固体的混合不同于液体，液体混合中，从两种混溶液体中取出最小的实际样品所含有的粒子数都是数以百万计的。在固体混合中，一个小样品中含有的颗粒数相对较少，从图 6.2（b）看出，这种样品相对于所述混合物的总组成，应显示出相当大的变化，而这种变化会随着样品中颗粒的增加而减少。比方说，评估一系列从粉末的混合物抽取的样本，来考察药物含量的变化是非常重要的。压片机生产时，上一个药片与下一个药片之间的药物含量的变化在很大程度上由生产片剂过程中混合阶段的操作决定。

2. 随机混合

从两种材料的随机混合物中抽取的样本组合物的变化（均匀性）可通过以下关系来表示：

$$s = \sqrt{\frac{p(1-p)}{n}} \tag{6.11}$$

式中，s 为样品的标准偏差；p 为单组分的比例；n 为样品中的粒子数。这个表达式中，要求两个组分的颗粒大小、形状和密度都是一样的，并且只能通过一些中性属性来区分，如颜色。如果从由各自包含一定数量粒子的两种等量材料的混合物中抽取一个非常大量的样品，其分析的结果可以用一个频率曲线来表示，其中样品呈正态分布，样品的 99.7% 会落在该混合物的平均含量的 $p = 0.5 + 3\sigma$（σ 是指标准差或均方差）范围内。样品的标准偏差与样品中颗粒数量的平方根成反比。如果颗粒的粒径是减小，使得相同重量的样品含有原来 4 倍数目的颗粒，则标准偏差会减半。颗粒尺寸减小对样本分布的影响如图 6.5 所示。

A 和 B 的等量随机混合中，如果每 1000 个样本（3σ）中有 997 个落在既定组成（A = 0.5±0.05）的±10%范围内，那么样品必须至少包含 800 颗粒，即用 P 的比例表示，其中，$\sigma = 0.05/3$。在 A 和 B 等量混合的样品中颗粒数量对百分比变化的影响，可用图 6.6 表示。从图 6.6 可以看出，在上面的例子中，如果原料药的比例限制为±1%，那么每个样品中就要含有 90 000 粒子。真正的标准偏差用符号 s 表示。通过抽取若干个样本来估计标准偏差。

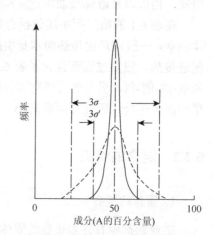

图 6.5　A 和 B 等量混合物中样品的分布图（虚线代表粒径较大的分布）

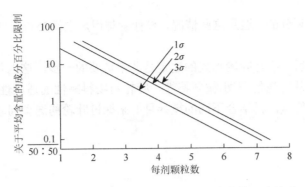

图 6.6　等量混合中比例限制与颗粒数量变化的理论关系

如果 A 和 B 非等量混合，原料药 A 的比例在混合物中为 0.1（10%），要实现此 10% 的限度（在 1000 个样品中有 997 个在 3σ 范围内的情况下），则要求每个样品应包含多余 8000 个颗粒数。如果原料药的比例为 0.01，或 1%，则每个样品应包含 90 000 个颗粒数，并且如果极限降低到 +1%，即活性成分为 0.01，或者 1%，则每个样品应含有 90 000 个粒子，而如果限制是降低到 ±1%，颗粒数将变成 9 000 000。

这些结果的理论推导前提是基于混合的组分颗粒的大小、形状和密度是完全一样的，这样的条件在固体的实际混合中是不可能遇到的，并且任何一个因素都有可能干扰随机混合物的形成。

随着混合物中原料药比例的下降，每个样品或单剂量中的辅料颗粒必须增加，并且必须使用较小粒径的物料以保证混合的均匀性。固体混合是有限制性的：由于在混合过程中往往会发生严重的聚集过程，因此生产非常细的粉末很困难。在小剂量单位中，原料药成分的比例非常小，固体的干式混合可能无法使一种组分充分混合到另一种或其他的组分中。

另一例子是两种组分在混合之前单独制粒。由于在制粒过程中的稳定性原因，有时会采用这种在混合之前单独造粒的过程。这样可以帮助难以混合均匀的成分在成为颗粒后减少混合均匀的难度。

6.3　混合设备——搅拌机概述

搅拌目的的多样性，物料性质的多样性，以及搅拌设备形式的多样性，再加上物料在搅拌设备内流动的复杂性，使搅拌设备的设计很难在一个严密的理论指导下完成，对这种设备的设计在很大程度上仍然依赖于经验。设计的优劣可使搅拌设备的效益相差很大，为此有必要在明确搅拌目的和物料性质的基础上，对搅拌设备的各个要素，如叶轮的形状、叶轮的直径、叶轮的层数、叶轮的安装位置、转速、槽的形状、挡板的尺寸和个数等进行优化。一般，搅拌设备的设计顺序为：搅拌条件的设定和确认→搅拌叶轮形式及附件的选定→确定叶轮尺寸及转速→计算搅拌功率→搅拌装置机械设计。

要设定的搅拌条件包括搅拌槽的容积、槽型、槽内物料的性质、搅拌目的、操作温度和压力、是分批式操作还是连续式操作等。设计搅拌设备的基础数据，通常须由搅拌设备的用户提供。然而对于有些基础数据，用户往往不能确切地提出，需要与设计者进行沟通后才能确定，特别是物料的性质和搅拌目的。例如，对于像熔融聚合物那样的非牛顿流体，其操作状态的黏度与其在操作状态下所受的剪切速率有关，而剪切速率与搅拌器的形式和转速有关；对于固-液悬浮、气-液分散等操作，搅拌设备设计者需要用户提出所需的搅拌强度等级，而这些等级又往往是设计者人为划分的。遇到这些情况，设计者与用户之间必须协调和沟通，最终双方对搅拌条件进行确认。

在搅拌条件确定后，搅拌叶轮形式的选定是非常重要的一步，这也是最依赖经验的一步，须仔细探讨。本书将从叶轮的剪切-循环特性、叶轮对物料黏性的适应性、叶轮产生的流型等方面阐明各种叶轮的特点，再结合不同的搅拌目的来探讨叶轮的选型问题。

6.3.1　搅拌机

1. 液体混合搅拌机

在可混溶液体的混合中，实际操作都包含大量的颗粒。因此，如果液体混合物通过搅拌随机化，则出于所有实际目的，可以认为它是均匀的。混溶液体为易混合物，并在特定的时间内，能够在没有外部作用的条件下完全混合。分离规模减小时可通过搅动来减少所需的混合时间，从而通过自然扩散快速减弱分离强度。通常情况下，只要不是操作规模非常大的话就不会有大问题。混溶液体通常由在罐中旋转的叶轮来搅拌。它们可被分为桨、螺旋桨及涡轮；它们与密封壳的设计结合，提供了在叶轮附近的强剪切区域，感应高速度梯度和液体湍流。而叶轮的类型和叶轮、罐的设计以及材料的流动性则决定了液体在罐中混合的均匀程度，甚至干扰其在整个容器中的分布。

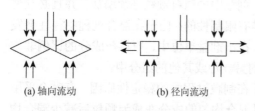

(a) 轴向流动　　　　　(b) 径向流动

图 6.7　轴向流动与径向流动示意图

搅拌器的设计防止了"死"区的形成，这样所有物料应可以在较短的时间间隔穿过叶轮区，提高混合的效果。叶轮中的湍流和高流速液体通过投进涡流并从邻近区夹带液体来促进混合。而流动模式可能依照其三个部件的运动来进行分析：径向流动，垂直于叶轮轴；纵向或轴向流动，平行于轴；切向流动，其中液体沿轴周围的圆形路径流动（图 6.7）。

在圆柱形罐中，径向流动通过对罐壁的作用而引起轴向流动。而切向流动不会变形。其层流循环的优势支持着各级的分层。此外，在液体表面产生涡流，涡流可以穿透叶轮，使空气分散在液体中。在一般情况下，通过将叶轮移动到偏离中心位置或通过挡板改变流动类型，切向流动会被最小化，破坏了搅拌器的对称性。带有垂直搅拌器的罐可以通过一个、两个或多个条带被挡板控制，虽然挡板产生额外的湍流，但这些条带垂直安装在管壁边缘或远离管壁处，因而这些挡板的减少不但消除了切向流动，且对径向和轴向流动的改变很少。

对于两种不混溶液体的混合还应考虑其他因素。例如，液-液萃取遇到这种操作，就涉及了一个较大界面接触面积的生产和维护。此外，由于密度差异，须通过适当的轴向流动模式来对抗相分离。螺旋桨或涡轮的旋转会引起高速率的剪切，分散相的小团被打破和重塑成更小的团。

1）桨式搅拌机

桨式搅拌机的 4 种类型如图 6.8 所示。这种搅拌机的混合元件相对于容器较大并且以低速（10～100 r/min）旋转。如图 6.8（a）所示，简单桨有上部和下部叶片，适合于混合低黏度的混溶液体，叶片后方的湍流区中切向流动模式占优势。框叶桨［图 6.8（b）］适合于混合高黏度的液体，锚桨［图 6.8（d）］在锅和桨叶之间的清除率低，在传热面的作用非常明显。固定桨与活动元件相互啮合，在混合器中压制旋涡，如图 6.8（c）所示。在其他的示例中，必须有挡板。除非桨叶倾斜，否则很少有液体出现轴向流动。因此，桨式搅拌器不适用于不同的混合物。

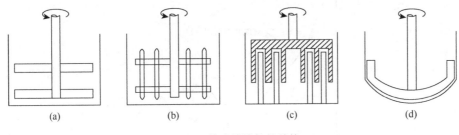

图 6.8　桨式搅拌机的结构

2）螺旋桨式搅拌机（推进式搅拌机）

螺旋桨通常用于混合低黏度的可混溶和不混溶液体。船用螺旋桨是一组典型的螺旋桨。相对小的成分在叶轮附近高速旋转，产生了高剪切速率，并且流动类型主要为轴向和切向分量。当被安装在偏心位置或从垂直处倾斜时，它们可以应用在无挡板罐中。若操作规模大的话，经常会将这种搅拌机水平安装在搅拌容器的一侧。

3）涡轮机

涡轮机设计在桨式和螺旋桨式之间，它在很广泛的黏度范围内是一个很好的混合器，并且是一个非常灵活的混合工具。由叶轮所控制的径向流体和切向流体的比率随着所操作的速度增加。倾斜叶片式涡轮机有时用来增加轴向流动。除非使用带罩式涡轮机，否则必须用挡板限制旋转，这样随着叶轮转动，整个生产过程中不会有切向的流动，提高了搅拌混合的效果。

2. 固体混合搅拌机

固体粒子混合时有三种基本的混合机理：①粒子在小尺寸范围内的随机运动，称扩散混合；②粒子进行大尺寸的随机运动，称对流混合；③剪切混合。

能增加单个粒子移动性的运动便能促进扩散混合。如果没有相反的离析作用，则扩散作用迟早会导致高度的均一性。在两种情况下发生扩散混合作用，一种是不断在新生的表面上再分布，如在鼓式混合器中进行的那样；另一种是一个粒子相互间的移动性增加，如在冲击磨中的混合。要加快混合过程，必须在扩散混合上再加上使大的粒子群互相混合的作用，即伴随对流混合或剪切混合。螺带式混合器能提供对流混合，鼓式混合器能提供剪切混合。

实际的混合过程可用由偏差表示的混合度 M 随时间 t 变化的曲线即混合特性曲线表示，如图 6.9 所示。整条曲线可分成三个区间，各个区间有不同的混合机理。

在混合初期，主要受对流混合支配；混合中期是对流和剪切进行恒速混合；后期以扩散混合为主。在混合过程中总是存在两种过程，即混合和反混合，混合状态是这两种相反过程之间建立起来的动态平衡。

1）槽式、带式和桨式搅拌机

简单的混合器槽由带有半圆形槽的叶轮组成，如很多桨叶安装在槽中轴的不同角度，旋转时，掀起物料并让物料不规则分布，发生对流和剪切混合。当叶轮将物料提升到主电荷之外时，会发生一些细小的扩散混合。

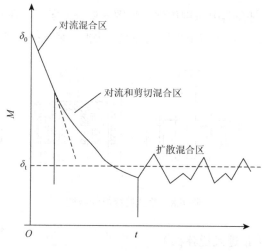

图 6.9　混合特性曲线

带式搅拌机采用带状传送卷轴。螺旋，可以是连续的或中断的，它在半圆形槽内旋转，并在通过对流和剪切时再次混合，从而得到快速的粗尺度分散。处于相反方向的两条带在传送物料时经常与轴卡壳。虽然小轴向混合发生在轴的附近，但即使当组分的粒度、形状或密度不同或存在一些聚集倾向时，通过长时间混合也可以产生具有高均匀性的混合物。

2）滚筒搅拌机

滚筒搅拌机（图 6.10）主要靠分散机制来运转，它们仅限于自由流动和粒状的物料混合时使用。采用的力较为轻微，防止了强烈聚合的材料之间发生混合，从而使易碎材料得到令人满意的处理。可采用一些改良的几何形式加强混合效果，如整合内部挡板和升降器叶片，物料沿着简单的罐式混合器的轴向移动缓慢，能够通过这些方法来加快移动。

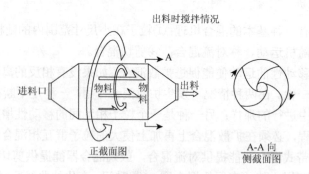

图 6.10　滚筒搅拌机工作示意图

3）粉碎机和冲击锤磨机

这种机器在混合中的功能已在前面的章节中叙述过。

3. 液固混合搅拌机

在溶解和结晶操作以及固体和液体之间的化学反应控制中存在液-固混合过程。

液-固混合物的流动性质随着两相比例的变化而显著变化。在低浓度固体分散相中，流体的特性符合牛顿力学，通过叶轮实现混合，这在流体组分的反沉降过程中令人非常满意。在这种条件下,可以允许增加尺寸和减小叶轮的速度。对于给定的输入功率,改善流体模式需要以沸腾的流体为代价。除非固体和液体之间的密度差异很小,否则浆叶对悬浮固体是无效的。这时可以应用针对液体混合的讨论。

在较高浓度的分散相环境下有异常流动特性,其中表观黏度是剪切速率的函数。表观黏度可能随着叶轮速度的增加而增加,或者更常见的是减少。从广义上说,沸腾作为一种混合,几乎不存在层流现象。

在较高浓度的分散相区域里,表观黏度会进一步增加,这常常和产率值的改善相关。不像真正的液体,在变形发生之前,剪切应力必须超过一定水平。由于悬浮颗粒的剪切应力较小,故沉降不会发生。如果表观黏度非常高,叶轮的混合则不可行,因为足够的流动形态不可能散发。一种可供选择的方法是使混合容器中混合元件覆盖所有空间。强加混合元件的行星旋转运动,会导致部分混合物被间隔剪切。极高的剪切速率随着接近于器壁原件的清出区域而产生。

对于较稠厚的糊剂可以使用球磨机和胶体磨。溶液中分散体含量高时,也可添加抗絮凝剂使固体成功地分散。

将固体与非常少量的液体混合,直接制粒时,通常会存在极端的均匀性问题。最好的方法是喷射液体到粉体,让粉体吸收了液体再与其他辅料混合。

6.3.2 搅拌机的组成

搅拌机由搅拌装置、轴封和搅拌槽(包括导流筒)三部分组成(图 6.11)。

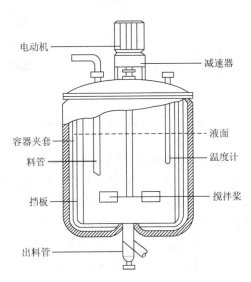

图 6.11 常见的液固混合搅拌机

1. 槽体

槽体通常是立式圆筒形的,筒体上部和下部都有碟形或椭圆形的封头,也有一些搅拌设备是卧式的。立式槽在常压下操作时,为降低槽体的制造成本,也可采用平底槽,当物料对环境没有污染,且空气中尘埃的落入对被搅拌物料没有影响时,槽上部也可以是敞口的。在搅拌含有较大颗粒的淤浆时,为便于固体粒子的出料,常用锥形底的搅拌槽。在卧式搅拌槽中大多进行半釜操作，因此卧式釜与立式釜相比有更多的气液接触面积，故卧式釜常用于气液传质过程，如气-液吸收或从高黏液体中脱除少量易挥发物质；另外，卧式釜的料层较浅，有利于叶轮将粉末搅动，并可借叶轮的高速回转使粉体抛扬起来，使粉体在瞬间失重状态下进行混合。卧式搅拌设备有单轴的，也有双轴的。采用卧式双轴搅拌设备的目的是要使搅拌器获得自清洁效果。当搅拌高黏液体时，若叶轮端部与槽壁有一定的间隙，则高黏液体会滞留于间隙中，这些滞留物的存在往往影响产品的质量。特别是当搅拌设备作为反应器使用时，滞留物因反应时间过长或局部过热而变质。为此，搅拌高黏液体的叶轮外缘都与槽壁很接近，有时还在叶轮上装刮刀，即所谓刮壁式搅拌器。然而，即使采用了刮壁式搅拌器，若采用单轴型，高黏液体还可能黏滞在叶轮上，随叶轮一起转动，而若采用自清洁型的卧式双轴搅拌设备，通过两支轴上特殊设计的叶轮的啮合，使叶轮之间产生互相清洁作用，可使滞留物减至最少。

2. 叶轮

叶轮的种类繁多，常见的有数十种，其中图 6.12 所示的是几种常见的搅拌器叶轮。通常，搅拌器分成低黏液体用和高黏液体用两大类。

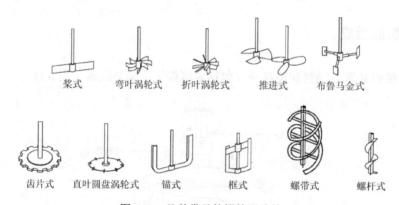

图 6.12　几种常见的搅拌器叶轮

桨式、弯叶涡轮式、折叶涡轮式、直叶圆盘涡轮式、推进式、布鲁马金式和齿片式适合于低黏液体的搅拌，在湍流状态下操作，其叶轮直径 d 与槽内径 D 之比（d/D）通常为 0.3~0.6。

锚式、螺带式和螺杆式适合于高黏液体的搅拌，在层流或过渡流状态下操作。在混合高黏液体时，为减少混合不良的滞留区，d/D 通常为 0.9 左右，其中螺杆式叶轮是例外，它或者偏置安装，或者与导流筒配合使用，其 d/D 一般为 0.4~0.5。

搅拌槽内的液体进行着三维流动，它可按圆柱坐标分解为轴向流、径向流和周向流（或称切向流）。

在湍流状态下，推进式叶轮除了产生周向流动外，还产生大量轴向流动，是典型的轴向流叶轮；齿片式、桨式、弯叶涡轮式和直叶圆盘涡轮式在无挡板搅拌槽中除了使液体产生与叶轮一起回转的周向流外，还由于叶轮的离心力，液体沿叶片向槽壁射出，即形成强有力的径向流，故这些叶轮称径向流叶轮。与弯叶涡轮和直叶圆盘涡轮相比，折叶涡轮的轴向流成分要多，故常用于需要较多轴向流的场合。而且，螺带式和螺杆式叶轮使高黏物料产生轴向流动；锚式叶轮主要使液体产生周向流动。

3. 导流筒

导流筒主要用于推进式和螺杆式叶轮的导流。导流筒是一个紧围着叶轮的圆筒，它能使叶轮排出的液体在筒内和筒外（筒与槽壁的环隙）形成上下循环流。应用导流筒可严格控制流型，防止短路，获得高速涡流和高速循环。也可迫使流体高速流过加热面以利于传热。导流筒也能强化混合和分散过程。

6.3.3　搅拌机选用原则

简言之，搅拌是使物料趋于均质化的过程。从物料的相状态看，搅拌过程可分为互溶液体的液-液混合、不互溶液体的液-液分散、固-固混合、固-液悬浮、气-液分散、气-液-固三相混合等 6 种情况，然而搅拌过程又往往是完成其他单元操作如传热、吸收、萃取、溶解、结晶、乳化、凝聚等以及化学反应过程的必要手段。对于同一物系的同一类操作，搅拌目的也可能有很大差别，以固-液悬浮操作为例，有时仅需通过搅拌防止固体粒子发生沉降，这时只要搅拌器输入较小的能量，使全体固体粒子在槽底浮游起来便可，并不要求固体粒子均匀地分布于全槽，这个搅拌目的称为全部离底悬浮。一般用单层轴向流叶轮便能达到此目的。有时需要使全体固体粒子在搅拌槽内基本均匀分布，此搅拌目的称为均匀悬浮，显然对于均匀悬浮，输入的搅拌功率要比全部离底悬浮大得多，且往往要使用多层叶轮。对于固-液体系，还有一种要求更高的搅拌目的，如通过搅拌要将固体粒子细分化，同时要将这些微粉均匀地分散到高黏流体中，对于这样的固-液分散操作，则需要使用特殊的适用于超高黏流体的搅拌设备。总之，明确搅拌目的是搅拌设备正确选型的基础。

同样的搅拌目的也可以用不同的搅拌叶轮来实现，尽管关于搅拌设备的选型至今还停留在经验总结阶段，没有严密的理论依据可以用来指导搅拌设备的选型，但是从叶轮本身的制造成本、使用时的操作费用和维修费用等角度考虑，不同设计的效益是不同的，故对于搅拌叶轮的选型也要充分重视。

第7章 制药过程中固体原辅料的干燥

干燥是一种很常见的药物原料处理和制备的单元操作,它的定义是从溶液、悬浮液或固-液混合物中蒸发并除去水分或其他液体形成干燥固体的过程。干燥的机理是实现从液体到气体的相变,它与用机械的方法从液体中分离得到固体(如过滤)不同。在后者应用于干燥之前,它们提供了一种廉价、高效的除去大部分水分的方法。

干燥的精确定义较难,因为它与蒸发有相似性且易于与之混淆。干燥通常是除去相对少量的液体得到干燥的产品,而蒸发则经常应用于溶液的浓缩(这种状况下,溶剂的量还很大,只有某些特例除外)。

通过干燥调整和控制物料水分的含量,对于药物产品的制造和发展是非常重要的。干燥的目的是:①改善单元操作的性能,如固体原料中粉末的填充,其他有关粉体流动的操作。②提高对水敏感的药物原料的稳定性,如阿司匹林和维生素 C(抗坏血酸)。

许多干燥设备都可以满足上述目的,但在实际操作中,由于操作规模,这些选择是有限的,设备的选择部分或完全取决于物料的热稳定性或它所需要的物理形式。在制药行业中,有些原料药批量规格通常是少量、高价值的,同一台干燥设备可能用来干燥不同的物料,这些因素限制了连续干燥设备的应用,促使分批式干燥设备的使用,因为分批式干燥器处理的产品滞留量少,并且容易清洗。是否能经济合理地回收溶剂是选择设备的另一个影响因素。

化学和制药工业中,有些固体原料、半成品和成品中含有水分或其他溶剂(统称为湿分)需要除去,这样的干燥方式简称去湿。常用的去湿方法有机械去湿法和加热去湿法。

(1)机械去湿法:对于含有较多液体的悬浮液,通常先用沉降、过滤或离心分离等机械分离法,除去其中的大部分液体。这种方法能量消耗较少,一般用于初步去湿。

(2)加热去湿法:对湿物料加热,使所含的湿分汽化,并及时移走所生成的蒸汽。这种去湿法称为物料的干燥,其热能消耗较多。

工业生产中,通常将上述两种去湿方法进行联合操作,先用机械去湿法除去物料中的大部分湿分,然后用加热法进行干燥,使物料的含湿量符合规定的要求。

干燥的目的是使物料便于运输、加工处理、贮藏和使用。例如,聚氯乙烯的含水量须低于0.2%,否则在其制品中将有气泡生成;抗生素的含水量太高则会影响其使用期限等。

7.1 湿空气的性质及湿度图

对流加热干燥过程中,热空气与湿物料直接接触,向物料传递热量 Q。传热的推动力为空气温度 t 与物料表面温度 θ 之间的温差 $\Delta t = t - \theta$。同时,物料表面的水汽(水分汽化量为 W)向空气主体传递,并被干空气带走。水汽传递的推动力为物料表面的水汽分压 P_w 与湿空气中的水汽分压 P_v 的分压差 $\Delta P_v = P_w - P_v$,如图 7.1 所示。因此,物料的干燥过程是传热和传质并存的过程。在干燥器中,空气既要为物料提供水分汽化所需热量,又要带走所汽化的水汽,以保证干燥过程的进行。因此，空气既是载热体，又是载湿体。空气在进干燥器之前需要经预热器加热到一定温度。在干燥器中，空气从进口到出口逐渐降温增湿，最后作为废气排出。

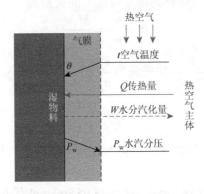

图 7.1　热空气与物料间的传热和传质

7.1.1　湿空气的性质

　　湿空气是干空气和水汽的混合物。在湿物料的对流干燥过程中，湿空气中的水汽含量不断增加，而其中的干空气作为载体（载湿体、载热体），质量流量是不变的。因此，湿空气的许多物理性质的量值以单位质量绝干空气为基准表示较为方便。干燥操作压力（总压 P）较低，湿空气可视为理想气体。

　　1. 湿空气中水汽分压 P_v

　　作为干燥介质的湿空气是不饱和空气，其总压 P 与水汽分压 P_v 及干空气分压 P_g 的关系为

$$P = P_v - P_g \tag{7.1}$$

并有

$$P_v = Py \tag{7.2}$$

　　当总压 P 一定时，水汽分压 P_v 越大，则湿空气中水汽的含量（摩尔分数 y）就越高。当水汽分压等于该空气温度下水的饱和蒸汽压 P_s 时，表明湿空气被水汽饱和，已达到水汽分压的最高值。

　　2. 相对湿度 φ

　　在一定总压下，相对湿度（relative humidity）φ 的定义为

$$\varphi = \frac{P_v}{P_s} \times 100\% \tag{7.3}$$

　　φ 与水汽分压 P_v 及空气温度 t[因水的饱和蒸汽压 $P_s = f(t)$]有关，当 t 一定时，φ 随 P_v 的增大而增大。当 $P_v = 0$ 时，$\varphi = 0$，为干空气；当 $P_v < P_s$ 时，$\varphi < 1$，为未饱和湿空气；当 $P_v = P_s$ 时，$\varphi = 1$，为饱和湿空气。

　　3. 湿度 H

　　湿空气的湿度（humidity）又称为比湿度，其定义为

H = 空气中水汽的质量 m_v/湿空气中干空气的质量 m_g，kg（水）/kg（干气）

因此，湿度实际上是水汽与干空气的质量比。若水汽与干空气的摩尔质量分别为 M_v、M_g，则质量比 m_v/m_g 与摩尔比 n_v/n_g（可称为摩尔湿度）的关系为

$$H = \frac{m_v}{m_g} = \frac{M_v n_v}{M_g n_g} \tag{7.4}$$

而摩尔比 $\dfrac{n_v}{n_g}$ 与分压 $\dfrac{P_v}{P_g} = \dfrac{P_v}{P - P_v}$ 的关系为 $\dfrac{n_v}{n_g} = \dfrac{P_v}{P - P_v}$，代入式（7.4），得湿度的计算式为

$$H = \frac{M_v}{M_g} \cdot \frac{P_v}{P - P_v} \tag{7.5}$$

式（7.5）虽然是针对湿空气推导的，但对任何不凝性干气体中含有可凝性蒸汽的物系都适用。

对于湿空气，将 M_v = 18.02 kg/kmol、M_g = 28.95 kg/kmol 代入式（7.5），得湿度的计算式为

$$H = 0.622 \frac{P_v}{P - P_v} \tag{7.6}$$

式（7.6）表明，湿度 H 与总压 P 及水汽分压 P_v 有关。P_v 增大或 P 减小，则 H 增大。

当水汽分压 P_v 等于该空气温度下水的饱和蒸汽压 P_s，即 $P_v = P_s$ 时，湿空气呈饱和状态。此时，空气的湿度称为饱和湿度 H_s，即

$$H_s = 0.622 \frac{P_s}{P - P_s} \tag{7.7}$$

由式（7.3）可知，在一定总压 P 下，$P_v = \varphi P_s$，代入式（7.6），得湿度的计算式为

$$H = 0.622 \frac{\varphi P_s}{P - \varphi P_s} \tag{7.8}$$

此式表明，当总压 P 一定时，湿空气的湿度 H 随空气的相对湿度 φ 和空气温度 t（因水的饱和蒸汽压 P_s 与温度 t 有关）而变化。

4. 湿空气的比体积 v_H

湿空气的比体积简称为湿比体积（humid volume），其定义为

v_H = 湿空气的体积/湿空气中干空气的质量，m³ 湿气/kg 干气

湿度为 H 的湿空气，以 1 kg 干空气为基准的湿空气物质的量为

$$n_g + n_v = \frac{1}{M_g} + \frac{H}{M_v}，\text{kmol 湿气/kg 干气} \tag{7.9}$$

在标准状况（101.325 kPa，273.15 K）下，气体的标准摩尔体积为 22.41 m³/kmol。因此，总压 P(kPa)、温度 T(K)、湿度 H 的湿空气的比体积为

$$v_H = 22.41 \left(\frac{1}{M_g} + \frac{H}{M_v} \right) \frac{T}{273} \times \frac{101.33}{P} \tag{7.10}$$

将 M_g = 28.95 kg/kmol、M_v = 18.02 kg/kmol 代入式（7.10），得湿空气的比体积计算式为

$$v_H = (0.774 + 1.244H) \frac{T}{273} \times \frac{101.33}{P} \tag{7.11}$$

5. 湿空气的比热容 C_{pH}

湿空气的比热容简称为湿比热容（humid heat），它是湿度为 H 的湿空气温度升高 1 K 所需的热量，它是以 1 kg 干空气为基准，等于 1 kg 干空气和 1 kg 水汽升高温度 1 K 所需的热量，单位为 kJ/(kg 干气·K)。

$$C_{pH} = C_{pg} + C_{pv}H \tag{7.12}$$

在 273～393 K，干空气及水汽的平均定压比热容分别为 $C_{pg} = 1.01$ kJ/(kg 干气·℃)、$C_{pv} = 1.88$ kJ/(kg 水汽·℃)。代入式（7.12），得湿空气的比热容计算式为

$$C_{pH} = 1.01 + 1.88H \tag{7.13}$$

即湿空气的比热容只随空气的湿度而变化。

6. 湿空气的焓 I

湿空气（温度 t，湿度 H）的焓 I 为 1 kg 干气的焓 I_g 与所含 H kg 水汽的焓 HI_v 之和：

$$I = I_g + HI_v \tag{7.14}$$

式中，I_g 为干空气的比焓，kJ/kg 干气；I_v 为水汽的比焓，kJ/kg 水汽。

以 0℃干空气的焓为基准，干空气的比焓 I_g（kJ/kg 干气）为

$$I_g = C_{pg}t \tag{7.15a}$$

式中，C_{pg} 为干空气的定压比热容，$C_{pg} = 1.01$ kJ/(kg 干气·℃)；t 为湿空气的温度，℃。

以 0℃液态水的焓为基准，水汽的比焓 I_v（kJ/kg 水汽）为

$$I_v = r_0 + C_{pv}t \tag{7.15b}$$

式中，r_0 为 0℃时水的比汽化热，$r_0 = 2492$ kJ/kg 水；C_{pv} 为水汽的定压比热容，$C_{pv} = 1.88$ kJ/(kg 水汽·℃)。

将式（7.15a）与式（7.15b）代入式（7.14），得湿空气焓 I 的计算式为

$$I = (C_{pg} + C_{pv}H)t + r_0H = (1.01 + 1.88H)t + 2492H \tag{7.16}$$

湿空气的焓 I 随空气的温度 t、湿度 H 的增大而增大。

7. 湿空气的温度

1）湿空气的干球温度 t

在湿空气中，用普通温度计测得的温度，称为湿空气的干球温度（dry bulb temperature），为湿空气的真实温度。

2）湿空气的露点 t_d

总压 P、温度 t、湿度 H（或水汽分压 P_v）的未饱和湿空气在 P、H（或 P_v）不变的情况下进行冷却降温，当出现第一滴液滴时，湿空气达到饱和状态，此时的温度称为露点 t_d（dew point），此时湿空气的湿度 H 就是其露点 t_d 下的饱和湿度 H_s。空气的湿度 H（或水汽分压 P_v）愈大，则露点 t_d 就愈高。若测得湿空气的露点 t_d，由 t_d 查得水的饱和蒸汽压 P_s，用式（7.7）就可求得一定总压 P 下的湿空气的湿度 H，即

$$H = H_s = 0.622 \frac{P_s}{P - P_s}$$

上式为露点法测定空气湿度的依据。由上述可知，空气的露点是反映空气湿度的一个特征温度。

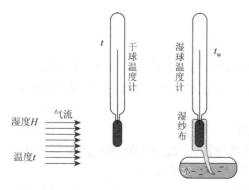

图 7.2　干球温度计和湿球温度计

3）湿空气的湿球温度

图 7.2 为干、湿球温度计的示意图。干球温度计的感温球露在空气中，所测温度为空气的干球温度 t，通常简称为空气的温度。而湿球温度计的感温球用湿纱布包裹，纱布下端浸在水中，其毛细管作用能使纱布保持湿润，所测温度为空气的湿球温度 t_w（wet bulb temperature）。未饱和湿空气的湿球温度 t_w 恒低于其干球温度 t。

测定湿球温度 t_w 的机理：有大量未饱和的湿空气（温度 t，水汽分压 P_y，湿度 H）以一定流速（通常大于 5 m/s）流过湿球温度计的湿球表面。若开始时湿球上的水温与湿空气的温度 t 相同，空气与湿球上的水之间没有热量传递。但湿球表面水的饱和蒸汽压 P_s 大于空气中水汽分压 P_v，有水汽化到空气中。因而湿球上的水温下降，与空气之间产生了温差，则有热量从空气向湿球传递。因传递的热量尚不够水汽化所需热量，湿球的水温将继续下降，其表面水的饱和蒸汽压 P_w 减小，汽化量也随之减少。当空气向湿球传递的热量正好等于湿球表面水汽化所需热量时，过程达到动态平衡（dynamic equilibrium），湿球的水温不再下降，而达到一个稳定的温度。这个动态平衡条件下的稳定温度就是该空气状态（温度 t，湿度 H）下的湿球温度 t_w。

因湿空气流量大，湿球表面汽化的水量很少，可认为空气流过湿球时，其温度 t 和湿度 H 保持不变。不论湿球的初始温度是多少，只要空气的温度 t、湿度 H 保持不变，最后总会达到上述热量传递和水汽化所需热量的动态平衡，以及达到同一湿球温度 t_w。

湿球温度 t_w 是湿球上水的温度，它是由流过湿球的大量空气的温度 t 和湿度 H 所决定的。例如，当空气的温度 t 一定时，其湿度 H 越大，则湿球温度 t_w 也越高；对于饱和湿空气，则湿球温度与干球温度以及露点三者相等。因此，湿球温度 t_w 是湿空气的状态参数。

湿球温度 t_w 与湿空气的温度 t 及湿度 H 之间的函数关系推导如下。

当湿球温度达到稳定时，从空气向湿球表面的对流传热速率为

$$Q = \alpha A(t-t_w) \tag{7.17}$$

式中，Q 为传热速率，W；α 为空气主体与湿球表面之间的对流传热系数，W/(m²·℃)；A 为湿球表面积，m²。

同时，湿球表面的水汽向空气主体的对流传质速率为

$$N = k_H A(H_w - H) \tag{7.18}$$

式中，N 为传质速率，kg 水/s；k_H 为以湿度差为推动力的对流传质系数，kg 干气/(m²·s)；H_w 为湿球表面处的空气在湿球温度 t_w 下的饱和湿度，kg 水/kg 干气。

单位时间内，从空气主体向湿球表面传递的热量 Q 正好等于湿球表面水汽化带回空气主体的热量 r_w，则有

$$\alpha A(t-t_w) = k_H A(H_w - H)r_w$$

整理，得

$$t_w = t - \frac{k_H r_w}{\alpha}(H_w - H) \tag{7.19}$$

式中，r_w 为湿球温度 t_w 下水的比汽化热，kJ/kg。

式（7.19）为湿球温度 t_w 与湿空气温度 t 及湿度 H 之间的函数关系式，式中 α/k_H 为同一气

膜的传质系数与对流传热系数之比，单位为 kJ/(kg 干气·℃)。实验证明，α 与 k_H 都与 Re 的 0.8 次方成正比，所以 α/k_H 值与流速无关，只与物系性质有关。对于空气-水物系，$\alpha/k_H \approx 1.09$ kJ/(kg 干气·℃)。根据上述原理，可用干、湿球温度计测定空气的湿度。

　　4）绝热饱和温度 t_{as}

　　如图 7.3 所示，有一定流量的未饱和湿空气（温度 t，湿度 H）连续流过绝热饱和器。开始时与温度为 t 的大量循环喷洒水充分接触。由于水滴表面的水汽分压高于空气中的水汽分压，水向空气中汽化，水温开始降低，与空气之间产生了温差，则有热量从空气向水传递。因传递的热量不够水汽化所需热量，水温将继续下降，直到水温降到稳定值 t_{as}，t_{as} 低于湿空气进口温度 t。同时，空气温度也将由 t 降至与水相同的温度 t_{as}，湿度由 H 增大到 t_{as} 下的饱和湿度 H_{as}。在 t_{as} 下热量传递与水汽的传递将不再进行，空气与水之间达到了静态平衡（static equilibrium）而排出饱和器，温度 t_{as} 称为湿空气（t，H）的绝热饱和温度（adiabatic saturation temperature）。

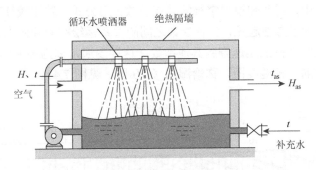

循环水喷洒器　　绝热隔墙

H、t
空气

t_{as}
H_{as}

t
补充水

图 7.3　绝热饱和器

　　后面进入绝热饱和器的湿空气都将与温度为 t_{as} 的大量循环水充分接触，在绝热条件下降温增湿，而水向空气汽化。空气降温放出的热量全部用于水汽化，又回到空气中。空气从进口到出口的绝热降温增湿过程（绝热饱和过程）中，其焓值基本上没有变化，可视为等焓过程。

　　以温度 t_{as} 为基准对绝热饱和器作焓衡算。因空气的绝热饱和过程是等焓过程，进入绝热饱和器的湿空气（t，H）焓等于离开绝热饱和器的湿空气（t_{as}，H_{as}）焓：

$$C_{pHas}(t-t_{as})+Hr_{as}=C_{pHas}(t-t_{as})+H_{as}r_{as} \tag{7.20}$$

整理，得

$$t_{as}=t-\frac{r_{as}}{C_{pHas}}(H_{as}-H) \tag{7.21}$$

式中，r_{as} 为水在 t_{as} 时的比汽化热，kJ/kg；C_{pHas} 为湿空气在 H_{as} 时的比热容，kJ/(kg 干气·℃)。

　　由式（7.21）可知，湿空气（t，H）的绝热饱和温度 t_{as} 只由该湿空气的 t 和 H 决定。因此，t_{as} 也是空气的状态参数。

　　实验测定，对空气-水物系，$\alpha/k_H \approx C_{pHas}$。因此，由式（7.19）与式（7.21）可知 $t_{as} \approx t_w$。应注意，上述湿球温度 t_w 和绝热饱和温度 t_{as} 都是湿空气的 t 与 H 的函数，并且对空气-水物系，二者数值近似相等，但它们分别由两个完全不同的概念求得。湿球温度 t_w 是大量空气与少量水接触，水的稳定温度；而绝热饱和温度 t_{as} 是大量水与少量空气接触，且空气达到饱和状态时的稳定温度，此时温度与大量水的温度 t_{as} 相同。少量水达到湿球温度 t_w 时，空气与水之间处于热量传递和水汽传递的动态平衡状态；而少量空气达到绝热饱和温度 t_{as} 时，空气与水的温度相同，处于静态平衡状态。

从以上讨论可知，表示湿空气性质的特征温度有干球温度 t、露点 t_d、湿球温度 t_w 及绝热饱和温度 t_{as}。对于空气-水物系，$t_w \approx t_{as}$，并且有下列关系：

不饱和湿空气　　　　　　　　　　　　　$t > t_w > t_d$

饱和湿空气　　　　　　　　　　　　　　$t = t_w = t_d$

7.1.2　湿空气的湿度图及其应用

1. 湿空气的湿度图

湿空气性质的各项参数 P_v、φ、H、I、t、t_d、t_w、t_{as}，在一定的总压下，只要规定其中两个相互独立的参数，湿空气状态即可确定。

在干燥过程计算中，需要知道湿空气的某些参数，用公式计算比较烦琐，而且有时还需用试差法求解。工程上为了方便起见，将各参数之间的关系标绘在坐标图上，只要知道湿空气任意两个独立参数，就能从图上迅速查到其他参数，这种图通常称为湿度图（humidity chart）。下面介绍工程上常用的一种湿度图，称焓湿图（I-H 图，见图 7.4）。

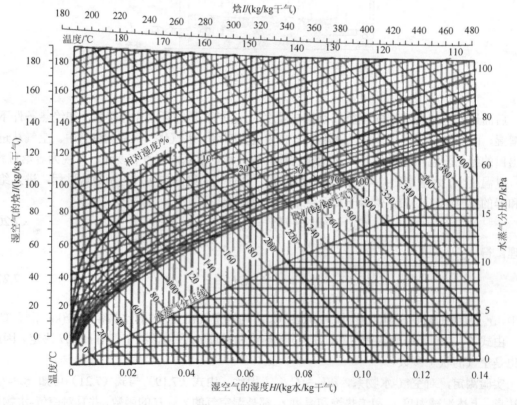

图 7.4　湿空气的 I-H 图

图 7.4 所示的 I-H 图是在总压 $P = 101.325$ kPa 下，以湿空气的焓 I 为纵坐标、湿度 H 为横坐标绘制的。图中共有 5 种线，分别介绍如下。

1）等湿度线（等 H 线）

等 H 线是一系列平行于纵轴的直线。同一条等 H 线上，不同点代表不同状态的湿空气，但具有相同的湿度。

露点 t_d 是湿空气在等 H 条件下冷却到饱和状态（相对湿度 $\varphi = 100\%$）时的温度。因此，状态不同而湿度 H 相同的湿空气具有相同的露点。

2）等焓线（等 I 线）

等 I 线是一系列与水平线呈 45° 的斜线。同一条等 I 线上，不同点代表不同状态的湿空气，但具有相同的焓值。

空气的绝热降温增湿过程近似为等 I 过程。因此，等 I 线也是绝热降温增湿过程中空气状态点变化的轨迹线。

空气绝热降温增湿过程达到饱和状态（相对湿度 $\varphi = 100\%$）时的温度为绝热饱和温度 t_{as}，湿球温度 $t_w \approx t_{as}$。

3）等干球温度线（等 t 线）

将式（7.16）写成

$$I = 1.01t + (1.88t + 2492)H$$

由此式可知，当 t 为定值时，I 与 H 呈直线关系。因直线斜率（$1.88t + 2492$）随 t 的升高而增大，所以这些等 t 线互不平行。

4）等相对湿度线（等 φ 线）

等 φ 线是用前面介绍的式（7.8）绘制的。式中的总压 $P = 101.325$ kPa，因 $\varphi = f(H, P_s)$，$P_f = f(t)$，所以对于某一 φ 值，在 $t = 0 \sim 100℃$ 给出一系列 t 值，可求得一系列 P_s 值，用式（7.8）计算出相应的一系列 H 值，在图上标绘一系列（t, H）点，可连接成一条等 φ 线。图中标绘了 $\varphi = 5\% \sim 100\%$ 的一组等 φ 线。

$\varphi = 100\%$ 的等 φ 线为饱和空气线，此时空气完全被水汽所饱和。饱和线以上（$\varphi < 100\%$）为不饱和区域。当空气的湿度 H 为一定值时，其温度 t 越高，则相对湿度 φ 值就越低，作为干燥介质时，其吸收水汽的能力应越强。故湿空气进入干燥器之前，必须先经预热以提高温度 t。其目的是提高湿空气的焓值，使其作为载热体，也是为了降低其相对湿度而作载湿体。

5）水汽分压线

水汽分压线标绘在饱和空气线（$\varphi = 100\%$）的下方，是水汽分压 P_v 与湿度 H 之间的关系曲线，是在总压 $P = 101.325$ kPa 下用前面介绍的式（7.6）标绘的。水汽分压 P_v 的坐标位于图的右端纵轴上。

2. 湿度图的应用

利用 I-H 图查取湿空气的各项参数非常方便。

已知湿空气的某一状态点 A 的位置，如图 7.5 所示。可直接读出通过点 A 的 4 条参数线的数值，它们是相互独立的参数 t、φ、H 及 I。进而可由 H 值读出与其相关但互不独立的参数 P_v、t_d 的数值；由 I 值读出与其相关但互不独立的参数 t_{as}（$\approx t_w$）的数值。

通过水汽分压线，可直接由湿度 H 值读出水汽分压 P_v 的数值。由 H 值读出露点 t_d 的方法，首先在 $\varphi = 100\%$ 饱和线上找出与等 H 线的交点 B，再由通过 B 点的等 t 线读出 t_d 值。这是根据露点的定义确定的，因为露点是空气在 H 不变的条件下冷却到饱和状态时的温度。

由焓值读出绝热饱和温度 t_{as}（等于湿球温度 t_w）的方法，首先在 $\varphi = 100\%$ 饱和线上找出

与等 I 线的交点 D，点 D 为湿空气绝热饱和湿度 H_{as} 点，再由通过点 D 的等 t 线读出 $t_{as} \approx t_w$。此时将湿空气的绝热饱和过程视为等 I 过程，把等 I 线视为绝热饱和过程线。

由上述可知，温度不仅可分别与 φ、H、I 确定空气的状态点（图 7.5），也可分别与 P_v、t_d 及 t_w 确定空气的状态点。

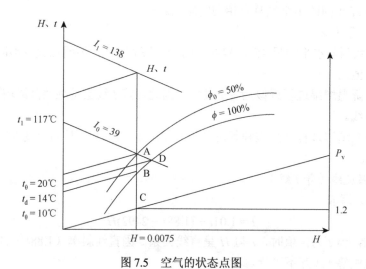

图 7.5　空气的状态点图

7.2　物料的干燥实验

为确定物料的干燥时间和干燥器尺寸，需要知道物料的平衡含水量与干燥速率。下面分别介绍物料的干燥实验曲线、干燥速率曲线以及平衡含水量曲线。

7.2.1　物料的干燥实验曲线——干燥过程的三阶段

通过干燥实验曲线可以了解干燥过程中物料的含水量与温度随时间的变化关系。干燥实验曲线的测定方法是，在恒定条件（空气温度、湿度、流速及其与物料的接触状况等保持恒定）下的大量空气中将少量湿物料的样品悬挂在如图 7.6 所示的干燥实验装置的天平上。定时测量物料的质量 L 及其表面温度 θ，直到物料质量恒定为止。然后将物料放入电烘箱内烘干到质量恒定，即可得到绝干物料的质量 L_c，并求得干基含水量 $X = (L-L_c)/L_c$。试样的含水量 X 及其表面温度 θ 随时间 τ 的变化关系如图 7.7 中的 X-τ 曲线及 θ-τ 曲线所示，称为物料的干燥实验曲线。从干燥实验曲线上可以看出，物料的干燥过程可分 AB、BC 及 CDE 三个阶段。

1. 预热阶段 AB

刚开始，物料的温度 θ 小于该空气条件（t，H）下的湿球温度 t_w，由于空气与物料之间存在温差（$t-\theta$），空气向物料传递热量，物料温度上升。同时，由于物料表面的水汽压力大于空气中水汽分压 P_v，物料表面的水分汽化，开始的汽化量较小，所以汽化所需热量小于空气传入物料的热量，物料温度 θ 继续上升，水分汽化速率或物料含水量的变化率 $-dX/d\tau$ 也逐渐增大。当水分汽化所需热量等于空气传入物料的热量时，$\theta = t_w$，此时物料的预热阶段结束，而进入恒速干燥阶段。

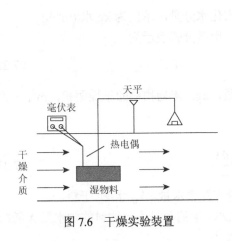

图 7.6　干燥实验装置

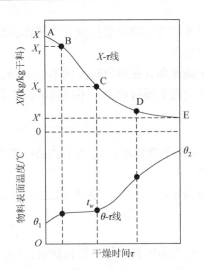

图 7.7　恒定干燥条件下物料的干燥实验曲线

2. 恒速干燥阶段 BC

此阶段物料表面润湿，呈现连续水膜。若为纤维性物料，由于毛细管力的作用，其内部水分向表面补充，表面水分的汽化与湿球温度计湿球上的水分汽化原理类似。物料表面温度始终保持该空气条件（t, H）下的湿球温度 t_w，所以空气向物料的传热推动力（$t-t_w$）以及水分从物料表面（此处空气的湿度为 t_w 下的饱和湿度 H_w）向空气汽化的推动力（H_w-H）均恒定不变，水分汽化速率保持恒定，故此阶段称为恒速干燥阶段。X-τ 线为一向下的斜直线，物料的含水量 X 随时间 τ 成正比减小，即 $-dX/d\tau$ = 常数。此阶段的干燥速率取决于物料表面的水分汽化速率，故又称为表面汽化控制阶段。

3. 降速干燥阶段 CDE

干燥实验曲线的转折点 C 称为恒速干燥阶段与降速干燥阶段的临界点。该点的物料含水量，称为临界含水量 X_c。

物料的含水量降到 C 点时，内部水分向表面的移动速率已下降到来不及向表面补充足够的水分以维持整个表面的润湿，因而开始出现不润湿点，水分汽化速率或 $-dX/d\tau$ 逐渐减小。当润湿表面继续减小到 D 点时，表面完全不润湿，从第一降速阶段（CD 段）进入第二降速阶段（DE 段）。汽化表面逐渐从物料表面向内部转移，汽化所需热量通过固体传到汽化区域，汽化了的水汽穿过固体孔隙向外部扩散，故水分的汽化速率进一步降低，直到点 E 时，物料的含水量将降到该空气条件（t, H）下的平衡含水量 X^*。此时物料所产生的水汽压力与空气中水汽分压相等，物料的水分汽化速率等于零，即 $-dX/d\tau = 0$。降速阶段的干燥速率主要取决于水分和水汽在物料内部的传递速率，故又称为内部扩散控制阶段。此阶段由于水分汽化量逐渐减小，空气传给物料的热量部分用于水分汽化，部分用于物料温度的上升。当物料达到平衡含水量 X^* 时，物料温度 θ 将等于空气温度 t。

7.2.2　物料的干燥速率曲线

为确定干燥时间和干燥器尺寸，应知道干燥速率。恒定干燥条件是指空气的温度、湿度、气速以及空气与物料的接触方式等都恒定不变。用大量的空气干燥少量湿物料，可以认为是恒定干燥条件。

干燥速率 u 是单位时间内单位干燥表面积上的汽化水分量，单位为 kg 水/(m²·h)。

在间歇干燥过程中，不同瞬间的干燥速率不同，用微分式表示为

$$u = \frac{dW}{A d\tau} \tag{7.22}$$

式中，u 为干燥速率，kg 水/(m²·h)；W 为水分蒸发量，kg；A 为物料的干燥面积，m²；τ 为干燥时间，h。

因为 $dW = -L_c dX$，则式（7.22）可写成

$$u = \frac{dW}{A d\tau} = -\frac{L_c dX}{A d\tau} \tag{7.23}$$

式中，L_c 为湿物料中绝干物料质量，kg；X 为湿物料干基含水量，kg 水/kg 干料。

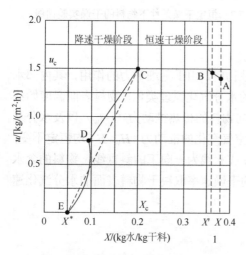

图 7.8　恒定干燥条件下的干燥速率曲线

式（7.23）中的负号表示物料的含水量 X 随时间的增加而减小。

将图 7.7 中 X-τ 曲线斜率 $-dX/d\tau$ 及实测的 A 等数据代入式（7.23），求得干燥速率 u，与物料含水量 X 标绘成图 7.8 所示的干燥速率曲线。这种曲线能非常清楚地表示出物料的干燥特性，故又称为干燥特性曲线。图中预热阶段 AB 的时间很短，干燥计算中可忽略不计。BC 为恒速干燥阶段，CDE 为降速干燥阶段。

下面分别介绍恒速干燥阶段与降速干燥阶段影响干燥速率的因素及干燥时间的计算。

1. 恒速干燥阶段

1）影响干燥速率的因素

恒速干燥阶段的特点是物料表面充满着非结合水分，表面温度为湿球温度 t_w，干燥速率与物料的性质关系很小，而主要与湿空气的温度 t、湿度 H、流速 ω 及其与湿物料的接触方式有关。从前面的湿球温度原理中介绍的传热速率式（7.17）与传质速率式（7.18）可知以下 3 点。

（1）提高空气温度 t、降低湿度 H，可增大传热推动力 $(t-t_w)$ 及传质推动力 (H_w-H)。

（2）提高空气流速，可增大对流传热系数 α 与对流传质系数 k_H。

（3）水从物料表面汽化的速率还与空气同物料的接触方式有关。物料颗粒分散悬浮于气流中者最佳，这不仅使 α 与 k_H 增大，与物料的接触表面积 A 也增大；其次是气流穿过物料层；而气流掠过物料层表面的部分，与物料接触不良，干燥速率较低。

2）恒速阶段的干燥时间计算

在恒定干燥条件下，物料从最初含水量 X_1 干燥到临界含水量 X_c 所需的时间 τ_1，可根据所测定的干燥速率曲线，利用式（7.23）求取。恒速阶段的干燥速率 u 等于临界点的干燥速率 u_c，故将式（7.23）改写为

$$d\tau = -\frac{L_c dX}{A u_c}$$

分离变量积分 $\int_0^{\tau_1} \mathrm{d}\tau = -\dfrac{L_c}{Au_c}\int_{X_1}^{X_c}\mathrm{d}X$ ，得恒速阶段的干燥时间计算式为

$$\tau_1 = \frac{L_c}{Au_c}(X_1 - X_c) \tag{7.24}$$

式中，τ_1 为恒速干燥阶段的干燥时间，h；L_c 为湿物料中的绝干物料量，kg；A 为物料的干燥表面积，m^2；X_1 为物料的最初含水量，kg 水/kg 干料；X_c 为物料的临界含水量，kg 水/kg 干料；u_c 为物料的临界干燥速率，kg 水/($m^2\cdot$h)。

由式（7.24）可知，计算恒速阶段的干燥时间 τ_1 需要知道物料的临界含水量 X_c 与临界干燥速率 u_c 的实验数据。临界干燥速率 u_c 就是恒速阶段的干燥速率。

2. 降速干燥阶段

1）影响干燥速率的因素

降速干燥阶段的特点是湿物料只有结合水分，干燥速率主要受物料的结构、形状和尺寸的影响大，而与干燥介质的条件关系不大。

降速阶段干燥速率曲线的形状因物料的内在性质不同而异。图 7.9 所示为 4 种典型形状的干燥速率曲线，它们能明显地表现出物料的特性，简要介绍如下。

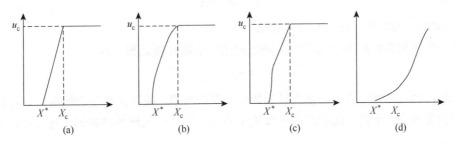

图 7.9　4 种典型形状的干燥速率曲线

图 7.9（a）为大孔隙粒状物料层干燥、粉粒状物料分散干燥、液滴干燥，以及薄片状物料、粉粒状物料的片状滤渣等的干燥，其降速阶段的干燥速率与含水量近似呈线性关系。

图 7.9（b）为非亲水性细粉粒堆积层或纤维状物料层的干燥，依靠毛细管力的作用使水分通过细小孔隙向物料表面传递。

图 7.9（c）为纤维性物料（木材、纺织物、皮革、纸张）或细小粉粒物料（黏土、淀粉）等亲水性物料的干燥，第一降速干燥阶段水分的传递主要依靠毛细管力，而第二降速阶段水分与水汽的传递主要依靠扩散作用。

图 7.9（d）为肥皂、胶类等能与水形成均相溶液的无孔吸湿性物料的干燥，物料内部与表面有浓度差，水分借扩散作用向表面传递，在表面汽化。这类物料不存在恒速干燥阶段。

2）降速阶段的干燥时间计算

降速干燥阶段物料含水量由 X_c 下降到 X_2 所需的时间 τ_2，可由式（7.23）积分求得，即

$$\tau_2 = \int_0^{\tau_2}\mathrm{d}\tau = -\frac{L_c}{A}\int_{X_c}^{X_2}\frac{\mathrm{d}X}{u} = \frac{L_c}{A}\int_{X_2}^{X_c}\frac{\mathrm{d}X}{u} \tag{7.25}$$

式中积分项的计算方法有以下两种。

（1）图解积分法：当 u 与 X 不呈直线关系时，式（7.25）可根据干燥速率曲线的形状用图

解积分法求解 τ_2。以 X 为横坐标，$1/u$ 为纵坐标，在图中标绘 $1/u$ 与对应的 X，由纵线 $X = X_c$ 与 $X = X_2$、横坐标轴及曲线所包围的面积为积分项的值。

（2）解析计算法：当 u 与 X 呈线性关系时，任一瞬间的 u 与对应的 X 有下列关系。

$$u = K_x (X - X^*) \tag{7.26}$$

式中，K_x 为降速阶段干燥速率线的斜率，kg 干料/(m²·h)。

将式（7.26）代入式（7.25），积分得降速阶段干燥时间计算式为

$$
\begin{aligned}
\tau_2 &= \frac{L_c}{AK_x} \int_{X_2}^{X_c} \frac{\mathrm{d}X}{X - X^*} \\
&= \frac{L_c}{AK_x} \ln \frac{X_c - X^*}{X_2 - X^*}
\end{aligned}
\tag{7.27}
$$

式中，τ_2 为降速干燥阶段的干燥时间，h；L_c 为湿物料中绝干物料量，kg；A 为物料的干燥表面积，m²；X_c 为物料的临界含水量，kg 水/kg 干料；X_2 为物料的最终含水量，kg 水/kg 干料；X^* 为物料的平衡含水量，kg 水/kg 干料；K_x 为降速干燥阶段干燥速率线的斜率，kg 干料/(m²·h)。

K_x 可用临界干燥速率计算：

$$K_x = \frac{u_c}{X_c - X^*} \tag{7.28}$$

式中，u_c 为物料的临界干燥速率，kg 水/(m²·h)。

物料干燥所需总时间为恒速阶段与降速阶段的干燥时间之和，即

$$\tau = \tau_1 + \tau_2 \tag{7.29}$$

从上述可知，湿物料的平衡含水量为物料干燥的极限，临界含水量为恒速干燥阶段与降速干燥阶段的界限点，不同干燥阶段的干燥速率不同。为了深入理解物料的干燥过程，下面介绍平衡含水量。

7.2.3 物料的平衡含水量曲线

由前节介绍的某物料在某恒定干燥条件（空气温度 t，相对湿度 φ）下测定的干燥实验曲线可知，物料的含水量最终达到该空气条件下的平衡含水量（equilibrium moisture content）X^*。同一物料在同一空气温度 t 下，若改变空气的相对湿度，可测得该物料的平衡含水量曲线，如图 7.10 所示。X^* 随 φ 增大而增大，当 $\varphi = 0$ 时，$X^* = 0$，即只有当物料与 $\varphi = 0$ 的空气接触，才有可能获得绝干物料。

当干基含水量为 X 的湿物料与一定温度 t 及相对湿度 φ 的空气接触时，从平衡含水量曲线上可以找到平衡含水量 X^* 的数值。若物料含水量 X 大于平衡含水量 X^*，则物料被干燥；若物料含水量 X 小于平衡含水量 X^*，则物料吸收空气中的水分。故平衡含水量曲线上方为干燥区，下方为吸湿区。

在一定的空气温度和湿度条件下，物料的干燥极限为 X^*。要想进一步干燥，应减小空气湿度或增大温度，但温度的影响较小。

不同的物料在不同的空气条件（t, φ）下的平衡含水量曲线不同，图 7.11 表示空气温度在 25℃时某些物料的平衡含水量曲线。

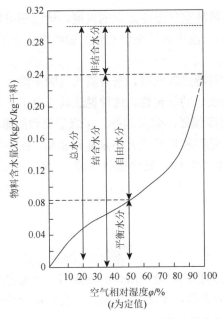

图 7.10　固体物料（丝）的平衡含水量曲线

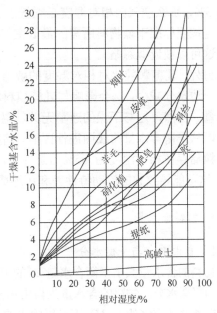

图 7.11　某些物料的平衡含水量曲线

含水量：通常表示为每单位质量减去干固体的质量。

平衡含水量：如果将一种材料在给定的温度下暴露于空气中，它会获得或失去水分，直到达到平衡为止。这时的水分被定义为在给定条件下的平衡含水量。在给定的温度下，它会随周围大气中水汽分压的变化而变化。图 7.12 表示的是一种吸湿型材料的平衡水分与相对湿度的关系图。任何超过平衡含水量的水分都被称为"自由水分"。

平衡含水量曲线图受材料类型的影响很大。不溶性的、无孔的材料，如滑石粉、氧化锌，在很宽的湿度范围内平衡含水量几乎为零。在正常大气压条件下，棉织物的含水量为10%～15%。在室温条件下，低于平衡水分的干燥是有目的的，特别是那些对水分不稳定的材料。随后的储藏条件对产品的稳定性至关重要。

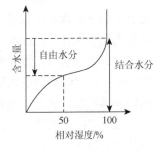

图 7.12　吸湿性固体平衡水分与相对湿度的关系

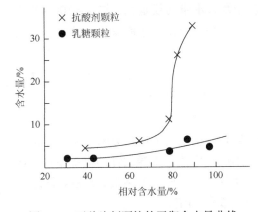

图 7.13　两种片剂颗粒的平衡含水量曲线

在 100%相对湿度下的平衡含水量代表固体的最小含水量，如果湿度降低了，在达到新的平衡点之前只有一部分水分蒸发。因此，在低于 100%相对湿度下水分要想保持不气化，就必须施加一个低于孤立水面的蒸汽压力。这时候水被称"结合水分"。与平衡含水量不同的是，结合水分是固体的功能，而不是周围的环境。这种水分通常保存在小孔中与半月形曲线高度结合，表现为水溶液或吸附在固体表面。图 7.13 的例子给出了平衡含水量曲线的数值。由三硅酸镁颗粒和糖浆构成的抗酸剂颗粒的含水量是相对湿度的函数。如果将其干燥至含水量为 3%，那么空气的相对湿度必须低于 35%。随着循环空气湿度知识的发展，焓湿图可以用来确定按照标准干燥物料所需的最低空气温度（事实上，温度对平衡含水量的影响取决于湿度，但是这可以被近似忽略）。

另外，乳糖颗粒化对相对湿度的敏感性较低。相对湿度较低时，来自高气温的干燥会引起只有一边水分减少，这会影响与乳糖填料相关的活性成分的稳定性。这种说法只能应用于最终含水量。当然，这与干燥的速率无关，温度越高，湿度越低，效果越好。干燥后储藏的影响，也可以从平衡含水量曲线图进行评估。储藏条件对乳糖颗粒化来说并不是非常重要。如果抗酸剂颗粒储存在相对湿度为 65%的条件下，经过足够长的时间，它会吸收水分直到含水量达到 9%。这可能导致它的流动特性差和压缩成型困难。

1. 物料含水量

1）自由水分与平衡水分

物料的含水量大于平衡含水量 X^* 的那一部分，称为自由水分（free moisture）。平衡含水量也称为平衡水分。物料的含水量为自由水分与平衡水分之和，如图 7.10 所示。自由水分是在一定干燥条件（空气的 t、H）下可以除去的水分。

2）结合水分与非结合水分

由前节介绍的物料干燥特性曲线可知，干燥过程可分为快速干燥阶段和降速干燥阶段。这主要是由于湿物料中水分存在于物料中的状况不同。通常根据水分与物料的结合状况不同，将其分为结合水分（bound water）与非结合水分（unbound water）。

（1）结合水分：结合水分的存在状态有两种，即生物细胞或纤维壁中的水分，其中溶有固体物质；非常细小的毛细管中的水。这些水分与物料的结合力强，其蒸汽压低于同温度下纯水的饱和蒸汽压，致使干燥过程的水分汽化推动力降低。所以，干燥结合水分较困难。

（2）非结合水分：包括附着于固体表面的润湿水分和较大孔隙中的水分。这种水分与物料的结合力较弱，其蒸汽压与同温度下纯水的蒸汽压相同，所以干燥非结合水分较容易。湿物料所含水分为结合水分与非结合水分之和。因非结合水分与纯水的存在状况相同，汽化容易，在干燥过程中首先被除去。

湿物料中结合水分与非结合水分的划分没有确切的方法。有的文献是以物料干燥实验曲线的临界含水量 X_c 为界划分，大于 X_c 的水分为非结合水分。也有的文献是以物料在空气 $\varphi = 100\%$ 时的最大平衡含水量 X_m^* 为界划分。如图 7.10 所示，将平衡含水量曲线延长，与 $\varphi = 100\%$ 轴线的交点为该物料的 X_m^*，该点以下的水分为结合水分，其水分蒸汽压低于同温度下纯水的饱和蒸汽压。

含有较多结合水分的物料通常称为吸水性物料。吸水性物料的平衡含水量较多，如皮革、毛织物等；非吸水性物料的平衡含水量较少，如砂、高岭土等（图 7.11）。

3）临界含水量 X_c

X_c 值越大，干燥过程将较早地由恒速阶段进入降速阶段，使相同干燥任务所需要的干燥时间增长。无论从产品质量和经济角度考虑都是不利的。因此，X_c 值是干燥设计的重要参数，它不仅与物料的含水性质、大小、形态、堆积厚度有关，而且与干燥介质的温度、湿度、流速以及同物料的接触状态（由干燥器类型决定）有关，通常由实验测定。

（1）同样大小和形态的吸水性物料（硅胶、皮革等）与非吸水性物料（砂粒、陶瓷）比较，

其 X_c 值大。若把一块厚的吸水性物料（木材）改为若干薄片，都与空气接触，水分从内部向外表面移动比较容易，其 X_c 值要比一块厚的低很多。

（2）同一种粉粒状物料，当呈堆积状态干燥时，其 $X_c \approx 0.10$；若改为分散状态干燥时，$X_c \approx 0.01$。同理，对于膏糊状物料，若以层状干燥时，其 $X_c > 0.3$，若边干燥边破碎成粉粒状，可降至 $X_c \approx 0.01$，两者 X_c 值相差很大。

（3）恒速干燥阶段的干燥速率与空气的温度、湿度及流速有关。当空气温度升高、湿度减小、流速增大时，物料的干燥速率升高，X_c 值也将增大。

2. 物料含水量的表示方法

1）湿基含水量

湿基含水量 ω 是以湿物料为计算基准的水分的质量分数，即

$$\omega = 湿物料中水分的质量/湿物料的总质量，\text{kg 水分/kg 湿料} \tag{7.30}$$

2）干基含水量

干基含水量 X 是以湿物料中绝干物料为计算基准的水分的质量比，即

$$X = 湿物料中水分的质量/湿物料中绝干物料的质量，\text{kg 水分/kg 干料} \tag{7.31}$$

在工业生产中，通常用湿基含水量表示物料中含水量的多少。但在干燥计算中，由于湿物料中的绝干物料的质量在干燥过程中是不变的，故用干基含水量计算较为方便。这两种含水量之间的换算关系为

$$X = \frac{\omega}{1-\omega}，\text{kg 水/kg 干料}；\quad \omega = \frac{X}{1+X}，\text{kg 水/kg 湿料} \tag{7.32}$$

7.3　干燥原理与物料热衡算

7.3.1　干燥原理

利用热的气体提供蒸发的潜热将水分蒸发成气体，是一种很常见的干燥机理，但是它不能用于液体的回收。首先考虑液体表面的蒸发，随着空气的流通，它将会下降到湿球温度所对应的空气温度和空气湿度。水蒸气从表面的饱和层转移到干燥层的流速用式（7.33）表示：

$$N = \frac{K_g}{RT}(P_{wi} - P_{wa}) \tag{7.33}$$

式中，P_{wi} 为表面水蒸气的分压；P_{wa} 为空气中蒸汽的分压；N 为在单位时间内从单位面积上转移的蒸汽摩尔数。从单位时间内从整个干燥表面 A，单位时间内转移的总质量 W 的角度重新整理式（7.33），有

$$W = \frac{M_w A}{RT} K_g (P_{wi} - P_{wa}) \tag{7.34}$$

式中，M_w 为水蒸气的相对分子质量；R 为气体常数；T 为热力学温度；K_g 为质量传递系数，是温度、空气流速和入射角度的函数。高速度和大入射角减少了静止空气层与流体表面接触的厚度，因此降低了扩散阻力。蒸发的速率也可以表示热量从干燥气体穿过层流膜到表面。

$$Q = hA(T_a - T_s) \tag{7.35}$$

式中，Q 为热传导速率；A 为表面积；T_a 和 T_s 分别为干燥空气的温度和表面的温度；h 为热传

导系数。后者也是空气流速和冲击角度的函数。如果蒸发潜热是 λ，那么质量传递速率 W 可以表示为

$$W = \frac{hA}{\lambda}(T_{a} - T_{s}) \tag{7.36}$$

式（7.34）和式（7.36）可以表示平衡干燥的条件。当这些条件适用于干燥时，表面温度 T_{s}，即湿球温度通常比干燥气体的温度低得多。这在不耐热材料的干燥过程中非常重要。如果表面存在固体，那么蒸发速率会受到影响，影响程度取决于固体的结构和含水量。

1. 无孔固体静态床

湿颗粒床由于其微粒是非多孔的，而且不溶于湿润液体，因此其干燥过程模式可被看作无孔固体静态床，已经被广泛研究。图 7.14（a）描述了含水量和干燥时间的关系。这种无孔固体静态床的干燥，达到平衡含水量的过程非常缓慢。

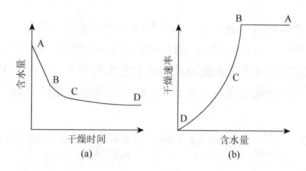

图 7.14　含水量-干燥时间曲线 [（a）] 和干燥速率-含水量曲线 [（b）]

图 7.14（b）表示的是干燥速率与含水量的曲线关系图。平衡建立过程中的升温阶段非常短，在两图中已经被忽略了。

假设最初水分较多，干燥速率曲线被点 A、B、C、D 分成了三个不同的部分。AB 部分称为恒定速率时期，水分从饱和表面以固定的速率蒸发，通过与其接触的静止空气膜的表面进行扩散。这一时期的干燥速率取决于空气的温度、湿度和流动速率，反过来，干燥速率决定饱和表面的温度。假设这些都是常量，干燥方程中所给出的所有变量是固定的，干燥速率很大程度上就取决于被干燥的材料。干燥速率比自由水分表面略低，在一定程度上取决于固体粒径的大小。在恒定速率期间，液体必须以一定的速率运送到表面以维持饱和。

在恒定干燥速率时期结束时，干燥曲线上的点 B 有一段间歇。这一点称为临界含水量，随着进一步干燥，干燥速率线性下降。BC 部分称为第一下降速率时期。在临界点或低于临界点时，内部水分的运动不足以维持表面的饱和。随着干燥过程的进行，水分到达表面的速率逐渐减慢，控制水分转移的机制影响干燥的速率。由于表面不饱和，温度会高于湿球温度。

对于任何材料来说，临界含水量随着颗粒的减小而减少。最后，水分不能到达表面完成绝对干燥，蒸发表面后退进入固体，蒸汽通过床孔扩散到达表面。这部分称为第二次下降速率时期，受蒸汽扩散的控制，蒸汽扩散在很大程度上独立于床以外的因素，但颗粒大小的影响显著，因为后者影响毛孔和通道的尺寸。在此期间，表面的温度接近于干燥空气的温度。

在恒速和第一个下降速率期间，发生了大量的液体转移。随着干燥的进行，与液体相关的任何水溶性成分将会在表面层形成一个浓缩液。

如果可溶性物质在干燥过程中没有形成结晶沉积,而是形成了液膜或凝胶,那么就会得到不同的干燥曲线,如图7.15所示。恒定速率时期后紧跟着干燥速率的连续下降,第一和第二下降速率时期的干燥速率没有任何区别(因此"C"在图 7.15 中没有标出)。在此期间,干燥受通过液膜扩散的影响,而且液膜在不断增加其厚度。肥皂和明胶都是以这种方式表现的溶质。

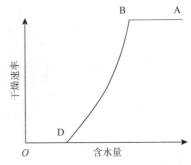

图 7.15　表皮成型材料的干燥曲线

广泛的研究表明,在开始阶段,各种性质的力维持饱和的速率而向表面输送水分,后期这些力消失。液体可能在表面水分蒸发,形成的浓度梯度下扩散。这是通过循环蒸发,浓缩或渗透作用的毛细管力作用的结果。毛细管力在许多材料干燥的过程中提供了连贯的支持。

如果一个锥形毛细管内充满水,暴露于空气流,小口端半月板保持静止,而管的宽端会逐渐变空。类似的情况存在于潮湿的颗粒床,这种现象可以用吸水势概念来解释。负压力存在于弯液面的半月板下,与表面张力 γ 成正比,与曲率半径 r 成反比(假定半月板是半球的一部分)。这种负压或吸水势可以用液体高度 h 表示为

$$h = \frac{2\gamma}{\rho g r} \tag{7.37}$$

式中, ρ 为液体密度。吸水势 h_x 可以依据半月板的高度 x 通过式(7.38)得到:

$$h_x = h - x \tag{7.38}$$

床层颗粒包围的空间与孔隙通过通道连接,其中最窄的部分称为腰部。后者的尺寸将由周围粒子的大小和它们被包围的方式来确定。在一个随机填充的固体床上可以发现不同大小的孔隙和腰部。因此,穿过床的毛细管的半径不断变化。在这个网络中水的消耗将由腰部控制,因为曲率半径变小,其吸水势要比毛孔的大。消耗会按下面方式发生。随着蒸发的进行,水面落回到颗粒头层的腰部,发生吸水势。腰部能发展的最大吸水势称为它的"进入"吸水势,小腰部的吸水势通过不断地运输和连接液体会超过大腰部的吸水势。较大腰部的半月板将会坍塌,它们保护的毛细管将会被清空,即假设液体有相互作用,表面的腰部发展的吸水势 h_s 会引起内部要发展吸水势 h_i 的坍塌,而且如果 $h_s > h_i + x$,距离 x 会低于表面的势能。在暴露的毛孔中的液体,通过蒸发从表面消失。这种现象将会持续直到腰部提供的吸水势等于或大于内部细面腰部提供的吸水势。这时,后者坍塌,其保护的孔隙被清空。

通过这一机制,细面腰部的吸水势将会保持它的位置和内部水分的消耗。如果腰部有充足的表面,那么在恒速期可以保持,因为静止空气膜与床接触会达到饱和。第一速率下降时段显示腰部的全表面不充足。最终,腰部的全表面坍塌,供应水分到表面的毛细管网会有一段间歇,第二下降速率时期接着而来。

2. 多孔固体静态床

当组成床的颗粒是多孔的时候,干燥曲线如图 7.16 所示。它与无孔材料的曲线不同,恒速期比较短。干燥速率更高,几乎与颗粒大小无关。临界含水量是孔径大小和颗粒大小的函数。在第一下降速率期间,因为表面颗粒的干燥,干燥速率急剧下降。第二下降速率受内部颗粒水分扩散的影响。

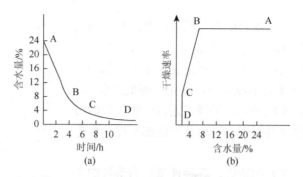

图 7.16 片剂颗粒在盘式干燥器中的干燥曲线

(a) 含水量-时间曲线；(b) 干燥速率-含水量曲线

如果颗粒大小合适，它通常通过气流向下穿过固体床。除了干燥床的每个粒子或凝聚行为，干燥按照前面的章节所描述的模式进行。暴露于干燥气体的表面积大大增加，其干燥速率是空气穿过自由表面遇到时的 10～20 倍。

作为通过气流穿过静止固体床的干燥的延伸，或者，该材料可以被机械地细分，然后引入到干燥的气流中。这两种方法都可以得到高的干燥速率，是由于干燥表面与气流的锋面间接触。流化床干燥和喷雾干燥都使用了这些原则。

7.3.2 干燥过程的物料和热量衡算

对流干燥过程是用热空气除去被干燥物料中的水分，所以空气在进入干燥器前，应经预热器加热。热空气在干燥器中供给湿物料中水分汽化所需的热量，而汽化的水分又由热空气带走，所以在干燥过程的计算中，应通过干燥器的物料衡算和热量衡算计算出湿物料中水分蒸发量、空气用量和所需热量，再依此选择适宜型号的鼓风机、设计选择合适的换热器等。

1. 干燥过程的物料衡算

在干燥过程中，需要将湿物料干燥到规定的含水量。通过物料衡算可求出干燥产品流量、物料的水分蒸发量和空气消耗量，对图 7.17 所示的连续干燥器作物料衡算。

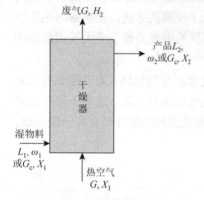

图 7.17 干燥器的物料衡算

1）干燥产品流量 L_2

若不计干燥过程中物料的损失量，则在干燥前、后的物料中绝干物料的质量流量 L_c 不变，则有

$$L_c = L_1(1-\omega_1) = L_2(1-\omega_2) \qquad (7.39)$$

式中，L_c 为湿物料中绝干物料的质量流量，kg 干料/h；L_1 为进入干燥器的湿物料的质量流量，kg/h；L_2 为出干燥器的产品的质量流量，kg/h；ω_1、ω_2 分别为干燥前、后物料的湿基含水量，kg 水/kg 湿料。

利用式（7.39），可求得干燥产品的质量流量 L_2。

2）水分蒸发量 W

对干燥器作水分的物料衡算，得

$$W = L_c(X_1 - X_2) = G(H_2 - H_1) \qquad (7.40)$$

式中，W 为湿物料在干燥器内蒸发的水分量，kg 水分/h；G 为干空气的质量流量（干空气的消耗量），kg 干气/h；H_1、H_2 分别为进、出干燥器的湿空气湿度，kg 水/kg 干气；X_1、X_2 分别为湿物料和产品的干基含水量，kg 水/kg 干料。

　　3）空气消耗量

　　由式（7.40）可知，干空气的消耗量 G 与水分蒸发量 W 的关系为

$$G = \frac{W}{H_2 - H_1} \qquad (7.41)$$

因此，蒸发 1 kg 水分消耗的干空气量（称为单位空气消耗量，单位为 kg 干气/kg 水分）为

$$\frac{G}{W} = \frac{1}{H_2 - H_1} \qquad (7.42)$$

　　由式（7.42）可知，干空气的消耗量随着进干燥器的空气湿度 H_1 的增大而增多。因此，一般按夏季的空气湿度确定全年中最大空气消耗量，以此风量选择鼓风机。在选用风机型号时，应把干空气的消耗量换算为标准状态（20℃，101.325 kPa）下的体积流量 q_v（风量）。将上述干空气的消耗量 G 乘以式（7.11）计算的标准状态下湿空气的比体积 v_H 即可得出标准状态下的体积流量。

　　2. 干燥过程的热量衡算

　　通过干燥系统的衡算，可以求出物料干燥所消耗的热量和干燥器排出废气的湿度 H_2 与焓 I_2 等状态参数。

　　1）预热器的加热量 Q_p

　　如图 7.18 所示，I_0、I_1、I_2 分别为新鲜湿空气进入预热器、离开预热器（进入干燥器）和离开干燥器时的焓，kJ/kg 绝干空气；H_0 为新鲜湿空气进入预热器时的湿度，kg 水/kg 干空气；H_1、H_2 分别为湿物料进入和离开干燥器的湿度，kg 水/kg 干气；t_0、t_1、t_2 分别为新鲜湿空气进入预热器、离开预热器（进入干燥器）和离开干燥器时的温度，℃；G 为绝干空气的流量，kg 绝干气/s；Q_p 为单位时间内预热器中空气消耗的热量，kW；G_1、G_2 分别为湿物料进入和离开干燥器的质量流量，kg/s；θ_1、θ_2 分别为湿物料进入和离开干燥器的温度，℃；I_1'、I_2' 分别为湿物料进入和离开干燥器的焓，kJ/kg 绝干物料；Q_D 为单位时间内向干燥器补充的热量，kW；Q_L 为干燥器的热损失速率，kW。不计热损失，则预热器的加热量为

$$Q_p = G(I_1 - I_0) \qquad (7.43)$$

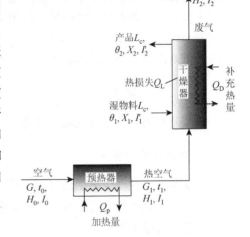

图 7.18　干燥过程的热量衡算

　　2）干燥器的热量衡算

　　基准温度取 0℃，湿空气（t，H）焓的计算，用式（7.16）即可。

　　湿物料的温度为 θ（℃），干基含水量为 X（kg 水/kg 干料），其焓 I' 的计算式为

$$I' = C_{ps}\theta + XC_{pw}\theta = (C_{ps} + XC_{pw})\theta，kJ/kg 干料 \qquad (7.44)$$

式中，C_{ps} 为绝干物料的平均比热容，kJ/(kg 干料·℃)；C_{pw} 为液态水的平均比热容，$C_{pw} \approx 4.187$ kJ/(kg 水·℃)。

干燥器的热量衡算式为

$$GI_1 + L_cI_1' + Q_D = GI_2 + L_cI_2' + Q_L \qquad (7.45)$$

$$G(I_1 - I_2) = L_c(I_2' - I_1') + Q_L - Q_D \qquad (7.45a)$$

式中，G 为干空气的质量流量，kg 干气/h；L_c 为绝干物料的质量流量，kg 干料/h；I_1、I_2 为空气进、出干燥器的焓，kJ/kg 干气；I_1'、I_2' 分别为物料进、出干燥器的焓，kJ/kg 干料；Q_D 为单位时间内向干燥器补充的热量，kW；Q_L 为单位时间内干燥器向周围散失的热量，kW。

利用上述干燥器的热量衡算式（7.45a）与干燥器的物料衡算式（7.40），可求得干燥器排出废气的状态参数（湿度 H_2、焓 I）或确定干燥系统所消耗的热量及加热剂用量。

如果热量衡算式（7.45a）的等号右侧各项之和等于零，则有 $I_1 = I_2$，即空气从干燥器进口到出口的状态变化为等焓降温增湿过程。在这种情况下，只要知道干燥器出口废气的某一个独立参数（如温度 t_2 或相对湿度 φ_2），在 I-H 图上，从干燥器进口的状态点 1（温度 t_1，湿度 H_1，焓 I_1）沿等 I 线可找到出口状态点 2（温度 t_2，湿度 H_2，焓 $I_2 = I_1$）。

加入干燥系统的总热量 $Q = Q_p + Q_D$，这个热量用于：①加热空气；②蒸发物料中的水分；③加热物料；④补偿周围热损失 Q_L。

7.4　干燥方法与设备

7.4.1　干燥方法

按操作压力不同，干燥可分为常压干燥与真空干燥。其中，真空干燥的特点为：①操作温度低，干燥速率快，热量的经济性好。②适用于维生素、抗生素等热敏性产品以及在空气中易氧化、易燃易爆的物料的干燥。③适用于含有溶剂或有毒气体的物料，溶剂回收容易。④在真空下干燥，产品含水量可以很低，适用于要求低含水量的产品。⑤由于进料口与产品排出口等处的密封问题，大型化、连续化生产有困难。

根据对湿物料的加热方法不同，干燥操作可分为下列几种。

1. 热传导干燥法

该法是利用热传导方式将热量通过干燥器的壁面传给湿物料，使其中的湿分汽化。

2. 对流传热干燥法

该法是使热空气或热烟道气等干燥介质与湿物料接触，以对流方式向物料传递热量，使湿分汽化，并带走所产生的蒸汽。工业上应用最多的是对流加热干燥法，它通常以热空气为干燥介质，除去的湿分为水。

3. 红外线辐射干燥法

红外线是电磁波，其波长为 0.72～1000 μm，介于可见光与微波之间。红外线波段可划分为近红外、远红外。通常把 0.72～2.5 μm 波段称为近红外，2.5～1000 μm 波段称为远红外。

红外线热辐射器中有金属氧化物涂层和发热体或热源。涂层可以保证在一定温度下能发射出具有所需的波段宽度和一定辐射功率的辐射线。发热体是指电热式电阻发热体；热源是指水蒸气、燃气等。它们是向涂层供给能源，以保证正常发射辐射线所必需的工作温度。

红外线辐射到被干燥的湿物料，有部分被反射和透过，其余被吸收，吸收的多少反映了加热的效果。当物料分子的运动频率（固有频率）与射入的红外线率相等时产生共振现象，将使其分子运动振幅增大，物质内部发生激烈摩擦而产生热能。因此，在采用红外线干燥时，应尽量使被干燥物料的分子运动固有频率与红外线的频率相匹配，以节省能源。红外线辐射干燥法特别适用于湿涂料的涂层、纸张、印染织物等片状物料的干燥。

4. 微波加热干燥法

微波是一种超高频电磁波，微波加热也是一种辐射现象。微波发生器中的微波管将电能转换为微波能量，再传输到微波干燥器中，对物料加热干燥。其原理是湿物料中水分子的偶极子在微波能量的作用下发生激烈的旋转运动而产生热能，这种加热属于物料内部加热方式，干燥时间短，干燥均匀。常用的微波频率为 2450 MHz。

5. 冷冻干燥法

冷冻干燥的基本原理可以描述如下：物料冷冻后，将干燥器抽成真空，并使载热体循环，对物料提供必要的升华热，使冰升华为水汽，水汽再使用真空泵排出。因为冰的蒸汽压很低，0℃时为 6.11 Pa（绝对压力），所以冷冻干燥需要很低的压力或高真空。物料中的水分通常以溶液状态或结合状态存在，必须使物料冷却到 0℃以下，以保持冰为固态。冷冻干燥法常被用于医药品、生物制品及食品的干燥。

6. 其他干燥方法

除了红外或介电加热等专门的干燥方法外，传递热量进入干燥固体的主要方法是热表面传导，而不是形成热气流。假定表面的温度不足够发生沸腾，当一个湿固体与热表面接触时，干燥取决于相对于液体沸点的表面温度、固体的性质和加热表面的方法。

一块被水浸透的细碎固体，通过滤饼建立温度梯度，其自由表面的蒸发将在热输入率控制的速率下进行。在此期间，蒸发率和一个特定层的温度将是大致恒定的。这个过程将会持续，直到毛细管力不能按照所需的速率将液体转移到自由表面。这一时刻的温度梯度如图 7.19（a）和（b）所示，在这种情况下，隔板温度分别低于和高于液体的沸点。

当热流动速率相对较低时，部分干燥块状物可以所需的速率从热表面传递热量，自由表面会变干，虚拟干燥线将会缓慢回落进入块状物，蒸汽通过干燥块状物扩散进入自由表面。此下降速率期间的温度梯度如图 7.19（c）所示。如果热量流动过高，此时自由水分不能到达表面，这点被靠近热表面的一层干燥的开始所标记，蒸汽被迫通过块状物的上面。随着固体的干燥，

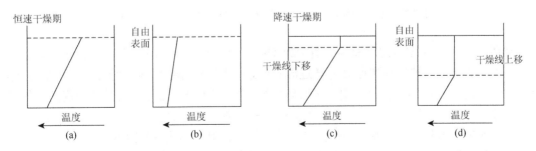

图 7.19　从加热表面进行传热的干燥

固体的温度逐渐上升，温度梯度通过干燥固体向上后退的干燥线建立起来，如图 7.19（d）所示。在恒定的温度下，固体的自由表面是湿的。当干燥线到达表面时，这些情况就会被破坏。

在任何情况下，当吸收水分被除去时，干燥的速率就会下降。这种形式的干燥，固体热处理的效果不是统一的，而是取决于其在块状固体中的位置。热表面也用来干燥溶液，如在固定浓度下不容易获得多孔和结晶固体的牛奶或植物提取物。除了初始的恒定速率时期，在这一时期热量传递主要是对流，其他干燥时期定义都不明确。随着浓度的继续增加，提取液变得更黏稠，热传递主要是靠传导。大容量变化发生在初始阶段和最后阶段之间。它可能将溶液薄膜干燥成固体薄膜，但如果是在深层，自由表面就会形成由不透水的蒸汽组成的皮肤。多孔、易碎结构就会发生起泡和干燥。在干燥线向上衰退期间，如果上面的材料太黏不能使蒸汽逸出，这种现象也会发生。

固体在干燥设备热表面翻滚和干燥设备搅拌器的作用下移动时，因为新鲜的固体不断暴露在热表面，干燥速率要比静态床中的干燥速率高。

7.4.2　干燥设备

1. 热风循环箱

热风循环箱是把热空气传递到湿固体表面，是最简单、便宜的干燥设备。在小型装置中，空气通过电加热元件，再通过烘箱。在较大的装置中，采用蒸汽加热，翅片管和循环空气可提高热效率。这是通过手动设置阻尼器和一个共同的操作位置控制的，操作位置给出了 90%循环和 10%泄放。因为暖气库的放置，所以固体不接受辐射热，进入的空气可能被过滤。图 7.20（a）是一个典型的热风循环箱的剖面示意图。

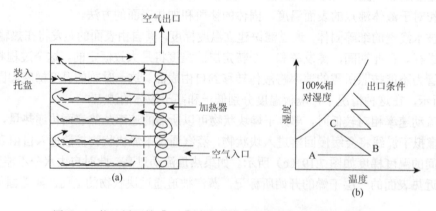

图 7.20　热风循环箱［（a）］和干燥气体的温度-湿度曲线［（b）］

循环干燥空气的温度-湿度曲线如图 7.20（b）所示。在 A 点所示的温度和湿度下，进入的空气在恒定的湿度下被加热到点 B 并通过湿固体。湿度上升，温度下降，绝热冷却线紧随其后，直到空气在条件 C 时离开托盘。空气被循环加热，图 7.20（b）显示了另外两个周期。如同前面所描述的，来自空气所有的热量转移和穿过与干燥表面接触的静止空气层。事实上，固体表面的温度通过热吸收、未湿润的表面如烘箱的底部、辐射等方式进行改性。

热风循环箱的主要优点除成本低外，还有通用性好。除了固体，几乎所有其他的物理形式的材料都可以被干燥。恒温控制空气温度在 40～120℃，热敏材料可以被干燥。因此对于小批量干燥来讲，该设备是不二之选。然而，这种设备也存在一些应用上的问题：

（1）烤箱和烘箱装载设施需要大面积的空间。

（2）装卸烤箱的劳动力成本高。

（3）干燥时间长，通常干燥 24 h 是必需的。

（4）从空气中回收溶剂的困难很大。

（5）除了设计要当心外，烘箱中空气的不均匀分布使烘箱内温度和干燥时间有变动。在片剂颗粒干燥的过程中发现，在不同的位置有 ±7℃ 的变动。空气流通不好，可能会导致局部饱和，干燥停止。

如果材料的颗粒形式合适，通过将空气向下传送到置于网格托盘上的物料，干燥时间可以减少到 1 h 或所需干燥时间更少。

2. 真空干燥箱

真空干燥箱如图 7.21（a）所示，实验室里相似的真空干燥箱只是在尺寸上有区别，通常作为少量物料干燥的设备。当干燥的规模增加时，设备必须能达到更大的真空度，相应的成本会进一步提高。因此，当相对于热风循环箱有一定优势时，才会使用真空干燥箱，如不耐热材料的低温干燥或溶剂的回收。排除氧可能是有利或必要的操作。热量通常是由蒸汽或管道中的热水提供的。干燥所需的温度可以小心地控制，对于主要的干燥周期来说，物料在真空条件下，保持在液体中的沸点。如果在高温下干燥，架子上的辐射可能会导致材料表面的温度显著上升。该类型设备的干燥时间较长，一般为 12～48 h。

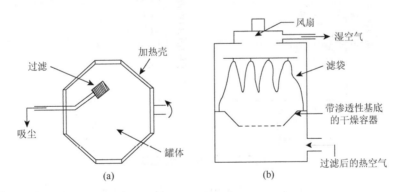

图 7.21　真空干燥箱［（a）］和流化床干燥器［（b）］

3. 滚筒式烘干机

由于烤箱的局限性，特别是干燥时间较长，这种情况促进了其他间歇式干燥器的设计和应用。其中最简单的是滚筒式烘干机，最常见的形状是双锥状。在真空条件下，滚筒式烘干机可以低温干燥、回收溶剂，且干燥速率提高了。热量是通过接触的加热壳和蒸汽提供给滚筒。最优条件是通过改变真空度、温度和旋转速度（如果这些材料要经过黏性阶段）实验建立的。在正确的干燥条件下，可以得到均匀的粉体，因为当静态床被干燥时，可以得到不同的块状物。一些材料，如蜡状固体，因为翻滚作用会聚合成球，而不能使用这种方法干燥。

一般的条件是待干燥物料占总体积的 60%，干燥器的直径为 0.5～2 m，预期的干燥时间为

2～12 h。在研究滚筒式干燥器干燥片剂颗粒时发现，干燥 2～4 h 的效果与用热风循环箱干燥 18～24 h 的效果一样。翻滚作用的混合和制粒能力表明这些操作可以快速干燥物料。

4. 流化床干燥器

"流化"这个术语被应用于松散的、多孔的固体床转化为具有表面流平性、流动性、系统的过程。流化床技术，采用空气作为流化介质，已经被成功地应用于合理物理形态的固体的干燥。干燥空气和固体间的界面接触，使得干燥速率为烘箱干燥的 10～20 倍。这种方法的干燥曲线如图 7.22 所示。图 7.21（b）是流化床干燥器的示意图，它是由底部带有孔的塑料或不锈钢篮子构成，这个篮子被放在干燥器的体内，被干燥的物料放在篮子上。热空气被吹或吸到床上。空气离开篮子，穿过空气过滤器再进行循环。颗粒的形状和尺寸分布都会影响流化，每个单位必须有调整过的可变的空气流，如此，物料在流化的过程中不被带入过滤器。因此，物料必须要有相当接近的尺寸，否则就会产生细颗粒进入过滤器。流化床干燥特别适用于粒状物料，这种技术越来越多地用于片剂颗粒剂等固体制剂。它可能也适用于其他物料，如脱水滤饼采用流化床干燥成颗粒。如果流化条件理想，不需要进一步的粉碎。另外，烘箱干燥器产生的结块产品需要轻微粉碎。在烘箱干燥器中温度变化非常显著，但在流化床干燥中通过剧烈的搅拌避免了温度的剧烈变化。与烘箱干燥器相比，给定容量内层空间更小。流化床干燥器有不同的尺寸，最多能干燥 250 kg 物料。干燥时间、最大干燥量、最小干燥量、最优空气速度、空气温度、结块倾向和实验建立的通道，所有这些目前都不能预测。

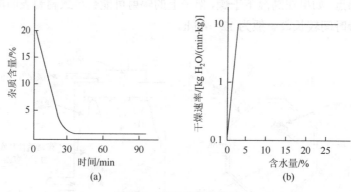

图 7.22　流化床干燥曲线

剧烈的涡旋运动，可能会发生强烈的磨损和产生大量的细粉。实验表明事实恰好相反。这可能是因为颗粒之间接触量低或冲击量小，加上物料在一定程度上被周围的流体所"填充"，这种干燥设备并不会对物料形状产生较大破坏，也不会产生很多细粉。

5. 搅拌间歇式干燥器

搅拌间歇式干燥器是由带有夹套的圆筒状容器构成，内置可以刮到底部和内壁的搅拌叶片。圆柱体可以在大气压或真空下运行。不能用滚筒干燥器和流化床干燥器干燥的膏状物料，可以使用搅拌间歇式干燥器，干燥速率要比烘箱干燥器高。

6. 冷冻干燥器

冷冻干燥是真空干燥的一种极端形式，固体被冷冻，然后发生固相升华进行干燥。在此过程中使用低温和真空。生产上建立和保持这些条件，需要较高的成本，因此这种方法往往在其他干燥方法效果不好时使用。

冷冻干燥应用广泛的领域主要有两个：①在正常干燥中，物料很容易发生分解。②某些底物在高温下干燥，其性能会发生改变。例如，在常规的干燥下，果汁会失去与味道和气味有关的物质。在高浓度和高温下，蛋白质材料会发生变性。在蛋白质干燥的实践中，会存在许多困难。蛋白质的干燥必须要在高真空条件下进行，产生的水蒸气必须及时除去。为了保持干燥，必须将热量传递给冷冻固体以维持底物的潜热，而不须将冷冻固体熔化。另外，血浆产品需在无菌的容器中干燥，其困难是很尖锐的。因此，冷冻干燥被大范围地应用于血浆和抗生素的干燥。在小范围内，冷冻干燥被广泛地应用于细菌、疫苗、血液成分和组织的脱水。

冷冻干燥的理论很简单。纯冰在 0℃时具有 4.6 mmHg 的平衡蒸汽压，在-40℃时有 0.1 mmHg 的平衡蒸汽压。当然含有溶质的冰的蒸汽压会更低。然而，如果冷冻溶液上的压力小于它的平衡气压，冰就会升华，最终溶质会变为与原来固体表观体积相同的低密度海绵状固体。后者加水时，很容易溶解，被称为"亲液冷冻干燥"或"冻干法"。

在冷冻干燥的第一阶段，材料冷却和结冰。稀盐溶液的温度会缓慢降低，因为融合冰的潜热的释放和纯冰的分离，均衡发生在时间-温度曲线下方的 0℃以下。随着进一步的冷却，溶液变得集中，直到形成共晶混合物。冷却曲线上有一个平台期，这表明冷冻结束。如果液态共晶混合物的浓度很小，则物料可能在较高温度下完全冻结。在这些条件下，可能会发生从液相干燥的情况，可能会破坏结果。可以通过测量冰的电阻来监测这一过程，当共晶混合物凝结时，电阻会变得无限大。相反，解冻过程阻力显著下降，这一效果可以用来自动控制干燥固体的状态。蛋白质溶液没有明确的共晶点，在干燥前通常冷冻至-25℃。冷冻快速进行，防止溶液集中和产生细冰晶。可以引入一定程度的过度冷却，随后会很快冻结。冷冻可以在密闭条件下进行，也可以不在密闭条件下进行。如果干燥必须在容器中进行，小规模装置可以浸泡在冷却液如液体空气或异戊烷中。大规模的装置使用冷空气冷却。另外，当使用蒸发冷冻时，在液体冷却接近其冰点时，系统要迅速撤离。蒸汽液体会快速冷却和冻结，溶解气体演化引起的起泡可能使这项技术变得复杂。对于大量的干燥，液体被放置在干燥柜冷藏货架上的浅层托盘上。

需要注意的是，为了便于干燥，必须提供一个合适的固体干燥比表面积。在干燥过程中可使用薄层冷冻液。瓶装干血浆会通过垂直轴旋转来增加表面积，在瓶子内周冻结出 2 cm 厚的壳。旋转也能在蒸汽干燥过程中抑制气泡的形成。在血浆处理过程中，冷冻、干燥必须进行无菌处理。这可以在瓶子的颈部加一个过滤器来实现，水蒸气可以进入，而细菌进不去。在抗生素干燥的过程中采用了类似的措施。通常在干燥表面和泵之间插入冷凝器，处理永久性气体时可以使用一个较小的泵，但是需要较低的冷凝温度，如-50℃，在低压下除去水蒸气。

图 7.23（a）展示了干燥大量物料的冷冻干燥箱体的示意图。在干燥过程中，必须提供热量给干燥面。当干燥物料如血浆时，容器中的温度梯度是通过适当地安装在容器中的加热器穿过容器壁和通过冰到干燥表面建立的。加热器所消耗的功率必须小心控制，那么就不会在冰和容器接触点、接近热源点和高温下融化。在任何时候，蒸发速率是恒定的，温度和压力会有调整，因此从干燥表面到容器会有温度和压力梯度。随着蒸发的进行，干燥线退回到固体。由于温度的增加和干燥表面蒸汽压力的增加，干燥速率会增加。在实际情况中，干燥血浆给蒸汽流提供了相当大的阻力，从而引起温度梯度改变。细菌过滤器也会导致大而恒定的压力下降。没有过滤器和血浆层的纯冰的蒸发将会增加 300 倍。当血浆快干燥时，可以将温

度升高 30℃ 以方便最终干燥。总共干燥时间大约为 48 h。这一时期体系中温度和压力是时间的函数，如图 7.23（b）所示。

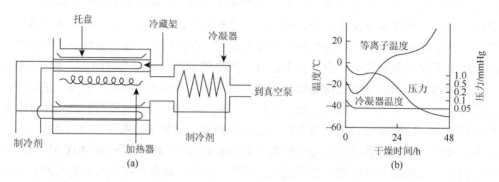

图 7.23　大量液体在托盘上进行冷冻干燥的设备 [（a）] 及血浆冷冻干燥循环中温度和压力的变化 [（b）]

如果产物最终不在容器中干燥，辐射热可以提供升华所需潜热。如果可以将干燥的固体不断取出，则可以得到高的干燥速率。热量不仅直接提供给干燥的表面，还会有部分使少量的冰在容器壁融化。

7. 连续干燥器

虽然许多类型的连续干燥器可以用，但是它们的设计规模不适合制药生产。对于大多数连续干燥设备，干燥少量物料所需成本很高。但是喷雾干燥和滚筒干燥是特例，因为在干燥器中停留时间短，热降解最少。在某些条件下，冷冻干燥可能是唯一的选择。

1）喷雾干燥器

顾名思义，喷雾干燥器将溶液或悬浮液喷入热气流，通过一个空腔循环，干燥的产物被带到旋风分离器，掉到干燥室的底部，最后通过阀门取出。干燥室通常是底部为圆锥状的圆柱形，可能比例有很大不同。典型的喷雾干燥器的示意图如图 7.24 所示。

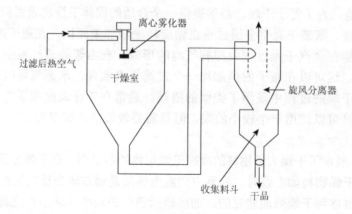

图 7.24　喷雾干燥器

喷雾干燥过程分为 4 个阶段：流体雾化、液滴混合、干燥和干燥颗粒的收集。雾化可以由单液或双流体喷嘴或旋转盘雾化方式来实现。图 7.25 所示是单流体喷嘴，通过迫使溶液在压力下通过微细孔进入气流。在液滴从微孔出来之前，液滴上方出现强烈的旋涡，这会引起喷嘴粉碎。

图 7.25（c）中双流体喷嘴中空气喷雾从与液体孔同心的环形孔同时喷出。这两种类型容易受到堵塞和严重侵蚀，所以不适合喷涂悬浮液。旋转的磁盘是最常用的，包括 5000～30 000 r/min 的蘑菇形磁盘。图 7.25 中其他的设计包括带槽的圆盘，如果使用特殊的进料，它可以喷雾厚的悬浮液和浆料。决定液滴大小的主要因素有液体的黏度和表面张力、所使用喷嘴的流体压力、旋转磁盘及它们的大小和旋转速度。一般而言，液滴大小为 10～500 mm 比较合适。

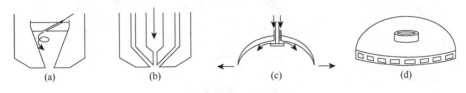

图 7.25　喷雾干燥的喷雾器

（a）旋风单流体喷雾器；（b）垂直单流体喷雾器；（c）双流体喷雾器；（d）旋转圆盘喷雾器

　　在垂直喷雾干燥器中，干燥气体的流动可能相对于液滴的运动是并行的或逆流的。然而，气体的运动高度复杂。液滴和气体的良好混合，使得热量和质量的转移速率高。结合雾化所赋予的大的界面区域，这些因素都使得蒸发率很高。液滴在干燥器中停留的时间只有几秒（5～30 s）。由于材料在这个时间处于湿球温度，气体温度可能达到 150～200℃，甚至可以使用热敏感物料。虽然在整个过程的末尾，材料的温度会高于湿球温度，干燥球体会冷却，材料会变干，但是由于时间短，对热敏物料的破坏较小。由于这些原因，喷雾干燥可以用来干燥复杂的植物提取物，如咖啡或洋地黄、奶制品、孢子悬浮液和其他活性物料，且不会明显地损失它们的功效或味道。

　　干燥是通过简单的蒸发而不是沸腾，已经观察到液滴到达雾化器终端的速度在 30 cm/s 以内。除此之外，液滴和干燥气体之间没有任何相对速度，除非液滴的速度非常大。液滴可能干燥形成固体球形颗粒。但是如果在新出现的固体表面形成一层膜，内部的压力会使粒子膨胀，最后干燥的形式是可能带有气孔或没有气孔的空心球。这些空心球也会碎裂，最终的产物是结块的细碎固体。实验发现，空心球的最低堆密度随着进气口温度的降低而增加，粉碎固体的最高堆密度随着液滴尺寸的增加而增加。较大的进料浓度也会增加体积密度，因为相同大小的液滴球体壁厚增加。

　　这些有吸引力的物理特性，使得喷雾干燥具有一定优势。产品具有良好的流动性和包装性能，大大方便了处理和运输。例如，喷雾干燥的乳糖是一种广泛使用的片剂赋形剂，它无须事先制粒就可以流动、包装和压紧。同样，填料和其他辅料可以通过喷雾干燥成颗粒状。加入有效的原料，混合物无须进一步处理就可以被压缩。

　　喷雾干燥所需资金和运行成本很高，但是如果干燥物料量较大，喷雾干燥也可能是最便宜的方法。当少量的不耐热物料使用喷雾干燥时，其成本可能是烘箱干燥的 10～20 倍。用于干燥精细化学或食物产品的空气是间接加热的，从而降低了热效率，增加了成本。在其他装置中可以直接使用燃烧的气体。

　　2）滚筒干燥器

　　滚筒干燥器由一个或两个缓慢旋转、蒸汽加热的圆球构成。如图 7.26 所示，通过浸料的方式使圆球涂有溶液或浆液，圆球的下部浸渍在装有进料的搅拌槽中。在双滚筒的干燥器中，进料液加在两个圆球的间隙之间。也经常使用喷雾和飞溅法进料。当进料时，热圆球并不能使槽中的液体沸腾。干燥是通过简单的蒸发实现而不是靠沸腾完成，干燥的物料在合适的点经小刀刮下。

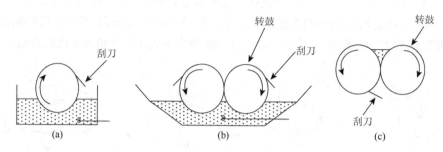

图 7.26　滚筒干燥

（a）单滚筒干燥；（b）鼓式双滚筒干燥；（c）无搅拌鼓式双滚筒干燥

　　这种设备的干燥能力受圆球的速度和进料温度的影响。后者可以预热。在双滚筒干燥器中，两个圆球之间的间隙决定了膜的厚度。跟喷雾干燥一样，滚筒干燥器干燥少量物料时相对较昂贵，因为短时间的接触，它们在医药行业的应用局限于不耐热物料的干燥。圆球通常用不锈钢或镀铬钢制造以减少环境污染。固体所经受的热处理要比喷雾干燥大，产品的物理形式往往不那么具有吸引力。在干燥过程中，液体接近它的沸点，最后干燥固体的温度接近圆球表面的温度。

第8章 制药过程中固体原辅料的粉碎与筛分

　　虽然细颗粒可以通过控制沉淀、结晶或溶液的干燥喷雾等方式直接获得，但在多数情况下，物料还需通过粉碎工艺才能得到符合要求粒度的粉末。粉碎工艺的重要作用是增加粉体的表面积和影响其扩散过程。边长为 0.01 m 的立方体微粒具有 6×10^{-4} m^2 的表面积。假设通过某种理想的工艺减小尺寸，立方体微粒的边长可达到 0.001 m，将会得到 1000 个表面积为 6×10^{-6} m^2 的微粒，总的表面积为 6×10^{-3} m^2。颗粒的尺寸减小为原来的 1/10，其表面积就会增加 10 倍。一般来讲，如果假定粒子的形状是相同的，那么微粒表面积与其粒径的大小成反比。

　　大多数涉及固体和液体的化学或物理反应速率受界面接触面积的影响很大。在化学反应中，反应试剂需向固体表面扩散，反应产物需移除，反应过程依赖于固体和液体之间的面积。另外，粒度对溶解速率也有着重要的影响，药物多数采用口服固体颗粒形式，因此药物要被吸收，必须先快速溶解。

　　从植物原料中提取化学成分或目标药物的速率随着表面积的增加而增大。要想减小颗粒的尺寸，可以增大成分的迁移面积并减少溶剂和溶质间的扩散距离，这对多孔材料的干燥也有明显的影响。颗粒要达到在搅拌和各种制剂中的要求还受到其他因素的影响，但这并不是由扩散和其对表面积的依赖性决定的。如果从粉末的混合物中取出样品，它的成分不可能与原料含有的成分占有完全相同的比例。然而，样品中颗粒的数量越多，则该样本就越接近其代表的总混合物中的比例。因此，可以通过增加样品所包含的颗粒数，也就是说，减少混合组分的颗粒大小来增加用来最终形成片剂或胶囊剂的样品剂量的准确性。由于颗粒尺寸的差异将形成组分离析，因此生产时尽量追求获得具有相似粒度分布的颗粒。

　　有些制剂也需要药物粒度达到适宜的范围。例如，当制备用于皮肤的外用制剂时，药物颗粒的尺寸为 $3.5\times10^{-5}\sim4.0\times10^{-5}$ m 时就会使皮肤产生沙砾感。这种剂型，一般情况下粉末颗粒的尺寸应该小于 3.0×10^{-5} m 才行。在压片过程中，颗粒粒径对于压片也有重要影响。具有高分散相浓度的悬浮液的流动性受粒度和粒度分布的影响。在给定的分散相浓度下，减少颗粒大小导致黏度增加，而扩大粒度分布导致黏度降低。混悬剂中药物的沉降是粒径的函数。

　　微粒在制药中具有十分重要的地位。粉碎或研磨提供了制备细微颗粒的方法。合适的粒度分级即筛分，提供了选择所需含量分数，或者去除过大或过小颗粒的方法。粒径分析可以作为分析工具，对颗粒大小进行评估和控制。

8.1 粉　　碎

　　在外力作用下，克服固体物料各质点的内聚力，使其粒度减小的过程称为粉碎。按物料被处理后的尺寸，可将粉碎分为破碎和研磨。

$$
粉碎
\begin{cases}
破碎
\begin{cases}
粗碎：碎至100 \ mm \\
中碎：碎至30\sim100 \ mm \\
细碎：碎至3\sim30 \ mm
\end{cases} \\
研磨
\begin{cases}
粗磨：碎至0.1\sim3 \ mm \\
细磨：碎至0.06\sim0.1 \ mm \\
超细磨：碎至5\sim20 \ \mu m或更小
\end{cases}
\end{cases}
$$

物料的粉碎主要为后续工艺过程做准备，最终有利于进行固相反应及制剂成形。

粉碎理论是研究物料的粉碎机理及在粉碎过程中的能量消耗，并确定物料粒度与所需外力做功大小的关系的知识体系。由于粉碎过程极其复杂，能量的消耗涉及一系列难以准确计量的因素（物料的性质、形状、粒度，粉碎机械的类型及粉碎方法等），至今尚无完整的理论体系。

8.1.1　粉碎的基本概念

1. 粉碎比

粉碎比是指粉碎前后物料的平均粒径之比，又称平均粉碎比。它表示物料粒径在粉碎过程中的缩小程度，是评价粉碎过程的技术指标之一。对破碎而言，称为破碎比，它是确定破碎系统和设备选型的重要依据。由于各种粉碎设备的粉碎比都有一定范围，若要求物料的粉碎比较大，一台粉碎机难以满足要求时，就要用几台粉碎机串联粉碎，这种粉碎过程称为多级粉碎。第一级的进料平均粒径与最末一级的出料平均粒径之比称为总粉碎比 i，其等于各级粉碎比 i_n 的乘积，即

$$
i = i_1 \cdot i_2 \cdots i_n \tag{8.1}
$$

2. 粉碎粒度

粉碎过程中，各种粒径的物料组成了混合体，这种混合体称为颗粒群。颗粒群的平均粒径通常用质量平均法测算，步骤如下。

首先，取有代表性的试样用套筛以筛分法把物料分成若干粒级，并用以下方法分别求出各粒级物料的平均粒径 d_m，设相邻两级筛子的孔径为 d_i（大孔筛）和 d_{i+1}（小孔筛），则该两级筛之间颗粒群（小于 d_i，且大于 d_{i+1} 的颗粒群）可用算术平均粒径表示为 $d_m = (d_i + d_{i+1})/2$，得到 d_{m1}、d_{m2}、$d_{m3} \cdots d_{mn}$。其次，分别称出各粒级物料的质量，得到 G_1、G_2、$G_3 \cdots G_n$。最后，求出颗粒群的平均粒径 D_m。即

$$
D_m = \frac{d_{m1} G_1 + d_{m2} G_2 + \cdots + d_{mn} G_n}{G_1 + G_2 + \cdots + G_n} \tag{8.2}
$$

筛分所得的粒度级数越多，算得的颗粒群平均粒径越准确。

3. 易碎性系数

易碎性是表示物料被破碎难易程度的特性。它与物料的强度、硬度、密度、结构均匀性、含水率、黏性、裂痕表面形状等有关。易碎性通常用易碎性系数表示，又称相对易碎性系数。某物料的易碎性系数 k_m 是指用同一台粉碎机械在同一物料尺寸变化条件下，粉碎标准物料单位产品的电耗 E_b 与粉碎该物料单位产品的电耗 E 之比，即

$$k_{m} = \frac{E_{b}}{E} \qquad (8.3)$$

易磨性是表示物料被粉碎难易程度的特性。它与物料的种类和性能有关。例如，矿渣比熟料难磨，熟料比石灰石难磨，是由于它们的种类不同；种类相同时，脆性大的物料比脆性小的易磨。因此，水淬快冷的矿渣比自然慢冷的矿渣易磨，高饱和比熟料比低饱和比熟料易磨，地质年代短的石灰石比地质年代长的石灰石易磨。

4. 粉碎效率

对于粉碎机的能量提供与可实现的尺寸缩减之间的关系，已进行了广泛的研究。在药学实践中，这种关系的应用有限，其反映出的工艺过程效率的重要性较小，但仍需考虑。

由于粉碎机的效率低，大部分提供给粉碎机的能量以应变能的方式最终转化成热量而释放，少部分转化为系统的内部能量（如表面能）。关于工艺过程和实现颗粒尺寸减小之间的粉碎能量，提出了多种假设。早期的研究提出了假说：尺寸减小所需能量与表面积的增加成比例，其关系为

$$E = k(S_{p} - S_{f}) \qquad (8.4)$$

式中，E 为消耗的能量；S_{p}、S_{f} 分别为产物和给料物质的表面积；k 为常数，取决于采用的研磨单元，代表在扩大表面积时能量的消耗。通过一个单位，可以得到表面积和粒度间的关系，因此可以这样写：

$$E = k\left(\frac{1}{d_{p}} - \frac{1}{d_{f}}\right) \qquad (8.5)$$

式中，d_{p}、d_{f} 分别为产物和给料的粒径。

该假说表明，产生新表面的每单位面积能源的消耗比给料和产物的线性比例快，在某些研磨操作中已经确认了净能量输入和产出新表面的比例。

尽管里丁格定律（Rittinger law）只关心表面而不是这些表面与能量间的关系，但它理性地解释了通过表面积增加所消耗的粉碎能量和获得的表面能。在单个颗粒被压碎的实验中，有 1%～30% 所施加的能量为表面能。在实际体系中，当压力的应用不是太理想时，净粉碎能量比新表面能量大 100～1000 倍，在此基础上，工艺过程的效率为 0.1%～1%。

对于粉碎工艺过程，能量与表面积的关系不能提供更多的信息，也不会影响粉碎机的设计。但是，它提供了一些粉碎性测试（提供给粉碎机的定额能量和表面能增加量测定）的基础。此试验仅限细微粉碎。

1885 年发表的基克定律（Kick law）表示，研磨能到表面能的转化可以忽略。该定律是基于弹性团体的变形和脆性破坏，表明产生几何结构相似变化所需能量类似于团体与其他团体的质量或体积成正比。能量需求与初始粒径无关，只取决于尺寸减小比率。基克定律比里丁格定律预测的能量低。然而，该理论要求抗破碎但不能改变粒径。当表观强度可能会大大上升时，真实材料中出现的缺陷不予考虑，结果导致低估细磨所需的能量。

1952 年，Bond 提出了第三个粉碎理论，即邦得定律（Bond law），其介于基克定律和里丁格定律之间，该定律基于以下三个基本原则。

邦得定律的第一个原则指出物料必须具有能量存储。当物料在无穷大的尺寸时，其能量为零。在还原制粉法过程中，每种尺寸颗粒所需的输入能量 E，等于产物的能量 E_{p} 减去进料时的能量 E_{f}。随着粉碎粒径的减小，粉末的能量增加，并且可以认为能量与粒度的 n 次方成反比。

$$E = E_p - E_f = \frac{k}{d_p^n} - \frac{k}{d_f^n} \qquad (8.6)$$

邦得定律的第二个原则是定义从 n 到 i 的值。其指出，关于粉碎时消耗能量的本质即粉碎单位质量的均质物料所需的能量与碎成料粒度的平方根成反比。

邦得定律的第三个原则指出物料的粉碎取决于其结构的破坏。目前已经对基克定律做出了一定的修正，有人将其称为粉碎第四定律。

可以用来自经验的实验方法测定研磨效率，将消耗的能量和减小的尺寸值与实验室在自由粉碎条件下得到的数值进行比较。一般认为后者粉碎效率可达到 100%，用自由粉碎的值所占的比例来表示整个操作流程的效率。基于此，辊式破碎机的效率大约为 80%，摆锤式磨机为 40%，球磨机为 10%，而气流粉碎机仅为 1%。

8.1.2　粉碎的方法和机理

1. 粉碎的方法

粉碎物料的方法很多，就机械方法而言，常见的有下述 5 种，如图 8.1 所示。

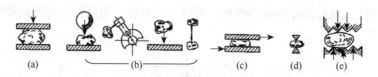

图 8.1　粉碎的机械方法

(a) 压碎；(b) 击碎；(c) 磨碎；(d) 劈碎；(e) 折断

1) 压碎 [图 8.1 (a)]

将物料置于两个刚性平面之间，物料受到缓慢增长的压力作用而被粉碎，这种方式主要用于粉碎大块硬质物料。颚式、圆锥式及辊式破碎机都是利用这种方法。

2) 击碎 [图 8.1 (b)]

物料在瞬间受到外来的、足够大的冲击力作用而被粉碎。这种方式适用于脆性物料的粉碎。锤式、反击式、冲击式破碎机和管磨机都是利用这种方法。

3) 磨碎 [图 8.1 (c)]

物料在两个相对滑动的工作面之间，或在研磨体间的摩擦作用下被粉碎。多用于小块物料的细磨。管磨机、振动磨利用的是这种方法。

4) 劈碎 [图 8.1 (d)]

物料在两个尖棱状物体之间，受到尖劈力作用而被粉碎。用于粉碎脆性物料。齿辊破碎机利用的是这种方法。

5) 折断 [图 8.1 (e)]

物料在两个带凸齿金属工件之间，受到弯曲的挤压力而被粉碎。适用于脆硬性的物料。颚式、圆锥式破碎机利用的是这种方法。

2. 粉碎的机理

粉碎的基础研究包括材料的物理性质、粉碎装置，以及粉碎装置和故障之间的关系。当一个力施加到固体时会导致固体变形，这个力可以是压力、拉力或者剪切应力。在外力的作用下，物体发生形变，当外力撤销后，物体能恢复原状，则这样的形变叫作弹性形变。弹性形变是固体受外力作用而使各点间相对位置的改变，而不是结构的改变。图 8.2 给出了韧性材料塑性变形的大致区间。

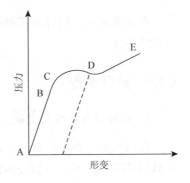

图 8.2　塑性材料的拉伸变形图

图 8.2 中区间 AB 显示了固体变形下的拉伸应力和弹性行为。在弹性极限 B 以下，形变与压力是成比例的，并且与各种模数有关。当超出屈服点 C 时就会发生永久或塑性变形，并且当应力在点 D 处释放时所产生的所有应变形变是不可恢复的。在这一区间内沿着自然面滑动。塑性变形加工会随着故障或断裂而停止，这通常是一种随着材料变薄而产生的持续可重复的过程。E 点的应力可以用来衡量材料的强度。任何点之间曲线下的面积表示每单位体积的样品最多吸收的应变能。每单位体积的限制应变能是该点故障点到达后吸收的能量。

脆性材料在粉碎过程中通常会发生小的塑性变形，并且点 C 和点 E 几乎重合。因此，结构上存在缺陷的材料容易被粉碎。

物质的理论强度可以通过分子间的吸引力和斥力来计算。真正物质的强度往往比计算值要小，其差别可以用各种各样的缺陷来解释。例如，微小的裂缝或晶格结构的不规则性称为位错，它们有能力将应力集中在结构缺陷附近，粉碎破坏可能发生在比理论值低得多的整体应力下，这种破坏是随着裂纹尖端的发展而发生的，裂纹尖端在材料中迅速扩展，穿透其他缺陷，进而产生二次裂纹。材料的强度取决于瑕疵的随机分布，这是在相当宽的范围统计数量变化。这个理论解释了为什么物质越磨越难磨碎的机理，因为包含实际缺陷的概率随着颗粒尺寸的减小而减小，由此强度将增加，随着材料结构缺陷区域的消失，材料的强度将趋近于理论强度。

大多数材料的强度比拉伸强度大。但是，技术上的困难阻碍了拉伸应力的直接使用。粉碎设备中常用的压缩应力不会直接导致失效，而是通过变形产生足够的拉伸或剪切应力，在远离主应力作用点的区域形成裂纹尖端。这是一种效率低但不可避免的机制。冲击和磨损是压力应用的其他基本模式，冲击和压缩之间的区别以后讨论。通常出现的磨损难以分类，但主要属于剪切机制的问题。

在任何粉碎机器中，应力应用模式通常占据主导地位，所以必须根据材料的机械性能正确选择设备和粉碎方式。例如，压缩对于纤维或固体蜡的粉碎是无用的，几乎所有细粉碎都需要磨碎方式。

脆性材料的变形和随后的破坏不仅是应力的函数，而且是应力施加速度的函数。在相同的能量下，缓慢压缩断裂和冲击断裂可能会得到不同的结果。颗粒的形状、尺寸和尺寸分布可能会受到不同粉碎方式的影响。在冲击断裂中，应力的施加速率很高，操作的突然性可能会使极限应变能超过几倍。这是因为断裂与时间有关，在施加最大应力和失效之间存在滞后。

压力的施加因"自由粉碎"和"闭塞粉碎"方式而更加复杂。在自由粉碎中，压力施加到无约束的粒子，在发生故障时释放。而在闭塞粉碎中，应力持续作用在颗粒压碎层上。尽管尺寸进一步减小，但这一过程的效率较低，因为颗粒之间的摩擦和应力通过自身不断裂的颗粒传递而导致能量损耗。当晶体材料在研杵和研钵中研磨时，很容易证明这一点。最初产生的细粉可能保护较粗的颗粒，如果物料经过筛分并返回过大的颗粒，则操作可能会用更少的工作量完成。

在辊轧机中，粉碎方式最接近自由粉碎，这是辊轧机的高效性的原因，在球磨机中则以闭塞粉碎为主。

8.1.3 破碎设备

1. 破碎设备技术的发展

在硅酸盐工业生产过程中，大部分的原料、燃料、混合材料以及熟料都要经过破碎。按物料破碎的粗细程度，可划分为粗碎、中碎和细碎；按破碎工艺流程，又可分为开路、闭路两种基本流程；按破碎作业级数，可分为单段和多段破碎。随着粉碎技术的进步，破碎机及破碎系统也相应有了较大的发展。在工厂设计和实际生产中，应根据破碎机性能、物料性质、运行要求等，选择高效、节能的破碎机及破碎系统。破碎机及破碎系统的发展具有如下特点。

1）破碎设备大型化

破碎机的规格越大，生产能力越大。因此，大规格的破碎机，为提高破碎机的生产能力、放宽矿山开采的粒度、满足规模化的生产要求创造了条件。随着工厂生产规模的不断扩大，破碎设备大型化已成为破碎机发展的方向之一。

2）破碎设备多功能化

破碎机的发展，趋向于多功能化。例如，辊式破碎机可兼有粗、中、细碎的作用，冲击式破碎机具有细碎粗磨的功能；反击式破碎机可适应各种性能物料的破碎，既可破碎坚硬的石灰石，又可破碎黏湿物料；烘干兼破碎的锤式破碎机，可利用窑尾废气余热，在破碎含水分较高的黏湿物料的同时进行烘干。

3）破碎级数单段化

破碎系统的级数，主要与物料破碎前后的最大粒度之比（破碎比）的大小有关。在破碎比及生产能力满足要求时，选用单段破碎，可以简化生产流程。因此，发展高效能、大破碎比的新型破碎机，是实现单段破碎的技术要求。例如，锤式-反击式组合破碎机单段破碎，产品粒度小于 25 mm 的占 95%。

2. 破碎设备的分类

按照破碎设备结构和工作原理的不同，可将其分为以下几种类型。

（1）颚式破碎机：由于可活动的颚板对固定颚板做周期性的往复运动，物料在两颚板间被压碎。适用于粗、中碎硬质物料或中硬质物料。

（2）圆锥式破碎机：物料在固定的外锥体和可偏心回转的内锥体之间受到挤压和弯曲力而被破碎。适用于粗、中、细碎硬质物料或中硬质物料。

（3）辊式破碎机及辊压机：物料在两个相对旋转的滚筒之间（或形成料床）受到挤压而被压碎。适用于中、细碎中硬质物料和软质物料。

（4）锤式破碎机：物料受到安装在转子上的快速回转锤头的冲击作用而被击碎。适用于中、细碎中硬质物料。

（5）轮碾机：物料在旋转的碾盘上被圆柱形碾轮所压碎和磨碎。适用于陶瓷厂及耐火材料厂原料的粉碎。

（6）反击式破碎机：物料受到安装在转子上的高速旋转的打击板的撞击，并弹向另一反击板被撞击以及物料之间相互撞击而击碎。适用于中、细碎硬质和中硬质物料。

1）颚式破碎机

颚式破碎机的工作原理如图 8.3 所示，活动颚板 2 套装在偏心轴 1 或悬挂轴 8 上，工作时，由传动机构带动偏心轴转动，使之相对固定颚板 3 做周期性往复运动。当活动颚板靠近固定颚板时，物料在两钝板之间受到挤压作用而破碎；离开时，小于破碎机出料口尺寸的物料靠自重卸出，从进料口加入的物料也随之下落至破碎腔内，周而复始地进行下一个循环。

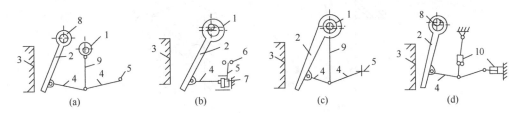

(a)　　　　　　　(b)　　　　　　　(c)　　　　　　　(d)

图 8.3　颚式破碎机的机构、工作原理简图

1. 偏心轴；2. 活动颚板；3. 固定颚板；4. 推力板；5. 支承；6. 调整螺杆；7. 契铁；8. 悬挂轴；9. 连杆；10. 液压缸

（1）颚式破碎机的主要部件如下。

A. 颚板：颚板分为固定颚板和活动颚板。颚板由颚床和衬板组成，衬板用螺栓固定在颚床表面，其间常垫一种塑性材料，以保持衬板与颚床紧密结合。衬板的作用是避免颚板磨损，提高使用寿命。通常，衬板采用强度高且耐磨的锰钢铸造。为了有效地破碎物料，衬板的表面常铸成波纹形和齿条形。

B. 传动机构：偏心轴是颚式破碎机的主轴，是带动连杆或活动颚板做往复运动的主要部件，通常采用合金钢制造。悬挂轴采用合金钢或优质碳素钢制造。偏心轴的两侧分别装有飞轮和胶带轮，使动力负荷均匀，破碎机稳定运转。主轴的动力通过连杆、推力板传递给活动颚板，连杆、推力板承受很大的力，故用铸钢制造。

C. 拉紧装置：由拉杆弹簧及调节螺母等组成。当连杆驱动活动颚板向前摆动时，拉杆借助弹簧拉力来平衡活动颚板和推力板向前摆动时的惯性力，使活动颚板及时向反方向摆动。

D. 调节装置：颚式破碎机的出料口宽度，可以通过调节楔铁位置来调整。转动调节螺栓，使楔铁左右移动，通过推力板的作用使出料口宽度达到要求。液压颚式破碎机推力板处的液压装置也具有调节功能。

E. 保险装置：为保护活动颚板、机架、偏心轴等大型贵重部件免受损坏，一般设有保险装置。当破碎机负荷过大时，推力板或其螺栓断裂，活动颚板停止摆动。液压颚式破碎机连杆处的液压装置也具有保险作用。

（2）主要参数如下。

A. 钳角：颚式破碎机活动颚板与固定颚板之间的夹角 α 称为钳角，如图 8.4 所示。钳角小，可以使破碎机的生产能力增加，但是破碎比小。钳角大，可以增大破碎比，但会降低生产能力，同时落入颚腔中的物料不易夹牢，可能被向上挤出达不到破碎的目的。

一般 $\alpha = 22° \sim 33°$，考虑到如果入料粒度相差很大，大块物料可能夹在小块物料之间，这时物料有被挤出进料口的可能。所以，一般设计颚式破碎机时，α 取 $18° \sim 22°$。

B. 偏心轴的转速：颚式破碎机偏心轴的转速直接反映活动颚板的摆动次数，在一定范围内，偏心轴的转速增加，生产能力随着增加；但是超过一定限度时，反而会使生产能力降低，并且电耗增加。偏心轴的转速为

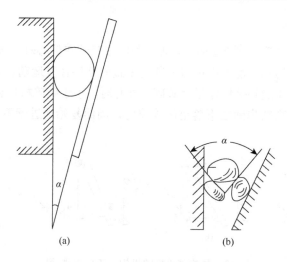

图 8.4　颚式破碎机的钳角

$$n = 470\sqrt{\frac{\tan\alpha}{s}} \tag{8.7}$$

式中，n 为偏心轴的转速，r/min；s 为活动颚板下端水平行程，cm。

C. 生产能力：颚式破碎机的生产能力与被破碎物料的性质（强度、硬度、粒度等）、破碎机的性能和操作条件等因素有关。

D. 功率：颚式破碎机所需要的功率 N，主要用于破碎物料及克服机器本身的摩擦。除了物料的性质外，物料的破碎比和破碎方法等因素也会影响功率大小。因此，经常采用经验式计算。

简单摆动颚式破碎机 $\qquad N = 6.8LHsn \qquad$ (8.8)

复杂摆动颚式破碎机 $\qquad N = 12LHrn \qquad$ (8.9)

式中，L 为进料口的长度，m；H 为颚板腔的高度，m；r 为偏心轴的偏心距，$r \approx 0.5s$，m。

（3）性能及应用：颚式破碎机的优点是构造简单、工作可靠、适用范围广、操作维护方便、设备费用低、破碎能力大。但工作时会产生很大的惯性力，零部件承受很大的负荷，能量消耗比较高，特别是简单摆动颚式破碎机的破碎比不大，产品粒度不够均匀，不适合黏性潮湿状和干片状物料的破碎。

2）锤式破碎机

锤式破碎机的主轴上装有锤架，在锤架上挂有锤头，锤头在锤架上能摆动大约 120° 的角度，在机壳的下半部装有篦条。为了保护机壳，在其内壁镶有衬板。由主轴、锤架、锤头组成的旋转体称为转子。物料进入锤式破碎机中，受到高速旋转的锤头的冲击而被破碎。物料获得能量又以高速冲击衬板而第二次破碎。较小的物料通过筛网排出，较大的物料在筛网上再次受到锤头的冲击而被破碎，直至全部通过筛网排出。

锤式破碎机的种类很多，可以按照下述结构特征进行分类：①按转子的数目，分为单转子和双转子两类。②按转子的旋转方向，分为不可逆式和可逆式两类。③按锤头的排列方式，分为单排式和双排式两类。前者锤头安装在同一回转平面上，后者锤头分布在几个回转平面上。④按锤头在转子上的连接方式，还可以分为固定锤式和活动锤式两类。

图 8.5 显示了单转子、活动锤头的锤式破碎机。由筛板、转子盘、进料口、锤头和反击板等部分组成。机壳的上部有一进料口，下部的两面和两侧壁均设有检修孔，便于检修、调整和更换筛网或锤头。整个机体用地脚螺栓固定在混凝土基础上。圆弧状的卸料筛网安装在转子下部，筛网的排列方向与转子运动方向垂直，锤头与筛网之间的间隙可通过螺栓来调节。当破碎机内进入金属物或过负荷时，主轴上的安全销即被剪断，起到了保护作用。

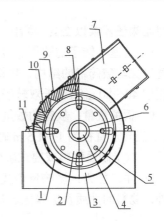

图 8.5　锤式破碎机结构图

1. 筛板；2. 转子盘；3. 出料口；4. 中心轴；
5. 支撑杆；6. 支撑环；7. 进料口；8. 锤头；
9. 反击板；10. 弧形内衬板；11. 连接机构

锤式破碎机的优点是：破碎比大、生产能力高、单位产品电耗低、机械结构简单、体型紧凑、操作维护容易、产品粒径小而均匀、过粉碎少。锤式破碎机的缺点是：粉碎坚硬物料时，锤头、筛网、衬板磨损大，金属材料消耗多，检修时间较长，不适宜破碎黏湿物料。因此锤式破碎机适用于脆性、中硬、含水量不大的物料的破碎，主要用来破碎石灰石、煤、页岩及石膏等。对于细碎的锤式破碎机，可以得到粒度为 10 mm 以下的产品；粗碎的锤式破碎机，可以得到粒度为 25～35 mm 的产品。

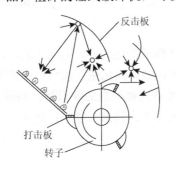

图 8.6　反击式破碎机工作原理示意图

3）反击式破碎机

反击式破碎机的工作部件为带有板锤（打击板）的高速旋转的转子，图 8.6 为反击式破碎机工作原理示意图。加入破碎机内的物料，在转子回转范围内（锤击区）受到板锤冲击，并被高速抛向反击板，再次受到冲击，然后又从反击板反弹到板锤，继续重复上述过程。在破碎过程中，物料受到板锤的打击、反击板的冲击和物料之间的相互碰撞而破碎。当物料的粒度小于反击板与板锤之间的缝隙时即被卸出。

（1）反击式破碎机与锤式破碎机的比较：两者工作原理相似，都是以冲击方式破碎物料，但是其结构和工作过程各有差异，主要区别如下。

A. 反击式破碎机的板锤和转子是刚性连接，利用整个转子的惯性对物料进行冲击，使其不仅被破碎，而且获得较大的速度和动能。

B. 反击式破碎机的腔体较大，使物料有一定的活动空间，充分利用冲击、反击和碰撞作用而被破碎。

C. 反击式破碎机的板锤是自下向上迎击投入的物料，并把它抛到上方的反击板上。锤式破碎机的锤头是顺着物料落下的方向打击物料。

D. 反击式破碎机下部一般没有垂直条带，产品粒度靠板锤的速度以及与反击板之间的间隙来保证。

（2）反击式破碎机的主要参数如下。

A. 转子直径和长度：当转子的圆周速度一定时，反击式破碎机冲击力的大小与转子的质量成正比，即与转子的直径有关。根据资料统计，进料粒度与转子直径的关系可用下列经验式确定：

$$d = 0.54D - 60 \tag{8.10}$$

式中，d 为进料粒度，mm；D 为转子直径，mm。式（8.10）用于单转子反击式破碎机时，其计算结果还需乘以 2/3；并且一般转子长度与直径之比 L/D 取 0.5～1.2。

B. 转速：转子的圆周速度对破碎机的生产能力、产品粒度和破碎比影响很大，转子的圆周速度又与破碎机的结构、物料性质和破碎比等因素有关。通常，粗碎时取 15～40 m/s，细碎时则取 40～80 m/s。对于双转子反击式破碎机，一级转子为 30～35 m/s，二级转子为 35～45 m/s。

C. 板锤数量：板锤的数量 Z 与转子直径有关，通常当转子直径小于 1 m 时，可以只装设 3 个；当转子直径为 1～1.5 m 时，可以装设 4～6 个；当转子直径为 1.5～2 m 时，可以装设 6～10 个。对于硬质物料或要求破碎比较大时，板锤数目应该多一些。

D. 生产能力：影响反击式破碎机生产能力的因素很多，除了转子的尺寸、转子的圆周速度外，物料的性质及破碎比等都具有较大影响，一般采用下列近似式计算：

$$Q = 60KZ(h+e)Ldn\rho \tag{8.11}$$

式中，Q 为破碎机的生产能力，t/h；K 为修正系数，一般取 0.1；Z 为板锤的数量；h 为板锤高度，$h = 65～75$ mm；e 为板锤与反击板之间的间隙，mm，一般 $e = 15～30$ mm；n 为转子的转速，r/min；ρ 为物料的堆密度，t/m³。

E. 功率：反击式破碎机所需功率大小与物料性质、破碎比、生产能力、设备结构、转子转速等有关，通常电动机的功率 N（kW）可用下列经验式计算：

$$N = \frac{7.5DLn}{60} \tag{8.12}$$

（3）反击式破碎机的性能如下。

反击式破碎机的优点：使物料反复多次受到打击、反击和互相撞击而破碎，因此它的破碎效率高，动力消耗低，产品粒度均匀；破碎比大，可以减少破碎级数，简化生产流程；结构简单，维修方便；适应性强，尤其是对于中等硬度、脆性物料。反击式破碎机的缺点是：板锤、反击板磨损快，特别是破碎坚硬物料时；防堵性能差，不适宜破碎塑性和黏性物料；运转时噪声较大，产生的粉尘也较大。

4）辊压机

辊压机是 20 世纪 80 年代研制开发出来的新设备，这种新型的粉碎设备在增产节能方面有了重大进步，已被广泛应用于硅酸盐工业生产过程中。

（1）辊压机的工作原理：辊压机主要是由两个速度相同、相向转动的辊子组成，辊压机通常都是用作糊剂或者其他塑料分散体。辊压机的原理是：当糊剂通过辊压机两个滚筒之间的狭缝时，在糊剂的薄层中产生碰撞力和剪切应力。一般情况下，剪切应力在滚筒不同的圆周速度下会变得更大。两个圆筒之间的加速是可变的，并且取决于质量的可塑性，或者是材料刚性增加时导致间隙增大，如图 8.7 所示。F 为磨矿力，γ 为拉入角（物料拉入处与两辊子中心连线之间的夹角），物料从两辊间的上方喂入，随着辊子的转动，向下运动，进入辊间的缝隙内。在 50～300 MPa 的高压作用下，受挤压形成密实的料床；物料颗粒内部产生强大的应力，使颗粒产生裂纹，有的颗粒被粉碎。从辊压机卸出的物料形成了强度很低的料饼；经打散机打碎后，产品中粒度 2 mm 以下的占 80%～90%，80 μm 以下的占 30%左右。

辊压机与双辊式破碎机相比，双辊式破碎机是通过双辊作用在单体颗粒上粉碎物料，利用的是压力、冲击、剪切等综合作用力，使颗粒产生裂纹，并粉碎为 25 mm 以下的颗粒产品。辊压机采用双辊对物料层施加外力，使物料层间的颗粒与颗粒之间互相施力，形成粒间破碎或料层破碎。辊压机对物料施加的是纯压力，将物料层压实，产生裂纹并有一定的粉碎作用；入料粒度 80 mm 以下，产品为手搓易碎的扁平料片。

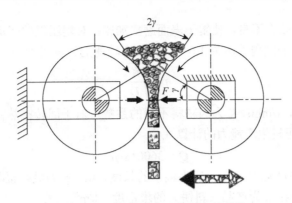

图 8.7　辊压机的原理和作用力的变化

辊压机破碎的物料,由于其颗粒产生大量裂纹,从而改善了物料的易磨性;经打散机打散或球磨机进一步粉碎,其电耗大大降低。

(2)辊压机的构造:辊压机由两个挤压辊及其液压系统和喂料装置等构成,其主要结构如下。

A. 挤压辊:辊子分为滑动辊和固定辊。固定辊是用螺栓固定在机体上;滑动辊两端经 4 个平油缸对辊施加液压力,使辊子的轴承座在机体上滑动并使辊子产生 100 kN/cm 左右的线压力。辊子有镶套式压辊和整体式压辊两种结构形式,如果物料较软,可以采用带楔形连接的镶套式压辊,硅酸盐工厂多用后者。轴与辊芯为整体,表面堆焊耐磨层,焊后硬度可达 HRC55 左右,寿命为 8000~10 000 h;磨损后不需拆卸辊子,直接采用专门的堆焊装置堆焊,一般只需 1~2 天即可完成。通常,辊子的工作表面采用槽形,又可分为环状波纹、人字形波纹、斜井字形波纹三种,都是通过堆焊来实现的。

B. 液压系统:辊压力由液压系统产生,它是由两个大蓄能器、两个小蓄能器、4 个平油缸、液压站等组成的液气联动系统。

C. 喂料装置:喂料装置内衬采用耐磨材料。它是弹性浮动的料斗结构,料斗围板(辊子两端面挡板)用蝶形弹簧机构使其随辊子的滑动而浮动。用一四杆机构将料斗围板上下滑动,可使辊压机产品料片厚度发生变化,以适应不同物料的挤压。

(3)辊压机的主要参数如下。

Λ. 辊子的直径和宽度:辊径的简化计算式为

$$D = K_d d_{max} \tag{8.13}$$

式中,D 为辊子的直径,m;K_d 为系数,由统计数据而得,$K_d = 10~24$;d_{max} 为喂料最大粒度,mm。

辊压机的辊子直径和长度之比 $D/L = 1~2.5$。D/L 大时,优点是容易咬住大块料,向上反弹情况少;压力区高度大,物料受压过程较长;运转平稳,安装检修方便。其缺点是运转时会出现边缘效应,其次是质量和体积较大。D/L 小时,其优缺点正好与前述相反。

B. 辊隙:辊压机两辊之间的间隙称为辊隙,在两辊中心连线上的辊隙称为最小辊隙,用 S_{min} 表示。根据辊压机的具体工作情况和物料性质的不同,在生产调试时,应调整到比较合适的尺寸;在喂料情况变化时,更应及时调整;在设计时,最小辊隙计算式为

$$S_{min} = K_s D \tag{8.14}$$

式中,K_s 为最小辊隙系数,因物料不同而异。

C. 辊速:辊压机的转速有两种表示方法,即辊子的圆周速度 v 和转速 n。辊速与辊压机的生产能力、功率消耗、运行稳定性有关。辊速高,生产能力大,但过高的辊速使得辊子与物料

之间的相对滑动增大，咬合不良，使辊子表面磨损加剧，对辊压机的产量和质量也会产生不利影响。目前，一般辊子的圆周速度为 1.0～1.5 m/s。转速的计算式为

$$n = \sqrt{\frac{K}{D}} \tag{8.15}$$

式中，n 为辊子的转速，r/min；K 为因物料不同的系数，对于回转窑熟料，$K = 660$。

D. 生产能力：辊压机生产能力的计算式为

$$Q = 3600Lsv\rho \tag{8.16}$$

式中，Q 为辊压机的生产能力，t/h；L 为辊子的长度，m；s 为最小辊隙（料饼厚度），m；v 为辊子的圆周速度，m/s；ρ 为产品（料饼）的堆密度，t/m^3。

E. 功率：辊压机功率的计算式为

$$N = \mu Fv \tag{8.17}$$

式中，N 为辊压机的功率，kW；μ 为辊子的动摩擦系数；F 为辊压，kN。

5）轮碾机

（1）工作原理及类型：轮碾机的主要工作部件是碾轮及碾盘。利用碾轮与碾盘之间的相对运动，以挤压和研磨的方式将物料粉碎。碾轮的宽度愈大，相对滑动愈大，研磨作用愈大；但动力消耗会增大。它用于中硬质和软质物料的细碎和粗磨作业，粉碎的同时还起着物料混合作用。

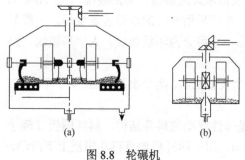

图 8.8　轮碾机

(a) 盘转式；(b) 轮转式

轮碾机按其结构特点可分为盘转式和轮转式两类，如图 8.8 所示。轮转式轮碾机的碾轮既绕主轴公转，又绕水平轴自转，碾盘则固定不动。盘转式轮碾机的碾盘由驱动装置带动等速回转，碾轮受到盘面的摩擦带动，只绕本身的水平轴自转。盘转式轮碾机工作较平稳，产量较高，动力较省；但是结构较复杂，物料易散开，轮转式轮碾机正好相反。

按传动方式可将其分为顶部传动和底部传动两类。顶部传动式的轮碾机维修方便，易于防尘；但铁屑和油垢容易污染物料。底部传动式的轮碾机则相反。

按碾轮材料可分为金属轮和石轮两类。石轮式轮碾机可避免铁质污染物料。

按工艺可分为干碾机和湿碾机两类。干碾机用于处理含水量低于 10% 的物料。

按操作方式可分为连续式和间歇式两类。连续式轮碾机的加料和卸料可以连续进行。

（2）性能及应用：轮碾机的优点有结构简单，工作可靠，维修方便；对物料的粒度、水分等适应性强；具有碾揉和拌和作用，可用来混合物料；用石材制造的碾盘和碾轮，可防止铁质掺入物料中；控制产品细度非常方便。轮碾机的缺点有单位时间内碾轮对物料作用的次数较少，故生产能力低，功率消耗大。

轮碾机是一种古老的粉碎机械，至今仍应用于硅酸盐工业生产中，常用来细碎或粗磨黏土、长石、石英、熟料等。细碎时产品粒度为 3～8 mm，粗磨时为 0.3～0.5 mm。

8.1.4　研磨设备

在一些如矿石加工的操作中，粉碎可能占该工程总成本的大部分，因此对能量的利用是十

分重要的。另外，药物属于一类加工数量相对较小的昂贵材料，因此研磨对于总成本的影响是相对较小的，并且对于机器的选择通常考虑的是工艺而非成本。一般来说，药物很容易研磨。一般研磨操作可以分为细研磨和超细研磨。其中，细研磨是指研磨后的物料可以过 200 目筛（7.6×10^{-5} m），如果需要得到几微米或更小粒径的粉末则需要超细研磨。虽然植物药在提取前要粗磨，但大多数制药还是需要超细研磨。

任何类型的粉碎或研磨机的最佳粉碎条件均是产生新表面的能量比率最小。如果尝试更细的研磨，该比率就会增大。因此如果物料没有研磨到被要求研磨成的大小时，研磨机的效率可能会非常低。

自由粉碎机的保留时间很短，自由粉碎中很少有研磨发生，物料自由粉碎时不会出现尺寸过小的细粉。在许多慢速研磨机内，研磨时间会很长，就会导致过度的粉碎。产物颗粒堆积在研磨机内会使断裂应力的有效性降低，研磨效率会逐渐降低。在典型的"open-circuit"（开环）研磨中，物料在研磨机中研磨达到要求的尺寸后就会被传出设备。其效率比在"closed-circuit"（闭环）研磨中的效率要高。达到尺寸要求的产物颗粒可从研磨机内由空气流或带电液体除去，不符合要求尺寸的较大颗粒会重新返回到研磨机继续研磨。闭路粉碎技术只能应用于生产规模相对较大的操作。

1. 研磨操作的注意事项

1）干磨和湿磨

研磨的材料含水量要求为 5%～50%，含水量决定着研磨的效果，应该尽可能在较低含水量时进行研磨，所以研磨的含水量上限取决于研磨材料的性质。有的植物药可能存在 5% 或更多的水分，但是在充分粗磨后会产生非渗透性的固体。

当需要处理的材料是悬浮液时，湿式研磨（湿磨）就是一种常见的方法。在一些研磨操作中，促进研磨材料良好的分散性和保证研磨成较小的颗粒粒径是可以同时实现的，其中良好的分散性是研磨的首要目标，而对于粒径的要求是其次的。当在干磨过程中颗粒过早聚集使粉碎达到需要的粒度较困难时，也可采用湿式研磨。

湿磨法的优点：提高磨机容量，低能耗，消除粉尘危害，材料容易处理。其主要的缺点：除可能包含干燥阶段外，还存在研磨设备的磨损。

2）污染

在所有的研磨机中都会发生元件的磨损，这会导致产品污染。为减少器械磨损造成的污染，要对研磨机器的材料进行考量，最常用的材料是陶瓷和不锈钢。一般污染是较轻微的，但是在长时间持续生产非常细的粉末时，可能会变得比较严重。如图 8.9 所示，陶瓷磨机的磨损导致材料硫酸盐灰分值逐步增加。

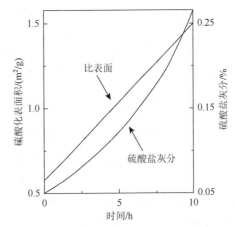

图 8.9　灰黄霉素在研磨过程中受到的污染情况

封闭的研磨机可以防止细菌的侵入，所以最好用具有封闭结构的研磨机研磨有无菌要求的材料。

3）温度敏感性

在加工温度敏感材料时，必须小心，特别是生产需要很细颗粒的产品时。如果超过了软化点，黏结现象就会很严重，可以提前冷冻待研磨的材料，或在研磨期间配合冷却设备进行降温研磨。蜡状物在低温条件下有更好的脆性，可以用干冰冷却后再充分研磨，如在高温进行研磨时可能会出现化学降解。研磨时加入惰性气体如氮气可以防止氧化。

4）结构改变

有许多物质在研磨过程中会发生物理结构的变化，如碳酸钙在球磨后发生晶型的变化。在超细研磨过程时，高岭石晶格也会发生变化。巴比妥酸盐在研磨过程中，会形成不同的巴比妥酸盐多晶型。这些变化都可能影响这些物质的溶解度和其他物理特性，也就是说，可能会影响药物在制剂处方中的作用和治疗效果。

5）粉尘危害

在干磨的过程中，粉尘危害可能比较严重。有些过程要求使用防尘机器，操作员必须要有防尘服和面具。有些粉尘也可能有爆炸性。

2. 研磨设备的分类

研磨机械按照结构和工作原理的不同，也可以分为多种类型。下列设备在医药材料的干式研磨中经常使用：球磨机、碾子磨机、锤式研磨机、针磨机。

气流粉碎机被广泛用于生产超细粉末。球磨机和胶体磨用于湿法粉碎和生产液体分散体。碾子磨机和球磨机可用于粉碎分散在半固体基质中的粉末，如在生产软膏过程中粉末的分散。这些磨机和振动研磨机将在下文进行介绍。

1）球磨机

（1）球磨机的结构：物料经过破碎设备被破碎后的粒度大多在 20 mm 左右，如要达到生产工艺要求的细度，还必须经过细粉粉碎设备的磨细。细粉粉碎是许多工业生产中的一个重要过程，其中使用面广、使用量大的一种细粉粉碎机械是球磨机。它在水泥生产中用来研磨生料燃料及水泥。陶瓷和耐火材料等工厂也用球磨机来粉碎原料。

球磨机的主体是由钢板卷制而成的回转筒体。筒体两端装有带空心轴的端盖，筒体内壁装有衬板，球磨机装有不同规格的研磨介质。

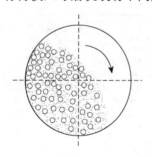

图 8.10　球磨机的工作原理图

当球磨机回转时，研磨介质由于离心力的作用贴附在筒体衬板表面，随筒体一起回转，被带到一定高度时，由于其本身的重力作用，像抛射体一样落下，冲击腔体内的物料。在磨机回转过程中，研磨介质还可以滑动和滚动地粉碎其与衬板间相邻的物料，如图 8.10 所示。

在球磨机回转过程中，由于磨头不断地强制喂料，而物料又随着筒体一起回转运动，使物料向前挤压；再借进料端和出料端之间物料本身的料面高度差，加上球磨机尾部不断抽风，尽管球磨机水平放置，物料也能不断地向出料端移动，直至排出磨外。当球磨机以不同转速回转时，筒体内的研磨介质可能出现三种基本情况，如图 8.11 所示。图 8.11（a）表示转速太快，研磨介质与物料贴附在筒体上一道回转，称为"周转状态"，研磨介质对物料起不到冲击和研磨作用；图 8.11（b）表示转速太慢，不足以将研磨介质带到一定高度，研磨介质下落的能量不大，称为"倾泻状态"，研磨介质对物料的冲击和研磨作用不大；图 8.11（c）表示转速适中，研磨介质提升到一定高度后抛落下来，称为"抛落状态"，研磨介质对物料有较大的冲击和研磨作用，研磨效果较好。

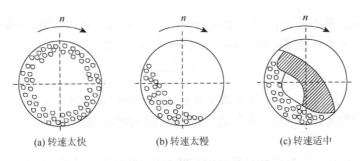

(a) 转速太快　　　　　(b) 转速太慢　　　　　(c) 转速适中

图 8.11　不同转速的研磨效果

实际上,研磨介质的运动状态是很复杂的,有贴附在球磨机筒壁上的运动,沿筒壁和研磨介质层向下的滑动,类似抛射体的抛落运动及滚动等。

（2）球磨机的特点如下。

优点:①对物料物理性质波动的适应性较强,能连续生产,且生产能力较大。便于大型化,可满足现代化企业大规模生产的需要。②粉碎比较大,达 300 甚至可达 1000 以上,产品细度、颗粒级配易于调节,颗粒形貌近似球形,有利于生料煅烧及水泥的水化、硬化。③可干法作业,也可湿法作业,还可同时进行烘干和研磨。研磨的同时对物料有混合、搅拌、均化作用。④结构简单,运转率高,可负压操作,密封性良好,维护管理简单,操作可靠。

缺点:①研磨效率低,电能有效利用率低,只有 2%～3%。电耗高,研磨介质和衬板的消耗量大。②设备笨重,一次性投资大。噪声大,并有较强振动。③转速低（一般为 15～30 r/min）,因而需配减速设备。

球磨机广泛用于细磨,尽管磨粉时间总是被延迟,但可以生产极细的粉末。虽然结构简单,但用途广泛。在连续或者间歇过程中可以被用于湿法或者干法制粒。后者通常用于制药行业。由于机器是关闭的,如果过程需要这些条件,没有东西可以被保存或者操作可以在惰性气体中保存。可以通过球磨机的冲击和磨损特性的综合影响来研磨具有广泛机械性能的材料。

（3）球磨机的工作原理:最简单形式的球磨机可由一个旋转的空心圆柱体组成,其中包含通常由不锈钢或粗陶制成的球。在碾碎过程中,球慢慢地磨损,最终需要更换。一般来说,球磨机包含能实现不同功能的不同大小的球。球磨机的负载量是不同的。典型的是,它是半充满球,材料充满于球与球之间的间隙中。含表面电荷的体积通常是磨粉机体积的60%。在操作过程中,电荷移动到球磨机盒的距离取决于离心力和速度,而速度取决于球磨机的转速及在电荷和磨机衬板之间的摩擦。这些影响在球磨机中取决于运转的模式。在低速下,球翻滚、转动和丢失表面的电荷,其模式称为“cascading”（多级联结）。随着速度增加,模式逐渐改变成“cataracting”（混合联结）,其中球被置于球磨机的顶部并且在下面排放产品。

这些撞击和磨损在这些运动中是不同的。在串联球磨机中磨损是主要的,并且在一定程度上取决于球的表面积,球体的体积则强化了这些影响。冲击破碎在大型球磨机中更重要,最有效的作用来源于大直径球体的高动能。另一个影响因素是球体的密度。

如果在磨机衬板和炉料之间有足够的摩擦,后者使磨粉机在高速和翻滚上达到最大。这被定义为“centrifuging”（离心法）。在不同球之间没有相对移动,没有磨损发生。这个被标记离心的速度称为临界转速。理论上它代表了作用在磨粉机顶部的离心和引力的条件是平衡的。

如果球的质量是 m，重力是 mg，离心力是 mv_c^2/r，其中 v_c 是极限速率，r 是球到球磨机轴的距离，也就是球磨机的半径减去球的半径，由 $mg = mv_c^2/r$ 有

$$v_c = \sqrt{gr} \tag{8.18}$$

实际上，满足上述条件，离心才能发生直至达到理论极致速度。在电荷和内衬之间的球磨机的承载量和滑动数量是不同的。工厂通常运行 50%～80%的临界速度。较低的速度用于湿法粉碎和非常好的干燥粉碎。

如果低摩擦系数允许在轧机和电荷之间广泛变化，即使在非常高的轧机速度下离心也不会发生。这些"超临界"条件下研磨操作模式是不同的。

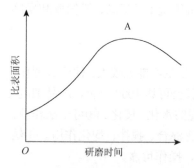

图 8.12　研磨中的颗粒堆积效应

通过选择不同大小的球、磨粉速度和直径，球磨机可广泛用于研磨不同颗粒大小的材料。在粗糙的干法磨制中，匹配球磨机的最大直径球的能量足以破碎最大颗粒。另外，非常精细的研磨最好通过大量小球之间的磨损来实现。生产极细粉末最重要的限制条件就是凝结。最终，通过离子减少的新表面可能等同由于破裂等增加的表面。这种情况在图 8.12 给出的比表面积和研磨时间的关系中显示为点 A。随着进一步的研磨，有效粒大小实际上可能会增加。在干磨中结块比在湿磨中更严重。在两种情况下，添加剂有时可用来限制研磨的效果。

球磨机也提供了一个简单的机械方法使固体分散在液体中。湿研磨取决于"多级联结"的摩擦特性：球越小，效果越好，并且悬浮液黏度越好。后者不应该阻止电荷正确的移动。使用表面活化剂可能会通过阻止粒子的重聚，而极大地加快研磨进程。表面活化剂也可以改变固体的物理性质，降低断裂应变和使渲染粒子更脆弱。如果这个系统是抗絮凝的，固液比高可以促进高效研磨。

在大型和连续运行的装备中，往往调整合适的研磨力来适应需研磨的颗粒大小。在管磨机中长度与直径的比例增加，磨粉机被分为几个部分，每部分包含不同大小的球。粗糙的材料首先进入含有最大球的隔间。然后不断被传送到含有小球的隔间并且能够逐步研磨。在 Hardinge 锥形研磨机中，有由圆锥形状引起的自然隔离。通过在大部分下降过程中获得的动能，创建合适的高冲击应力形成最大直径的球形颗粒用于破碎粗颗粒。材料首先穿过这个区域。随着进一步的操作，通过研磨，形成更小的球形颗粒导致更大的表面积，采用较小的球可通过彼此相互的摩擦来促进细磨。

2）碾子磨机

碾子磨机由一个或两个重型花岗岩、铸铁轮或铣刨机组成，安装在水平轴上并站在重型锅中。材料都是被灌装到圆形锅的中心并且由研磨作用向外运行。当经过研磨区域时，粉碎机的质量和剪切应力会发生压缩，导致材料被粉碎。剪切应力的来源如图 8.13（a）所示。锅表面线速度的变化大于粉碎机和腔体之间线速度的变化，为了有效地研磨，该直径与圆形锅的直径相比要大得多，研磨机和圆形锅的速度只有在一个假设的圆环中才能够相同，而在其他位置都会有不同程度的差异。材料被刮刀不断地从腔体边缘移动到研磨区。

双辊研磨机在原理和组成上与碾子磨机是相似的，由一个旋转盘和铁铸的研棒或瓷器组成。一个研杵垂直安装在圆形锅偏离中间位置处，如图 8.13（b）所示。尺寸减小的机理是由杵的质量和剪切应力导致的压缩引起的。剪切应力是由研磨机和圆盘之间的相对运动和平

移产生的，而且这种力在研磨机的表面不同。该研磨机是锅与其内底部的材料相互摩擦驱动的，刮刀又将材料重新刮向磨区。这两种研磨机在填充床上运行速度均慢，都能够用于生产高湿度的细粉末，都能够成功地粉碎纤维材料，也可以用于非常黏稠的材料的湿式碾磨，如软膏和糊剂。

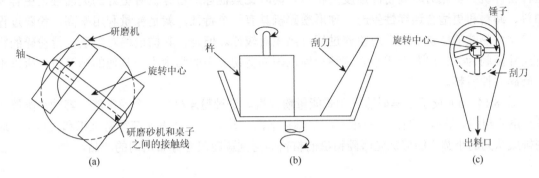

图 8.13　碾子磨机 [（a）]、双辊研磨机 [（b）] 和锤式研磨机 [（c）]

3）锤式研磨机

锤式研磨机的典型特点受运转速度快慢和自由悬浮粒子性质的影响，也可用"粉碎机"表示。自由破碎机制所预期的高效率将会减小，因为传递中的冲击力超过了粉碎所需要的最小冲力。

较典型的机器如图 8.13（c）所示，由一个速度高达 8000 r/min 的磁盘组成。速度相对较高的小机器用于细磨。在磁盘上安装一个可以固定或旋转的锤，这些可以是固定的或扭转的，其材料是平坦的，位于刀或锉边缘。需研磨的材料从磨机的顶部或中心加入，通过直接碰撞破碎，直到达到能够通过磨机壳体下部的一定目数的筛的尺寸要求。通常会设置一系列范围的筛。由于是切向出口，产品的尺寸比筛网出口的尺寸要小得多。刮刀和锤子组成的风扇会吸入大量空气，夹带的灰尘必须通过袋滤器或旋风分离器除去。

锤式研磨机可以生产、干燥在研磨条件下不会软化的晶体材料和许多原料药。转速、大小、内径形状是控制产品尺寸的相关因素。该装备会产生大量的极细粉末。在制造过程中通过搅拌产生的热量使敏感药物产生融合或者降解。

由筛网、转子速度和叶片类型的简单变化而产生的多功能性是制药工业中常用的精制磨机的特征。"Fitzmill"粉碎机和"Apex"碾碎机是由不锈钢制成的可移动设备。两者都能提供一个大的筛网面积并以不同的速度产生。一个可逆转子使用刀片为材料提供一个平的冲击面或者刀锋。材料是影响高速运行的重要因素。刀的边缘用于低速制造湿粒，并在干燥制粒过程中对不完美的颗粒降低精确度。研磨机可以通过搅拌方式、湿法粉碎和软膏制剂来控制研磨温度。

4）针磨机

针磨机包括两个垂直投影的水平钢板，使周边的空间变得更小，并且钢板的两面相互啮合。这个材料通过上面的磁盘中心固定到下面的磁盘上，并通过离心作用把它向外面推动，通过冲击力和摩擦力来调整针与针之间的通道距离。在磁盘周围的环形空间收集材料，并传递到分离器。由磨碎机排出大量的空气通过分离器排出。没有筛和光栅提供了畅行无阻的运行空间。该机适于加工研磨较软、无磨损的粉末和低磨损温度允许的热敏感材料。研磨细度可以通过具有不同类型针的磁盘来调节。

5）振动式能量粉碎机及流动式能量粉碎机（气流粉碎机）

简单形式的振动式能量粉碎机是由粉碎机机体构成的，这种机体通常由陶瓷或者是不锈钢的球体耐磨性材料构成。整个粉碎机机体由可以作简谐振动的弹簧支撑。通过某种手段，比如在旋转轴上安装上一个不平衡的重锤来产生高频率、小振幅的振动，从而磨损粉碎物。这种粉碎机具有相对较高粉碎速度的特点，同时比其他球形粉碎机有更好的灵活性，更容易加料、卸料和更适合连续性生产。球形粉碎机具有一个特征，就是能量利用率高，粉碎过程中转化为热能的能量少，因而粉碎过程发热相对较低。但是，其构造相对复杂，待粉碎的物料尺寸限制为 2.5 in[①]甚至更小。这种粉碎机因为剪切应力的强度小于其他的球磨机，所以不能磨碎弹性材料。

图 8.14（a）展示了典型的振动式能量粉碎机。这种粉碎机由一个通常能够容纳小圆筒的环形磨室组成。这些小圆筒在三维空间沿轴排成队列从而在移动表面获得密堆积和线接触。这些排成队列的小圆筒能够优先磨碎粗糙的材料而得到颗粒尺寸分布均匀的产品。

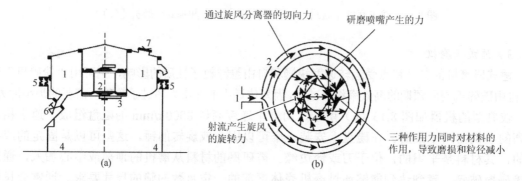

图 8.14　振动式能量粉碎机［（a）］和流动式能量粉碎机［（b）］

（a）1. 环形研磨室；2. 发动机；3. 平衡重；4. 轧机基地；5. 弹簧圈；6. 排放阀；7. 顶盖。
（b）1. 压缩空气或过热蒸汽的主入口；2. 流体能量供应歧管；3. 所有喷射顶点均切向的俯仰圆；4. 磨射轴

流动式能量粉碎机实现了生产超细粉末的一种方法，又称为"超微粉粉碎机"。在所有的流动式能量粉碎机中，粉碎力来自被粉碎颗粒之间的摩擦力，这种能量来自以压缩流体的形式引起的被粉碎颗粒之间的运动，常见的流能由空气和蒸汽提供。

图 8.14（b）所示的为一种最常见的流动式能量粉碎机。原料通过位于其旁边的一个圆管送入粉碎室中，压缩气流通过与在粉碎室内一个假想的圆环相切的喷嘴喷入粉碎室。颗粒被旋转的气流猛烈地加速，这些颗粒也受到喷嘴连续不断喷嘴的加速。粉碎效果是由受到循环流体产生的明显的分级现象的粒子间撞击力决定的。过大的颗粒留在粉碎区域，而合格的粉末和没用的粉碎流体旋涡分离到中心出口。

原料的尺寸大小决定了后续粉碎后物料的尺寸、原料到粉碎室的引入率和粉碎流体的压力。更重要的影响因素是粉碎室的几何形状、喷嘴的数量和角度。使用这种方法，可以快速加工微米级别的颗粒粉末。在制药产业中，这种粉碎方法可以使材料的价值得到充分的利用，如贵重药材，这样可以降低高投资和高成本运作的风险。如果是粉碎药物的话，这种粉碎机是不锈钢的，可以大量压缩空气至 6.89×10^5 N/m²。

---

① 1 in = 2.54 cm

6）胶质粉碎机（胶体磨）

胶质粉碎机是一种同时使用湿法粉碎和完成分散操作的机器。胶质粉碎机可以剪切水油两相的界面，使一个相以一个相对的角速度移向另一个面，使能够得到一个较好的乳液分散体，胶质粉碎机被广泛用于制作乳胶或橡胶。

一个典型的简单的胶质粉碎机（图 8.15）可以由转子、定子和工作平面组成，通常都是不锈钢材料或碳化硅材料制成的。间隙可从几乎为零向上调节。转子以 7000 r/min 速度旋转。合格材料的研磨液可在离心力的作用下通过空隙。在胶质粉碎中，表面活性剂可以帮助乳滴形成，达到在球形粉碎过程中的效果。

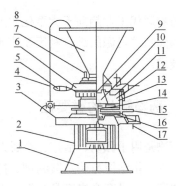

图 8.15　胶体磨结构图

1. 底座；2. 电机；3. 端盖；4. 循环管；5. 手柄；
6. 调节环；7. 接头；8. 料斗；9. 旋刀；10. 动磨片；
11. 静磨片；12. 静磨片座；13. O 形圈；14. 机械密封；
15. 壳体；16. 组合密封；17. 排漏管接头

8.2　筛　　分

筛分过程就是通过物理、化学或生物等手段，或将这些方法结合，将某混合物系分离纯化成两个或多个组成彼此不同的产物的过程。通俗地讲，就是将某种或某类物质从复杂的混合物中分离出来，通过提纯技术使其以相对纯的形式存在。实际上筛分只是一个相对的概念，人们不可能将物质百分之百地分离纯化。例如，电子行业使用的高纯硅，纯度为 99.999%，尽管纯度已经很高了，但是仍然含有 0.001% 的杂质。

被筛分的混合物可以是原料、反应产物、中间体、天然产物、生物下游产物或废物料等，如中药、生物活性物质、植物活性成分的筛分等。要将这些混合物分离，必须采用一定的手段。在工业中通过适当的技术手段与装备，耗费一定的能量来实现混合物的分离过程，研究实现这一筛分过程的科学技术称为筛分技术。通常，筛分过程贯穿在整个生产工艺过程中，是获得最终产品的重要手段，且筛分设备和分离费用在总费用中占有相当大的比例。所以，对于药物的研究和生产，筛分方法的选择和优化、新型分离设备的研制开发具有极重要的意义。

筛分技术在工业、农业、医药、食品等生产中具有重要作用，与人们的日常生活息息相关。例如，从矿石中冶炼各种金属，从海水中提取食盐和制造淡水，工业废水的处理，中药有效及保健成分的提取，从发酵液中分离提取各种抗生素、食用乙醇、味精等，都离不开筛分技术。同时，由于采用了有效的分离技术，能够提纯和分离较纯的物质，分离技术也在不断地促进其他学科的发展。例如，由于各种色谱技术、超离心技术和电泳技术的发展和应用，生物化学等生命科学得到了迅猛的发展。同时人类成功分离、破译了生物的遗传密码，促进了遗传工程的发展。另外，随着现代工业和科学技术的发展，对产品的质量要求不断提高，对分离技术的要求也越来越高，从而也促进了筛分技术的不断提高。产品质量的提高，主要借助于筛分技术的进步和应用范围的扩大，这就促使筛分过程的效率和选择性都得到了明显的提高。例如，应用现代分离技术可以把人和水稻等生物的遗传物质提取出来，并且能将基因准确地定位。

随着现代工业趋向于大型化生产,对现有有限资源的大量消耗,以及日益严重的环境污染,全球都面临着资源的综合利用及废水、废气和废渣的治理问题。解决这些问题,离不开有效的筛分技术。

8.2.1　药物筛分的重要性

药物是用于预防、治疗、诊断人类疾病,有目的地调节人的生理机能的物质,包括中药材及其制剂、化学原料药及其制剂、抗生素、生化药品、放射性药品、生物制品等。药品是一种特殊的商品,只有合格产品,不允许有残次品,要求必须安全、有效,保证药品的质量。用于临床的几乎都是混合物,通常需要应用筛分技术处理,才能达到预定纯度要求的药品,这是药品质量的基本保障。自然界存在的天然活性成分、化学反应生产的药物,都可以借助筛分的方法获得各种纯度的中间产品或终产品。另外,生物发酵和生物技术产品的粗产物和活性成分,也以筛分等分离手段进行纯化。药物和生物产品的分离、提取、精制是生物化学和制药工业的重要组成部分。

我国的中草药,每味药内含有多种成分,这些成分中发挥治疗作用的往往是其中的某些成分或某一类成分,而其他成分称为无效成分或有毒成分。例如,从植物长春花中提取的化学成分长春碱和长春新碱是抗癌的有效成分,目前在我国已经生产和临床使用。这两种生物碱在原植物中含量分别为十万分之四和百万分之一。其中长春新碱用来治疗小儿白血病,每周只注射1 mg的剂量(相当于2 kg原植物)。若将2 kg长春花原料做成粗制剂给患者注射是很困难的,并且毒性大且疗效差,现在提取有效成分后降低了毒性,提高了有效成分的浓度,增强了疗效。又如,紫杉醇是红豆杉树皮中的成分,其含量为十万分之一,主要用于晚期或转移性乳腺癌、局部晚期或转移性非小细胞肺癌的治疗,每三周注射一次,剂量为175 mg/m^2 体表面积,需要进行提纯后才能以较小的剂量发挥更好的疗效。

在制药企业中,分离过程的装备费用和能量消耗费用占主要地位。例如,在化学药品生产中,分离过程的投资占总投资的50%~90%,各种生物药品筛分的费用占整个生产费用的80%~90%,化学合成药物分离成本是反应成本的2~3倍,抗生素类药物的筛分费用是发酵部分的3~4倍。可见药物分离技术直接影响着药品的成本,制约着药品工业化的进程。

药品实际生产中所用到的原料多样化,使其在生产中遇到的混合物种类多种多样,其性质千差万别,分离的要求各不相同,这就需要采用不同的分离方法,有时还需要综合利用几种分离方法才能更经济、更有效地达到预期的分离要求。因此,对于从事医药产品生产和科技开发的工程技术人员来说,需要了解更多的分离方法,以便对不同的混合物、不同的分离要求考虑采用适当的分离方法。除对一些常规的分离技术,如蒸馏、吸收、萃取、结晶等过程不断地改进和发展外,更需要各具特色的新分离技术的发展,如膜分离技术、超临界流体萃取技术、分子蒸馏技术、色谱技术等。

医药产品的大型化生产的发展,产生了大量的废气、废水和废渣,对这些"三废"的处理不但涉及物料的综合利用,还关系到环境污染和生态平衡,需要利用分离手段加以处理,符合国家对"三废"排放的要求。

总之,在药品研究和生产过程中,从原料到下游产品直至后续的过程都必须有分离技术作保证。本节主要介绍了固体微粒的分离。

8.2.2　药物筛分分离系统

1. 分离系统的组成

原料、产物、分离剂、分离装置组成了分离系统。分离过程可以用图 8.16 表示。

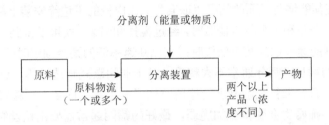

图 8.16　分离过程示意图

原料：为待分离的混合物，可以是单相或多相体系，其中至少含有两个组分。产物：筛分后的产物可以是一种或多种，彼此不同。分离剂（能量或物质）：加冷却水、吸收剂、萃取剂、机械功、电能等。例如，蒸发过程的原料是液体，分离剂是热能。分离装置：使分离过程得以实施的必要的物质设备，可以是某个特定的装置，也可以指原料到产物的整个流程。

2. 尺寸分类和大小分离

按照尺寸大小，分离过程主要是采用一定的方法将较大或者较小的微粒与合适尺寸的微粒分离开。这个操作过程中有许多地方是需要重点注意的，如封闭式研磨、移去磨好的微粒促进流动和严格限制微粒的大小提升微粒的均匀性。

对于大部分物质而言，它们都可用适宜的方法分类分离，但是有两个需要重点注意的地方。第一个就是依赖微粒通过空隙的能力，这个就是筛选的过程；第二个是当微粒以流体的形式流动时，通过拖力实现分离。分类这个专业术语有时候可以理解为一种限制性的分离，总体上讲，筛分适用于分离粗颗粒物质及筛洗和沉淀细的颗粒。

3. 筛分和筛选

筛分和筛选操作常用于分类粗颗粒物质。对于更大的颗粒，大于半英寸，就需要使用到一种带有孔的强大的筛板。但是，在药物工业生产中，通常需要分离较小的颗粒，经需要使用到一种网眼式的分类装置。同时，需要使用特殊的方法来防止粉末堵塞和聚合，分离编织材料的下限为 7900 目/m。这种材料的网孔大小介于 7.0×10^{-5} μm 和 8.0×10^{-5} μm 之间。但是这种分离装置比较脆弱，操作过程中要小心使用。

国际上，英国规定了一系列大小规格不同的筛网。在该系列的连续筛网中，筛孔的改变为 $4\sqrt{2}$ 倍。常见的用于微粒大小分析的筛孔有 16-22-30-44-60-85-120-170，筛孔大小的变化结果造成网格间空间减小到 $\sqrt{2}$，网格区域减小一半。为了更好地分类颗粒，可以将多个筛网安装在固定的架上混合使用。

操作过程中，筛网应轻负载，以保证小于筛孔的所有颗粒都能顺利通过。因此，筛网必须能够让确定大小的微粒从其网眼通过，并且能够迅速清除堵塞的网眼。在这个前提条件下，筛选速率与小于网眼微粒的数量是成比例的，可以呈指数增长。

大多数过筛的样品都需要干燥，特别是粗颗粒的筛选。对于湿颗粒的筛选，通常会产生强烈的聚集、堵塞网眼并且会产生静电。筛选误差随着小或者大微粒的聚集而增大，而样品干燥后则可避免这些不利情况的产生。

对于一些小剂量的分类操作，筛网安装在直径为 8 in、12 in 或 18 in 的圆形黄铜框架上，位于下边缘的边上，使其能够与下面的筛子"嵌套"。在内径的下边缘安装上筛网用于分类。当这些分类装置安装上一个盖和一个收容器皿时，经过搅拌和组装，就可以得到一个小剂量的分类装置。当颗粒通过筛网的速率达到某个低值时或在已知速率低的某个预定时间之后停止筛分。

随着操作规模的增加，筛分通常不太精确。对于非间歇式筛选过程，进料通过筛网的速率必须要和卸料速率一致，颗粒在筛网上的停留时间通常很短，许多小颗粒直接横穿过网眼。随着筛选区域的增加，筛网也会变得更加脆弱，最好的筛网通常需要由粗丝制作而成。

8.2.3　淘洗和沉降

微粒在流体中所受到的阻力与促进微粒运动的力在达到一定速率时趋向平衡。这个最终的速率取决于微粒的大小，这也是微粒在流体中分类的依据。流体既可以是空气，也可以是液体，液体分散的话会更加精确，因为分散更加彻底。高剪切应力不能够进一步发展并且分散剂不能在空气中使用。最简单的分类装置是一个上升的流体，在这个流体中微粒悬浮在空中，在这种情况下，与向上的托力相反的力就是重力。如果向下的速度比向上的快，微粒就会下降。这就是淘洗分类筛选的原理。当微粒大小为 d 时，就遵从式（8.19），这就是 Stokes 沉降式。

$$d = \sqrt{\frac{18\mu u}{\rho_{s} - \rho}} \qquad (8.19)$$

式中，$\rho_s - \rho$ 为固体与液体的密度差；μ 为液体的黏度；u 为向上的速率。

淘洗器，又称冲洗器，如图 8.17（a）所示，包含有三根管子。第一根管子直径最小，提供流体向上的最大速率，管子中的微粒具有较高的速率，较粗的微粒会停留在这根管子中。其余的微粒会到第二根管子的底部。第二根管子的直径大于第一个，因此流体向上的速率会低于第一根管子。只有被分离的更细的微粒会被吹到第三根管子中，然后这个过程重复进行。按照这个过程，最初的颗粒悬浮液被分为 4 个部分。

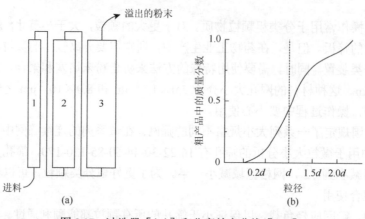

图 8.17　冲洗器［(a)］和分离效率曲线［(b)］

在实际生产中，由于对流作用，流体条件下流体会产生一定的波动，并且违反了 Stokes 规律，使分离变得更加困难。因此，分离的评价必须考虑到细颗粒中的粗颗粒以及粗颗粒中的细颗粒。

重力沉降法不仅对于小剂量的粗产品分离特别重要，旋转流体式沉淀法也广泛地被使用。最常见的这种分类装置是图 8.18 所示的旋风分离器。流体由切向导入，获得一个旋转的动力，旋转的气流大部分沿器壁自圆筒体呈螺旋形向下朝锥体流动。由于流体进入的速度非常大，因此角速度很高。由于离心力，颗粒被甩向器壁从而失去惯性而下落。这种操作可以完全分离固体物质，因此，旋风分离器也可以作为空气清洁器。在离心力较小时，旋风分离器可以将细颗粒排到排气装置中，留下粗颗粒到圆锥体中。旋风分离器既可以用于液体也可以用于气体中固体颗粒的分类。

离心装置也通常用于两相分离，但是如果离心的速率不能够使所有微粒都沉降，那么就不能用于分离操作。

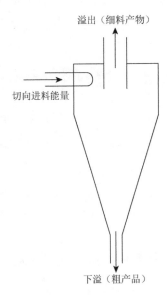

图 8.18　旋风分离器

下篇　药物制剂系统

第9章 固体制剂

9.1 固体制剂的原辅料——粉体

粉体（powder）是指无数个微小固体颗粒的集合体，颗粒是粉体运动的最小单元，颗粒间存在着一定的相互作用，这使得粉体的性质与颗粒性质不完全相同，而多表现为颗粒整体的性质。传统上将物质分为三态，即固态、液态和气态。但是粉体具有与传统意义上的三态不完全相同的性质，表现在粉体兼有固体的抗变形能力、液体的流动性以及气体的压缩性。因此，可以将粉体视为物质的第四态。粉体学（又称微粒学，micromeritics）就是以粉体为对象，研究其性质、制备、加工和应用的综合性科学。随着科学技术的发展，粉体技术被广泛应用在化工、医药、食品、环境、能源等领域。药剂学中的某些制剂，如散剂本身就是粉体，经过粉碎后的药物细粉、填充胶囊所用的药物粉末都属于粉体，一些药用辅料如填充剂、崩解剂、润滑剂等都是典型的粉体。颗粒剂、微囊、微球等具颗粒状制剂，也具有粉体的某些性质。药物混合的均匀性、分剂量的准确性都会受到粉体的相对密度、颗粒大小与形态、流动性等性质的影响，压片时颗粒的流动性严重地影响片重差异。所以，粉体学是制药工程的基础理论，对药物的处方设计、药物的制备、药物的质量控制、包装等都有重要的指导意义。粉体多被用于制药过程中，由于它们的流动性与液体和气体有着根本的区别，故比液体和气体更难以处理。与流体不同，固体微粒会抵制小于某一极限值的不连续变形应力。例如，由于重力所施加的应力不够，许多普通的粉末不会流动。为了增加粉体的流动性，可通过制粒的手段加以实现。

粉体的另一个重要特性是粉体颗粒聚集在一起形成的方式及其对堆密度的影响。堆密度是粉体颗粒的质量与粉体总体积的比，体积包括空隙。与流体不同，粉体的尺寸、粒径分布以及形状变化范围一般较大。振动和拍打可以使颗粒重排、减少空隙率以及提高堆密度。堆密度的变化可导致质量和剂量的变化，片重差异的变化就是一个很好的例子。

9.1.1 粉体的表征参数

粉体有不同的制备工艺，可分为构筑型和拆分型两种。构筑型包括结晶、沉淀及缩合，而拆分型包括研磨和喷雾干燥。批量生产最常用的方法是结晶和饱和溶液沉降法（通过过度溶解超过其溶解度形成饱和溶液，加入过量固体形成结晶核，从而使晶体从饱和水溶液析出）。饱和溶液沉降法可通过降低溶液的温度，从而降低溶解度来进行。产物可以在较低的温度下析出，其中加热和冷却可以调节结晶过程。加入不同量的助溶剂溶解溶质，可以降低溶解度和产生沉淀。在极端情况下，化学反应或络合反应可以产生沉淀（如胺-磷酸/硫酸盐相互作用）。蒸汽凝聚法是一个可能性的技术，并已用于气雾剂产品，但在大规模制造过程中潜力不大。

研磨和喷雾干燥属于拆分型，它们通过机械能及热能的作用来增加固体粉体和流体的表面积，从而产生小的颗粒或液滴。喷雾产生的液滴可干燥而变成干燥的颗粒。

1. 粉体的粒径

颗粒（particle）是指粉体中不能再分的最小单位。习惯上，经常将小于 100 μm 的颗粒叫"粉"，大于 100 μm 的颗粒叫"粒"。通常说的"粉末""粉粒"或"颗粒"都属于粉体学的研究范畴。粉体颗粒的大小对粉体的比表面积、溶解度、吸附性、密度、孔隙率、流动性等有重要影响。因此，粉体颗粒的大小是固体制剂制备中的重要影响因素。

1）粒径的表示方法

粒径即颗粒的大小，是粉体颗粒的基础性质。组成粉体颗粒的大小，对粉体的性质有重要的影响。药剂学中所遇到的粉体颗粒一般不会是规则的圆形或正方体等形状，很难用球的直径或立方体边长表示其粒径。针对实际中粉体颗粒的不规则形态，可采取多种方法测定其粒径。通常，用不同的测定方法测量同一粉体颗粒的粒径会有不同的结果。常用的粒径表示方法有以下几种。

（1）几何粒子径：根据颗粒几何尺寸所确定的粒径，一般用光学显微镜或电子显微镜测定得到，如图 9.1 所示。

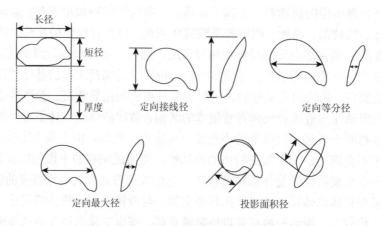

图 9.1　粉体直径的表示方法

A. 长径：颗粒最长两点间的距离。

B. 短径：颗粒最短两点间的距离。

C. 厚度：在投影平面的垂直方向测定颗粒的高度。

D. 定向接线径：在一定方向上将颗粒的投影面外接的平行线之间的距离。

E. 定向等分径：在一定方向上将颗粒的投影面分割为两等分的长度。

F. 定向最大径：在一定方向上分割颗粒投影面最大的长度。

G. 投影面积径：与颗粒投影面积相等的圆的直径。

（2）球相当径：与颗粒体积相等的球的直径，通常用库尔特计数器测定。

（3）表面积相当径：与颗粒的表面积相等的直径，用吸附法或透过法测定粉体的比表面积后推算出的粒径，这种方法求得的粒径为平均径，不能求粒度分布。

（4）斯托克斯直径（Stokes diameter）：斯托克斯直径（沉降速度相当径），指在液相中与颗粒的沉降速率相等的球形颗粒的直径，该粒径根据斯托克斯方程计算所得。

$$d = \sqrt{\frac{18\mu u}{(\rho_1 - \rho_2)g}} \qquad (9.1)$$

式中，d 为颗粒的斯托克斯直径；u 为沉降速率；ρ_1 为颗粒密度；ρ_2 为分散介质密度；μ 为介质黏度，常用以测定混悬剂的粒径。

（5）筛分径：筛分径即用筛分法测得的粒径。当颗粒通过粗筛网且被阻挡在细筛网时，可以用粗、细筛孔直径的算术平均径或几何平均值来表示粒径。

算术平均径计算式：

$$D_A = \frac{a+b}{2} \qquad (9.2)$$

几何平均径计算式：

$$D_A = \sqrt{ab} \qquad (9.3)$$

式中，D_A 为筛分径；a 为粗筛网直径；b 为细筛网直径。

2）粒径的测定方法

根据测定原理的不同，粒径的测定方法分为直接测定法和间接测定法。直接测定法有显微镜法和筛分法。间接测定法有库尔特计数法、沉降法、比表面积法和吸附法等，这些方法是利用与颗粒大小有关的某些特性（如渗透性、沉降速度、光学性质等）来间接测定的。表 9.1 列出了粒径的测定方法与测定范围。

表 9.1　粒径的测定方法与测定范围

测定方法	粒径范围/μm	粉体粒径的表示方法
光学显微镜法	≤0.5	定向径或等圆径
电子显微镜法	≤0.01	定向径或等圆径
筛分法	≤45	筛分径
库尔特计数法	1～600	球相当径
重力沉降法	0.5～100	斯托克斯直径
离心沉降法	0.01～10	斯托克斯直径
气体渗透法	1～100	表面积相当径
气体吸附法	0.03～1	表面积相当径
激光衍射法	0.01～2000	球相当径

粉体的结构可通过晶系和结晶习性进行表征。晶系可以由晶格间距和键角在三维空间来说明。晶体通过在三维空间中（以 a、b 和 c 表示晶体三个方向的尺寸）原子或分子之间的距离及平面之间的角度描述，这些角度和距离可利用布拉格定律（Bragg law）的 X 射线衍射测定。晶体是一个多边形，面数、角度以及顶点均可根据欧拉定律（Euler law）来测定。基于该定律，有 200 种可能的晶系排列。在实践中，每个形状的晶系可分为立方、单斜、三斜、六角、三角、斜方和四方晶系 7 个类别。

溶液中晶种生长发生的方式是通过抑制三维生长而完成的。表面自由能或表面能量密度的差异对晶体的生长有抑制作用。这些差异可能是由表面不同极性的区域、表面的电荷密度、分子上带电侧基的取向、界面处溶剂的位置或其他溶质分子（如表面活性剂）的吸附而造成的。

晶体生长就是不断增加同晶体习性的颗粒的过程。任何生成无规则结构或特定取向分子的方法都是可能的，这是形成药物多晶型的主要原因。

2. 粉体的形态

粒径分布、形状、比表面积、真密度、拉伸强度、熔点和多晶型等性质都是由制造方法决定的。这些基本的物理化学性质又影响粉体的其他性能，如溶解度和溶出速率。

不同的条件下（温度或含水量等），多晶型的晶态或不同晶格距离可以通过热技术评估。差示扫描量热法（DSC）可用于确定当晶格从一种形式转换为另一种形式时重新排列晶格中的分子的能量需求。同一物质的多晶型之间的差异也可以通过评估它们的特性溶解度来检测。

为了用数学方式定量地描述颗粒的几何形状，将颗粒的某些性质与球或圆的理论值比较形成的无因次组合称为形状指数，将测得的颗粒大小和颗粒的体积或面积之间的关系称为形状系数。

1）形状指数

（1）球形度：球形度（degree of sphericity，φ）表示颗粒投影面接近于球体的程度。

$$\varphi = \frac{颗粒投影面相当径}{颗粒投影面最小外接圆直径} \tag{9.4}$$

（2）圆形度：圆形度（degree of circularity，φ_c）表示颗粒投影面接近于圆的程度。

$$\varphi_c = \frac{\pi D_H}{L} \tag{9.5}$$

式中，D_H 为投影面积圆相当径；L 为颗粒的投影周长。

2）形状系数

粒径为 D、实际体积为 V、实际面积为 S 的颗粒的各形状系数表示如下。

（1）表面积形状系数 φ_S（surface shape factor）：

$$\varphi_S = \frac{S}{D^2} \tag{9.6}$$

（2）体积形状系数 φ_V（volume shape factor）：

$$\varphi_V = \frac{V}{D^3} \tag{9.7}$$

（3）比表面积形状系数 φ_{ss}（specific surface volume factor）：

$$\varphi_{ss} = \frac{\varphi_S}{\varphi_V} \tag{9.8}$$

3. 粉体的比表面积

粉体的比表面积（specific surface area）是单位质量（或体积）颗粒所具有的表面积，常以体积比表面积和质量比表面积表示。比表面积不仅对粉体性质，而且对制剂性质和药物作用都有重要的意义。

1）体积比表面积

体积比表面积指单位体积粉体的表面积（S_V，cm²/cm³）。

$$S_V = \frac{6}{d} \tag{9.9}$$

2）质量比表面积

质量比表面积指单位质量粉体的表面积（S_w，cm²/g）。

$$S_w = \frac{6}{d\rho} \tag{9.10}$$

式中，d 为粒径；ρ 为粉体的粒密度。

由于颗粒表面粗糙，又多有裂缝或孔隙，因此粉体的真正比表面积既包括其外表面积，也包括颗粒裂缝及孔隙中的内表面积。常用的测定法有气体吸附法（gas adsorption method）和气体透过法（gas permeability method）。

4. 粉体的密度

密度（density）是指单位体积的质量。由于粉体颗粒间及颗粒内部存在空隙、裂缝或孔隙，不同方法测得的粉体体积含义不同（图 9.2）：真体积是指除去所有内外空隙的斜线部分 [图 9.2（a）]，颗粒体积包含开口细孔与封闭细孔 [图 9.2（b）]，堆体积是指装有粉体的容器体积，包括颗粒之间和颗粒之内的孔隙 [图 9.2（c）]。因此粉体的密度常分为真密度、颗粒密度和堆密度。

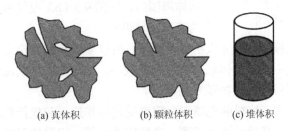

(a) 真体积　　　　　(b) 颗粒体积　　　　(c) 堆体积

图 9.2　粉体体积（斜线部分为物料，空隙为空气）

1) 真密度

真密度（true density，ρ_t）是指粉体质量（W）除以真体积 V_t（不包括颗粒内外空隙）所得的值。

$$\rho_t = \frac{W}{V_t} \tag{9.11}$$

2) 颗粒密度

颗粒密度（granule density，ρ_g）是指粉体质量（W）除以包括开口与封闭细孔在内的颗粒体积（V_g）所得的值。

$$\rho_g = \frac{W}{V_g} \tag{9.12}$$

3) 堆密度

堆密度（bulk density，ρ_b）是指粉体质量（W）除以该粉体所占容器的体积（V）所得的值。

$$\rho_b = \frac{W}{V} \tag{9.13}$$

5. 空隙率

粉体的空隙率（porosity，ε）常指总空隙率 $\varepsilon_总$，即粉体颗粒间的空隙和颗粒本身孔隙所占的总体积与粉体总体积的比值。由于颗粒内、颗粒间均有空隙，因此相应地将其空隙率分为颗粒内空隙率 $\varepsilon_内$ 和颗粒间空隙率 $\varepsilon_间$。

$$\varepsilon_{总} = \frac{V - V_t}{V} = 1 - \frac{V_t}{V} = 1 - \frac{\rho_b}{\rho_t} \tag{9.14}$$

$$\varepsilon_{内} = \frac{V_g - V_t}{V_g} = 1 - \frac{V_t}{V_g} = 1 - \frac{\rho_g}{\rho_t} \tag{9.15}$$

$$\varepsilon_{间} = \frac{V - V_g}{V} = 1 - \frac{V_g}{V} = 1 - \frac{\rho_b}{\rho_g} \tag{9.16}$$

粉体的空隙率与颗粒形态、大小及排列等相关,对粉体的加工性质及其制剂质量有重要的影响。

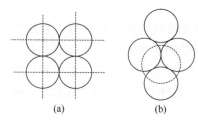

图 9.3　球体开放〔(a)〕和闭合〔(b)〕结构的堆积形式

相同尺寸的球体按规定的模式充填时,空隙率在最大值 46% 的立方阵列和最小值 26% 的菱形阵列之间变化,这些极限情况如图 9.3 所示。理想系统中,空隙率不依赖于颗粒尺寸,实际中包装是不规律的。当下一层直接放置在 4 个球体以上时,上方形成了立方格子形式充填,此充填形式的空隙率最大,接触点最少,如图 9.3(a)所示。当下一层是围绕在球体周围时,如图 9.3(b)虚线所示,就可获得空隙率最小的菱形充填形式。

然而,颗粒的粗糙程度、尺寸大小也不均一,所以多数粉体的空隙率为 37%~40%。在任何不规则粉体充填形式中,随粉体颗粒空隙率的减小,其粉体的形状逐渐远离球形,空隙率的降低正是不规则粉体间粒子的架桥现象引起的。

在倒入粉体的操作中,填料的充填和空隙率受到操作速度和搅拌程度的影响。如果粉体缓慢倒入,每个颗粒可以在开放的表面找到一个稳定的位置。间隙体积越小,相邻颗粒的接触常数就越高,空隙率越小。如果倒入过快,没有足够的时间进行稳定的充填,掉落下的颗粒聚集形成桥就会形成一个高空隙率的粒子团。振动不利于形成松散的充填形式。当需要紧密堆积的粉体时,就可采用振动方式。

9.1.2　粉体的性质

1. 粉体的流动性

流动性(flow ability)是粉体的重要性质之一,与颗粒的大小、形状、表面状态、空隙率、含湿量以及颗粒间摩擦力和黏附力等因素有关。粉体的流动性对散剂的分装,颗粒剂、胶囊剂与片剂等的质量差异,以及正常的生产操作会产生较大的影响。粉体的流动性常用休止角、流出速度和压缩度来表示。

1)休止角

颗粒在粉体堆积层的自由斜面上滑动时,当所受重力和颗粒间摩擦力达到平衡时处于静止状态,此时粉体堆积层的斜面与水平面的夹角即休止角(angle of repose,θ)。休止角可直接测定,也可根据粉体层的高度和圆盘半径计算而得:

$$\tan\theta = \frac{h}{r} \tag{9.17}$$

式中,h 为粉体堆高;r 为堆底半径。

最常用的观察和测量休止角的方法是看自由粉体表面倾斜到水平可以达到的最大限制角度。如图 9.4 所示，休止角可以通过多种方式测量。该角在一定程度上取决于所选择的方法和堆的大小，流动性极好的粉体休止角大约为 25°，粉体的休止角小于 40°一般也能满足生产过程的流动性要求。如果休止角大于 50°，则该粉体难以流动或不流动。

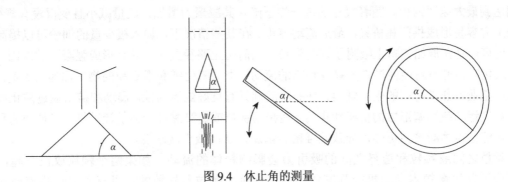

图 9.4　休止角的测量

休止角与粉末在充填形式上的拉伸强度有关，当颗粒形状偏离球形和堆密度增大时，休止角增加。湿度对凝聚力和粉体流动的影响也可反映在休止角上，湿润的粉体可形成休止角高达 90°的不规则的堆。

2）流出速度

流出速度（flow velocity）是指单位时间内粉体通过一定孔径流出的量。流出速度越快，流动性越好，反之流动性越差。流出速度也可将物料加入漏斗中，用全部物料流出所需的时间来描述。如果粉体的流动性很差而不能流出时，可加入 100 μm 的玻璃球助流，测定粉体开始流动所需玻璃球的最小值（质量分数）来表征流动性。加入的量越多，流动性越差。

3）压缩度

将一定量的粉体在无振动的状况下装入量筒后测量最初松体积。通过振动使粉体处于最紧状态，测量最终的体积，计算最松密度 ρ_0 与最紧密度 ρ_f，根据式（9.18）计算压缩度（compressibility，C）。

$$C = \frac{\rho_f - \rho_0}{\rho_f} \times 100\% \qquad\qquad (9.18)$$

通常压缩度小于 20%时，粉体的流动性较好；20%～40%时流动性差；大于 40%时流动性极差。

粉体的流动是极其复杂的，受许多因素影响。图 9.5 是颗粒在孔穴上的流动情况示意图，当 A 滑过 B 时，颗粒滑过 A。B 慢慢移动到固定区域 E。物料被送入区域 C，并向下和向内移动到 D。在这里，密度越小，颗粒的移动速度越快，桥梁和拱门是在粉体倒塌过程中形成的。除非这个结构被完全清空，否则 E 区的粉体将不会流过该孔。在实际过程中，如果一个容器被部分排空和部分填充，这种物质可能会被破坏。如果容器比较狭窄，区域 E 不存在，并且质量全部向下移动，区域 C 的中心部分占据整个管。

粉体流动的方程为

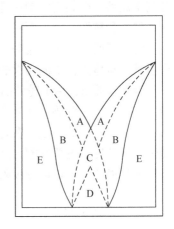

图 9.5　颗粒在孔穴上的流动情况

$$G = \text{Constant } D_o^a H^b \tag{9.19}$$

式中，G 为弥散流速；D_o 为圆孔的直径；H 为床体的高度，其是空口的若干倍，H 为 $0\sim0.05$；a、b 为常数，不同的粉体，常数 a 介于 2.5 和 3.0 之间。

流出速度和粒径之间的关系很复杂。特定大小和形状的孔，其流速随着粒径的减小而增大，直到达到最大速率为止。随着尺寸的进一步下降，其凝聚力增加，流量减小且变得没有规律。孔的上方容易形成拱门和桥梁，最后流动停止。在某些情况下，加入极少量的细粉可以提高流量。这可能是在原始物料上吸附了这些颗粒，从而防止路径关闭，并且形成强凝聚的原因。例如，氧化镁和滑石粉能促进许多黏性粉末的流动。类似氧化镁和滑石粉的物料称为助流剂，是在制药工业中非常有用的生产辅料，好的助流剂具有良好的流动性。震动和敲击通过防止或破坏不规则运动或堵塞形成的桥梁和拱门，能帮助保持或提高黏性粉体的流动性。但是振动和敲打也可能使粉体凝聚力更强，导致其堆密度增加，从而减少流动性。

颗粒之间或颗粒和边界之间的吸引力会影响粉体的流动。如果两个颗粒放在一起，其凝聚力通常比微粒本身的机械强度弱得多。这时，颗粒是松散的，没有发生影响流动性的聚集。然而，在湿润的材料中，水分层可以通过表面张力的接触点作用而增加凝聚力，这致使湿颗粒几乎完全失去了流动性，即无法流动和顺利倾倒。另外，颗粒与颗粒之间的摩擦运动易产生静电，在静电的影响下，颗粒凝聚在一起或黏附在容器里，流动性也会变得很不理想。

这些作用取决于粉体的化学和物理形式。在粉体流动时，它们通常与作用于颗粒的重力和动力相反，当颗粒的质量或大小变化时，就会明显表现出来。当颗粒尺寸减小时，这时在颗粒中给定的一个表面接触面积增加，所以接触点的数目增加，内聚力和黏合力增加。当尺寸小于 100 mm 时，凝聚效果往往更好，粉体不会通过大口。凝聚的程度也随粉体堆密度的增加而增加。

颗粒凝聚也受接触时间的影响。此机理尚不完全清楚，可能与空气和表面吸附气体的压缩有关。如果粉体中存在水溶性成分，湿度的波动可破坏流动性。溶解和结晶的交替过程可产生很强的结合力而使颗粒板结。

影响流动性的主要因素及其相应措施如下。

（1）颗粒大小：一般粉状物料的流动性差，大颗粒有效降低颗粒间的黏附力和凝聚力等，有利于流动。在制剂中制粒是增大粒径、改善流动性的有效方法。

（2）颗粒形态及表面粗糙度：球形颗粒的光滑表面，能减少摩擦力。

（3）密度：在重力流动时，颗粒的密度大有利于流动。一般粉体的密度大于 0.4 g/cm^3 时，可以满足粉体操作中流动性的要求。

（4）含湿量：由于粉体的吸湿作用，颗粒表面吸附的水分可以增加颗粒间黏着力，因此适当干燥有利于减弱颗粒间的作用力。

（5）助流剂的影响：在粉体中加入 $0.5\%\sim2\%$ 滑石粉、微粉硅胶等助流剂时，可大大改善粉体的流动性。主要是因为助流剂的粒径较小，一般约 40 μm，填入颗粒粗糙表面的凹面时，能形成光滑表面，可以减少阻力，提高流动性，但过多的助流剂反而会增加阻力。

2. 粉体的充填性

粉体的充填性（filling ability）是粉体集合体的基本性质，在颗粒剂、胶囊剂、片剂等生产和质量控制过程中（质量差异、含量均匀度等）具有重要意义。常用的充填性的表示方法有：①堆比容（specific volume），是单位质量粉体所占的体积；②堆密度（bulk density），也称松密度，是单位体积粉体的质量；③空隙率（porosity），是粉体的松体积中孔隙所占的体积比；④空隙比（void ratio），是粉体空隙体积与真体积之比；⑤充填率（packability），是粉体真体积与松体积之比；⑥配位数（coordination number），是一个颗粒周围相邻的其他颗粒个数。其中堆密度与空隙率反映粉体的填充状态，紧密填充时堆密度大，空隙率小。

由于粉体颗粒形态多样，并非都是球形，而且其填充受多种因素影响，具有随机性，影响因素主要有以下几个方面。

（1）壁效应：粉体在容器壁附近，形成特殊的排列结构。靠近容器壁面处的颗粒，相比主体区的颗粒装填得疏松，相应地靠近壁面处的空隙率，相比主体区的大。

（2）物料的含水量：因颗粒表面吸附的水分在颗粒间形成液体桥相互作用力，从而导致粒间附着力增大，形成二级、三级颗粒，即团粒。团粒较一级颗粒大，同时，团粒内部保持松散的结构，致使整个物料堆积率下降。

（3）粉体颗粒形状：一般来说，空隙率随颗粒圆形度的降低而增高。在松散堆积时，与紧密堆积时正相反，有棱角的颗粒空隙率较大。表面粗糙度越高的颗粒，空隙率越大。

（4）粒度大小：在一定临界值以下时，粒度越小，由于颗粒间的团聚作用，空隙率越小。随粒径增大，颗粒自重增大，与之相比，凝聚力的作用可以忽略，粒径变化对空隙率的影响大大减小。因此，当粒度超过某一定位时（临界值），粒度大小对空隙率无影响。

此外，物料的充填速度也很重要。对于粗颗粒，较高的充填速度会使物料有较小的堆密度，但对于黏聚力大的细粉，降低充填速度可得到松散的堆积。

3. 粉体的吸湿性

粉体的吸湿性（moisture absorption）是指固体表面吸附水分的现象。药物粉体的吸湿性与空气状态有关，如图 9.6 所示。当空气中水汽分压 P 大于物料表面产生的水蒸气压 P_w 时，发生吸湿（吸潮）；$P < P_w$ 时，物料发生风干；$P = P_w$ 时，吸湿与干燥达到动态平衡，此时药粉的含水量称为吸湿平衡量。

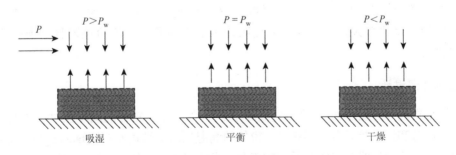

图 9.6　物料的吸湿、平衡、干燥示意图

水溶性药物在相对湿度较低的环境中，几乎不吸湿，但当相对湿度增大到一定值时，吸湿量急剧增加，此时的相对湿度称为临界相对湿度（critical relative humidity，CRH）。水溶性药物均有特定的 CRH（表 9.2）。

表 9.2　一些水溶性药物的临界相对湿度（37℃）

药物名称	CRH	药物名称	CRH
果糖	53.5	枸橼酸钠	84.0
溴化钠（二分子结晶水）	53.7	蔗糖	84.5
盐酸毛果芸香碱	59.0	米格来宁	86.0
重酒石酸胆碱	63.0	咖啡因	86.3
硫代硫酸钠	65.0	硫酸镁	86.6
尿素	69.0	安乃近	87.0
枸橼酸	70.0	苯甲酸钠	88.0
苯甲酸钠咖啡因	71.0	对氨基水杨酸钠	88.0
抗坏血酸钠	71.0	盐酸硫铵	88.0
酒石酸	74.0	氨茶碱	92.0
溴化六烃季铵	75.0	烟酸胺	92.8
氯化钠	5.1	氯化钾	82.3
盐酸苯海拉明	77.0	葡糖醛酸内酯	95.0
水杨酸钠	78.0	半乳糖	95.5
乌洛托品	78.0	抗坏血酸	96.0
葡萄糖	82.0	烟酸	99.5

　　不同的水溶性物质混合后，其混合物的吸湿性更强。根据 Elder 假设："混合物的 CRH 约等于各组分的 CRH 的乘积，即 $CRH_{AB} = CRH_A \cdot CRH_B$，而与各组分的量无关"。例如，葡萄糖和抗坏血酸钠的 CRH 分别为 82% 和 71%，按 Elder 假设计算，两者混合物的 CRH 为 58%，而实验测得值为 57%，混合物的 CRH 比其中任何一种药物的 CRH 都低，更易于吸湿。Elder 假设对大部分水溶性药物的混合物是适用的，但不适用于相互能起作用或受共同离子影响的药物。

　　测定 CRH 有如下意义：①CRH 可作为药物吸湿性指标，一般 CRH 愈大，则愈不易吸湿；②为生产、贮藏的环境选择提供参考，应将生产及贮藏环境的相对湿度控制在药物 CRH 以下以防止吸湿；③为选择防湿性辅料提供参考，一般应选择 CRH 大的物料作辅料。

　　水不溶性药物的吸湿性随着相对湿度变化而缓慢发生变化。水不溶性药物无特定的 CRH，有的最后迅速增大，这是药粉表面吸附水蒸气所致。水不溶性药物的混合物的吸湿性具有加和性。

4. 粉体的润湿性

　　润湿性是指固体界面由固-气界面变成固-液界面的现象。粉体的润湿性对颗粒剂、片剂等固体制剂的崩解和溶出等具有重要意义。粉体的润湿性用接触角 θ（contact angle）表示，即固液接触边缘的液滴的切线与固体平面间的夹角。当液滴滴在固体表面时，根据润湿性的不同会出现几种不同形态（图 9.7）。当 $\theta = 0°$ 时，为完全润湿 [图 9.7（a）]；当 $0° < \theta \leqslant 90°$ 时，为可以润湿 [图 9.7（b）]；当 $90° < \theta < 180°$ 时，为不能润湿 [图 9.7（c）]；当 $\theta = 180°$ 时，为完全不润湿 [图 9.7（d）]。接触角与固、液、气三相的界面张力有如下关系（Young's 方程）：

$$\gamma_s = \gamma_{sL} + \gamma_L \cdot \cos\theta \tag{9.20}$$

式中，γ_s、γ_L、γ_{sL} 分别为固-气、液-气、固-液间的界面张力。

粉体的润湿性在制剂生产中有着十分重要的意义。例如，湿法制粒等单元操作都要求原辅料具有良好的润湿性。片剂、胶囊剂、颗粒剂都与粉体的润湿性有关。

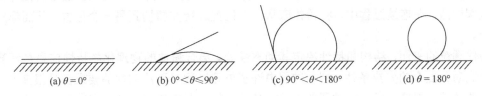

(a) $\theta = 0°$　　　(b) $0° < \theta \leqslant 90°$　　　(c) $90° < \theta < 180°$　　　(d) $\theta = 180°$

图 9.7　液滴在固体表面的形状

5. 粉体的黏附性与黏着性

在粉体的处理过程中经常发生黏附器壁或形成团聚的现象。黏附性（adhesion）是指不同分子间产生的引力，如粉体颗粒与器壁间的黏附；黏着性（adhesion）是指同分子间产生的引力，也称团聚。黏附性与黏着性不仅在干燥状态下发生，在润湿情况下也能发生。其主要原因在于：①在干燥状态下由范德瓦耳斯力与静电力发挥作用；②在润湿状态下由颗粒表面黏附的水分形成液体桥，在液体桥中溶解的溶质干燥时析出结晶而形成固体桥，这正是吸湿性粉末容易结块的原因。

一般情况下，粉体的粒度越小，则表面能越大，或吸附的水分越多，因此越易发生黏附与团聚，从而影响流动性、充填性。以造粒方法增大粒径或加入助流剂等手段是防止黏附、团聚的有效措施。

9.1.3　制粒、混合和搅拌粉体学原理

1. 制粒粉体学原理

制粒是将较小粉体加工成粒径合适的固体颗粒的生产过程，在药物制造中制粒与压片过程密切相关。

在理想的情况下，制粒能够产生具有大小均匀粒径的颗粒。粒径分布较窄的颗粒有利于生产的顺利进行。颗粒的均匀性往往对混合的均匀性有重要的影响。制粒的方法可以分为湿法和干法。

干法制粒，通常先通过冲头和模具的压力将物料压成大片或大块，然后再粉碎成适宜的大小。

湿法制粒，需要将液体黏合剂加入细粉中，细粉体在黏合剂的作用下，黏结成大的湿颗粒。制得的湿颗粒干燥后分级，就可得到大小均匀的粒子。湿法制粒时可以通过挤压制粒，也可通过旋转制粒。旋转制粒时，粉体在锅中进行旋转，喷入黏合剂，粉末吸收黏合剂，发生团聚，直到聚集成合适的大小。值得注意的是，颗粒的生长取决于添加的黏合剂的量，同时还必须严格控制其他工艺参数，如颗粒尺寸、锅的旋转速度和黏合剂的表面张力等。还可通过喷雾干燥获得颗粒。

2. 混合和搅拌粉体学原理

混合可以通过旋转或剪切粉体而实现，混合两种或多种粒度、尺寸以及其他物理性质不同的组分需要通过一系列过程完成。大多数粉体在静态时占据很少体积，使得两种静态的粉体混

合非常困难。因此，混合过程中的第一步是将粉体体积变大而蓬松；第二步是剪切粉体床。理想的状态是，剪切运动发生在分散的单个颗粒水平平面。V形混合器或滚筒是混合的典型设备，通过360°旋转以及重力和颗粒的剪切快速使粉体膨胀而剪切粉体。带式混合设备的搅拌器使用螺杆或螺旋钻，在连续过程中，将粉体床从一个位置旋转并剪切到另一个位置，从而形成良好的混合。

粉体颗粒的来源、结构和特性决定其动态性能。集合粉体的物理化学特性信息是解释和操纵颗粒流动和混合的先决条件。制药过程中许多单元过程对于流动性的要求都是很高的，包括物料在传送带、制粒机以及混频器的运输和移动，都需要粉体的流动性来实现。药品的准确剂量也与填料和流体特性直接相关。胶囊、颗粒剂和片剂的制备，以及粉雾剂的分散等均与粉体特性有关。

9.2　固体制剂的制备

在9.1节中，粉体是通过物理化学的角度来认识的，本节探讨采用粉体原辅料生产固体制剂所涉及的单元过程。

固体制剂可分为颗粒剂、胶囊剂、片剂，以及其他口服递送及经口吸收产品，也包括其他固体形式在肠胃外给药的剂型。

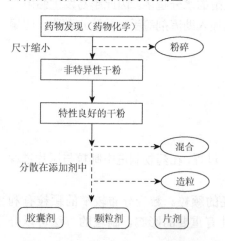

图9.8　药物成为最终固体剂型的过程

固体制剂是药物开发过程中最可取的最终产品，图9.8描述了药物成为最终剂型的步骤，大多数固体制剂用于口服。从固体制剂中释放的药物可在胃肠道内的吸收或作用部位被吸收。任何制剂在开发之前，都需要做处方前研究。通过研究药物的性质，为组成的配方设计合适的处方。制剂开发需要研究的性质包括：感官特性、纯度、颗粒大小、形状和表面积、溶解度、溶出性、影响吸收参数（解离常数、分配系数）、物化稳定性、相容性（与赋形剂和潜在的包装材料）以及类似密度、吸湿性、流动性、可压缩性和润湿性等理化性质。这些性质对于解决剂型开发的问题非常重要。这些性质可以参考本书前面的内容或其他相关书籍，本章不做赘述。

固体制剂中所用的添加剂有稀释剂、助流剂、润滑剂、崩解剂和黏合剂。通常固体制剂可由以上几个添加剂组成，其中润滑剂和崩解剂在片剂剂型中比在颗粒剂或胶囊剂中起到更重要的作用，后面将更详细地讨论。

9.2.1　颗粒剂

固体制剂最简单的形式是药物和其他成分制备成稳定性好，有利于准确操纵和单位剂量水平上散装分配的颗粒。固体颗粒粒度的降低有利于混合，以及提高固体制剂生产过程中粉体的流动性。此外，颗粒对粉体的压缩性也有帮助。颗粒可以通过在热风中喷入黏合剂，黏合粉体后干燥制备，如图 9.9 所示的流化床制粒机。也有方法（图 9.10）采用螺旋钻迫使辊子之间的软材挤压制粒。

制粒工艺首先将粉体转移到混合器中并进行混合。之后加入黏合剂，开始湿法制粒。最后，经干燥后最终得到合适大小的颗粒。如果原辅料的粉体在液体中不稳定，则可直接采取干法制粒。在药物产品生产中，制粒工艺增加了药物分布的均匀性，提高了粉体的流动性，并且如果压片的话，有助于压缩成型和保证颗粒的质量。在某种程度上，所有过程均被基本的流体流动、热量和传质现象所控制。在医药生产中广泛应用的制粒方法可分为两大类，即湿法制粒及干法制粒。

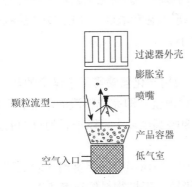

图 9.9　流化床制粒机

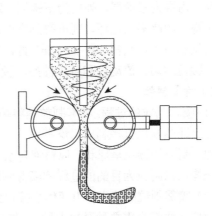

图 9.10　用螺旋钻促进滚筒间混合的制粒机

1. 湿法制粒

湿法制粒是在原料粉末中加入液体黏合剂混合搅拌，靠黏合剂的架桥或黏结作用使粉末聚集在一起制备颗粒的技术。在湿热条件下稳定的药物方可采用湿法制粒技术；对于热敏性、湿敏性、极易溶等特殊的物料则不宜采用。其工艺流程见图 9.11。

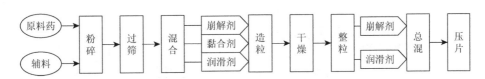

图 9.11　湿法制粒压片工艺流程

湿法制粒：首先是黏合剂中的液体将药物粉粒表面润湿，使粉粒间产生黏着力，然后在液体架桥与外加机械力的作用下形成一定形状和大小的颗粒，经干燥后最终以固体桥的形式固结。

1）流化床制粒

流化床制粒也是湿法制粒，其过程是使粉粒物料在热空气中流化，并通过喷入液体黏合剂，使粉末在黏合剂作用下凝集成颗粒，并在热空气加热中完成干燥形成干颗粒的一种操作，目前此法广泛应用于制药工业中。

（1）流化床制粒的过程：流化床制粒机主要由容器、气体分布装置（如筛板等）、喷嘴（雾化器）、气固分离装置、空气送和排装置、物料进出装置等组成，空气由送风机吸入，经过空气过滤器和加热器，从流化床下部通过气体分布板吹入流化床内，热空气使床层内物料呈现流化状态，然后送液装置（如泵）将黏合剂溶液送至喷嘴管，由压缩空气将黏合剂均匀喷成雾状，散布在流态粉粒体表面使粉体相互接触凝集成粒。经过反复的喷雾和干燥，当颗粒大小符合要求时停止喷雾，形成的颗粒继续在床层内送热风干燥，出料。集尘装置可阻止未与雾滴接触的粉末被空气带出，尾气由流化床顶部排出，由排风机放空。在一般的流化床制粒操作中，黏合剂的黏度通常受泵送性能限制，一般为 0.3～0.5 Pa·s。

（2）流化床制粒的特点：①在同一设备内可实现混合、造粒、干燥和包衣等多种操作，故也称一步制粒。用于流化包衣的制粒装置由垂直圆筒的流化床和喷雾喷嘴组成，垂直圆筒分内外两层，内层为喷涂层，外层为下落层。颗粒在内层被流化起来后，与喷雾液滴接触至下落层进行干燥。如此多次循环，则可得到有一定厚度包衣层的颗粒。②简化工艺，节约时间，整个粉末凝聚制粒工序只需 30～50 min。直径为 100 μm 的球形颗粒包衣约需 1 h。③产品粒度分布较窄，颗粒均匀，流动性和可压性好，颗粒密度和强度小。

2）喷雾制粒

（1）喷雾制粒的过程：喷雾制粒是将药物溶液或混悬液用雾化器喷雾于干燥室的热气流中，使水分迅速蒸发以直接制成干燥颗粒的方法。该法在数秒内就立即完成料液的浓缩、干燥、制粒过程，制成的颗粒呈球状。原料液含水量可达 70%～80% 甚至以上。以干燥为目的的过程称喷雾干燥，以制粒为目的的过程称喷雾制粒。

（2）喷雾制粒的特点：由液体直接得到粉状固体颗粒；热风温度高但雾滴比表面积大，干燥速度快（通常只需数秒至数十秒），物料的受热时间极短，干燥物料的温度相对低，适合于热敏性物料；粒度为 30 μm 至数百微米，堆密度在 200～600 kg/m³ 的中空球状粒子较多，具有良好的溶解性、分散性和流动性。其缺点是设备高大，需汽化大量液体，设备费用高、能量消耗大、操作费用高；黏性较大的料液容易粘壁而受到限制，且需用特殊喷雾干燥设备。近年来，这种设备在制药工业中得到广泛的应用与发展，如抗生素粉针的生产、微型胶囊的制备、固体分散体的研究以及中药提取液的干燥。图 9.12 所示的制粒车间工艺流程就是把操作过程划分为单元操作的实例。

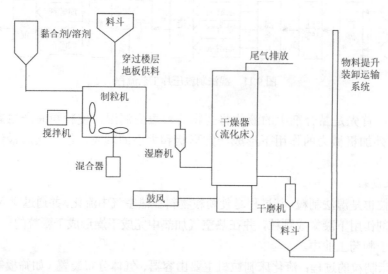

图 9.12　典型制粒车间工艺流程

2. 干法制粒

将原辅料混合均匀后用较大压力压制成较大的片状物后再破碎成粒径适宜的颗粒的过程叫干法制粒。该法无须黏合剂,靠压缩力的作用使粒子间产生结合力,制粒均匀、质量好,特别适用于热敏性物料、遇水易分解药物的制粒,方法简单、省工省时,操作过程可实现全部自动化。但干法制粒设备结构复杂,转动部件多,维修护理工作量大,造价较高;此外应注意由压缩引起的药物成分晶型转变及活性降低等问题,其工艺流程如图 9.13 所示。

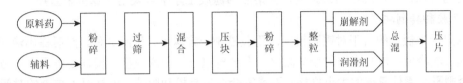

图 9.13 干法制粒压片工艺流程

干法制粒有大片法和滚压法,大片法是将固体粉末首先在重型压片机上压实,制成直径为 20~25 mm 的胚片,然后再破碎成所需大小的颗粒。滚压法是利用转速相同的两个滚动圆筒之间的缝隙,将药物粉末滚压成片状物,然后通过颗粒机破碎制成一定大小颗粒的方法。

9.2.2 胶囊剂

将药物和辅料(有时可不含辅料)填充于空硬胶囊中的操作称为填充硬胶囊,其成品称为硬胶囊。药物制成胶囊剂可以:掩盖药物的不良臭味和减少药物的刺激性;增加药物的稳定性;提高药物在胃肠液中的分散性和生物利用度,液态、含油量高或溶于油的小剂量药物均能制成固体形式的胶囊剂,即液体药物固体化;按比例填充不同释放速度的薄膜包衣颗粒或小丸,还可制成缓控释或肠溶胶囊剂;具有颜色或印字的胶壳,不仅美观,而且便于识别。

1. 空胶囊的制备

在传统工艺中,硬质空胶囊是由明胶制造的。明胶是将牛或猪的骨或皮肤经酸或碱处理数周后得到的。在某些情况下,处理时间长达 30 周(猪肉皮,1%~5% HCl)。产品的 pH 经调节后,经热水提取、过滤、浓缩和凝固,最终将产品研磨成一定尺寸,以成为方便实用的空胶囊原料。具有不同物理化学性质的胶囊可以提高药物的稳定性,这促进了明胶替代材料的研究。另外,出于严格的宗教或健康原因,有些人不能摄取明胶,此时也需要替代产品。基于这些原因,淀粉和羟丙基甲基纤维素(HPMC)也可用于空胶囊的制备。对于空胶囊的质量而言,必须考虑的重要问题是胶囊壳的水分含量。明胶的最佳含水量是 5%~15%。若水分在 5% 以下,则壳变脆,可能会碎裂。若水分超过 15%,则明胶容易潮解、软湿而导致胶囊破裂。另外,明胶胶囊能为微生物生长提供营养丰富的环境,也可能被酶作用而破坏。因此,控制微生物生长是胶囊产品制备中需要考虑的重要因素。

空胶囊的生产过程分为溶胶、蘸胶翻转制坯、干燥、脱模切割、套合等工序,操作环境的温度应为 10~25℃,相对湿度为 35%~45%,空气洁净度为 B 级。

1）溶胶

一般先称取明胶用蒸馏水洗去表面灰尘，再加蒸馏水浸泡数分钟，取出，淋去过多的水，放置，使之充分吸水膨胀后，称重。然后移至夹层蒸汽锅中，逐次加增塑剂、防腐剂或着色剂及足量的热蒸馏水，加热（在 70℃以下）熔融成胶液，再用布袋（约 150 目）过滤，滤液于 60℃下静置以除去泡沫，澄清后备用。

在制备空胶囊过程中，明胶溶液的浓度高低，会直接影响硬胶囊囊壁的厚度。因此，明胶应先测定其含水量，再按处方计算补加适宜的水制成一定浓度的胶液。胶液的黏度可影响胶壳的厚度与均匀性，所以应控制其黏度，在溶胶与蘸胶工序中可采用计算机来监控。

2）蘸胶翻转制坯

用固定于平板上的若干对钢制模杆浸于胶液中一定深度，浸蘸数秒，然后提出液面，再将模板翻起，吹冷风，使胶液均匀冷却固化。囊体囊帽分别一次成型。模杆要求大小一致，外表光滑，否则影响囊体囊帽的大小规格，不紧密套合容易松动脱落。模杆浸入胶液的时间应根据囊壁对厚度的要求而定。

3）干燥

将蘸好胶液的胶囊囊坯置于架车上，推入干燥室，或由传送带传输，通过一系列恒温控制的干燥空气，使之逐渐而准确地排除水分。在气候干燥时可用喷雾法喷洒水雾使囊坯适当回潮后，再进行脱模操作。如干燥不当，囊坯则容易发软而粘连。

4）脱模切割

囊坯干燥后即进行脱模，然后截成规定的长度。

5）套合

制成的空胶囊，经过灯光检查，剔去废品，国外药厂是采用电子仪自动检查，挑选空胶囊，自动剔去废品。然后将囊体囊帽套合。如需要还可在空胶囊上印字，在食用油墨中加 8%～12% 聚乙二醇 400 或类似的高分子材料，以防所印字迹磨损。

空胶囊胶壳含水量应控制在 13%～16%，当低于 10%时，胶壳变脆易碎，当高于 18%时，胶壳软化变形。胶壳含水量还影响其大小。在 13%～16%范围内，胶壳含水量改变 1%，其大小约有 0.5%的变化。环境湿度可影响胶壳的含水量，空胶囊应装入密闭的容器中，严防吸潮，贮于阴凉处。

2. 空胶囊大小的选择

常用的硬胶囊的规格可分为如下 8 种：

胶囊型号	000	00	0	1	2	3	4	5
容积/mL	1.37	0.95	0.68	0.50	0.37	0.30	0.21	0.13

常用的规格是 0～4 号，其相应的体积分别是 0.68 mL、0.50 mL、0.37 mL、0.30 mL 和 0.21 mL。由于药物的填充量多用容积控制，而药物的密度、晶型和颗粒大小等不同，所占的容积也不同，故应按药物剂量所占的实际体积来选用相应的空胶囊。

选用的胶囊大小没有严格的规定，胶囊的筛选基于它的容量和制剂的本质，药物的堆密度和可压缩性（药物和赋形剂）决定了药物所占的体积，药物的密度、结晶、粒度不同，所占体积也不同，故应按药物剂量所占容积来选用适宜大小的空胶囊来填充。由于实现治疗效果所需的药物剂量能够评估新化合物和已知化合物，这个信息可以与胶囊容积结合来选择适当的尺寸。

3. 胶囊的药物填充

药物粉末（颗粒）可直接分装于空硬胶壳中，也可将一定量的药物加辅料制成均匀的粉末或颗粒后充填于胶壳中。如对小剂量药物，常加入稀释剂，如乳糖、甘露醇、碳酸钙、碳酸镁和淀粉。为了使药粉具有良好的流动性，保证药粉快速而精确地填充入胶囊，可加入2%以下的润滑剂，如聚硅酮、二氧化硅、硬脂酸盐、硬脂酸、滑石粉及改性淀粉等。为了使疏水性药物在体液中更好地分散、溶出，以利其吸收，常以亲水性物质（如甲基纤维素、羟乙基纤维素和羟丙基纤维素）对药物进行处理后再分装，这样可以提高药物的生物利用度。生产应在温度为25℃左右和相对湿度为35%～45%的环境中进行，以保持胶壳含水量不会有大的变化。

胶囊的生产要求取决于生产规模。临时少量制剂（6～12粒）通常使用的产品配方量比实际需要多一个胶囊的量，目的是考虑填充操作过程中的损失。不同规模的胶囊填充操作基本流程是相同的。在填充设备上，随机方向的胶囊可以被调整成壳体向下、帽盖朝上的方向。然后，两个壳体分离，并在胶囊内填充物料。对于小规模生产，可使用手工填充胶囊板。对于大规模生产，可使用带有间歇压缩、连续压缩真空或螺旋填充机构的胶囊填充机（图9.14，图9.15）。

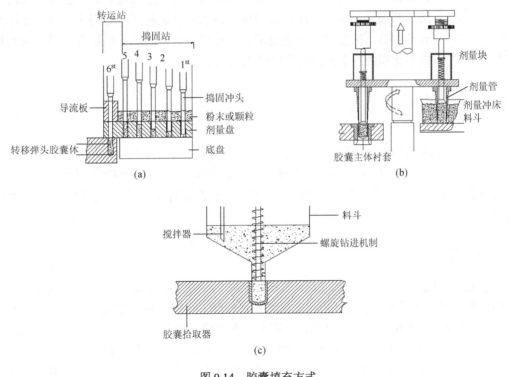

图9.14 胶囊填充方式

(a) 捣填；(b) 压填；(c) 钻填

根据硬胶囊灌装生产工序，硬胶囊的生产操作可分为手工操作、半自动操作、全自动操作。根据主工作盘具有间隙回转和连续回转两种运转形式，全自动操作可分为全自动间隙操作和全自动连续操作。目前大量生产时常用自动填充机装填药物。

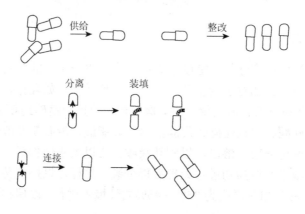

图 9.15　胶囊制造过程

4. 胶囊的密封

目前市场上有不同密封形式的胶囊，如图 9.16 所示。胶囊填充完成后还需要抛光，以提高产品的外观质量。

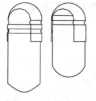

图 9.16　胶囊锁

胶囊生产完成后进行质量检查，对其效价和均匀性进行评估，然后再无菌转移用于最后的包装。如果胶囊有吸湿性，那么包装时要加入干燥剂包以防止其吸水。另外，还应该采用不透水的包装材料，如铝泡。胶囊比片剂更容易制备，剂量使用也更灵活，还可以与其他固体制剂结合使用，因为其他的小体积的胶囊或片剂可以纳入更大的胶囊中。

9.2.3　片剂

片剂是用压制或模制的方法制成的含药物的固体制剂，因此片剂可分为压制片和模制片两大类。压制片常采用大规模生产方式，而模制片常是小规模的。由于模制片的生产量比较低，制造时还需要干燥或无菌等条件，这种片剂已几乎完全被压制片替代，所以现在少见，本章不作介绍。

1. 片剂的特点

片剂有许多优点，如：①剂量准确，片剂内药物的剂量和含量均依照处方的规定，含量差异较小，患者按片服用剂量准确；药片上又可压上凹纹，可以分成两半或四分之一，便于分剂量。②质量稳定，片剂在一般的运输贮存过程中不会破损或变形，主药含量在较长时间内不变。片剂是干燥固体制剂，压制后体积小，光线、空气、水分、灰尘对其接触的面积比较小，故对稳定性的影响一般比较小。③服用方便，片剂无溶媒，体积小，所以服用便利，携带方便；片剂外部一般光洁美观，色、味、嗅不好的药物可以包衣来掩盖。④便于识别，药片上可以压上主药名和含量的标记，也可以将片剂染上不同颜色，便于识别。⑤成本低廉，片剂能用自动化机械大量生产，卫生条件也容易控制，包装成本低。但片剂也有不少缺点，如：①儿童和昏迷患者不易吞服；②制备贮存不当时会逐渐变质，以致在胃肠道内不易崩解或不易溶出；③含挥发性成分的片剂（多为中药片剂）贮存较久后含量下降。

2. 片剂的分类

1）普通压制片

通过压制制备且无特殊包衣。由粉末、结晶或颗粒物质单独组成，或与黏合剂、崩解剂、润滑剂、稀释剂，很多情况下还与着色剂合用而制成。

2）糖衣片

该片外包糖衣。糖衣可以着色并用于包裹药物掩盖臭味，防止氧化。

3）薄膜衣片

该片表面覆盖一层水溶性薄层或胃溶性物质，大多为具有成膜性的多聚物，薄膜衣片除了具有糖衣片的优点外，还有大大缩短包衣操作时间的优点。

4）肠衣片

该片外包肠衣。肠衣为在胃中不溶而在肠中可溶的物质。肠衣可用于在胃中不起作用或被破坏的多层片，该片为一层以上的压制片，多层片的制备是在事先压制的片剂上再压另外的片剂颗粒，重复此过程可得两层或三层的多层片。例如，用速效、长效两种颗粒压成的双层复方氨茶碱片即属此类。

5）压制包衣片

这类片剂的制备也指干法包衣，是通过把已压好的片剂加入一种特制的压片机中，将另一种颗粒压成一层包在前述片剂外。该片具有压制片的一切优点，如可开槽、标字母、崩解迅速等。并且保留了糖衣片掩盖药物臭味的属性。例如，一种压制包衣机 Manesty Drycoat，可用于压制包衣片，也可用于分开不能合用的药物；另外，它可以为核心片包上肠衣。它与多层片都已广泛用于设计缓释剂型。

6）缓释片

缓释片指口服给药后能在机体内缓慢释放药物，使之达到有效的血液浓度，且能维持相当长时间的片剂。

7）控释片

控释片指口服给药后，在机体内的释药速率受给药系统本身控制，而不受外界条件如 pH、酶、离子、肠胃蠕动等因素的影响。

8）溶液片

溶液片用于制备特殊溶液的压制片，必须标明不可吞服，如哈拉宗溶液片和高锰酸钾溶液片等。

9）泡腾片

除了药物外，该片剂还含有碳酸氢钠及有机酸如酒石酸或柠檬酸等赋形剂，在有水存在时，这些附加剂可产生反应而放出 CO_2，用作崩解剂并产生气泡。泡腾片中除存在少量润滑剂外都可溶解。

泡腾片的配制原理是当它与水接触时发生酸碱反应。这个过程是通过使用弱酸（如柠檬酸、苹果酸、酒石酸或富马酸）和弱碱（如碳酸钠和碳酸钾）来实现的。经典的泡腾片是 Alka-Seltzer。

10）压制栓或压制插入剂

例如，甲硝唑阴道用片是由甲硝唑压制而成的。该用途的片剂常以乳糖为稀释剂。这种制剂以及其他任何非吞服的片剂，标签必须标明该药的用法。

11）口含片和舌下片

这些片剂小，平滑，呈椭圆形，用于口腔后应该缓慢溶解或溶蚀。因此，应该选择配方并用足够的压力压成硬片。

制成舌下片的目的是瞬间崩解和溶解。因此，它们必须有完整的片剂结构以便于储存、运输和管理，同时能够在舌下口腔黏膜溶解。舌下片如含用硝酸甘油、盐酸异丙肾上腺素等，置于舌下能迅速溶解和被吸收。硝酸甘油舌下片用于治疗心绞痛，配方简单，乳糖与60%乙醇聚集。这样做的目的是避免肝脏首过效应。通过缓慢释放制备了睾酮片的口腔含片。本片不含崩解剂时可以延长药物在口腔的停留时间。

12）分散片

分散片遇水可迅速崩解形成均匀的黏稠混悬液或迅速崩解成均匀的分散片剂。此种片剂可吞服、咀嚼或含化。

13）咀嚼片

咀嚼片是一种在口腔嚼碎后下咽的片剂，其大小与一般片剂相同，多用于治疗胃部疾患，如氢氧化铝凝胶片等。

咀嚼片通常通过调味和加入添加剂获得光滑的质地，常见的咀嚼片辅料包括甘油、糖、甘露醇和山梨醇等。典型的咀嚼片是泰诺咀嚼片。

还有些新型药片是体温条件下可熔化的片剂。这种片剂的骨架是固体溶蚀材料，而药物是液态的。进入身体后，在体温下熔化后，药物自然地存在于溶液中而被吸收，这样可以消除溶解度小的药物的吸收受到溶出这个限速步骤的影响。

3. 压片

压片操作是通过压片机完成的。压片机中压制药片的机构是上、下冲。上冲将压力施加于冲模圈，在下冲的共同作用下将粉末压紧凑（图9.17）成为具有一定硬度的片剂。产品的硬度质量也受到粉末的黏结力的影响。这些黏结力主要受剂型配方中黏合剂的影响。

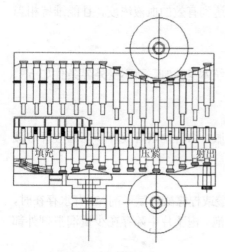

压片是用压片机将药物与适宜辅料压制加工成片状制剂的过程。压片机直接影响到制品的质和量，其结构类型很多，但其工艺过程及原理都近似。压片的方法一般有制粒压片和粉末直接压片两种。

1）制粒压片

（1）压片前干颗粒的处理：湿法制粒在干燥过程中，一部分颗粒彼此黏连结块，应经过过筛整粒，使成适合压片的均匀颗粒，整粒时筛网目数可比制粒时小一号，压片前加入润滑剂和崩解剂混匀。

图9.17　片剂制造的三个
步骤：填充、压紧和射出

如果片剂中含有对湿、热不稳定且剂量又较小的药物时，可将辅料以及其他对湿、热稳定的药物先以湿法制粒，干燥并整粒后，再将对湿、热不稳定的小剂量药物溶于适宜溶剂，再与干颗粒混合后压片。挥发性成分也经常采用本法加入。

（2）冲模：冲模是压片机的主要工作元件，是压制药片的模具，用优质钢材制成，耐磨，强度大。通常一副冲模包括上冲、模圈、下冲三个零件，上、下冲的结构相似，其冲头直径也相等且与模圈的模孔相配合，可以在模圈孔中自由滑动，而且不会将待压的药粉泄漏出去。

（3）自动上料机：压片机自动上料机可以完成粉状、颗粒状物料的真空输送，由吸料嘴、料斗、布袋过滤器、振打装置、真空泵及料位控制装置等组成。该上料机能将粉末、颗粒等物料自动输送到压片机、包装注塑机的料斗中，能自动控制吸料和除尘操作以及料面高度等，具有显著减少粉尘飞扬、改善工作环境、降低操作者劳动强度的特点。

（4）压片单元操作的控制。

A. 剂量的控制。各种片剂有不同的剂量要求，不同剂量的调节是通过选择不同直径的冲模体积来实现的，如有 6 mm、8 mm、11.5 mm、12 mm 等冲头直径，选定冲模直径后通过调节下冲伸入模孔的深度，从而达到调节孔中药物体积（和质量）的目的。因此在压片机上应有调节下冲在模孔中位置的机构，以满足剂量调节要求。由于不同批号的药粉配制总有堆密度的差异，这种调节功能十分重要。

B. 压力的控制。当药物剂量确定后，为了能使片剂成型并满足片剂贮运、保存和崩解时限要求，压片时的压力是有一定要求的。压力调节是通过调节上冲在孔中的下行量来实现的。有的压片机在压片过程中不单有上冲下行动作，同时也可有下冲的上行动作，由上下冲相对运动共同完成压片过程。但其压力调节多是通过调节上冲下行量来实现的。

2）粉末直接压片

粉末直接压片是指药物的粉末与适宜的辅料混合后，不经过制粒而直接压片的方法。国外应用较广泛，国内较少。粉末直接压片的工艺较简单，有利于片剂的连续化和自动化生产，其优点是省去了制粒、干燥等工序，节能、省时，适于生产湿热不稳定药物，产品崩解或溶出较快。国外约有 40%的片剂品种都是采用这种工艺生产的。但是，本法对物料的规格要求比较高，如药物粉末需有适当的粒度、结晶形态和可压性，并应选用有适当黏结性、流动性和可压性的新辅料等。

3）片剂成型机理

药片的成型是由于药物颗粒（或粉末）及辅料在压力作用下产生足够的内聚力和辅料的黏结作用而紧密结合的结果。为了改善药物的流动性和克服压片时成分的分离而常将药物制成颗粒后再压片。因此，颗粒（或结晶）的压制黏结是片剂成型的主要过程，虽然对颗粒中粉末的黏合聚集机理已做了较深入的研究，但压制成型过程中颗粒间的结合则因涉及的因素很多，至今尚未完全清楚。

（1）粉末结合成颗粒：粉末相互结合成颗粒与黏附和内聚有关，黏附是指不同种粉末或粉末对固体表面的结合，而内聚是指同种粉末的结合。在湿法制粒中，粉末间存在的水分可引起粉末的黏附，如果粉末间只有部分空隙充满液体，则所形成的液体桥便以表面张力和毛细管吸力使粉末结合；如果粉末间的空隙都充满液体，并延伸至空隙边缘时，颗粒表面的表面张力及整个液体空间的毛细管吸力可使粉末结合，当粉末表面完全被液体包围后，虽然没有颗粒内部引力存在，但粉末仍可凭借液滴表面张力彼此结合；颗粒干燥后，虽然尚剩余少量的水分，但由于粉末之间接触点因干燥受热面熔融，或黏合剂的固化或被溶物料的重结晶等作用会使粉末间形成固体桥，从而加强了粉末间的结合；对于无水的粉末，粒子间的作用力主要是分子间力（范德瓦耳斯力）和静电力，即使粒子间表面距离在 10 μm 时，其分子间力仍很明显。颗粒中粉末间的静电力比较弱，故对颗粒形成的作用不大，但分子间力的作用很强，故可使颗粒保持必要的强度。

（2）颗粒压制成型：压片是在压力下把颗粒（或粉末）状药物压实成片的过程。疏松颗粒在未加压时，其不同大小的颗粒彼此接触，这时只有颗粒的内聚力而无颗粒间的结合力，且在颗粒间存有很多间隙，间隙内充满着空气，压片时，由于压力的作用，颗粒发生移动或滑动，使得排列面变得更加紧密，同时颗粒受压变形或破碎，压力越大破碎的越多，颗粒间的距离缩短，接触面积增大，致使粒子间的范德瓦耳斯力等发挥作用，同时因粒子破碎而产生了大量的新的表面积与较大的表面自由能，致使粒子结合力增强，又在压力的持续作用下，颗粒黏结，比表面积减少，颗粒产生了不可逆的塑性变形，变形的颗粒则借助分子间力与静电力等而结合成更加坚实的片型。

影响颗粒间结合作用的因素很多，如亲水性药物，由于颗粒表面存在未饱和的力场，可与水相结合形成一层厚约 3 μm 的水膜，此水膜在颗粒接触面上有润滑作用，能使颗粒活动性增强与填装更紧密。水膜还可增强颗粒在压力下的可塑性使易于成型，而且水膜越薄，分子间力的作用也越强。在片剂的空隙毛细管中充满了水，压力解除后，被挤压的毛细管力图复原而产生很强的吸力使管壁收缩，从而可使片剂的黏结力大大增强，另外在物料受压时，由于颗粒间和颗粒与冲模壁间的摩擦力，物料发生塑性和（或）弹性变形等作用，物料可产生热量，也由于制片物料的比热容较低，且导热性能差等原因，可导致物料局部温度增高，致使颗粒间接触支撑点部分因高温而产生熔融，或由于两种以上组分面形成低共熔混合物，当压力解除后又结晶，在颗粒间形成固体桥，或将相邻粒子联系起来而有利于颗粒的固结成型。实践证明，在相同压片条件下，同系物中熔点低者，其片剂的硬度较大。此外，原、辅料中的氢键结合作用等对片剂的成型也产生了一定的作用。

（3）压片过程中压力的传递和分布：压片压力通过颗粒传递时可分解为两部分，一部分是垂直方向传递的力（轴向力 F_a），另一部分则是呈水平方向传递到模圈壁的力（径向力 F_r）。径向力由于受到颗粒间的摩擦、契合等作用的影响，比轴向力要小得多。单冲压片机在压片时，下冲的位置不动，仅由上冲施加压力，而由上冲传递到下冲的力（F_b）总是小于随加的力，即 $F_a > F_b$；对于旋转式压片机，则由于上冲和下冲都被导轨及压轮推动，而做相对运动，所以上、下冲间的压力相差不大，颗粒与模壁间摩擦力的大小与径向力的关系为

$$F_d = \mu \cdot F_r \tag{9.21}$$

式中，F_d 为颗粒与模壁间的摩擦力；μ 为颗粒与模壁间的摩擦系数；F_r 为径向力。

某一药物颗粒受压缩时，径向力的大小不仅与轴向力有关，与物质的压缩特性也相关，物料不同，轴向力转变为径向力的分数，即径向力与轴向力的比值也不同。此外，颗粒与模壁间的摩擦力还与接触面积有关，因此上冲力与下冲力的关系可表示为

$$F_a = F_b \cdot e^{4\mu\eta/D} \tag{9.22}$$

式中，D 为颗粒层的直径；η 为径向力对轴向力的比值；μ 为摩擦系数。

由于在颗粒中各种压力分布得不均匀，因此药片周边、片心及片面各部分的压力和密度的分布也不均匀。例如，单冲压片机在压制碳酸镁时所得压制品的压力分布纵切面图中，面向上冲面的边缘处的压力较大，而面向下冲面边缘处的压力最小，原因是近模壁处因受摩擦力的影响而使力的损失比较多,而轴向中心部位的力的损失比较少，所以在靠近下冲的轴心部位有一高压区。片剂的密度分布与压力分布相似。但使用旋转压片机压片时，上、下两面的压力很相近。

（4）片剂的弹性复原：固体颗粒被压缩时，既发生塑性变形，又有一定程度的弹性变形，因此在压成的片剂内有一定的弹性内应力，其方向与压缩力相反。当外力解除后，弹性内应力趋向松弛和恢复颗粒原来形状而使片剂体积增大（一般增大 2%～10%），所以当片剂由模孔中推出后，一般不能再放回模孔中，片剂的这一膨胀现象称为弹性复原。由于压缩时片剂各部分受力不同，因此各方向的内应力也不同，当上冲上提时，片剂在模孔内先呈轴向膨胀，推出模

孔后，同时呈径向膨胀，当黏合剂用量不当或黏结力不足时，片剂压出后就可能引起表面一层出现裂痕，所以片剂的弹性复原及压力分布不均匀是裂片的主要原因。由于轴向力较大，常用轴向的弹性复原率来表示片剂弹性复原的程度。

$$片剂的弹性复原率 = \frac{片剂膨胀后的高度 - 片剂加压时的高度}{片剂加压时间} \times 100\% \qquad (9.23)$$

式中，片剂加压时的高度一般可用位移传感器测定压片时下冲的位移来得出。

4. 片剂包衣

片剂包衣是将片剂放在包衣锅中通过喷涂或涂裹所需聚合物的溶液使之被包裹而实现的。Accela-Cota 是比较常见的包衣系统（图 9.18）。

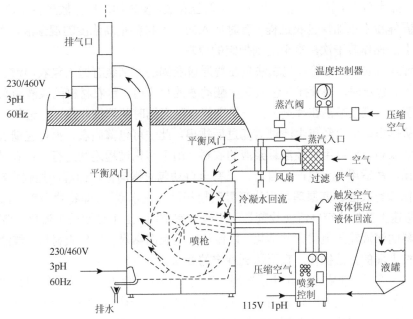

图 9.18 Accela-Cota 包衣系统

本图中的"pH"为氢离子浓度指数单位

片剂根据制备的目的不同而有不同的特性。常见的片剂有素片、包衣片、咀嚼片和泡腾片。已经开发了一些舌下和口腔给药的特殊剂型。表 9.3 列出了典型素片的成分。这类药物包括阿司匹林和安定。这些片剂可以快速溶解。

表 9.3 片剂处方

用途	实例
药物	阿司匹林、安定
填充剂	乳糖、蔗糖、磷酸盐
黏合剂	淀粉、聚乙烯吡咯烷酮、纤维素
助流剂	滑石粉、二氧化硅
润滑剂	硬脂酸镁
崩解剂	淀粉、羧甲基淀粉钠
着色剂	多种

片剂包衣的目的有很多，包括美化外观，掩盖味道，易于吞咽，避光，减少对胃肠道的刺激，便于压印和缓控释等。包衣片的配方与素片的很相似。通常片剂用聚合物溶液来包衣，如甲基纤维素和肠溶聚合物。包衣片剂的例子有拜耳阿司匹林和红霉素。

1）片剂包衣方法

（1）滚动包衣法（锅包衣法）。滚动包衣的设备为包衣机。包衣机一般由包衣锅、动力部分和加热器及鼓风设备等组成。包衣锅常由不锈钢或紫铜等性质稳定并有良好导热性的材料制成，其形状有莲蓬形、荸荠形、梨形和圆柱形等多种形式，包衣锅的轴与水平成一定角度（一般为30°～45°），以便片剂在包衣锅中既能随锅的转动方向滚动，又能沿轴的方向运动，有利于将包衣材料均匀地分散于片面和干燥成衣。片剂在包衣锅中转动时，借助离心力和摩擦力的作用使之随锅的转动而上升到一定高度，直到片剂的重力克服离心力和摩擦力的作用成弧度运动而落下。

包衣时，将片心置于转动的包衣锅中，加入包衣液，使之均匀地分散到各个片心的表面上，必要时加入固体粉末以加快包衣过程，有时加入的包衣材料是高浓度的混悬液，而后加热、通风干燥。按上法操作若干次，直至达到规定的要求。

（2）埋管式包衣法。埋管式包衣法是在普通包衣锅的底部装有通入包衣溶液、压缩空气和热空气的埋管。包衣时，该管插入包衣锅中翻动着的片床内，包衣材料的浆液由泵打出经气流式喷头连续雾化、直接喷洒在片剂上，干热空气也随之同时从埋管吹出，穿透整个片床进行干燥，湿空气从排出口引出经集尘滤过器滤过后排出。此法可包薄膜衣，也可包糖衣。本法可用有机溶剂溶解衣料，也可用水性混悬浆液的衣料。由于雾化过程连续进行，包衣时间短，且可避免粉尘飞扬，故适用于大生产。目前，已有全自动包衣锅问世，由程序控制自动进行包衣。

（3）流化床包衣法。其原理与流化喷雾制粒相近（见本章），即将片心置于流化床中，通入气流，借急速上升的热空气流使片剂悬浮于包衣室空间，上下翻滚处于流化（沸腾）状态时，另将包衣材料的溶液输入流化床并雾化，以使片心的表面黏附一层包衣材料，继续通入热空气使之干燥，按上面的方法操作，直至达到规定的要求。

（4）压制（于压）包衣法。此法是指用由两台旋转式压片机经单传动轴配装成套的压制包衣机完成包衣的方法。包衣时，先用压片机压成片心后，一边用吸气泵将片心外的细粉除去，一边用特制的传动器将片心送至第二台压片机已填入部分包衣物料的模孔中，再加入包衣材料填满模孔，第二次压制成最后的包衣片。

2）片剂包衣过程

（1）糖衣：可分隔离层（有时不包）、粉衣层、糖衣层、着色糖衣层（可以不包）和打光。

A. 隔离层：指在片心外先包一层对水起隔离作用的衣层，将片剂置包衣锅中滚动，加入适宜温度的胶浆（如10%～15%明胶浆）使均匀黏附于片面上，必要时可加入适量的滑石粉以防止药片相互粘连，吹热风（40～50℃）干燥，再重复操作包3～5层，达到能隔绝水的要求。主要用于吸潮和易溶性药物。

B. 粉衣层：在隔离层的基础上，用粉衣料包衣以达到包住片心棱角和迅速增加衣层厚度与大小的目的。操作时，在滚动的片剂上加入润湿黏合剂（如糖浆、明胶浆、阿拉伯胶浆）使片剂表面均匀湿润后加入撒粉（滑石粉、蔗糖粉、白陶土、糊精、沉降碳酸钙、淀粉等或其混合物）适量，使其黏着在片剂表面，继续滚动并吹风干燥，重复上述操作若干次，直至片剂棱角消失。一般需包15～18层。

C. 糖衣层：具体操作与包粉衣层基本相同，但只用65%～75%（g/g）糖浆包若干层（一般15～18层），糖浆干燥缓慢，形成了细的表面和坚实的蔗糖衣层，增加了衣层的牢固性和甜度。

D. 着色糖衣层：用着色糖浆包衣 8～15 层，注意色浆由浅到深，并注意层干燥，其目的是使片衣着色，增加美观度，便于识别或起遮光作用。

E. 打光：在包衣片剂上打蜡，使片剂表面光洁美观且有防潮作用。操作时，将川蜡细粉（和 2%硅油）加入包完色衣的片剂中，由于片剂间和片剂与钢壁间的摩擦作用，糖衣表面会产生光泽。

（2）薄膜衣：薄膜衣是指在片心之外包上一层比较稳定的高分子衣料。一般薄膜包衣液由成膜材料、分散剂、增塑剂和着色剂及掩盖剂组成，常用的膜材有纤维素衍生物如羟丙基甲基纤维素（HPMC）、羟丙基纤维素（HPC）、乙基纤维素（EC）、甲基纤维素（MC）、邻苯二甲酸醋酸纤维素（CAP）、羟丙基甲基纤维素邻苯二甲酸酯（HPMCH）和丙烯酸树脂如 Eudragit E、Eudragit L、Eudragit S、Eudragit RL、Eudragit RS 等。其中 CAP、HPMCH、Eudragit L 和 Eudragit S 为肠溶成膜材料。Eudragit RL、Eudragit RS 和 EC 为控释薄膜衣料。薄膜包衣技术除用于片剂外，现已广泛应用于微丸剂、颗粒剂、胶囊剂等剂型中。包衣时一般在片心（或丸心）上直接包薄膜衣。与糖衣相比，本类产品具有生产周期短、效率高、用料少（片重一般增加 2%～4%）、防潮能力强、包衣过程自动化、对崩解影响小等特点。但其外观往往不及糖衣层美观。

9.2.4 吸入产品

固体颗粒用于吸入的产品有两种类型：加压计量吸入器（pMDI）和干粉吸入器（DPI）。这两种方式均是通过空气喷射经适宜的生产方法生产出适当尺寸范围（＜5 mm）的小颗粒沉积在肺部发挥药效的给药方法。

1. 加压计量吸入器

pMDI 产品是通过非水悬浮液制备的，水溶液中使用表面活性剂在高蒸汽压推进剂中分散药物颗粒。产品的配方主要考虑粒子的分散性和雾化物理稳定性。图 9.19 展示了典型的 pMDI 产品的灌装线。

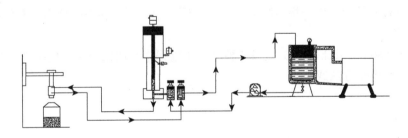

图 9.19　定量喷雾吸入剂填充线

2. 干粉吸入器

DPI 产品通常涉及微粉化药物与载体的结合，常用的载体是乳糖。载体颗粒通常大于药物颗粒，超出肺部沉积所需的范围（＞30 mm）。这些大颗粒的作用是帮助可吸入药物颗粒的分散，携带药物粒子进入吸气气流，药物粒子与载体表面分离后即可发挥药效。

第 10 章　制药过程的环境条件

10.1　灭　　菌

10.1.1　灭菌与无菌操作技术概述

灭菌与无菌操作技术是注射剂、输液、滴眼剂等灭菌与无菌制剂质量控制的重要保证，也是制备这些制剂必不可少的单元操作。根据各种制剂或生产环境对微生物的限定要求不同，可采取不同措施，如灭菌、无菌操作消毒、防腐等。

1. 灭菌和灭菌法

1）灭菌

灭菌（sterilization）是指用物理或化学等方法杀灭或除去所有致病和非致病微生物繁殖体和芽孢的过程。

2）灭菌法

灭菌法（technique of sterilization）是指杀灭或除去所有致病和非致病微生物繁殖体和芽孢的方法或技术。

2. 无菌和无菌操作法

1）无菌

无菌（sterility）是指在任一指定物体、介质或环境中，不得存在任何活的微生物。

2）无菌操作法

无菌操作法（aseptic technique）是指在整个操作过程中利用或控制一定条件，使产品避免微生物污染的一种操作方法或技术。

3. 防腐和消毒

1）防腐

防腐（antisepsis）是指用物理或化学方法抑制微生物的生长与繁殖，也称抑菌。具有抑制微生物生长繁殖的物质称抑菌剂或防腐剂。

2）消毒

消毒（disinfection）是指用物理或化学等方法杀灭或除去病原微生物的过程。能杀灭或除去病原微生物的物质称消毒剂。

在药剂学中，灭菌法可分为物理灭菌法（包括干热灭菌法、湿热灭菌法、射线灭菌法和过滤灭菌法）、化学灭菌法（包括气体灭菌法和化学药剂灭菌法）和无菌操作法。本章将重点阐述物理灭菌法，并简单介绍其他灭菌法以及验证灭菌可靠性的参数。

３）热稳定性

热消毒依赖温度（T）、灭菌时间（t）和水分的含量（I）。一般认为热可以使活细胞的蛋白质凝固，这种现象发生所需要的温度与湿度成反比。

10.1.2　物理灭菌技术

根据蛋白质与核酸具有一定体积及遇热、射线不稳定的特性，采用加热、射线和过滤方法，破坏或除去蛋白质与核酸的技术，称为物理灭菌技术，也称物理灭菌法。

1. 干热灭菌法

干热灭菌法是指在干燥环境（如火焰或干热空气）中进行灭菌的技术。在高温下（313 K）不降解的相对稳定的物质适合使用干热灭菌法，在 353 K 下暴露 2 h 或者 433 K 下暴露 45 min 可以杀死孢子和繁殖体。暴露时间不包括滞后时间（灭菌箱升温至灭菌温度所需的时间），滞后时间依赖于几何学和灭菌箱的操作特点与负载特点。

灭菌箱的类型可以分为自然型和强制对流型。与自然型相比，强制对流灭菌箱有提供的热量分配均匀和减少滞后时间的优势。

1）火焰灭菌法

火焰灭菌法是指用火焰直接灼烧灭菌的方法。该法灭菌迅速、可靠、简便，适用于玻璃、合金的灭菌，在此温度下其他的材质如碳纤维素会被碳化，橡胶会被氧化，塑料会被熔化。

2）干热空气灭菌法

干热空气灭菌法是指用高温干热空气灭菌的方法。该法适合于耐高温的玻璃和金属制品以及不允许湿气穿透的油脂类（如油性软膏基质、注射用油等）和耐高温的粉末化学药品的灭菌，不适合橡胶、塑料及大部分药品的灭菌。

在干燥状态下，由于热穿透力较差，微生物的耐热性较强，必须长时间受高热才能达到灭菌的目的。因此，干热空气灭菌法采用的温度一般比湿热灭菌法高。为了确保灭菌效果，一般规定：135~145℃灭菌 3~5 h；160~170℃灭菌 2~4 h；180~200℃灭菌 0.5~1 h。

2. 湿热灭菌法

湿热灭菌法是指用饱和蒸汽、沸水或流通蒸汽进行灭菌的方法。湿热灭菌法提供了低温下高效率的优势，蒸汽的热能力比热空气高很多，该法的灭菌效率比干热灭菌法高，是药物制剂生产过程中最常用的方法。细菌的孢子和繁殖体可能在高压灭菌器里被高效地破坏，条件为：在温度 394 K、压力 $1.03×10^5$ N/m^2 下灭菌 20 min，或者在 405 K、$1.86×10^5$ N/m^2 下灭菌 3 min。灭菌后的完整暴露时间非常重要。湿热灭菌法可分为热压灭菌法、流通蒸汽灭菌法、煮沸灭菌法和低温间歇灭菌法。

1）热压灭菌法

热压灭菌法是指用高压饱和水蒸气加热杀灭微生物的方法。

该法具有很强的灭菌效果，灭菌可靠，能杀灭所有细菌繁殖体和芽孢，适合于耐高温和耐高压蒸汽的所有药物制剂、玻璃容器、金属容器、瓷器、橡胶塞、滤膜、过滤器等的灭菌。

在一般情况下，热压灭菌法所需的温度（蒸汽表压）与时间的关系为：115℃（67 kPa），

30 min；121℃（97 kPa），20 min；126℃（139 kPa），15 min。在特殊情况下，可通过实验确定合适的灭菌温度和时间。

影响湿热灭菌的主要因素如下。

（1）微生物的种类与数量：微生物的种类不同，耐热、耐压性能存在很大差异；微生物的不同发育阶段对热、压的抵抗力不同，其耐热、耐压的次序为芽孢＞繁殖体＞衰老体；微生物数量愈少，所需灭菌时间愈短。

（2）蒸汽性质：蒸汽有饱和蒸汽、湿饱和蒸汽和过热蒸汽。饱和蒸汽的热含量较高，热穿透力较大，灭菌效率高；湿饱和蒸汽因含有水分，热含量较低，热穿透力较差，灭菌效率较低；过热蒸汽温度高于饱和蒸汽，但穿透力差，灭菌效率低，且易引起药品的不稳定性。因此，热压灭菌应采用饱和蒸汽。

（3）药品性质和灭菌时间：一般而言，灭菌温度愈高，灭菌时间愈长，药品被破坏的可能性愈大。因此，提高灭菌温度和延长灭菌时间，必须考虑药品的稳定性。在设计灭菌条件时，应遵循在达到有效灭菌的前提下，尽可能降低灭菌温度和缩短灭菌时间的原则。

（4）其他：介质 pH 对微生物的生长和活力具有较大影响，一般情况下，中性环境中的微生物的耐热性最强，碱性环境次之，酸性环境则不利于微生物的生长和发育；介质中的营养成分愈丰富（如含糖类、蛋白质等），微生物的抗热性愈强，应适当提高灭菌温度和延长灭菌时间。

2）流通蒸汽灭菌法

流通蒸汽灭菌法是指在常压下，采用 100℃流通蒸汽加热杀灭微生物的方法。灭菌时间通常为 30～60 min。该法适用于消毒及不耐高热制剂的灭菌，但不能保证杀灭所有的芽孢，是非可靠的灭菌法。

3）煮沸灭菌法

煮沸灭菌法是指将待灭菌物置沸水中加热灭菌的方法。煮沸时间通常为 30～60 min。该法灭菌效果较差，通常用于注射器、注射针等器皿的消毒。必要时可加入适量的抑菌剂，如三氯叔丁醇、甲酚、氯甲酚等，以提高灭菌效果。

4）低温间歇灭菌法

低温间歇灭菌法是指将待灭菌物置 60～80℃的水或流通蒸汽中加热 60 min，杀灭微生物繁殖体后，在室温条件下放置 24 h。待灭菌物中的芽孢发育成繁殖体，再次加热灭菌、放置，反复多次，直至杀灭所有芽孢。该法适合于不耐高温、热敏感物料和制剂的灭菌。其缺点是费时、工效低、灭菌效果差，加入适量抑菌剂可提高灭菌效率。

3. 射线灭菌法

射线灭菌法是指采用辐射、微波和紫外线杀灭微生物和芽孢的方法。

1）辐射灭菌法

辐射灭菌法包括离子化辐射 X 射线和 γ 射线，X 射线来源于电子轰击重金属，γ 射线来源于原子核的衰退（从激发态跃迁到基态）。

辐射包含的能量用下列方程式表达：

$$E = h\nu \tag{10.1}$$

和

$$\nu = \frac{C}{\lambda} \tag{10.2}$$

式中，E 和 ν 分别为光子的能量和频率；h 为普朗克常数；C 为光速；λ 为波长。

从辐射源吸收的热量相当于剂量。

$$1 \text{ rad} = 100 \text{ ergs/g}$$

$$原料吸收 = 6.24 \times 10^{13} \text{ eV/g} = 6.24 \times 10^{-6} \text{ cal}[1]\text{/g} \tag{10.3}$$

有各种各样的辐射源，钴（^{60}Co）在原子核反应堆中心衰变成 ^{59}Co，并发出两个光子（1.17×10^6 eV，1.33×10^6 eV）和一个电子（0.31×10^6 eV），衰变的半衰期为 5.3 年。铯（^{137}Cs）衰变发射出一个光子（0.661×10^6 eV），它的半衰期为 33 年。电子束可加速能量至 $5 \times 10^6 \sim 10 \times 10^6$ eV，能量低于 5×10^6 eV 不足以杀菌，能量高于 10 MeV，可能由放射引起不良反应。辐射的穿透深度与能量大小有关。例如，某物质的密度与水的大小相当，可被 5×10^6 eV 的能量穿透。^{60}Co 的辐射能在水中可穿透 0.3 m。大剂量加速电子时暴露时间便很短。^{60}Co 的放射率很低，因此需要长时间曝光。

电离辐射是由光电效应、康普顿效应，或者离子对效应产生的。γ 射线可以产生局部或者强烈的损害并破坏化学键，主要目标是微生物的脱氧核糖核酸（DNA）。另外，可以形成自由基，即通过引起损伤的链式反应产生细胞内和细胞外的过氧化物。

本法适合于热敏物料和制剂的灭菌，常用于维生素、抗生素、激素、生物制品、中药材和中药制剂、医疗器械、药用包装材料及药用高分子材料等物质的灭菌。其特点是不升高产品温度，穿透力强，灭菌效率高；但设备费用较高，对操作人员存在潜在的危险性，对某些药物（特别是溶液型）可能药效降低或产生毒性物质和发热物质等。

损坏取决于能量吸收的相对数量和在辐射时微生物的抵抗能力。单细胞生物比多细胞生物的抵抗能力更强，革兰氏阳性菌比革兰氏阴性菌的抵抗能力强，细菌孢子比繁殖体有更强的抵抗能力，病毒比细菌的抵抗能力强。所需要的能量可以减少病毒数量的 90%，D 值（对数单位灭菌剂量）为 5×10^5 rad。菌类的抵抗能力与细菌孢子的相同。

为了评估剂量，必须要知道一系列的参数。多大光源数量级是可用的（如 ^{60}Co）。一个典型的光源范围是 $0.5 \times 10^6 \sim 20 \times 10^6$ Ci[2]。需知道产品的几何学和获得光源的传播速度，剂量可以通过多种计量学方法来评估。用一个大的瓶子或者安瓿瓶来装硫酸铁铵和硫酸铈液体，用紫外分光光度计来反映吸收强度的改变，这种方法仅适用于 ^{60}Co 和 ^{137}Cs。

辐射变色的固体可以使用分光光度法来评估，琥珀色和红色聚甲基丙烯酸甲酯可以分别检测到 $0.1 \times 10^6 \sim 1.0 \times 10^6$ rad 和 $0.5 \times 10^6 \sim 5.0 \times 10^6$ rad 的值。在暴露后检查尼龙膜的不透明度，并且可以用于评估 $0.1 \times 10^6 \sim 5.0 \times 10^6$ rad 的暴露。

检测时需要考虑到生物负载和 D 值，因为这两种数值决定了灭菌效果和所需的剂量。

如果获得的剂量低于 D 值，这个剂量被认为是过度杀伤剂量。短小芽孢杆菌存在固有的抵抗 γ 电离辐射的能力，D 值为 $0.15 \sim 0.22 \times 10^6$ rad。美国食品药品监督管理局建议的剂量为原来的 1/12，大约需要 2.6×10^6 rad。

产品、容器和封盖必须要评估物理和化学的稳定性，大量辐射导致产品的颜色、气味、味道、效价、生物相容性和毒性发生变化。容器可能失去刚性，变脆，标签黏附，并且可浸出。可以通过暴露于多剂量和单剂量高剂量的辐射来评估产品和容器。然后可以在环境储存条件、高温和最恶劣的运输条件下评估长期稳定性。

---

[1] 1 cal = 4.1868 J

[2] 1 Ci = 3.7×10^{10} 衰变/s

可以通过确定负载中的最小辐射点来选择剂量，通过使用多个测量仪加垂直象限，测量仪通常设置为最小测量剂量。

2）微波灭菌法

微波灭菌法是指采用微波（频率为 $3\times10^2\sim3\times10^5$ MHz）照射产生的热能杀灭微生物和芽孢的方法。

该法适合液态和固体物料的灭菌，且对固体物料具有干燥作用。其特点是：微波能穿透到介质和物料的深部，可使介质和物料里外一致地加热；且具有低温、常压、高效、快速（一般为 2～3 min）、低能耗、无污染、易操作、易维护，产品保质期长（可延长 1/3 以上）的优势。

微波灭菌机是利用微波的热效应和非热效应（生物效应）相结合实现灭菌目的的设备，热效应使微生物体内蛋白质变性而失活，非热效应干扰了微生物正常的新陈代谢，破坏微生物生长条件。微波的生物效应使得该技术在低温（70～80℃）时即可杀灭微生物，而不影响药物的稳定性，对热压灭菌不稳定的药物制剂（如维生素 C、阿司匹林等），采用微波灭菌则较稳定，减少产物降解量。

3）紫外线灭菌法

紫外线灭菌法是指用紫外线（能量）照射杀灭微生物和芽孢的方法。用于紫外线灭菌的波长一般为 200～300 nm，灭菌力最强的波长为 254 nm。该方法属于表面灭菌。

紫外线不仅能使核酸、蛋白质变性，而且能使空气中氧气产生微量臭氧，而发挥共同杀菌作用。该法适合于照射物表面灭菌、无菌室空气及蒸馏水的灭菌，不适合于药液的灭菌及固体物料深部的灭菌。由于紫外线是以直线传播，可被不同的表面反射或吸收，穿透力微弱，普通玻璃可吸收紫外线，因此装于容器中的药物不能用紫外线灭菌。紫外线对人体有害，照射过久易发生结膜炎、红斑及皮肤烧灼等伤害，故一般在操作前开启 1～2 h，操作时关闭；必须在操作过程中照射时，对操作者的皮肤和眼睛应采用适当的防护措施。

4. 过滤灭菌法

（1）过滤灭菌法概述：过滤灭菌法是指采用过滤除去微生物的方法。该法属于机械除菌方法，该机械称除菌过滤器。

该法适合于对热不稳定的药物溶液、气体、水等物品的灭菌。灭菌用过的过滤器应有较高的效率，能有效地除尽物料中的微生物，滤材与滤液中成分不发生相互交换，滤器易清洗，操作方便等。

为了有效地除尽微生物，滤器孔径必须小于芽孢体积（<0.5 μm）。常用的无菌过滤器有 0.22 μm 或 0.3 μm 的微孔滤膜滤器和 G6 号垂熔玻璃滤器。过滤灭菌应在无菌条件下进行操作，为了保证产品的无菌，必须对过滤过程进行无菌检测。

基质过滤器由带有毛孔的纤维组成，孔深为 1.2×10^{-4} m。硝化纤维在高挥发性溶剂中可被溶解，包括醋酸戊酯和环氧乙烷。凝胶形成溶剂，可加入丙酮、乙醇或者丙醇。将混合物倒在平板上，放在温度可控制的环境中干燥。空隙大小取决于凝胶溶剂的浓度，其他物质可被用来过滤材料。这些材料包括纤维素酯、乙酸和丁酸、聚酰胺（尼龙）、聚砜类化合物、氟碳化合物、聚乙烯基二氟化物（疏水，表面可用亲水的有机胺修饰）、丙烯酸聚合物、聚氯乙烯。为了制备一些亲水性的膜，可能需要加入一些物质，包括吐温-80、曲拉通、羟丙基纤维素和甘油。滤网过滤器是由聚碳酸酯制成的。平行轴裂变产物以薄膜集结的形式存在，腐蚀化学决定了孔径的大小。

（2）吸附和筛选：大多数膜过滤器遇水变湿以后便带有负电荷。细菌同样带有负电荷不一定会保留在过滤器上，在此环境下过滤器还具有其他性质可以捕捉细菌。可以选择带正电的（AMF Zeta Plus 膜）或蛋白质多肽吸附（Pall Posidyne 尼龙 66）过滤器。

离子强度、pH、压力和流速都影响粒子的吸收。通过过滤器的流速 Q 用下式计算：

$$Q = \frac{C_i A P}{V} \tag{10.4}$$

式中，C_i 为固有阻力；A 为表面积；P 为压力；V 为黏度。过滤器的选择与标称孔径和绝对孔径相关。

（3）过滤器的完整性：过滤器的完整性可以通过很多技术来评估，破坏性试验包括使用 2×10^{-7} m 的过滤器过滤细菌悬浮液。6 L 的悬浮液中包含 1×10^{10} 个/L 在琼脂板上生长的细菌，使用孔径 1×10^{-6} m 的过滤器，细菌可减少到原来的 1/8。泡点实验假设孔径的特征和毛细管相似。当完全被润湿时，所有的毛细管应该充满水或者溶剂，孔的长度比直径大得多，压力适用于湿过滤器，泡点压力 P 用下式计算：

$$P = \frac{4\gamma \cos\theta}{D} \tag{10.5}$$

式中，γ 为表面张力（7.2 N/m²）；θ 为接触角；D 为毛细管的直径。

泡点实验需在无菌条件下进行。

（4）产品开发注意事项：指定区域的过滤器必须浸泡在指定时间和数量的产品内，稳定性高的产品在过滤器内可以在温度为 313～333 K 环境下保存 60 天。在选择特定过程的过滤器之前，必须评估损伤程度、可提取物的性质和数量以及活性成分的效力。

10.1.3　化学灭菌法

化学灭菌法（chemicalsterilization）是指用化学药品直接作用于微生物而将其杀死的方法。化学灭菌的目的在于减少微生物的数目，以控制一定的无菌状态。

1. 气体化学灭菌法

气体化学灭菌法是指采用化学消毒剂产生的气体杀灭微生物的方法。常用的化学消毒剂有环氧乙烷、甲醛、气态过氧化氢、臭氧等。其适用于环境、不耐热的医用器具、设备和设施等的消毒，也用于粉末注射剂的消毒。采用该法灭菌时应注意杀菌气体对物品质量的损害以及灭菌后残留气体的处理。

环氧乙烷是一种气态的烷化剂，微生物中的蛋白质、RNA 和 DNA 通过取代环氧乙烯的氧而烷基化，因此环氧乙烷常用作表面消毒剂。块状结晶材料可以用晶体封闭营养细菌细胞或孢子。环氧乙烷不会到达其内部，灭菌前的最后一步是无菌重结晶步骤。

环氧乙烷是一种无色带有芳香气味的气体，气味阈值上限是 700 ppm。与人接触的环氧乙烷浓度是 10 ppm。环氧乙烷的毒性和氨水相似，它对呼吸道和结膜产生刺激，并伴有头晕、头痛、呕吐症状，还可致癌和诱变。环氧乙烷中存在一些副产物（沸点为 283.8 K），包括乙二醇（沸点为 417.9 K）和氯乙醇（沸点为 401.4 K）。纯的环氧乙烷是易燃易爆物，它通常与推进剂以 88 : 12 的比例混合，或者与二氧化碳以 90 : 10 的比例混合。环氧乙烷聚合物以液态形式存在，它可以插进管子里或者喷射聚合物沉淀在产物上。因为以聚合物的形式存在，产品可以保存 90～120 天。

环氧乙烷使所有的微生物失活，灭菌速率取决于气体的浓度、灭菌的温度、曝光时间和微生物的含水量，以一级动力学失活，此失活是不可逆的。相对湿度与环氧乙烷相协同，在30%～60%的相对湿度下，微生物会与水发生作用。水蒸气扮演着运输聚乙烯和聚丙烯气体的工具的作用，聚苯乙烯不适用环氧乙烷消毒。313～333 K 的温度适用于热不稳定物品。如果温度、相对湿度或环氧乙烷浓度较低，则循环时间较长。通常使用 350～700 mg/mL 的浓度，周期为 4～12 h。

灭菌后，将负载脱气。这是一种动态过程，其中过滤的空气通过产品。排气时间为 12～72 h，这通常在处理室内进行，也可能在无菌实验台上进行。此过程是无菌过程，使用枯草芽孢杆菌作为指示剂，孢子（10^6 个孢子/条）可以购买。在验证期间，除了枯草芽孢杆菌孢子条之外，还用热电偶探测负载。从不同采样点中抽取混合气体来做气相色谱分析。

2. 药液法

药液法是指采用杀菌剂溶液进行灭菌的方法。该法常作为其他灭菌法的辅助措施，适合于皮肤、无菌器具和设备的消毒。常用的杀菌剂有 0.1%和 0.2%苯扎溴铵溶液（新洁尔灭）、2%左右的酚或煤酚皂溶液、75%乙醇等。

10.2　空调和加湿

药品是防治人类疾病、增强人体体质的特殊商品，其质量的好坏直接关系到人的健康、药效和安全。为保证药品的质量，药品必须在严格控制的洁净环境中生产。我国的药品生产质量管理规范（GMP）将药品生产的洁净环境划分为 A、B、C、D 四个等级，送入洁净区（室）的空气不仅要经过一系列的净化处理，使其与洁净室（区）的洁净等级相适应，对温度和湿度还有一定的要求。

在世界各地，空调是一种常见的设备。它通过加热或降温以及过滤空气来营造舒适的工作或生活环境。环境中的水分含量较多或湿度过大会使人感觉沉闷，但是湿度过低又会引起人体皮肤水分过多流失。在某些条件下，需要通过空调适当地增加或减少空气湿度。空气通过含有纤维布的过滤器变得很洁净。空气净化的另一种手段是静电除尘，两个电极通过吸收电子而带电，进而在电场中移动，最终被电极捕获，从而完成净化。

在某些制药过程中也采用同样的方法来提供洁净空气。但是，空气的质量控制要求更高。例如，在制造和处理无菌材料时，空气净化的同时还必须除菌，在其他生产过程中还需除去多余的水分，使生产环境符合产品或原辅料处理的要求。粉体的流动性就是衡量水分的一个重要指标，物质的平衡水分含量也是由湿度决定的，湿度过大会导致粉体流动性太差，而使压片过程失败。因此，各种不同的工艺过程就需要通过空调调节，为整个房间提供一定质量的空气，或者某些情况下，通过空调调节将需要达到一定条件的空气限制在特定设备周围的小区域范围内。

生产工艺要求和工作人员的工作舒适程度是确定洁净室内温度和湿度的主要依据。降低温度有利于抑制细菌的繁殖，因此，洁净室内的温度不能太高。空气的相对湿度不能过高，较高的空气湿度易使产品吸潮，并容易滋生霉菌。超过70%相对湿度的空气会对过滤器产生不良影响。空气的相对湿度也不能过低，较低的空气湿度会使工作人员产生不舒服的感觉，并容易产生静电，不利于洁净室的防火防爆。

表 10.1 是我国的《洁净厂房设计规范》（GB50073—2013）中规定的洁净室内的温度和湿

度范围。生产特殊药品的洁净室，其适宜温度和湿度应根据生产工艺要求确定。例如，生产吸湿性很强的无菌药物，可根据药品的吸湿性确定适宜的温度和湿度，也可用局部低湿工作台，代替整个室内的低湿处理。

表 10.1　洁净室内的温度和湿度范围

房间性质	温度/℃		湿度/%	
	冬季	夏季	冬季	夏季
生产工艺有温度、湿度要求的洁净室	按生产工艺要求确定			
生产工艺无温度、湿度要求的洁净室	20～22	24～26	30～35	50～70
人员净化及生活用室	16～20	26～30	—	—

10.2.1　空调系统

药品生产企业的厂房与设施是指制剂、原料药、药用辅料和直接接触药品的药用包装材料生产中所需的建筑物以及与工艺配套的空气调节、水处理等公用工程。由此可见，空调系统属于厂房设施中的一部分，鉴于空调系统对洁净区环境的重要程度，空调系统一般单独划分系统进行验证。完整的空调系统应包括送风空调机组、排风空调机组、风管分配系统（新风、送风、回风、排风分管均包含在内）、末端高效过滤装置，以及为局部空间提供更高洁净级别环境的层流装置或隔离装置。

空调系统的功能是控制微粒的污染，维持生产环境的洁净级别，但在洁净环境中所进行的工作具有特殊性，所以对生产环境的品质还有其他要求，如温度、相对湿度、气流速度、压力、悬浮粒子、浮游菌、照度、噪声、振动、静电量等。

1. 空气净化系统的设计确认

空气净化系统的设计确认应在建设项目完成施工图设计和供应商招标之后、开始施工建设之前进行。在进行设计确认前，应确认所有的施工图纸和施工单位的投标文件是完整、有效的现行版本。

设计确认重点审核过程中的各种文件资料，审核的范围至少应包括：药品生产企业提供的用户需求说明；施工单位提供的设计文件；施工单位出具的投标文件；施工单位出具的二次深化设计文件；详细的施工图设计文件；空调系统原理图；洁净分区平面布局图；房间压差平面布局图；气流流向平面布局图；空调机房平面布局图；空调送风管平面布局图；空调回风管平面布局图；空调排风管平面布局图；其他与空调系统相关的施工图。

设计确认一般从以下两个方面进行。

（1）车间的整体布局对空调系统是否有利。例如，空调系统的新风取点和排风取点应考虑风向的影响，避免造成循环污染；空调机组的安装位置和供风洁净区的间距应合理，送风管长度增加会增加风管阻力，同时会增加风量的损失和泄漏的概率，如不可避免，在进行空调机组选型时，应考虑增大空调机组的机外余压和额定送风量；车间内空调系统的布局是否合理，是否可以防止交叉污染；不同的药品剂型对净化空调的要求不同，应分开设置；对青霉素类抗生素、头孢类抗生素、激素类药物和抗肿瘤药物应防止交叉污染，要分别设独立的空调系统；不同洁净度的洁净室对空调参数的要求不同，应当分开设置；不同的楼层或平面分区应考虑单独设立空调系统；为便于对各生产区风量、温度与湿度的调整和控制，空调系统不宜过大，风量一般不宜超过 40 000 m^3/h。

（2）空调系统中的各项参数设计是否合理。例如，换气次数的设计应能满足不同洁净度的要求；气流方向、压差是否正确，以控制产品暴露与交叉污染；洁净等级和温度、湿度的设计应能满足生产药品的工艺要求。

2. 空气净化系统的安装确认

1）空气净化系统安装确认所需的文件

（1）由质量及技术部门认可、批准的环境控制区平面布置图及空气流向图，包括各房间的洁净度（含 A 级层流罩）、气流流向、压差、温度及湿度要求、人流和物流流向。

（2）受控环境空气净化系统划分的描述及设计说明。

（3）测试记录和操作规程，包括：①空调设备及风管的清洁规程和记录；②高效过滤器检漏试验和报告；③仪器及仪表检定记录；④空气净化系统操作规程及控制标准。

2）空气净化系统安装确认的主要内容

（1）空气处理设备的确认：空气处理设备（主要是空调器和除湿机）的安装确认主要指机器设备安装后，对照设计图纸及供应商提供的技术资料，检查安装是否符合设计及安装规范。检查项目有电、管道、蒸汽、自控、过滤器、冷却和加热盘管。设备供应商应提供产品合格证及盘管试压报告，安装单位应提供设备安装图及质量验收标准。

（2）风管制作、风管制作的安装确认以及施工过程中的安装确认（包括对照设计流程图检查风管材料、保温材料、安装紧密程度、管道走向等）：医药工业洁净室空调系统的风管宜采用镀锌薄钢板、聚氯乙烯（PVC）板、不锈钢板，不宜采用玻璃钢风管。风管采用不燃型保温材料。

（3）风管及空调设备清洁的确认：洁净度大于 D 级的空气净化系统通风管道必须进行清洁，一般在风管吊装前先用清洁剂或乙醇将内壁擦洗干净，并在风管两端用 PVC 封住空调器，拼装结束后，内部先要清洗，再安装初效及中效过滤器。风机开启后运行一段时间，再安装末端的高效过滤器。

上述（1）、（2）、（3）项的确认，可参照现行的《通风与空调工程施工质量验收规范》（GB 50243—2016）和《洁净室施工及验收规范》（GB 50591—2010），按照合理的施工程序进行验收。

（4）空调设备所用的仪表、测试仪器一览表及检定报告：空调设备包括空调器及除湿机，安装在这些设备上的仪表主要有压力表、流量计、风压表等。空气净化系统的测试仪器有风速仪、风量计、微压计、粒子计数器、微生物采样器等。所有这些仪表、仪器均要列表，写明用途、精度、检定周期，并附上自检合格证书或外检合格证书。

（5）空气净化系统操作手册、标准操作规程（SOP）及控制标准：内容包括由制造商提供的空调器、除湿机、层流罩等设备的操作手册、技术数据，由空气净化系统管理部门编写的环境控制、空调器操作等的 SOP，以及控制区温度、湿度、洁净度的控制标准。

（6）高效过滤器的检漏试验：高效过滤器检漏测定的目的是通过测出允许的泄漏量，发现高效过滤器及其安装的缺陷，以便采取补救措施。

3. 空气净化系统的运行确认

空气净化系统的运行确认是为证明空调净化系统是否达到设计要求及生产工艺要求而进行的实际运行试验。运行确认主要包括如下内容。

1）空气净化系统运行确认所需的文件或调试报告

包括：①空调设备的运行调试报告；②房间温度、相对湿度记录；③房间压力记录；④高效过滤器风速及气流流向报告；⑤空调调试及空气平衡报告；⑥悬浮粒子和微生物的预检。

2）空气净化系统运行确认的主要内容

（1）空调设备的测试：空调设备主要是指空调器和除湿机。

空调器测试项目：①风机的转速、电流、电压；②过滤器的压差（初阻力）；③冷冻水、热水、蒸汽等介质的流量（也可以不做）；④盘管进出口压力、温度等。

除湿机测试项目：①处理风机和再生风机的转速、电流、电压、风量；②蒸汽的压力或电加热的功率；③再生排放温度。

（2）高效过滤器风速及气流流向的测定：与高效过滤器的检漏试验同时进行，并记录在同一张表格上。

（3）空调调试及空气平衡风量测定及换气次数计算，房间风压及温度、湿度测试。

10.2.2　加湿

蒸汽-气体混合物的湿度是与单位质量的气体相关联的蒸汽的质量。这种定义在任何非冷凝气体中都适用。在本节中，只考虑空气中的水蒸气。百分湿度是在相同温度下环境湿度占饱和气体湿度的百分比。这些术语要与关系较远的相对湿度区分开。相对湿度是气体中蒸汽的部分压力与饱和气体的部分压力的比，通常用百分比来表示。已知蒸汽-气体的相对湿度随温度的变化而变化，但是湿度却是不变的。对空气-水蒸气混合物的性能研究称为湿度测定，数据用焓湿图（图 10.1）表示，它们采用不同的形式表现不同的数据。在图 10.1 中，湿度为纵坐标，温度为横坐标。相对湿度百分比是一系列穿梭在图表中的曲线。

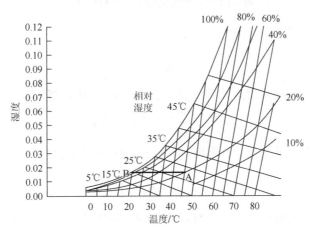

图 10.1　焓湿图

1. 湿度测定

采用重量法对空气中湿度进行准确的测定。已知体积的空气中的水蒸气被合适的和已知质量的化学试剂吸收。在其他简单的方法中，湿度来自水蒸气-空气混合物的露点或湿球温降。

露点是在固定气压之下，空气中所含的气态水达到饱和而凝结成液态水所需要降至的温度。在焓湿图中，如果用点 A 表示空气冷却，则相对湿度会增大直到混合物达到饱和。这种情况下，点 B 对应的温度坐标即露点。它可以通过乙醚蒸气在镀银灯泡中快速测定。周围空气中的露水沉积温度和湿度可以直接从焓湿图中读出。

从湿球温降对湿度进行推导，需要对空气和水边界处的质量和热量的传递进行初步的研究。由于这个过程在干燥研究中相当重要，下面会给出一个详细的解释。如果少量的水蒸发到大量体积的空气中，湿度的改变是可以忽略不计的，蒸发的潜热是由水的焓提供的。冷却后，水和空气之间的温度梯度能促进热量从周围的空气流动到表面。随着温度的下降，热量流动的速率增加，直到它与热量蒸发的速率相同。表面保持恒定的温度称为湿球温度。空气温度与湿球温差是湿球温降。如果空气温度和湿球温度分别用 T_a 和 T_{wb} 表示，那么热传导速率 Q 用式（10.6）表示。

$$Q = hA(T_a - T_{wb}) \tag{10.6}$$

式中，A 为热传导区域的面积；h 为热传导系数。水蒸气从水表面进入空气的质量传递用式（10.7）表示。

$$N = \frac{k_g}{RT}(P_{wi} - P_{wa}) \tag{10.7}$$

式中，N 为单位时间内单位面积上传递的摩尔数；k_g 为质量传递系数；P_{wi} 为水表面水蒸气的部分压力；P_{wa} 为空气中水蒸气的部分压力。从质量的角度重新整理这个公式，有

$$W = \frac{M_w A}{RT}k_g(P_{wi} - P_{wa}) \tag{10.8}$$

式中，W 为在单位时间内在整个表面转移的质量；M_w 为水蒸气的分子质量；A 为热传导区域的面积。

如果体系中水蒸气的部分压力用 P_w 表示，通过一般的气体公式，则单位体积的蒸汽质量为 $P_w M_w/RT$。相似地，如果总压用 P 表示，则单位体积空气质量为

$$单位体积空气质量 = \frac{M_a}{RT}(P - P_w) \tag{10.9}$$

式中，M_a 为空气的分子质量。湿度 H 则用上两式的比表示：

$$H = \frac{P_w}{P - P_w}\frac{M_w}{M_a} \tag{10.10}$$

如果 $P \gg P_w$，$H = P_w M_w/PM_a$。用湿度 H 代替式（10.8）中的部分压力，重新整理，得

$$W = \frac{PM_a}{RT}k_g A(H_i - H_a) \tag{10.11}$$

式中，H_a 为空气湿度；H_i 为水蒸气表面湿度。后者是在湿球温度下的水蒸气压力。因为 $PM_a/RT = \rho$，式（10.11）可以改写为

$$W = \rho k_g A(H_i - H_a) \tag{10.12}$$

式中，ρ 为空气密度。如果蒸发的潜热为 λ，则促进蒸发的热转移速率为

$$Q = \rho k_g A(H_i - H_a) \tag{10.13}$$

整合式（10.9）和式（10.13），得

$$H_i - H_a = \frac{h}{\rho k_g \lambda}(T_a - T_{wb}) \tag{10.14}$$

热量和质量传递系数都是空气流速的函数。然而，当空气流速大于 4.5 m/s 时，h/k_g 大致是不变的。湿球温降与水蒸气表面湿度和空气湿度的差成正比。

在干湿球温度计中，湿球温降采用这两种温度计测量。其中一个用蘸水的织物套覆盖。这些都是并排安装并且避免辐射，在上面的推导过程中忽略不计。空气的温度使用小风扇测定。

许多干湿球温度计的操作不需要在湿球中以任何形式的空气流速诱导。这可以通过检查另一个空气-水系统来解释。如果一定量的空气和水在热量平衡的环境中达到平衡，那么空气达到饱和并且蒸发所需要的潜热从这两种流体散出，最终这两种流体冷却到相同的温度。这个温度称为绝热饱和温度 T_s。绝热饱和温度和湿球温度相同是空气-水系统的一个特性。如果水在空气通过的一个系统里在绝热饱和温度下被回收，那么进入的空气将会冷却到绝热饱和温度，在此时空气会达到饱和。另外，水的温度将会保持不变，蒸发所需要的所有潜热都来自空气的湿热。这个平衡用式（10.15）表示如下：

$$(T_a - T_\infty)S = (H_\infty - H_a)\lambda \tag{10.15}$$

式中，T_a 和 T_∞ 分别为流入空气的温度和饱和空气的温度；S 为它的比热；H_a 和 H_∞ 分别为流入空气和饱和空气的湿度；λ 为水蒸发的潜热。

在绝热饱和过程中，湿度的逐渐上升和温度的逐渐下降是用绝热冷却线在湿度图中来描述的，绝热冷却线是沿对角线方向的饱和曲线。图表是特别构造的，所以这些线是平行的。如果一个干湿球温度计暴露在静止的空气中，那么邻近湿球温度计的区域类似于上面描述的系统。经过相当长的时间后达到平衡，湿球温度计将会记录绝热饱和温度。

在发明干湿球温度计之后，湿度通过以下的方法从焓湿图中读出：首先在饱和曲线上找到对应于湿球温度的点，然后对绝热冷却线进行插值和跟踪，直到达到与干球温度相对应的坐标，湿度可从另一个轴读取。在许多仪器中，纤维状物质（如毛发或人造纤维）的物理性质随湿度的变化而变化。校准后，它们适合在有限的湿度范围内使用。

2. 加湿和除湿技术

最常见的空气加湿的方法是洒水。图 10.2 通过焓湿图展示了 3 种方法。首先，空气从温度 T_1 加热到 T_2 [图 10.2（a）]。选择后面的温度使得绝热冷却和饱和加热到 T_4，这会导致湿度从 H_1 上升到 H_2。湿化阶段是在绝热饱和温度 T_3 通过向空气洒水实现的。另外，进入的空气会被加热到 T_5，当空气在水作用下绝热冷却到 T_4 时，空气的准确湿度会出现 [图 10.2（b）]。在这两类方法中都没必要对水温进行控制。在第三种方法中，空气的湿度 H_1 和温度 T_1 通过洒水维持在 T_3 并达到饱和 [图 10.2（c）]。一旦空气离开这个空间就会被加热到 T_4。

对于少量的空气，可以用氧化铝或凝胶柱吸附水分从而简单除湿。氧化铝或凝胶柱要成对安装，当其中一个在使用时，另一个可以重装。另外，空气应该冷却到露点以下。多余的水蒸气凝结并冷却，这时饱和的空气被重新加热。对于混合气体，图 10.2（d）描绘了这个过程。

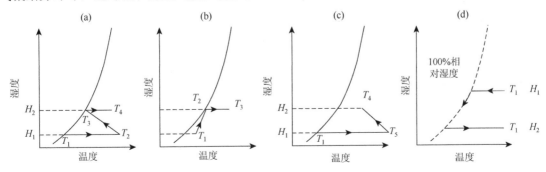

图 10.2　空气的加湿和除湿

参 考 文 献

陈甫雪. 2017. 制药过程安全与环保. 北京：化学工业出版社.

陈敏恒，丛德滋，方图南，等. 2015. 化工原理. 3 版. 北京：化学工业出版社.

崔福德. 2012. 药剂学. 7 版. 北京：人民卫生出版社.

管国锋，赵汝博. 2015. 化工原理. 4 版. 北京：化学工业出版社.

何国强，易军，张功臣. 2013. 制药流体工艺实施手册. 北京：化学工业出版社.

李和平. 2005. 精细化工工艺学. 北京：科学出版社.

梁冰. 2013. 药物分析及制药过程检测. 北京：科学出版社.

潘卫三. 2017. 药剂学. 北京：化学工业出版社.

潘文群. 2010. 传质分离技术. 北京：化学工业出版社.

谭天恩. 2013. 化工原理. 北京：化学工业出版社.

汤继亮. 2016. 脚踏实地探索制药行业"智能化"方向. 自动化博览，（1）：38-41.

王沛. 2013. 中药制药工程原理与设备. 9 版. 北京：中国中医药出版社.

王志魁，向阳，王宇，等. 2017. 化工原理. 5 版. 北京：化学工业出版社.

王志祥. 2017. 制药工程学. 北京：化学工业出版社.

王志祥. 2018. 制药化工原理. 北京：化学工业出版社.

杨明，伍振峰，王芳，等. 2016. 中药制药实现绿色、智能制造的策略与建议. 中国医药工业杂志，47（9）：
    1205-1210.

张珩，万春杰. 2012. 药物制剂过程装备与工程设计. 北京：化学工业出版社.

张珩，张秀兰，李忠德. 2013. 制药工程工艺设计. 北京：化学工业出版社.

张利锋. 2011. 化工原理. 北京：化学工业出版社.

中信证券研究部. 2014. 德国工业 4.0 战略计划实施建议. http://bbs.pinggu.org/a-1607125.html.

周建平. 2014. 药剂学. 北京：化学工业出版社.

朱宏吉，张明贤. 2011. 制药设备与工程设计. 2 版. 北京：化学工业出版社.

朱盛山. 2008. 药物制剂工程. 北京：化学工业出版社.

David J. 2011. 制药生产设备应用与车间设计. 张珩，万春杰，译. 北京：化学工业出版社.

Graham C C. 1998. Pharmaceutical Facilities Design and Application. 2nd. London：Taylor and Francis Books，Ltd.

Hickey A J，Ganderton D. 2010. Pharmaceutical Process Engineering. New York：Informa Healthcare USA，Inc.

Michael L. 2002. Pharmaceutical Process Scale-Up. New York：Marcel Dekker，Inc.

Simon G T. 2004. Pharmaceutical Engineering Change Control. 2nd. Boca Raton：CRC Press LLC.